亚瑟·克里斯托弗·本森

AT LARGE

仰望星空

这个星球上站得最高的灵魂

[英] 亚瑟·克里斯托弗·本森（Arthur Christopher Benson） 著

佘卓桓 译

中国出版集团 现代出版社

图书在版编目（CIP）数据

仰望星空：这个星球上站得最高的灵魂 /（英）亚瑟·克里斯托弗·本森著；佘卓桓译 . -- 北京：现代出版社，2019.3

ISBN 978-7-5143-7566-4

Ⅰ . ①仰… Ⅱ . ①亚… ②佘… Ⅲ . ①人生哲学—文集 Ⅳ . ① B821-53

中国版本图书馆 CIP 数据核字 (2018) 第 274719 号

仰望星空：这个星球上站得最高的灵魂

作　　者：[英] 亚瑟·克里斯托弗·本森（Arthur Christopher Benson） 著
译　　者：佘卓桓
选题策划：杨　静
责任编辑：杨　静　王　羽
出版发行：现代出版社
通信地址：北京市安定门外安华里504号
邮政编码：100011
电　　话：010-64267325　64245264（传真）
网　　址：www.1980xd.com
电子邮箱：xiandai@vip.sina.com
印　　刷：北京汇瑞嘉合文化发展有限公司

开　　本：880mm×1230mm　1/32
印　　张：9　　字　　数：194千
版　　次：2019年4月第1版　　印　　次：2019年4月第1次印刷
书　　号：ISBN 978-7-5143-7566-4
定　　价：69.80元

我们终将再度澄清。

——尼采

目 录

译者推介 …… 001

第一章　一种生活方式 …… 005

第二章　坐看云起 …… 024

第三章　友　情 …… 039

第四章　幽　默 …… 056

第五章　旅行的意义 …… 070

第六章　论“专长” …… 089

第七章　时无英雄 …… 108

第八章　羞　怯 …… 124

第九章　论“平等” …… 138

第十章　自我优越感 …… 150

第十一章　凯尔姆斯科特与威廉·莫里斯 …… 164

第十二章　演讲日 …… 180

第十三章　文学“点睛”…… 196

第十四章　仲夏之遐想 …… 211

第十五章　象　征 …… 223

第十六章　乐　观 …… 235

第十七章　欢　乐 …… 249

第十八章　上帝之爱 …… 261

跋 …… 274

译者推介

《仰望星空》（*At Large*）的作者是亚瑟·克里斯托弗·本森（Arthur Christopher Benson，1862—1925），英国著名的散文家、诗人，剑桥大学莫德林学院的第28届院长。他的父亲是19世纪末坎特伯雷大主教爱德华·怀特·本森，其舅舅是著名的哲学家亨利·西奇威克。因此，本森家族富有文化和著述的传统，也很自然地传到他身上。但不幸的是，同样遗传在他身上的还有家族性的精神病。他患有狂躁抑郁症。虽然身患疾病，本森仍是一位杰出的学者和多产作家。他曾就读于伊顿公学和剑桥大学的国王学院。1885—1903年间，他在伊顿公学和剑桥大学的莫德林学院教授英国文学；1915—1925年间，他任莫德林学院院长；1906年后，出任格雷欣学校校长。

他的诗歌和散文著述颇丰。令人惊叹的是，他在人生最后的20年间，每天坚持写日记，写下了世上最长的400万字的日记，给世人留下了一笔丰厚的思想遗产，代表作有：《障山及其他故事》（*The Hill of Trouble and Other Stories*）、《日落岛》（*The Isles of Sunset*）、《曙光中的少年》（*The Child of the Dawn*）、《吟游诗人保罗及其他故事》（*Paul the Minstrel and Other Stories*）、

《安静之家》（*House of Quiet*）、《自由之旅》（*Escape and Other Essays*）、《无所畏惧》（*Where No Fear Was*）、《剑桥论道》（*Cambridge Essays on Education*）、《静水之旁》（*Beside Still Waters*）、《圣坛之火》（*The Altar Fire*）等。

在该书的翻译过程中，我常有一种感同身受的感觉，常为作者朴素而深刻的论述拍案叫好，同时也有着酒逢知己千杯少的酣畅淋漓。这种快乐让我丝毫感受不到历时半年的翻译之苦，取而代之的是导师般的引领与知心好友“跨世纪”般交谈后的豁然开朗。因此，我也由衷地希望将这份收获和喜悦与读者分享。

沉睡的日子终究要被唤醒，仰望苍穹的时刻终究要被脚踏实地的行动所取代。我想，诸如此类的人生抉择，想必本森在百年前就已经经历过了吧。可是，一晃百年过去了，我觉得，现在的自己也同样站在过去许许多多人所面临的人生岔道口。

社会的浮华，内心的躁动，让人的心灵难以平静。正是为了找寻心灵的平静，才有意识地躲避着这些。但是，真的能够躲避吗？显然，这是很难的。本森在该书中第一章就开宗明义地写道：“是的，这是一次实验，但这是一次无关紧要的实现。”他的勇气让我佩服。当我完成译作，在夜深人静时，默默地看着英文原著，内心所产生的共鸣仍然那样强烈，脑海中不时浮现这样一幅景象：一个50岁左右的男子，双眼深沉地看着熙熙攘攘的街道，捋一下胡须，然后，默默无语地远离，回到一片可以让自己肉体与心灵都能得到自由的天地，让灵魂在无所拘束的大草原上放飞。埃里岛美丽的景色让本森望峰息心，什么觥筹交错，什么冗杂的会议，什么人际的烦琐，都是浮云一朵，在高旷的天际上随风飘荡。

来到埃里岛，本森的内心趋于平静，精神也开始了一次次神游。眼前的景色，一次次触动诗人抒发了难以抑制的感情。在悠闲的时间里，他思考着人生的各个方面，对诸如幽默、旅行、羞怯、宗教等都表达了自己独特的看法。译者在翻译的时候，不止一次为诗人那睿智与深邃的观点所激发，产生共鸣。诗人的文笔自然而优美，诚挚的情感如流水般缓缓地从笔端流淌而出。相信读者在阅读过程中会不止一次感叹诗人朴实优美的句子。虽然译者尽了自己最大的努力，但心中仍不免诚惶诚恐，害怕词不达意。

翻译的过程也是心灵接受洗礼的过程，文中让我印象深刻的有以下几句："人生最大的胜利，就是不论历经多少失败，几多失意，都能将希望长存于心底。""有些人即使不是任何方面的专家，也必然是生活本身的专家。"诸如此类的思想表达，在本书中俯拾皆是，与文章的主题遥相呼应、相得益彰。这是我在阅读其他书籍时很少遇到的，我常常因这种心灵和精神的共鸣而会心一笑，或是被作者那些对事物深邃而又独特的视角与见解深深折服，常常在掩卷时感叹："大学之大不在大楼，而在大师也！中国的大学何时也能有一批这样的大师，那将是今日中国青年人之幸、中华民族之幸、中国之幸！"

在本书中，本森坚持用第一人称来写作，让人感觉他在向你娓娓道来。作者从不矫揉造作、不妄自尊大，只是希望将自己对人生的一些体会与感想抒发出来，也没有过分强调自己的思想所蕴含的价值，仅供世人参考而已。

限于译者才疏学浅，深恐不能还原作者的思想，还请读者多多指正！同时更愿与读者分享读过此书后的感受。愿我们都能在快乐的阅读之旅中感悟人生、收获喜悦，愿今日中国之青年都能通过这本《仰望星空》开启自己的人生之窗。

第一章

一种生活方式

生活，我很热爱它，但我并不被它奴役；自由，我很向往它，但我从未被它束缚。我常常在家里做生活实验，以检验一些浅显易懂的道理，但知易行难。然而，生活中故意为之而尝试的失败，通常要比循规蹈矩的成功更具价值。

生活，我很热爱它，但我并不被它奴役；自由，我很向往它，但我从未被它束缚。我常常在家里做生活实验，以检验一些浅显易懂的道理，但知易行难，不过好在只是做实验而已，况且作用在我这个卑微之人身上，于大众也无伤大雅，所以各位看客切莫大惊小怪。社会上，有着许多对生活充满积极向往之人，因此，我对自身所做的实验，并不感到懊悔和沮丧。如果诸位问我：做这些事情是否值得？我的答案只有某种遗憾之情。

当我静下来的时候，我常想作为一个单身汉，在一年之中有约莫半年时间从事学术研究，而另半年则老老实实待在一处，我这样做的意义到底有多大？我也常常扪心自问，自己到底要干吗？于是，我便不想继续待在大学宿舍里，并非因为我经济拮据所致，而是在校园里，我要花费大量的时间疲于一些人情世故。虽然，我在大学校园里，也有不少情投意合的朋友，但我却不想自己成为一只到处游荡的鸽子，仿佛时时刻刻都在寻觅栖身之地。

与很多在各种社交场合下疲于奔命的人不同，我喜欢一个人独处。在皓月当空时，一个人静静地咀嚼思想，让灵魂与自己的心神一次次碰撞，接受昨天、今天、明天各种思潮的洗礼。综合以上因素，我便极为喜欢在自家的火炉旁、椅子上、书堆里，寻找惬意的生活方式。因此，要是非我本愿，而屈就于其他家庭里的一些繁文缛节，受制于他人的安排，那就等同于将我扼杀了一般。而且，当门铃意外响起，要是非我本愿而搁下手中的笔，强迫自己满脸堆笑地迎接不速之客，那便等同于拿刀残害我一般。此外，或是在别人的带领之下，到我不愿去的地方，那将是对我的折磨一般。即便如此，我也必须抛下心中的向往，接受或者忍受这些非我本愿，因为我终究还是不想失去与他人的交往。

在我一些日常工作中，有大部分的时间要在与各式各样的人打交道中一点点消磨，但是，我的内心却常常涌动出一种向往，即过上一种静思与反省的生活。每当我一想到要到处与人做恭维式的拜访时，内心就倍感烦闷，因为这些流于表面的应酬形式，恰恰是一种缺乏活力的生活方式。当我不得已而为之时，我就时常叮嘱自己不能过于放纵，而要时刻增加自身的活力。

手中之笔，一直是我难以割舍的手足，它既是指引我生活的良师，也是排遣我胸中寂寞的益友。与那些形式上的拜访不同，创作对于我来说，可以做到对灵魂的解读、情感的宣泄、情操的陶冶，是一种充满激情、阳光的举措。要想不被这些流于形式的拜访所干扰，有一剂“婚姻”药能将自己解脱出来。但是，婚姻不能草率，更不能等同于儿戏，要是出于完成一种责任，或者提高生育率而婚配，那么，就我本身而言，拥有婚姻的可能性也在逐渐降低。虽然，我承认世界上那些幸福美满的婚姻表现得唯美和高尚，我也愿意放弃所有而矢志不渝，但是，这种狂热的激情终有一天将要淡化，某种欲望与现实终究要进行一番刀光剑影的厮杀，最后让现实占据上风。

逃避根本于事无补，反而滋长消极的情绪。我只是一个卑微的人，无法避开世俗的困扰，即便我成日仰望苍穹，期待自己有朝一日能不食人间烟火，但我终究无法自欺欺人，也摆脱不了吃五谷杂粮的宿命。当我为自己不幸的人生悲哀时，有位睿智且温柔的阿姨曾悄悄点化我：你的生活，从未真正放开。面对阿姨苦口婆心的劝说，我一时语塞，羞愧难当。诚然，我并没有奢求过其他任何看不见摸不着的东西，我只是经过小溪时，会驻足沉思一会儿，然后光着脚丫洗去一身的尘土。

我已经确信自己陷入了一种深沉的情感之中，对于这种忧思，我仿佛从画家雷诺的一幅画中得到禅悟。画中，有位可爱的小女孩在一条小溪里，紧紧地抱着一只体态臃肿、耷拉着头的西班牙猎狗，小姑娘所有的动作与神情，旨在告诉看客：她担心它会淹死。我必须承认，看了这幅画之后，我以往的一些坚持似乎跟着有了一丝松动，或许是自己太过敏感了吧，我只能这样遗憾地安慰自己。我总是幻想一种关系，那就是亲密与浪漫的关系，当我沉迷在这种唯美的关系里不能自拔时，便被折磨得身心疲惫。尔后，我读到罗伯特·布朗宁与伊丽莎白·巴雷特两人之间的情书时，我瞬间意识到，要是没有上天的恩赐，他们这种至高境界的爱情也会无望，也会落地，也会摔得粉碎。即便如此，我仍旧会抱怨这些唯美的东西不能拿一个花瓶来盛装。我的这些没头没脑的抱怨，就好比卡莱尔亲爱的母亲总是不断唠叨着自己不佳的健康状况。

那么，像我这样一个极端热爱自由却又愤懑的单身汉，到底该怎么办呢？每每想到这里，我便辗转反侧、彻夜难眠，后来我拿定了主意：我不能继续住在城镇，忍受如此喧嚣的生活，尽管我已经住了半年的光景，而且也非常喜欢城镇里的朋友，但是我现在还是不愿意与他人频繁地打交道。因为我的性格使然，我没有理由为了获得一些乐趣，而经常性地参加一些让自己都觉得了无生趣的社交活动。那么，我也不能逃避现实吧！我也不能圈一块地，将自己隐居起来吧！终于，我做了一个决定：选择做自己内心所向往的事情。我有一间宽敞的房子，在一个极为宁静的乡村里，装修得特别舒适、温馨。许多朋友“慕名而来”，与我一起分享这份快乐的生活。在此，我很想与大家一起分享一下自己独居的生活状态，那么，就从这段隐士般的生活开始吧。

我隐居的地方名为“埃里岛”。埃里岛历史悠久，坐落于英格兰东部沼泽地带的中央，四周环绕着低矮的沙砾山丘，形状类似人的手掌，而河流恰似在人的手腕上流过。埃里岛则在河流之上，岛上鹤立着高大的棕榈树。向西边延伸的“手指”，使得这片沼泽托起了一个广阔的平原，平原上面几乎全是泥煤，地下则是潟湖。几个世纪以来，这里不断分解的水草等植物逐渐堆积，便形成了今日的奇观。在岛上举目眺望，可以看到位于纽马克特布兰登山脉低矮的山顶，同时在亨廷顿贫瘠的荒原上也能“偷窥”到戈格马格斯的倩影。北边是一望无际的草原，河流翻滚而奔腾着，一直流至瓦斯这个地方。依山而走，可以看见山势向海延展的坡度渐缓，海浪汹涌澎湃、呼啸而来，足有数百英尺高，直扑南部的耶里恩大桥。在那里，则可以欣赏到舒缓地流淌在清澈的池塘与芦苇丛间的乌斯河。

小岛“手指”的最南端，有一座村落矗立在古老的教堂旁边。透过锡卡莱尔的树丛，仍可勾勒出几英里外教堂粗犷的尖顶轮廓。早在一千二百年前，一位名叫欧文的教士曾住在那里，他便是大名鼎鼎的、被修道士们唤作欧文纳斯的牧羊人。因为，欧文当年在这片荒原上只是负责为圣·埃塞德丽达（埃里岛的统治者兼修道院长）看管羊群。当这位教士在低矮的山丘上来回往返时，看着汹涌而来的海水，不知这位村野气息浓厚与热心传教的教士会有怎样的触动？我想，在夜幕之后，他肯定能听到湿地上水鸟的鸣叫，也能看到“小精灵”般的火光在芦苇丛边的洼地上闪烁。但是，我又想，或许好些景象根本没有触及他的心灵。后来，他在这里修建了一座规模很小的教堂，及至后来，他也被埋葬在那里。多年以后，这里修道士的数目逐渐增多，这些修道士建造了一座大教堂，以纪念当年那位牧羊人。在教堂地下，我想，他正酣眠着。

倘若你站在低矮的山丘上，便会看到令人迷醉的一番景象。我时常会在脑海中浮现这样的疑惑：在这一望无垠的平原里，历史上却从未有过诗人或艺术家从中感受到丝毫的魅力，这一切，究竟为什么？肥沃的黑土、顺直的沟渠、宽阔的水流路线，一直顺流到目力穷尽、人迹罕至的远方。入夏后，山峦之间呈现出一派葱翠的绿，一簇簇树叶在微风吹拂下，轻轻摇摆着，环绕这座孤寂的牧羊人栏棚，满眼都是靛蓝的色调。然而，远处的教堂轮廓依稀可见，黑乎乎的尖顶高过村庄的榆树，纵目远望，尽是一片低低的荒原，将那些小灌木丛与树林凸显出来，极有层次的美感。

将视野移至南方，站在剑桥的城堡或教堂塔顶上，能看到山那边一缕青烟不知从哪儿升起，挂向天边，宛如朵朵浮云，就像置身于梦境中那些虚无缥缈的城市所勾勒出的丝丝倩影。稍稍扭转头，朝东寻去，遍野都是萨福克郡黑色的松木。在这个方向，视野极为开阔，高旷的蓝天，白云朵朵簇拥，从南天奔来。在天边的一角，清晰地看到一股深墨般的翡翠绿，使人不敢相信，这是玉还是云。在此之前，我从没见过这样一种绿，绿得扎眼，深得叫人发慌，仿佛置身于仙境一般。

山清水秀的环境，给人一种祥和与平静，有一种宾至如归的意境。当你置身于这种人间仙境中时，倘或遇到怡人的天气，草木便从树林中宽广的空间里破土而出，空气中弥漫出泥土的气息与花儿的清香，那种静谧与渺远的生活意象，便在这种超然的自然状态下有感而生。当你穿梭在广阔的牧场上，便会惊讶地发现村民们都在默默无语地来回往返，似乎在向外界的世人宣告他们美好而幸福的一天：那么和谐，那么从容，那么幸福，那么满足。

到了送秋迎冬的季节，这里的景致更有一番味道。若是对苦行生活有些许品味的话，那么，这里的冬天理当为这种人而更替。木叶凋零，整片原野萧索肃杀，似乎被一些最为精致与柔和的颜色所渲染，牧场则被黄色的苇草所浸染，干枯的残梗、肥沃的原野，浸透着含蓄而内敛的色彩。及至黄昏，辽阔的草原便被迷雾镶上金边，残阳则在地平线上奢侈地燃烧，西边云霞则镀上一条金紫色的彩带。若等到夕阳西沉，天空也将浸透出黄昏般的精彩，出现一片纯碧，海天一色。若是细细观察，云堤也会越发暗淡，悲观的人若是逮到这一景象，便会发出不祥征兆的感慨，而零散的农场中遥远的灯火如星星般闪烁。

我所居住的房子，外表看起来很普通，里面的装饰才是这所房子全部的精华。这是一位伯爵留下来的房子，昔日，伯爵常常用它当作狩猎的小屋。每每仔细打量这座“宫殿”，我就在猜想，这座房子的原材料莫非是伯爵从陆军或者海军那里定制的？黄色的砖块、蓝色的石板瓦，透出哥特式的凄凉，让人看了心生寒意。房子坐落的位置却不佳，四周被树木所环绕，唯有一条荒废的乡间小道可以通行。而且，为了建造这座房子，房屋的主人将原先一幢极富特色与美感的房子拆卸了，这岂不是一项糟糕的举措。

这里，曾有一座迷人的公园，道路两旁都是修剪过的树木，酸橙与榆树杂呈其中，像极了浩瀚的宇宙中点点繁星。即便遭人破坏，现在仍可看到通往大堂的台阶以及土丘上废置的鱼塘，还有已然荒草丛生的游乐园。在这个公园里，所有的树木排列有序，角落里还有一个果园，果园里稀松的果树还能结出果，乍看上去，我还以为这是一座古罗马城堡。

为什么我会这么神经兮兮，断想几千年之外的文明？那是有一天，有位园丁将半块精致的古罗马水瓶的手柄塞给我看，水瓶是一件陶瓷，周身泛红，全身被抹上了数层灰泥，擦拭一下后，便能发现两张精美的笑脸浮在水里。接下来的几天里，我感觉自己像中了魔法一般，成天怀疑自己真是幸运之至，比起萨摩斯岛的波律克拉铁斯，我虽没像他一样是位暴君，但我却同他一样运气极佳。后来，我在果园里散步时，竟然发现了与园丁手里那件一模一样的手柄，而且那些残碎竟然惊人的吻合。于是，我好奇地在这座园子里寻找，竟然发现附近一带的土堆与泥炭下面，都可找寻到古罗马人的遗迹。

就在不久前，有人在沼泽地带犁地时，“淘”到了一个红色的花瓶，周身还带着些许犁铧。后来，这些惊闻被散了出去，引得一些考古学者对这一地带展开了大规模的挖掘，同样也发现了类似的瓮，埋藏的位置也都在泥炭下面。出土之时，它们仍旧“披金戴银”、十分光亮。据说，此地在50年前，还被浸泡在一片汪洋之中，所以，推理人分析，这个地方留下的金银，肯定是途经此处的一条满载瓷器的货船“落马”所致。

在陡峭的峰峦向平坦沼泽地延伸的地方，距公园半里之外，有个家丁挖掘出一个铜制的刨尖头。当这个人将此物拿给对珍奇异宝感兴趣的庄园主看时，附近的其他庄园便闻风而来，将周围这片肥沃的土地仔细地翻了一遍，翻出不少刨尖头，这其中还包括一把做工精致的铜制宝剑。这把宝剑的把手上，有着许多孔，大得可容皮带穿过。

现在，在我手上，有着一把做工精致的刀，刀身极为平滑，让人瞠目结舌！这把刀，极有可能是古罗马时期制造的，或者更为久远。除了这些，还有类似于矛的残片，就再也没有发现它物了。由此，不少人猜想，这可能是一艘载满士兵的船，还未来得及赶赴战场，就连同武器一起沉没在这潟湖里了。

我们由此断想，当这艘船下沉的时候，士兵们只顾着逃命，便没有人在意这些价值不菲的武器。的确如此，后来经考古学家考证，这里便是在赫尔威德时期发生过激烈战斗的遗址。当时，诺曼人在南面的威林厄姆扎营，那里至今还留有一排不深的堑壕，现在那里被称为贝尔塞尔草原。但是，不管称谓如何，诺曼公爵确实当年正在这里指挥了一场战争。这里，在当时，还算一个很安静的地方，在这密密麻麻的荆棘丛中，那些黄鹂鹂尽情地欢愉，唱出甜美而又刺耳的歌声。参与这场战斗的诺曼人则用柴草与泥土在沼泽地上筑起了一道道堤坝，一直延伸至乌斯河古老的航道上。至于为什么要构筑堤坝，还是与这一带的地质结构有关，因为据勘探，这里实在无法建造一座大桥。诺曼人曾想用平底船渡过这条河，却被赫里沃德的士兵一次次挫败。就这样，诺曼人的船只只得一次次沉没于河流中，那些无辜的数以百计的英勇士兵便葬身在这片软泥的河床上。

当我伫立在这条静静流淌的河床边，看到水面上漂浮着的那些莎草、柳草，视野再延伸到宽阔的平原，河水流向归至了剑桥。于是，我便陷入了沉思中，往日这段悲烈的历史，仿佛就在眼前拂过，多么让人觳觫。

还是收一收遐想，回到我所住的房子吧。打量起这座房子，让我想起了埃里岛上那些修士们的农庄。农庄上的房间不多，只有疏落的几间。当年，那些身体抱恙的修士与初学的修士被送到这里后，这些修士便常常能呼吸到新鲜的空气，领略乡间生活的乐趣。与我花园接壤的地方，有一堵残垣，墙上砂浆的颜色早已模糊，砖头的碎片零落满地；另一堵墙则依然屹立着，显得高大威武。其实，这里原本有一个面积硕大的鸽子驯养场，后来为了兴建伯爵的狩猎小屋，而被拆掉了。所以，整个花园里，堆满了年代久远的石雕、梁楣、直棂、柱顶，甚至还有一尊留着长须的古怪人物的雕塑，其腰间用绳子紧紧束着短祭袍，竖立在假山的对面。诚然，这些都是过往的东西了，只能当作一点怀念。现在，在灌木丛与胡桃树的遮蔽下，有座极具伦敦特色、时髦的房子拔地而起，俯瞰着这一片片废墟。

尽管这座房子建立在废墟之上，而且外表看起来显得残旧，我还是不能贬低了自己的“巢穴”，因为这座房屋就是我心中的“宫殿”，它内部的舒适与方便正是我向往已久的。这座房子，结构坚固、设计合理、宽敞明亮、摆设得体，让人联想到赞歌中那句——“只有锡安[①]的孩子们才会明白长久的快乐与无尽的财富”。诚然，对我而言，这房子实在是怡然自乐的人间天堂。

这座房子的魅力在于，穿梭果园，能发现地势倾斜到广阔的牧场，六里之外，在格兰提这片黑沉沉的沼泽地上，埃里岛突显得那么优雅美丽、耀眼夺目。在万里晴空的日子里，可以看到阳光在铅色屋顶上闪耀，而造型精妙的八角形则在饱经风霜的顶尖上与阳光一起舞蹈。每每欣赏到这一美景，我都由衷地感叹造物主的仁慈。埃里岛水塔上的巨大砖石，从西边一直延伸过去，穿过恢宏的教堂门廊，似乎要将杂草丛生的维纳斯神庙与周围的大教堂融为一体。

诸位要是想到埃里岛展开虔诚之旅，那么，最好的季节便是在苹果园百花盛开的时节。在这里，能看到山形墙的屋顶、尖尖的塔楼、昏暗的窗户，配上草原上大片白色的花朵，如诗

---

① Zion 锡安的宗教含义：主所赐予的名称，用来称呼那些一心一德、居于正义之中、没有任何贫苦者的人民（无价珍珠，《摩西的书》7:18）

如画般地展开。而距此六里之外的大教堂，更是美不胜收的壮景，且看它在雾气氤氲的天色里，仿佛从一片顺滑的蓝色石块上雕刻出来一样。倘若在天色晦暗的日子里，教堂四周更像险象环生的峭壁、嶙峋的岩石，映衬着远天的雷声隆隆，一幅恐怖惨淡的白色画景挂置天边。

这些或喜或悲的景色，我既能感到其中的壮美，又能体会个中的悲伤。因为这代表着那些表面宏大的构想、完善的体制，现在只不过是审美学上一个象征而已。这也同样代表了美好的东西时常渐行渐远，包括正在从我们身边流失的东西。经年的腐蚀，这些景致失去了原先的光鲜，更是失去了先有的内涵。然而，景物本身有其兴衰，在那些饱受艺术熏陶的人心里，它们似乎不再蕴含某种战斗着的力量。

有人喜欢城镇的喧嚣，有人喜欢乡村的宁静，但是，任何景物都有看厌倦的时候。那么，这个乡村的另一个特色，就是会令来往的游客或者定居于此的人百看不厌、流连忘返。跨过了萨顿，领略高大雄伟的教堂，塔顶上点缀着高贵的八角形；村落沿着果园边上一条细长的山脊错落地“栖息”，沿着山路向西行，穿过一个名叫“贝里斯特”的美丽农庄，就会看到一座古老的教堂。这条道路同样可通往沼泽地上的两个大平原。

从村庄往远处眺望，会发现村庄与日夜咆哮的海岸线之间有一片牧场，这片牧场名叫瓦斯的牧场。在夏季，这里是放牧的最佳去处，等到了雨季，这里就会落满雨水，从南北两端奔向远方。当游客走完这几条路，再跨过黑色木材制造的桥梁，便能欣赏到在一片沼泽地上，渗透出来的水流，最终流向大海。

此外，这里还是鸟儿的王国。有一天，我在不经意间打扰了红脚鹬的窝群，一些腾地而起的母鸟，就在半空中盘旋不息，发出凄厉的尖叫。然而，它们飞得低的时候，只要我伸出双手，便可轻易将他们抓住。它们似乎在向我挑战，是我侵占了它们的地盘；又似乎在责问我，难道这就是人类所谓的“文明”？我舍不得再惊扰它们，便抽身走开，将原本自由、和谐的栖息地，再度交还给它们。

从鸟儿的天堂再往下走，便是一条古老而原始的小溪。就在不久前，有位樵夫看到小溪中似乎有异常猛烈的骚动，又似乎是某种巨型的鱼类缓慢穿行，便吓得魂飞魄散，抬脚离去。后来，当水位下降后，居住在这里的人们便在这条小溪里，捉住了一条体型庞大的鲟鱼。当时，我也在现场，我便猜想这条鱼极有可能是因为迷路而搁浅在这里，也可能是这条鱼在奋力想办法找一个产卵地，便游到了这里。后来，我询问了专家，据说，这一带的鲟鱼都在英吉利海峡的水域里觅食，同时也知道了这是鲟鱼一个代代相传的习性。按照主权划分，这片水域属于英国，但在这种情况下，根本没人愿意去管这些。

由此再往北走，可看到一辆大型的货运列车冒着浓烟，发出低沉的“叮当”声，成天在这片沼泽地上穿行。而我这个将自己隐居起来的“闲云野鹤”，便常常在这片充溢着河水的草地上，沿岸散步一两里路，一直走到梅泊尔这个破旧的小村落。驻足远望，便可发现对面一座面积很小的古老教堂，在群山中若隐若现。据说，在古代，曾有一位廷臣埋葬在那里。后来，经人考证，这位廷臣是一位英国人，原本是詹姆斯一世的侍臣，后来，他被放逐到法国，从此便隐姓埋名隐居起来，而他主要财富却在里斯本附近。后来才清楚，有些事情比较离奇，这位廷臣就在葡萄牙与巴厄尔沼泽地，度过了自己的余生。我们没有必要弄清楚其中的原因，暂且接受这种几乎神奇的传闻。

那么，在这个偏僻的小岛上，我的生活究竟过得怎样呢？我觉得在整个大不列颠岛上，再也找不到第二处比这里更加安静的地方了。在这座岛上，只有两三个地主，还有几个传教士，但这里的村落却是庞大与繁荣的。居住在这里的人们，十分友善，而且自主、精明。他们当中，大多数人都有一个听起来便觉得可亲的名字，但却又夹杂着零星的撒克逊名字的点缀。例如，卡特拉克（Cutlack）就是加斯拉克（Guthlac）的变形；还有诺曼人的名字，如坎普斯，则可能是当年某位在战场上受伤的士兵，在他居住于此之后便流传了下来。

虽然村落庞大与繁荣，但这里与外面的世界几乎没有任何联系。等到了属于集市的日子里，火车慢悠悠地从埃里岛驶向圣·艾芙岛，接着就是兜着圈原路返回。居住在这里的村民，十分热情、勤劳、纯朴，他们所关注的，除了日常生意的状况外，便是从宗教和民谣中寻找生活的乐趣。他们没有改变祖先的遗风，整个村落里，到处充溢着三节拍的调子。

埃里岛还有一个魅力，就是这里饱含着寂寥之处。你若选择居住在这里，可能好几个星期都没有一位拜访者，这里同样也没有那么多社交场合，也没有大家公认一致的欢愉节日，更没有令人头疼的集会。这里的人们，可能一个月之内，才会与某位邻居闲聊一次，或者到某位好客的牧师家里喝上一杯茶。因为，居住在这里的人们，喜欢按照他们的原则做事，同样喜欢做自己的事情，而不愿意唐突地骚扰他人或被人突如其来的打搅，他们似乎约定俗成，喜欢待在自己的圈子里过着属于自己的生活。然而即便这样，邻里之间仍然洋溢着一种静谧安详的氛围。

这里的居民，相当尊重他人挑选这个悠闲与安静的地方，作为居住地的选择。他们觉得，不论来者出于何种动机，都不可能是源于一种对社交狂热的追求。我曾在英国的许多地方待过，但还没有哪个地方的悠闲能赶得上这里，这座村庄给了我很多自由，而且他们也并不排斥外地人。我居住在这里不久后，便能发现这里的居民们，都有满腔的诚意，并不像外界表述的那样，说他们是外星球物种，或者指责他们不谙世事。相反，我觉得这里的居民，天性中有种良好的教养，似乎不需要管理者来约束，就能自发地朝着文明的国度进步。

因此，生活在这里，就能置身于一种具有精确价值与衡量自身品性的境界。不管我们是在这个村庄，还是身处在外面的花花世界，作为人本身，每个人都必须独立，也必须要独立起来。同样，这里的居民也十分独立，他们对陌生来客并不会多加猜疑，而只是觉得，来者可能只是为了找寻某种明确的生活方式而已。所以，他们的这种观念，让来客可以很自然、轻松地融入到生活当中。因为这里少了往日的喧嚣，只见得到平静、安宁的生活。

少了那些虚无缥缈的社交，少了那些流于表面的应付，居住在这里，日子便像在广袤无垠的平原上静静地流淌而逝，任何计划都能自行展开，没有人会去打探他人的去向，也没有人会为自己的工作或是追求而搞得焦头烂额。倘若某人需要帮助或是建议，别人都会给予友善与热心的支持，而不会想着从中谋取任何报酬。

有一件小事，一直感动着我。在我房子周围，原先有一条路，由于之前长时间没人光顾，一位友善的农民便在这里竖起了一块告示牌，说明这条路是私人领地，希望人们不要再继续走这条路。一两天后，告示牌却被人扔到沟渠里了。对此，我感到不满与惊讶，觉得自己日后与邻居之间的友好相处便会蒙上一层阴影，于是，我向一位地主朋友征询此事，他却大笑道："没人会想到做这种事的，我向你保证，他的属下已经见到了那位将告示牌扔掉的'人'，只不过这个'人'是一匹马而已。在路经此处的时候，不小心给撞倒了。"的确如这位地主所言，我在这所村庄，与大家的关系都很和睦，而且我也有了自己独立的生活。

时光，就在这种单调但有趣的生活中流逝着。我"独居"宅内，时而阅读、时而写作，时而在花园里静坐或踱步。要是碰上洒满阳光的午后，我则绕着整个村庄走上一遍。这里有许多宏伟的教堂与房屋，距离都不算太远。比如在威兹比奇与林恩附近的大教堂，还有十多间雄伟的十字架建筑。这里的人们，可谓穷尽了想象之本能。这些建筑商，倾注了全部的心血，建造出庄严的城墙，纯木工制作的建筑物便一座座高耸在这乡野当中。

然而，这里的建筑，起初的构想并没有涉及真正的功利用途，纯粹出于一种乐趣和自我欣赏。在这些巧夺天工的建筑师手上，盖上了许多博普雷式建筑风格的房子，大堆大堆的砖石垒成的房子，似被数不尽的"幽灵"禁闭着，而且围绕其中的却是错落有致的果园。我常猜想，这里的山形墙渗透着都铎时代的砖石工艺。许多建筑物的大厅内，镶嵌着富丽堂皇的木板，显得雍容而华贵。虽然，这里起初没有设想到将这些建筑物用于功利性的经营，然而在这座村庄，却也有供人朝拜的庙宇。所以，想要说服一个志同道合的人来分享自己的寂寞，却也并非一桩难事，可以邀请他去朝拜庙宇，也可以邀请他去一起欣赏这些古老而精致的建筑物。

在这里，许多时光都跟随者静寂无声的隐居生活，悄然无声地溜走了。我手上的书卷也在一天天翻阅中泛黄和破损，然而芦苇丛却依然在沟渠的保护中自由地随风摇曳。

我并不想在这里一年接着一年，周而复始地耗掉时光。其实，这里的生活波澜不惊，提不起欲望，虽然少了各种社交，但是缺乏思想上的交流。对于一个曾在喧嚣而拥挤的城镇里居住的我来说，每天都沉浸在责任、讨论、利益冲突之间度过，这里就好比是一个无垠的绿色牧场与舒适的港湾。但是，若选择在这里长期居住，也是很危险的，危险在于所有的事情都会变得慵懒和不安。其实，人本身都好像透过一面放大镜来看待身边的事物，那些极为琐碎的事情，在这面放大镜下，也会渲染得过分重要。但是，事物都有两面性，一面是积极；另一面充满了消极。

长时间待在这山沟沟里，能够获得一种自我均衡感，比如涤荡心胸、忘怀世俗。但是现在，世间的影像充斥着纷扰的人与事，所有的联系与交流，都在自我的心灵中留下了难以磨灭的印记。我们会认为，只有当一个人像巫师那样沉迷其中，才会真正陷入到迷失之中。这就好比同时将十多个球抛向空中，给它们施加一种魔法，从而让它们都能不掉到地上。这种“体操式”的锻炼的确让人变得灵敏、身手敏捷。但这却证明了一点，我们来到这个世上，要懂得“雁过留声、人过留名”，若是匆匆而来、空空而去，对这个社会没有做出丝毫的贡献，那就枉为人生。也就是说，即便某人通过商业手段获取了财富，却也不能说明此人已经实现了其自身最高远的人生理想。一个精明、敏锐与尖刻之人，通常是让人反感与讨厌的，因为这些人的成功是建立在他人的痛苦之上。那些世俗眼中所谓成功的人，只不过在自己力所能及的范围内，不断地累积财富而已。我认识许多世人所认同的成功人士，但我不敢说他们都是真正的成功者。这些人一般都是非常自信的，而他们明显的缺点，就是对一些无能之人有着与生俱来的蔑视。而另一方面，热衷于沉思的人往往会变得出乎意料的冷漠，让人倍感沉郁与压抑，他们给人的感觉是似乎别人的所作所为与他毫无干系。但换个角度来看，沉思之人有时的确能思考出对这个社会有所帮助和贡献的方法。倘若我们将一生的精力用于指导或是建议别人，那么，自我的良好感就会膨胀得不可收拾。有时候，我们的干练或是自身的能力让自己得意忘形，其实在很多时候，别人只是在容忍我们，而非真正地需要我们。我们最好还是在上帝赐予的休闲时光中徘徊，不要不耐烦地将上帝之手强加于别人。真正让一个国家或民族成长、繁荣的力量，并非是社会的立法机构或是组织，而是每个个体不断提升的道德力量。有时，机构与组织只是后者的一个标志而已，并不能起到挑起社会进步的担子。然而，一个在智慧、善良与知足心态上做出榜样的人，要比一个追求实用功利者对友善之人说三道四更为有益。

人们可能会发问，在这方面，我是否想树立起一个榜样？我选择这样的生活，完全是因为我自己喜欢，而非出于任何哲学或是博爱层面上的思忖。但是，若更多的人能在这方面遵循自身的本能与直觉，认为美德必须与汗水联系在一起，或是美德必须与一国的力量以及一些毫无必要的商业有所关联，那么，这种认识对整个社会都是大有裨益的。我想要阐明的观点是，心灵与道德上的平衡，最好是在深思熟虑的权衡、思考中获得。在这点上，大多数人都对获取的过程忘乎所以，没有时间去分类或整理过往的种种。其实，生活本身就该归结到一种圆满。一部分用于获取物质财富，一部分用于获得精神上的指引。正是在始终如此匆忙的累积之中，我们渐渐迈向通往坟墓的道路。

有时，我不禁会有这样的感慨：活于世上，自身存在的意义是否要比行为本身的意义更为重大呢？我们为了一己之私的满足，却假称自身的所为是为了他人的利益。但是，这种所谓的“帮助他人”，只能将自身这种焦躁不安与狂热的“细菌”传染给别人，只会使得这个陷入一种更为险象的环境当中。

无论怎样，正如我在开篇已经说了，这只是一场实验而已，我随时可以按自己的意愿来结束它，同样也可以根据自己的意愿选择继续执行。即使证明是失败的，这也只不过是一场无关痛痒的实验而已，而别人也许能从我的失败中领悟到某些智慧。因为，我希望读者能够牢记一点：生活中故意为之而尝试的失败，通常要比循规蹈矩的成功更具价值。一般而言，人都是谨小慎微的，他们可能会觉得冒险必须要遭受惩罚，而且觉得不划算而放弃试验；或者，他们觉得人生苦短，容不下一些严重错误的空间。然而，换个角度来思考，那些畏首畏尾之人却时常遭遇灾难。即便在赚取金钱时，也难以感到半点喜悦，因为他们没有自己的思想，只是将赚钱看作一种存活的方式，机械地重复着，直到成为一堆白骨。记得一位叫作乔伊特的牧师曾说过一句至理名言：“生活，在于永不放弃。”同时，我也发现，远离让自己觉得烦恼的环境，让自己全身心地从事一场温和的人生实验，体验一下不同寻常的生活，是一件人生快事。

第二章

坐看云起

我所理解的生活理念应该是，可以在很简单的情形下，活得很充实，具有洞察力、为人友善、充满快乐。并且每天都能怀着愉悦的心情去工作，不再视自己的能力为重中之重，而是在大千世界中感受无尽的乐趣。

我一直在试图描述一种安静的生活，也曾尝试着从不同角度去描述这种生活，而且想写下这种被我描述的生活。是一种什么样的生活呢？就是不吵闹、不喧嚣的生活，在这种生活里，人们只需要做好一件事，那就是安静地思考。

开始的时候，我总是以匿名的方式在书中描述出这种安静的生活，避免让人知道这些是我的看法。因为，作者的个人背景很可能会削弱书中所表达的思想，也会损伤这些思想其原本的价值。而且，人们会将我书中所阐述的理论与我的实际行动相比较，然后说我言行不符、夸大生活，纯属无稽之谈。然而，不久之后，我发现若完全是为了出版而去描述这种生活，我的大脑里时常会蹦出一种错误的热情，这种感觉总是千方百计地拿绳子束缚我，浇灭我寻找现实存在的安静生活的希望。

打那以后，直到我决定不再需要刻意伪装自己感情的时候，我才真正地放开了。也正是出于这种心态，我决定以自己的名字出版一本书，书名就叫《静水之旁》。这是一本无伤大雅的书，也算是我试图描述安静生活这一思想的一个汇总。

这本书讲述了一个年轻人在社会生活中积累了某些经验之后，决定远离世俗，沉迷于悠然的想象空间当中。虽然，起初在写作这本书的时候，我费了很大的心血。我甚至还曾考虑过，我这样做到底值不值？后来，这本书出版之后，受到了批评家诸多的非议，甚至是嘲笑。他们用了五十多个贬义的形容词评价这本书，说这本书充斥着颓废的思想。然而，我并没有去质疑这些批评家，也不管他们对这本书的评价正确与否，因为不是所有的人思想都是一样，树叶掉下来还有正反面，因此出版自由，评价当然也有自由，他们有权利说出对这本书的一些看法。在他们看来，这本书的思想是极为肤浅的，并且，字里行间里更是透出让人反感的自我主义。

对于他们的评价，我不置可否。

任何一位画家或是作家，都必须要有迎接公众评论的勇气。我知道，那些书评家的确是发自内心地不喜欢我这本书所表达出来的思想，并且，他们认为将自己的批评，用文字的形式告之大家，是在为公众履行一种职责，从而让读者不去接触那些具有潜在危险甚至是不道德的思想。我尊重他们的做法，而且还要鼓掌赞扬，因为他们不顾有失风度的危险，勇敢地站出来批评。同时，也有一些性情温和的书评家，称这本书的思想出于一个性情可亲的人之手，若是人们想去阅读这类书籍，也可以随心所欲地去阅读。我同样赞美这些温和的评论家，因为他们认为公众可以自由地选择阅读自己喜欢的书籍。还有更为重要的原因是，我认为，这个世界上有很多聪明的人，早就对我刚刚才领悟到的道理感到厌倦了。我不需要去驳斥或是说服那些评论家，同时，我还衷心地希望他们能够畅所欲言。因为，只有通过思想上坦诚的交流，才能真正撷取真理的果实。

在这一章里，我要证明一个观点，就是通过别人的批判来检验自己一些理论的真伪。我将尽自己最大的努力，对此观点给予一个最充分的思虑。批判者的话，肯定有其一定的道理，这也毋庸置疑。但我认为，我们的差异之处在以下方面：批判者之所以反对这本书，是因为他们认为，所有人都是一个模子做出来的，而某些适用一时的原理则是永世不变的。对于他们的批判，我最为欣赏的一点是，他们是出于一种道德的紧迫感以及严肃的伦理观，而评价了这本书写作的意义。我也是一个做事认真的人，我很高兴听到不同的声音，也会认真地对待。他们想要推广的思想，是某种实干、勤勉与不断向上攀爬的动机。同时，他们似乎认为，人们就应该对自己不满意，一刻不停地去改进自己，其实，这正是一种富于侵略性的表现。虽然，在某种程度上，催生了这个社会的进步，但却并不道德，因为这样，人们的精神归往何处，人们由此而折损的青春与健康谁来买单？在他们的词典里，无休止地向上爬，就是所谓的“正常状态”，工作之时应该全身心地投入，娱乐之时应努力锻炼或者大吼几声，似乎一切都逃离不了规则，而这些规则恰恰是一种束缚。

这些规则，如印第安孩童般，快乐地奔跑，向太阳射出手中的箭。然后，应该像荷马式的英雄来塑造自己，那样大吃海喝，悠闲地听着游吟诗人的浅唱，最后以血喷的方式将这些规则下的“快乐”吸收。

我认为，对某些人来说，这的确是一种相当不错的生活哲学。尽管我认为这有点原始野蛮的色彩，却多一点斯巴达式的刚烈，少了雅典式的柔美。

我的一些批判者会站在更高的标准来审视，称我妄想将过往一些必须谨遵的道德信念与法则消除，甚至是消融掉，使之变成一种模糊、虚无缥缈的情感。他们的这种说法，让我想起了一个故事。有一位老乡绅，具有英国人一般的性情，乡绅的小儿子则是一位忧郁与多愁善感的年轻人。等到发现小儿子加入了罗马教会，而且下定决心不再与教会分离开，于是，乡绅就叫回了小儿子，想好好训导他。乡绅告诉大儿子，他将以简洁与温和的方式来让这个步入歧途的儿子悔过自新。大儿子说，希望父亲能在此事上做得更有技巧与温和，因为他的弟弟为人生性敏感。乡绅则回答说，自己已经深思熟虑了，知道该怎么说话了，保证会做到适度有节。等到小儿子回家后，由哥哥引入书房。乡绅便说道：“哈里，很高兴见到你，但你那样做的意思分明在告诉我，你母亲的宗教信仰比不上你，你在亵渎你母亲的信仰自由，你真是一个好歹不知的兔崽子。”

我认为，《静水之旁》所阐述的观点绝非是要削弱我们对上帝的信仰，而是为了说明，信仰在我们这个时代更为亟需。让信仰之路如此崎岖难行的原因，其一，是充斥了太多所谓神学传统的阻碍，这就好比陷入了失望的沼泽，在一大堆文字与模棱两可的定义当中，这些自由的信仰好比在海洋中漂泊的孤舟，时常要忍受规制、标准的信仰的打击，以致无法到达彼岸；其二,《圣经》中许多古老、纯洁的真理,却被这些标榜者以另一种信仰而抛弃。诚然,《圣经》中的确含有大量传奇式的成分,其中一些事实以现在的眼光看来,无论从历史或是文字的角度上,都是有谬误的。在此基础上,想要真正了解其中真义,需要我们具有强大的思想与道德的把握能力。一些心灵迷惘的人们说:“如果其中包含着一些不真实的内容,那么,我怎能确定其余的部分都是千真万确的呢?”所以,只有耐心与渴求的精神,才能真正做出正确的决定。不管其他东西如何消退,其中蕴含深刻的洞察力、上帝所带来的神谕却是永不褪色的,历史发生的背景愈模糊,其中的寓言与训谕就显得愈为真实。在《圣经》的追随者形成气候之前,已经全然满足了我们内心最深藏的需求。我想衷心地说,我们这些朝圣者,无须因为一些看似珍贵的线索坠入黑暗或是迷雾中而忧心忡忡,其实,真理迟早会在山谷的半山腰重新闪烁。

而事实上,这些批判者想说的,就是倘若某人并非神学专家,那么就不该去讨论宗教问题。我曾尝试去批判现行基督教义的概念时,一些神学评论家便跳将出来,叽叽喳喳地像尼古拉斯·尼克勒比的思琪尔小姐,宣称那些想要探讨该问题的人,事先应该对现代神学的发展有足够的认知。对此,我表示坚决的反对与痛诉。因为我并不想去论述神学的发展,而是要关注现代神学的概念。若是神学的发展真的如此迅速,那么,我要说的是,神学家们却未能让人们感受到这种进步性的存在。打个简单的比方,现在人们对当代神学的论述,就好比一个游动的商人滔滔不绝地赞美着约克夏人:“你知道自己在哪儿,那么,哪里就该消失!”然而,在科学领域中,这样的情形,恰恰是一种抹杀了自由与进步的表现，深为科学界不齿。并非这等情形。科学在进步，普通民众或多或少都能感受一二。他们知道物种演化所具有的意义，包括对于无线电为何物也略懂一二，这是因为科学在不断地进行着探索，而神学的发现仍旧是以一种放任与消极的方式，将人们唬得晕头转向，以致朦胧得不知东西。尤其，这些所谓的研究神学发展的专家们，歪曲古老的训谕，使其失去原先的意义，借以让人神魂颠倒。神学的发展，对上帝的本性或是灵魂的本质没有做出半点具有建设性的研究或是探索；自由意志与心灵的需求问题仍旧黑暗如常。然而，科学的发现则不断展现越来越多关于生命极为微妙与不变的法则。

我真心希望，那些批判者能以接触其他文学的精神来看待《圣经》。但是，这样带来的唯一明确的结果，却是将曾被视为一种盲目的信仰转变为个人单纯的崇拜。神学家们不断宣称，这只是属于某些专家研究的范畴，让普通民众忌惮于宗教问题。这就好比不能因为某人对医药知识一无所知，或因为他并非一位训练有素的历史研究者，就不能去讨论关于饮食或锻炼等问题，也不能去讨论当前的政治现状。其实，在日常生活当中，宗教应该是每一个人都极为关注的事情。倘若我们的道德进展与精神前景，深受所信仰的宗教影响；倘若这种讨论能让人们分辨心中许多错误的观点，那么，神学家们就应该对讨论当前神学思想的人们，报以感恩的心态。倘若我还需要进一步为自己辩护，我只是想说，自从我开始就该议题进行写作时，便收到了许多与我素未相识的读者来信，他们对尝试在该议题上做出澄清的人，表示了由衷的感谢。我可以坦诚地说，阐述一种简单而又与基本的宗教信仰相关的议题，一直是我最大的心愿，而且我一直都在用一颗虔诚的心在做这个议题。

我还想就一个范围更广的主题说几句，以便证明我前文提到的观点。写作《静水之旁》的初衷，就是想让人们知道，一个人在没有满足自身任何欲望或是出人头地时，完全可以做到从最为寒碜的环境中奋起，活得富于尊严与乐趣，过上安静与平凡的生活。我想，一般人所称之为成功的事情，实际上却只是污染生活清泉的邪恶力量。若是不能改变这种庸俗的成功，那么，越来越多的人们恐怕就会依赖于成功所带来的刺激，沉浸在这种虚无缥缈的成功中，心灵受到毒害，而不能自省，最终忘却良知。当这种刺激消退之后，更会陷入无聊与空虚之中。

谈到这里，我的批判者可能会说，我为人不够上进，没有男子汉气概，成天暮气沉沉、老气横秋。然而，我所阐述的目标竟被他们如此地误解，这让我不得不感到可悲，同时也感到诧异。我真心相信，快乐幸福的本源，是自身能量持续的释放。批判者们所标榜的教义，让我极为头疼，同时也极为反感，他们扬言每一个人都应该对自己所处的环境深感不满，每一个人都应该对自己生存的空间感到不适，然后摒弃吃喝与自我放纵，从而终其一生都在不断地奋斗与斗争。然而，要实现这些，恐怕要使人们感到筋疲力尽，感到虚弱无力。这种思想，近乎让人感到憎恨，因为这种思想充溢着专制性，缺乏足够的民主和平等。这种成功很显著的一个特点，便是某人一定要比自己的同伴更为强大，只有恃强凌弱才能实现这种成功的可能性。其实，这是一种最为原始的暴力倾向，这些罄竹难书的罪恶早已封存于历史的教科书上，现在却被专制者拿出来标榜世界，只能让人觉得愚蠢之至、可笑至极。

因为，正是这种人与人之间无休止的争斗，使得乡村人口锐减，让人们不愿去做一些世人认为低等的工作，让人们过分强调刺激与娱乐的味道，结果造成人们相信一些最为低等的“民主”式的情感，导致一些有思想、有主见的人被奴役，由此而衍生出一些自私自利、狂妄自我的人。其实，这与人生来要享受自由、和平、民主的意愿完全背离，相反扭曲了人类天生善良的本性，在这种复杂、阴险的环境下，变得形同草木，脱离了人与人之间朴实的情感纽带。在这种环境下，追求成功的人，便会想“每个人都与别人一样，而我则稍稍好一点”“我若不能出人头地，那么我也要想尽办法不让别人出人头地”，人人都怀有让别人臣服于自己脚下的欲望。因此，这样的环境产生的“社会人”，正中了标榜者们的下怀，由此演变出“城市政治”，让人们不断为地位、金钱、权力而奋斗。正是这种“成功”的教义，让权力看上去可成为实现个人利益的利器，而无须顾及个人责任的存在，同时也无须顾及社会责任的存在。在我看来，这种精神充满了邪恶与可憎，因为这种教义树立了这样一面大旗，他们妄图打出改变社会状况的幌子，从而掩饰核心的个人主义。这并不是一面善旗，也同样不是一面正义的旗帜。我并不是说，所有的社会改革家都属于这一类型，其实历史演变至今，很多大公无私的社会改革家，却没有丝毫的个人私欲，他们心忧广大的百姓，矢志不渝地让百姓过上幸福的生活。现在，社会改革的浪潮此起彼伏，俨然成为一种时髦。但其实，很多在那里嚷嚷的人，其实都是为一己之私利而大张旗鼓地呐喊着，而恰恰有一大批追求所谓成功的人被这些树大旗的人所利用。

然而，与这些标榜者不一样，我没有树立邪恶的大旗，而我想要宣扬的，仅仅只是一种与他们截然不同的个人主义。这种个人主义的精神是：人们能够实现自己在平静中追求的成功，也就是充满积极、友善、忠诚的元素，享受工作乐趣的同时，享受生活的快乐。在他们井然有序的工作之外，也能有闲暇的时间静下心来，对自然、诗歌、文学与艺术，充满各种各样自由的热爱。当然，这种成功难以实现的问题，归结于很多人难以从后者当中寻找到乐趣，反而在社交生活中觥筹交错，借以获得兴奋与刺激。我很遗憾地承认一点，当人们对某些东西毫无鉴赏能力时，试着让他们去领悟，只能徒劳无益。但是，越来越多的人开始关注这些精神层面的生活，这一点，却让我感到由衷的欣慰。我所说的不一样的个人主义，若是在人生价值观形成的关键时期，能够向精神层面这方面引导的话，那么，就会有更多的人去关注这种快乐生活的发展。

若是人们认为我谈到这种快乐极为“简朴”，只是某种极为温顺与没有生气的东西，我也并不想去力争，因为任何人都有不喜欢的自由，但我只是想强调，其实，这些快乐对任何人都有所帮助。追求社会上的影响力与成功之所以如此肤浅，是因为平凡的生活毕竟是大多数人共同拥有，想要扭转这一现象，除非历史的车轮从后往前滚。我们不能按照德意志诸侯国的军队那样组织社会，即由二十四个官员组成，再装饰一些军队，分出八个下士，以为这样就是一支正规军了。其实，成功的人总是属于少数人。我所青睐的成功，应该是顺其自然地分给那些本该获得的人。那么，一些没有成功的人，就要在自己的思想中将“成功”二字剔除，因为怀抱一个无法达成的理想，其本身没有多大的存在意义，反而打击了自己寻找快乐的本能，而且在尝试成功的过程中，也会充满各种痛苦与不满。

对于那些沉闷的教义，我绝不赞同宣扬它们。我赞同一位诗人所说的话——“生活若没有乐趣，那么请问，何为生活？”这种生活，其本身没有任何力量可言。

我坚信：世上真正的乐趣，无法用金钱来衡量，也与成功没有任何瓜葛。

只要认真观察孩童成长过程的人都会发现，孩童们能从最简单的事物中获得最多的乐趣。他们可以在花园的一个小角落里开一间“小商店”，而“商品”则是卵石、蓟草以及老旧的锡壶，交换的媒介则是雏菊。这些小玩意，可让健康活泼的孩子们消磨掉夏日焦灼的时光。所以，我们没有理由让这种天然的热情，在日后成长的岁月中消逝。事实上，那些自我克制、性情温和与安静的人们，在逐渐老去之时，他们的言行、思想仍能保持一贯的优雅与怡然自足。然而，那些生活在重压之下的人们，生活倍感无聊的人们，才需要兴奋的刺激，借以让他们消磨时间。

很难有人忘记罗斯金在童年生活中所遭受的苦行教育，因为他的童年，再单调寡味不过，他“穷得”只有几串钥匙可供玩耍，后来，也只有一箱砖石为伴。他只有《圣经》《天路历程》以及《鲁滨孙漂流记》可读，若是不小心跌倒或是因疼痛而哭泣，反而要被鞭打一顿。但是，没人会说，罗斯金童年这种“苦行”式的生活，成为他日后享受生活乐趣的阻碍或是蒙上什么阴影。这种生活阅历，可能让他的性情变得更为温顺与缺乏激进。作为当代著名的文艺评论家，当我们看到他心甘情愿地屈服于资深的酒商，而说出一些自相矛盾的词句；或是被自己那位严厉的母亲斥责不要乱说话时，那副唯唯诺诺的表情，反而感到怡然，却丝毫没有半点不悦之情。难道我们就一定要逼他大声疾呼地反对，让自己变得武断起来吗？当今公众舆论的一大弊端在于，除非能让别人也深受其中的影响；抑或我们自身的理想所带来的快感能感染他们，否则我们无法真正享受自身的快乐。在亨利·雅各的一篇小说中，有一篇描述著名的人物素描《一个淑女的画像》：吉尔伯特·奥斯满，一个自私的肤浅者，发现自己不能取得成功或是成为有影响的人，就试图通过隐居起来，刺激与挑起世人对他的好奇心，并声称这样给自己带来了一种前所未有的享受与乐趣。然而，这些可憎的庸俗刚开始并没有显得那么赤裸裸，后来他欺骗了女主人公，他以为女主人公只是一个即便拥有庞大财产的继承权，却甘愿过着清淡与诚实生活的人。于是，在侵占了女主人公的财产之后，他马上在罗马显贵的老城区购置了房产，不时邀请达官贵人去拜访他，并以此为乐。然而，每当他意淫着那些想与其见面，却得不到邀请之列的地位低下之人，他便发出遗憾惋惜的笑声，这成为了他的一种充满了病态的乐趣。

当然，此人的行事方式极为出格。但事实却证明了，在这个盛行财富与名声的时代，许多人都因自身未能享受某些“成功”的东西而感到痛苦，除非他们发现世上还有人也艳羡着他们的乐趣，方能抚平心中的苦楚。对于一些具有艺术气质的人，这种想法是极具诱惑力的。因为艺术气质本身就是某种自我意识，而自我意识就好像一只喜欢吃“面包加奶油”的苍蝇，需要一种特殊的营养品，以得到外在的赞美而滋润它空虚的内心。

我认为，竞技运动在这方面过分发展会导致严重的后果。

人们玩的游戏越多，或许越有益。但我以为，将大部分的休闲时间用来谈论它们，这是不值得的，还不如谈论工作或是饮食有意义。人们这种谈论所导致的结果，就是报纸上全是关于体育的报道。这似乎也是很正常的，因为报纸需要不遗余力地挖掘吸引人们眼球的线索，并在这方面进行深度的探究。但是这也造成了影响不好的一面，年轻的运动员成为了广为人们茶余饭后的谈资。有一些充满野心的运动员会认为，体育是一条成名的捷径，而在大学足球队踢球似乎就是进入显贵的途径。一旦成功，他的余生都将会佩戴一个让人称道的象征着高贵地位的徽章。我认为，社会不该给予他们这种尊贵的地位，换言之，他们也不该接受这样的称谓，因为，他们才二十出头而已。我认为，真正的名声是建立在一个为人类进步做出实质贡献的基础之上的，而非个人在体育竞技上的表现。

我认为满足应该是一个人能在勤勉工作与享受工作时，都能享受生活的那种怡然自乐的感觉，远远超过工作本身或是休闲度假的那种感觉。进一步说，人们的休闲时间应该是充满各种业余爱好的，不仅是为了某个明确的目标，更是为自己与别人建立交际关系；不仅是一种满足爱好的表现，更是一种自然与本能的欲望，同时增添自己与别人的幸福感。理所当然，这种方式应该是充满真诚和友善的，而不是自负与专横的。

正如我之前所说的，这种生活方式也许缺乏一些激情，生活中泛不起半点涟漪，甚至是有点古怪的。但我深信，这是世上最为有趣、明智、充实与愉快的生活方式。因为，其生活的乐趣源于生活本身，而不是只顾着其中某一个精华的片段，而将其余平淡的部分隐去。

批判者会说，我只是再次从自己的“地窖”中现身了而已，我的双手沾满了老生常谈的液汁，这些生活理念全是些老掉牙的东西。但我却认为，这些都是一些浅明易懂的真理。然而，为什么真正实践真理的人少之又少呢？我口中的常谈，是一种缺乏激情而又浅显易懂的道理，每个人的本能都能理解这些，也没有必要去提醒他们。

但是要是真是那样就好了。在我所认识的人当中，能够理解那种生活理念的人，实在是凤毛麟角。因为，还是有大多数人想在生活充实的物质世界中寻找刺激与激情。当然，也有不少人似乎对生活漠不关心，远离所谓的刺激。但我绝不认为这是一种生活方式。我所认为的理解生活理念的人应该是，可以在很简单的情形下，活得很充实，具有洞察力、为人友善、充满乐趣。并且，每天都能怀着愉悦的心情去工作，不再视自己的能力为重中之重，可以在大千世界中感受到无尽的乐趣。还能让艺术与诗歌将他们带入一个充满希望、梦想与回忆的世界。这个时候，生活对与人们而言，就是一顿可以大快朵颐的大餐，能从中充分地领略到其中的风味，而不是终日抱怨，为什么没有适合自己口味的菜肴。

我并没有说自己是严格按照这样的方式来生活的。起初，与那些天性敏感却又热爱生活的人一样，我也极为渴望在生活中发现更为刺激、更为有趣的东西，我希望从一个山顶攀越到另一个山顶，还不跌落谷底。而现在，我已经从寻求刺激的山顶上下来了。原因有二，其一是由我的好奇心所致，其二就是自身的无能。

在一个海拔较低的山顶上，我发现山谷是一个美丽而有趣的地方。灌木篱墙上长满了花朵与叶子，繁茂的树林中隐约传来鸟儿婉转的歌声，果园里挂满了沉甸甸的果实，温馨的房舍洋溢着恬静的生活气息，邻里左右都是友好的人。与此同时，那些身处山顶上的人，偶尔也会闯入我的生活轨迹，给我指导一番。这恰恰会提升美丽纯洁的安静感。我想，那些处在山谷的人在往山顶上看的时候，可能也会有种渺远之感；而从山顶上往下看，又会有怎样的感觉呢？倘若我所谈论的只是一种平和之趣的话，那我完全可以坦白地说，这仅仅是因为我对此感兴趣而已。就像一只沐浴在阳光下的小鸟，立在浆果树枝上，吱吱喳喳半天，哪怕压根儿没有一个路人驻足聆听它的曲调，它却仍发自内心地欢歌。如果真有一两个旅行者路经此处，停下跋涉的脚步，坐下来感受一下它的歌声，一切足矣。这也足以说明，一个人的话语，其实是无足轻重的。也许路过的人可能会说，这只是让人感到疲倦与烦闷的调子，之前他们已经听过上百遍了。因为他们在脑海中可能无法理解，这只傻乎乎的鸟儿为什么就不会改变一下曲调？然而，就我个人而言，我更愿意倾听黄鸦发出的尖锐而单调的曲子，在临近结尾处突然下沉的节奏，压根没想过要去刻意模仿夜莺的调子。

正如上文所说的，我更愿意相信这些批判者所说的一点，即他们这样做是出于公众的利益，只是坚持了某种善意，不想让公众感到无聊而已。我想这样回应他们：正如弗莱特女士那样，我想让他们接受某种祝福。那么，当我在面对别人对自己的批判的时候，我也能够公正客观地给予接受。

最后，我想对我的读者说几句话。我衷心希望你们不要被所谓的专家或是评论者蒙蔽了双眼。一方面，不要听从某些人宣称的那样，没有一个神学学位就不要去讨论或者接触宗教问题。另一方面，我希望读者能够相信一点，那就是平静的生活并非是一种无聊的生活，远离酒精并不会降低我们身体的活力。反之，若是人们能从兴奋的刺激中解脱出来，那么他们就会发觉，生活立马会呈现出一种美好的色彩，同时还会增强我们对乐趣的感知力。

当然，心灵会暂时因此感到苦楚与疼痛。我们必须要忍受祖先所遗留下来的天性不足来背负属于自己的负担。对身体而言，饮食、锻炼及生活的规律性要比任何有效的药物都更为实用。那么，在精神生活这一层面上，通过自我克制、刻意节制和坚忍等候，让我们走在更为宽广与快速的大道上。就好比河水沿着沟渠向前流淌，其中会穿过星罗棋布的池塘与忧郁成性的沼泽，但是仍然时而翻滚，时而激扬。

第三章

友 情

法国有一句著名的谚语："若想被爱，先充满爱。"对于这句饱含深意的谚语，许多小孩的脑海中一片空白，不解其味；年轻男女则不以为然、嗤之以鼻；中年人听了之后，先会感到惊讶，接着疑惑这是否真的具有某种价值；老年人则会颔首点头，深悟其中奥妙，并为自己当年让机会溜掉而感到后悔，或是遗憾自己虚度光阴于毫无用处的地方。

法国有一句著名的谚语："若想被爱，先充满爱。"对于这句饱含深意的谚语，许多小孩在脑海中一片空白，不解其味；年轻男女则不以为然、嗤之以鼻；中年人听了之后，先会感到惊讶，接着疑惑这是否真的具有某种价值；老年人则会颔首赞同，深悟其中奥妙，并为自己当年让机会溜掉而感到后悔，或是遗憾自己虚度光阴于毫无用处的地方，而感到后悔莫及。实际上，许多有理想的人，在人生起步阶段也并不一定想过自己是否具有价值的问题，觉得这个问题更多只是一种装饰门面的东西。我们总是觉得，这种考虑正如约瑟夫在儿时的梦想一样，太阳、月亮还有十一颗星星仿佛这些都在向我们致意，更别提那些云层了。我们总是希望自己能给别人耳目一新的感觉，让别人感受到自己的美好，感受到自己散发出来的影响力，从而受到别人的尊敬与爱戴。然而，当我们的人生之路不断向前延伸时，这种美好的前景却逐渐黯淡下来。最后，在某个安静的角落，只要还有一个人向我们点头致敬，我们也会感到满足。而至于那十一颗星星，它们压根儿就不知道我们的存在，他们也并没有对我们点头哈腰！这之后，当我们进一步深思，觉得自身仿佛极有影响力时，其实这只不过是我们自身过于狂妄罢了，而且财富也只不过是让我们免于贫穷的护身符，只是让苦痛与悲伤稍微短暂一些而已。美好的外衣，逐渐蜕变为枯燥与单调。

但是，真正的影响力源于那些无心追求的人；最美好的影响力，则是属于一些甚至不知道自己拥有如此影响力的人。赞美本身不过只是看上去更加夺目的谷壳而已，然而，谷壳里面可能包含一颗完整的核，也可能空空如也。但是，妒忌却恰似一杯毒酒，伤得人体无完肤。我们也真切地意识到，最华丽的皇冠往往落在那些根本无心也并未刻意追求的人头上。心智清明与无私之人，却常常能获得雄心勃勃的野心家所得不到的奖赏。

这个美好理想消逝的过程，时常被称之为幻灭。对于那些永远只能看到人生这枚银币一面的人而言，美好的消失的确让他们黯然神伤。当美好幻灭时，他们会因失落与失望而郁郁寡欢。在此基础上，他们的余生就会在愤世嫉俗与单调无聊之中，慢慢被湮没。但是，这种幻灭，甚至可以夸张地言为羞辱，对于胸襟广阔的人，对于一些虚荣心不强的人而言，却是世上最具价值与美好的事情。因为，这种幻灭让他们从此意识到，这些伟大的礼物是真实与实在的东西，他们必须让自己努力去达到某种层次，才懂得真正拥有，而不是要一味地陷入追求本身，进入泥潭而不能自拔。也许，这些人会怀着谦卑与希望的虞城，重新开始人生的工作与生活。倘若他们无法挽回过往的种种，无法弥补逝去的错误，他们也不会继续在无谓的遗憾中蹉跎岁月，反而会为仅存的爱意与温柔而感激上苍赐予了自己幸福的本源。毕竟，他们真切地活过，经历了人世的风雨，尽管这一切都未能变成自己想要的模样，但是，他们依然会抱有一颗感恩之心。也许，理想就在前方不远吧，但谁又知道它在何处呢，谁又知道它在哪朝自己招手呢？因此，我们应该有一个美好的开始，但是这个开始却在任何时候，无时无刻，我们都在出发；时时刻刻，我们都在准备着出发。

在社会上，有很多哲学家煞费苦心地想要追溯人类所有情感最原始的状态。诚然，就生活中最为亲密关系的男女之爱、母子之爱而言，也都夹杂着生理、本能与原始的情愫。但是，有一点却不容忽视，在这些形形色色的人群当中，尚有许多未加分析与缕清的关系。有些关系存在的基础，并非是生理的欲望或者出于保护的本能，也并非建立在与任何利益或是收益的寄望之上。各种各样的情感都可能有助于加强、巩固这些关系，乃至成为维系这些关系的纽带。但是，在所有关系中，有一种关系最为基础，却又最为简单与重要，那就是友情。朋友之间的友情，无怪乎存于那些可以患难与共、同甘共苦的人。生命因为有了朋友，无论远近，而变得更加甜美、圆满、宏大。人活一辈子，若身边有几个朋友相伴，是一件极为幸福的事情。即便身边不能与朋友长相厮守，但是这些朋友都会在远方守候彼此的情谊。这些朋友会通过书信的往来，分享各自的生活与经验，通过相互交流，倾吐彼此的仰慕之情，增进双方的情意。但是，因为利用别人而得不到朋友的人，便失去了活着的基础，幸福也没有栖身之处。若想得到几个朋友，在交往中万万不可掺杂私利、嫉妒、利用等卑鄙行为，因为交友这种行为本身与朋友所具有的利用价值并无关系。如果朋友具有高尚的品质，我们为此而敬重他；若朋友身上有些明显的缺点或毛病，我们要学着去包容，甚至忽视这些缺点。我们要常想，我结交的是朋友这个人，而不是他的言行，或是他还没有说出来的言行。掌握了这些，再去交友，这就已经足够了。当然，在这里，我要选择交友的人，并非不分是非黑白，胡乱地结交一些狐朋狗友。

当然，有时候我们会发现，开始结交的朋友与自己的性格迥然不同。但是即便如此，若我们心中对彼此的敬意犹存的话，这段友情依然能持续保持下去。因为，在友情极为深厚的两个朋友之间，他们的人生观可能大相径庭。我们可曾想过，当我们为朋友辩护，为其辟谣或是为他扬长避短时，这是多大的一种满足感！印度有一句古老的谚语：“雷声轰轰之时，坏蛋聚在一起。”这句话的意思是，当面临着共同的危险时，两个邪恶之人可能会沆瀣一气。但对大多数人而言，友情最本质的一点，就是双方的互相信任与自信。当朋友可能为人不义的谣言满天飞时，我们要坚信，这一切动摇不了朋友之间的信念。往往在这个时候，我们心中会有一种莫名的本能在告诉自己，朋友绝不是那样的人，朋友绝不会去做那样的事。即使确凿的证据摆在眼前，我们也觉得他只是一时犯错，绝不会再犯第二次了。所以，对待朋友，每一个人都应该有一颗宽宥之心。

也许，在与朋友进行某次会面之后，我们应该向彼此解释一下，自己的内心充满本能的神奇。也就是说，为什么某人会以一种神秘的方式影响着我们？我们所审视的人，可能没有任何明显吸引他人的天赋，也没有优雅的举止或是风度，但我们之间却存在着某种莫名的纽带。我们似乎在某时或某地已经一起分享过一些经历，无论朋友说话还是沉默，同意还是反对，在我们的眼中，都会显得很有趣。我们也总是会感觉到在某个神秘的境域，朋友充满了真诚。一位拉丁诗人说过："有某种东西，我说不上来，但却牢牢地将你我的命运拴在了一起。"有时，我们与朋友之间也会产生误会，一时的亲密感也很快就消失，但是出现这种情况的概率并不多见。那些让我们莫名的心跳，双手无缘的颤抖，都是源于某种更为深刻与重要的情感，这些都是建立在朋友之间的友情上，这其中充满了精神上的缘由。

当然，人与人之间有许多差异之处，每个人在感觉这种相互吸引能力时，会有很大的差别。就我个人而言，当我与陌生人会面时，我总是怀着希望能结交成为朋友的心愿。也许，某个未来的朋友正坐在我的对面，挂着一个我所期望的笑容。但是，在数千次失望之后，这个希望仍然在心底存在。许多人都会随着年岁的增长而逐渐少了朋友。一方面是因为我们再也没有那么多情感可以消耗了，另一方面是我们变得更加小心谨慎了。但是，这其中最为重要的还是，我们越发意识到，友情背后所蕴含的责任感。因为我们不愿意再去承担更多的责任，许多人缺乏了之前的浪漫气息，却活得更为自由自在。而且，有些本来能成为朋友的人，却在我们的交往上表现得冷漠相待。还有一些人开始觉得，自己再也难以接受新的观点和新鲜事物，而将自己缩成"刺猬"，使得自己与陌生人之间隔了一层难以拆卸的心墙。也许，上述理由都难以称得上比较好的推辞，但是不管出于何种理由，我们还是越来越少地尝试着结交新朋友。其中的主要原因，也许是我们已经获得了属于自己的某种观点，就死死地坚守那个观点，然后再将别人套进自己的这种观点之中，而不是根据不同人的性格而有所改变。但是即便这样，一些胸襟广阔与心灵善良的人则会继续扩大自己的交友圈子，不因年龄的增长而停滞，也不因对事物的认识意见相左而舍弃本能成为朋友的人。

当然，正如我所说的，友谊的类别也是难以尽数的。友情的开始，可能只是从一种习惯或是近似行为中产生单纯的同志情感。每个人都有能力，选择与人形成这种关系。史蒂文森曾说:“谦虚的人会发现，其实找到友情是非常容易的。”他的意思是，若某人慷慨大方、为人仁慈，那么，他就不会发出“为什么自己生活的圈子会如此狭隘”这样的感慨，也不会觉得人与人之间缺乏人情味。其实，我们可从朋友那里找到最好的一面，看到普通人可爱的一面，类似于这种友情可能激发出最为美好与纯粹的忠诚感。有人曾说，在一些村庄里，若是将长久以来套在公牛脖子上的轭拿掉，公牛就会日渐消瘦，甚至因此而“郁郁而终”。有时候，人类的友情则是以血缘纽带来维系的，比如兄弟姐妹间的亲情。有时，婚姻也会演变成类似于亲人的感觉，这是一件相当平静、美好与值得祝福的事情。

同样，友情也存在无数的层次，正如老与幼、师长与学生、父母与孩子、护士与婴儿、雇主与员工等关系，所有这些关系在某种程度上都是一种不平等的友情，但却可能触发成为最深刻与纯洁的友情。例如，卡莱尔之于父母，博斯韦尔之于约翰逊，斯坦利之于阿诺德一样。这种典型而又重要的友情，直到最后被两位年龄相差不大、同性之间、奉献与关怀的友谊所取代。让人感到惊讶的是，这种类型的友情，许多都是在学校或是大学期间形成的。通常在某段时间之后，就会以自然的速度逐渐地消退，消退的原因，是因为这种友情建立在彼此生活与思想相似之处，而这一纽带被将来组建的家庭、地域的分离所隔离，那么就会渐行渐远，但是彼此的情意有时会随着距离的增大而拉近。然而，婚姻通常是埋葬这些友情的重要原因，周遭的环境一般也都会扼杀掉这种友谊。因为，除非有某种持续的思想或观念上的交流，否则，年岁的增大会逐渐拉大双方的分歧。但也有如纽曼与菲茨杰拉德那样的情形，能将这种具有浪漫气质的友情持续到人生的最后。

有位老牧师的女儿，曾告诉我一件关于这种友谊结束的故事，让人听后顿感悲伤，同时也是十分典型的个案。他的父亲与另一位年老的教士在少年时期，曾是一对忠诚的朋友。后来，人事变迁，双方很长时间都没有了联系。在接近三十年音讯全无之后，这两个曾经要好的朋友相聚了。那位老教士按照约定，前往牧师的住处，然而，随着见面时间的临近，牧师明显焦急起来，口中还时刻唠叨着精心准备的会面，相信一定会让双方都能感到欢乐。因为，他要让这位访客感到宾至如归。他的女儿每天早上带着教士出去散步，他的妻子下午则带他出去兜风，而牧师本人则与儿子一起待在烟室里。到了晚上，老牧师觉得自己再也不能为了这位访客而打破以往的生活习惯，或是再为娱乐一位客人而让自己的精神倍感负担，终于，他只在晚餐上与那位三十年来未曾谋面的少年伙伴见了一面。两位久违重逢的朋友，在这之后再也没有说过话，当会面结束之后，牧师谈起这位少年的朋友时，难掩同情与失望的神色。他说，“可怜的哈里啊！他老得可真快啊。我从没见过一个人改变会如此之大，兴趣变得如此之狭隘。我亲爱的朋友，他失去了当年的幽默，也罢，也罢……无论怎样，见到他我也挺高兴的。对于我俩的重逢，他也显得挺焦急的。我想，这对于他来说，显得更难熬。在一间陌生人的房子里，他变得不知所措，说起话来支支吾吾。可怜的老哈里啊！当年三十岁的他，真是雄姿英发啊！”说罢，牧师不胜唏嘘。

还有，撒克利在谈到与菲茨杰拉德在大学的一段时光时，感慨地说：“当时，我们的友情是多么富于激情啊！”这句话，暗含着某种忧郁之情，表达了对当年朋友之间那种无邪的纯真友情的回忆。撒克利话里有话，他已经暗示自己与朋友那种热烈的情感，已经从自己现在的生命中消失，也许，这么多年来，他已经习惯了自己用那双善于洞察的双眼，去探究人的心灵，钻研人心灵中似是而非的一面。他拥有者寄予希望的权利，但是梦想与现实让他不得不做出一个对比，也就造成了心理的落差，使得他不再想继续当年的友谊。倘若曾经这种如火的热情、激烈的敬仰、怜悯的同情心在人们心中死去的话，难道我们当中的每一个人不应该感到羞耻吗？难道我们当中的每一分子不应该感到惋惜吗？

让自我始终保持着青春的活力，让周围的事物都弥漫着一种充满活力与浪漫的因子，这难道真的不可能做到吗？原来，现实的落差告诉人们，能做到的人只有凤毛麟角。为这个世界增添某种充裕的宽容，某种汹涌的柔情，某种深邃的双眼，随着年龄的递增，相信不少人都能做到，但是相比于原先偏颇的理想主义，相较于而今现实的落差，不少人却迷失了自我。但是，这里面也有不少职业人群，诸如牧师、医生、老师，在他们身上你会发现，他们看待别人的方式，不是在心灵深处有着时刻防备或是松懈，而是在自身情感尖锐与悸动的时候，也能保持清醒的头脑。在许多情形当中，他们的怜悯心，会波及家人，因为他们觉得人与人之间的情感才是最为珍贵和亲密的。对许多民族来说，特别是盎格鲁—撒克逊民族，情感的表达本身就是一种负累，只是被当成某种必须要履行的义务而已。这些都是深深扎根于这个民族的性情当中，但这反而让他们的情感更趋灵活与跳跃。

另一种可能消灭友情的方式，就是许多人都想结交朋友，但却只想得到朋友之乐，而不愿意承担其中所附带的责任。在这种自我沉沦的友情之中，我们会发觉，自己其实并不完全喜欢朋友的特点或是性格。朋友之间最难容忍的一点，就是同样的错误一犯再犯，而且形式次次不同。比如，在盎格鲁—撒克逊民族的性情中，存在着一种普遍的心理特征，他们会将事物普遍而且庸俗化。也许，正是这种庸俗化，让他们在这个讲求实用的世界里，获得了物质上的成功。用一句直白的话来说，就是许多英国人在某种程度上都存在懒惰的心理，也许，这是封建专制残留的毒液，至今仍在我们的血管中流淌的原因。因此，我们过分崇拜成功，希望受人尊敬，希望获得一定的社会地位，盼望与名人交往。这一切，建立在“利”之上，同时也让无“利”交往的朋友望而却步。

我曾记得，两个原本可以建立友谊的人，却因为其中一人有我称之为“城市”的习气而破裂。我的意思是，此人对阶级所代表的荣耀过分地推崇，这是一个根深蒂固，而且认识偏差的误区。这个人表现得与一般人不同，他喜欢与有地位的人结交朋友，同时怀着一个从别人身上发现懒惰迹象的欲望。我想，没有比这种行为与思想更加庸俗、更为原始的征兆了。一般而言，这种行为源于一种错误而模糊的认知，却杂糅了对自身高尚本性屈服之后所产生的天然羞耻感。在这个特殊的例子里，此人衷心希望能够摆脱这个误区，但他却无法让自己活得更为高尚一点。因此，他也无法向有地位的人，展现自己的殷勤与友善。我想，假如他心中没有这般龌龊的想法，也就无须花心思去思考这个问题，相反他会真的结交上一些达官显贵。

然而，在一群友好与上进的朋友当中，则存在着另一种截然不同的“懒散”，这也就是我经常提到的中产阶级职业化的“懒散”。他们当中的这些人，过分看重成功，只乐于与成功或显贵之人交朋友。随着彼此交往的加深，他们开始感到对方的缺点带给各自的不愉快，但却对自身的缺点一无所知，结果就造成了在一些问题上持续不休的磕磕碰碰。倘若双方都能开诚布公，坦率地承认自身存在的一些不足，其实也是无伤大雅的。然而，他们却都急于向别人展示自己完美无瑕的一面，想要证明自己要比对方在想象中更为无私。介于这种思想，彼此之间便难以达成共识。在他们相处到一定程度之后，即使双方都有不错的性情，但机器摩擦的“折损度”还是会逐渐显露出来，而友情也会因此逐渐消融。

以上这个典型的例子旨在说明，每个人都渴望从一个自己敬佩的人身上获得纯粹的乐趣，但却不愿去忍受对方同样也不完美这一事实所带来的责任，也不愿意勇敢与大度地去忍受这种不完美。这种友情最糟糕的是，始于某种过分的理想主义，而不是人与人之间平等的同伴友谊。当友情过分理想化，则会出现危险，即当两个人都怀着这样理想主义而相遇，一开始必然是相互吸引，他们会本能与不自觉地展现出自己最好的一面，但随着时间的推移，在接下来的深入交往当中，双方一旦不适，便会感到格外悲伤。一般来说，使得这种友情破裂的一个关键因素，都是源于其中一位理想主义的人因为对方破灭了自己原先的希望而深感失望，但却对自己原先为何要将对方描绘成充满理想蓝图的错误想法而毫不自责。

适才谈到这种类型的友情，具有某种感官色彩。双方皆因深入交往后而感到沮丧，这就好比卢梭所犯下的过错：他将自己的孩子送到育婴室，而不是选择将他们抚养成人。其中最根本的错误，就在于对友情自然发展所产生的结果进行选择性的逃避。这种错误，归根结底还是源于自私，他们想到最多的还是自己的缺失与渴望，而不是怀着冷静与感激之情与他们结下纯真的友谊。

人们有责任与义务忠诚地敬告自己的朋友，让他们知道错误所在。我觉得，这是一个完全被误解的原则。这个问题的本质涉及真诚的友情，其中的基础就是自由。我所说的自由，并非源于责任的自由，而是一种没有义务羁绊下的自由。当然，我不是在提倡人们应该只顾着索取，而吝于奉献；而是说，人们必须要足够尊重他的朋友，这也就意味着，在这种朋友关系当中，不要尝试去指引别人，除非别人有那样的要求或是渴望。朋友的过错，还是留给那些更为火暴的批判者指出来更为适宜，正如谢里登所说的那些有着“该死的好性情”的朋友们。但是，朋友就必须将朋友所认为美好与真实的事物视为理所当然，尽管朋友可能在另一种途径中追寻。朋友的义务，就是去鼓励与信任朋友，而不是去反对或是指责朋友。自己之所以与他人成为了朋友，只是自己喜欢上了朋友本身，而不是接受了别人的意见，被迫着要去喜欢上与某个人结交成朋友。这里，最为关键的在于，这必须要建议在一个完全自由的环境，而不是为了相互提交交际的技巧，除非这是一项协议或者条款，否则没有任何理由将两个原本没有瓜葛或者原本合不来的人，拉扯到一处而勉强成为朋友。毕竟，人到最后只能向上帝负责。一个陷入歧路的人，正如一只迷途的羔羊，但另一只羊却并没有义务用羊角将其顶回正确的道路上，除非这只迷途的羔羊明确地给出了求助的信号。

人们可能会说，现实生活中有牧师或是导师作为引路人，但他们与我们的关系绝非是地位相等的朋友。若朋友之间真的有地位高下之分，那么处于低下的人必须要心甘情愿地为处于高位之人作嫁衣；而身处高位之人也一定不能去强求低下之人如此这般去做，否则两者地位不平等，就难以成为互诉衷肠的朋友。社会上，真正牢固的友谊始于平等的同伴关系，在这些人当中逐渐升华为某种自由情感最为原始的自然交流。在这个阶段，两者并不需要质疑双方的忠诚度。因为，这种纽带是由许多简单的举动与平常的话语所组成。在理想化的状态，就是以全新的坦诚与真挚，将两颗裸露的心串起来，那些即便是错误的举动，也不会让对方感到羞耻。所以，这样的友谊是世上最为纯粹、灿烂与牢固的情意。但是，这是多么奢侈而稀有啊！

往往更为常见的，便是两个人处于敏感或情绪化的心态，当他们相处在一起后，起初会互相交流经验，从各自的记忆中搜寻一些美好与富有教益的东西来谈论。但愿双方都会有这样的感觉：此人的性格简直就是自己一个绝佳的互补；在他面前，我可以轻松自在地袒露自我。若如此，则是一个多么微妙与有趣的过程啊！接下来，就是互相探寻，相互发现的过程。做一个譬喻，远观时，城市显得楚楚动人，尖尖的塔顶与高大的城墙，透露出某种荣耀感；当我们接近时，却发现道路崎岖不堪，路上泥泞难行，集市死气沉沉，见不到半个人影。在近距离观察时，错落的房屋阴沉沉的，人也显得古怪与畸形，满脸愁容、疲态尽显。穿过大街，或从窗户往外望，城内尽是废墟，阴郁的生物在暗处闲荡。当我们将一块石头翻过来，所有神秘与古怪的东西在阳光下打滚，迅速遁逃。我们开始寻思，这似乎不是我们想要抵达的地方。原先，对此浪漫的想象纯属电光石火之间的一个意外响动而已，也只是我们心中升腾起的某种无解的情绪。然后，我们接着启程，继续搜索另一个城市。在地平线上，我们可以看到一座小山，之后就是另一座城市了。于是，我们就能离开这个寻常人生活的无聊地带了。但是，想要从最基本的同伴开始培养友情，就要日复一日地从探寻每条街道与小巷开始，坚持不懈。当我们将城镇走了一遍，就会开始发现其中的魅力所在。我们会深深意识到，其中蕴含着一种激烈与充满渴望的生活。倘若居住其中，就可分享到这种乐趣。那些走马观花式的旅行者，都无一例外地难以抵达终点。之后，美妙的情愫渐渐在心底冒芽，对家庭的爱也开始坚忍起来，在这之中，我们也会感到许多额外的惊喜。当我们进入一扇门之后，看到之前从未见过的景象，接着便进入一座庙宇，里面香雾缭绕，夕阳在沾满灰尘的窗户上显得五彩斑斓。在人来人往的祭台上，进行着神圣的仪式。这一切，都显得多么有趣和美好。然而事实上，若是对友谊抱着一种旅行者的心态，那么，友谊便永难形成。如果这样，唯一的收获只是永远在探寻浪漫与美景。有时，一些到处游荡的旅行者可能会变得耐心起来，在这里竟然也能怡然地生活，但这又另当别论了。最棒的友谊，通常一开始都是由于某种相近的习性而糊里糊涂地结交下来了，然后逐渐地显露出其中的美感与价值。

为了获得自身“精神上的平衡”，也希望别人能够对此表示宽恕。我向两位睿智、善良与大度的女士朗读了我的一些观点。后来，我与她们俩都成为挚友了，当然，她们俩在社会上也享受着尊贵的地位，但我从来不看重这些。我不会将她们具体提出的宝贵建议展现出来，也不会写上这些建议中的只言片语，我觉得这是对友人的一种尊重。我坦率地告诉她们，我并没有完成这一章的写作。在我着手完成本章的最后行文时，我需要某种灵感的激励。在这里，我不能将她们的原话照搬过来。但我感觉，她们是以象征性的语言来阐述这个问题，就像两个具有创新精神的人，将祭台上的稻谷、酒、油都视为代表着某种神秘而美妙的事物，展现在我这个友人面前。但是，她们也指出，我只是在描述友情的某些外在以及一些表象而已，但也不能说是不准确的。她们谈到了友谊的真正核心，对于这些，我觉得自己应该要毫不吝啬地说出来。但是，当我要求她们能否举出关于友情一两个最高尚与美好的例子，或是只存在两个男性或是男女之间的友情，而且又是不断完善与充实的例子，此外双方不能是情人或是婚姻关系之时，她们却觉得极为困难。

当我们筛选过往普通人之间的友情时，就会发现一两个这样的情形，但却基本上已经处于逐渐“凋落期”。事实是这样的：在情感领域，不少女性与极少数的男性，能够形成这样最为高级的纽带。我们都一致认为，男性更倾向于从婚姻中找到自己所需，因为他们对个人情感的需求更多的只是一种兴趣，而非形成依赖。随着年岁的增长，现实的生活、人生的纷扰、社会的变迁、结构的更新、观念的进步、自然的探究都会消耗男人的精力。他们会发现，自身的情感生活存在于家庭的某种纽带，而任何沉浸于这种情感关系的男性都会被视为多愁善感者。

真正充满情感需要的，往往是女性，或是带有阴柔气质的男性。所有这些情感都染上了淡淡的遗憾，无法传递任何满足感与优越感，正如一位母亲会在孩子小小的梦想破碎之后，在他的耳旁轻声细语，讲述着另一个关于希望的故事。但我发现，在心灵的一隅，存在着被另外一颗心灵痴迷与崇敬所吸引的角落，并且在高尚与伟大的情感中让身心感到愉悦，而且，任何物欲的获得或是功利的想法都难以进入这个角落。当那些长期活在阴郁与病态压抑环境中的人，则能第一次在阳光下沐浴一番，想象着自己可能从和煦的阳光中得到哪怕一丁点的好处。他们心中只是知道一点，这里存在着生活的乐趣与幸福。真正的人生，可以感受到温暖的阳光带来的愉悦与舒适。我理解她们所说的这些情感，尽管我会以另一种称谓来指代。我觉得这其中的确饱含着爱，而且还是极为纯洁的爱，是在占有欲中掺杂着一种削去阳刚之气的爱。于是，这种关系便逐渐发展与深化，直到出现了某种神秘或是精神上至关重要的纽带。所以，阴郁的心境甚至是死亡才能让我们分开，但人们对这种关系的永恒性却是毋庸置疑的。

两人说话时，不经意地四目对视，仿佛双方能听到对方内心汹涌的声音，而这种声音却又像建筑物回荡的美妙声音，牢牢地被困住，无法外泄，同时别人也进不来。但我不能怀疑这种声音的存在，因为声音就在那里回荡着。但我知道，因为一些懒惰或是陈旧的习俗，被我排除在外，同时我也会毫不怀疑她们所说的话的真实性。记得一位古代教士说过：他笃信，并向上帝祈祷，帮他解决疑惑。我觉得，当我将自己的人生经验无限地展开，怀着忠诚与崇敬的心情时，便完全到了另一种境界。那些性情的交融、心灵的联合，都容不得我去怀疑！当阳光如流水般倾泻温暖时，便会产生浴火重生的感觉，就好像一颗心灼烧之后，灰烬撒落满地，但这也常常让我觉得孤独，而且这种孤独感尤为深沉。

“啊！倘若命运之手蛮横地将你从我手中抢走，那么，这一半的灵魂，我将何处安放？何处又能安放得了我？”

这是一位世故却又愤世嫉俗的拉丁诗人，在给他的一位朋友回信时所写。我们常常会迫不及待地想去谴责一些人的世故与冷漠无情，但即便是在木材燃烧的火光中，也会跳跃出零星的火苗。人们真能将这个秘密时刻埋藏在心底吗？倘若人们能将这种亲密的情感不断保持下去，随着时间的流逝，心灵会不由自主地与另一颗心联系在一起，大脑也分辨不出彼此所留下的印象。由此而陷入的沉醉，难道这些就不能弥补这些沉醉的价值吗？我们都要为获得某些东西而付出一定的代价，仅凭我们的赞誉或是渴望，蓟草变成不了葡萄，橡树也成不了玫瑰。

我们无须怀疑上天将一些宝贵的天赋赐予了别人，我们也不用抱怨上帝遗忘了我们。因此，我只能心怀感激地承认，世上的确存在着某种高尚却又让人费解的友情。作为埃里岛的居住者，我能从远处看到这般风景：在高高的沼泽地上，在风呼呼而过的农场上，可看到远处村庄的山谷，袅袅炊烟从快乐村落的烟囱上冒起来，缭绕在树林间，似要在那里筑巢。而尖尖的塔顶，则好像愉快地伸出了手指，此刻正指向天空。若我们所想的皆能成真，人生也蛮可怜的。若我们能满足于眼前一些看似微不足道的事物，兴许也可能去领略其他事物。

第四章

幽　默

> 我认为，站在伦理的角度分析，幽默本身并没有获得其应有的声誉。幽默能让人免于自大，而信念、希望与博爱则无法做到这一点。

这是一个有趣的故事。在圣三一图书馆的一堵矮墙上，一位剑桥大学的女学生发现有四幅寓言式的人物画像。她觉得有必要对这些学识渊博之人做出一个解释。然后，她便勇敢地问一个名叫杰克的男生："嘿，杰克，这些人是谁啊？"杰克也是第一次看到这些人物的画像，想了一下，笑着说："这分别是信念、希望、博爱，当然，还有……"

"但是，还有一个呢？"女生问道。

"哦，对啊，有四个人啊！"杰克并不感到沮丧，而是用某种哲学方式凝视着画中人物的眼神，瞥了一眼后，坚定地说："第四个是地理。"这就是极为有趣的"四人组"！

我时常会有这样的感想，就好比现在有机会在基督仁慈的等级上增添一样东西。在一个原始低级的时代里，也许有了信念、希望、博爱，恐怕就已足够。但现在的世界已经不断扩展了，我想在这三者的基础上再加某种品格是亟需的。人们可以让自己满怀信念，充满希望乃至博爱，但还有很多心愿要去达成。人们可能借助一些工具而对社会做出积极的贡献，但他可能是一个无聊甚至是荒唐的人。因此，我希望看到有一种风趣的幽默，被加在基督仁慈的等级上。

我认为，站在伦理的角度分析，幽默本身并没有获得其应有的声誉。幽默能让人免于自大，而信念、希望与博爱则无法做到这一点。事实上，以上三种美德不仅无法让人免于自大，有时甚至让人的自我优越感陷入到无以复加的深渊之中。我想，当基督教开始在世界各地传播之时，所需要的一种性格特征，就是根深蒂固且极富热情的认真精神。世上没有比认真更让人生显得丰富有趣。在这个世界上，真正活得最开心的人，并非那些凡事看淡、喜欢大笑或是诙谐之人，因为他们都要面对人生的跌宕起伏、潮起潮落，他们便时而在快乐的“峰顶”上肆意地跳跃；时而又阴郁地沉沦至无聊单调的深谷。但是，一般而言，认真之人要么快乐，要么无聊，因为他们没有时间想太多。

早期的基督徒热切地希望将基督教义撒播到全世界，他们根本没有时间与精力去念及其中的焦躁与不安。先驱者是不能幽默的，这是任何教义在传播之初被人公认的真理。但是，现在的世界已然发生了翻天覆地的改变，基督原则早已成为了一种不再具有实用性的理论，人们对它的需求不再变得必要，而是成为了另一种选择活着的信仰方式。我所谈及的幽默，并非是对欢乐的一种痴爱，也并非是那种不负责任的嘲笑。其实，幽默也并非全然让人感到忧伤，也并非完全让人沉浸在欢愉之中。在这个不完美的世界里，幽默者叹息与微笑的概率，其实各占 50%。幽默本身，是一种荒诞，是对生活的夸张，是对生活充满敏锐的洞察力后，衍生的一种外在表现需求。真正的幽默者，绝非愤世嫉俗者，倘若它变得愤世嫉俗，那么也就失去了其原先所有自然的风采。从本质上来说，幽默源于一颗颗敏感之心所凝聚的集体智慧结晶，你可时刻去找借口宽慰别人，急切地原谅别人。幽默也绝不会显得荒唐、沉重或是出于自我优越感。

当然，智趣也是幽默内涵的小部分。智趣之于幽默，正如闪电之于电流，在一定的状态下，表现出生动、明亮与爆裂式的特征。但是，一个可能在骨子里就有幽默感的人，在现实生活中却说不出半句幽默的话。要获得智趣，必须要有天马行空般的想象力，开启智力的阀门，让自己变得灵敏、心态怡然。但是，幽默远不止这些。

在宗教领域里，由于长期缺乏幽默，在历史上业已造成了罄竹难书的灾难。所有理性的人都会认同一点，对宗教压制或是贬斥最严重的，非神学莫属。神学让人总是偏执于并不重要的事情；在一些细微的规则上湮没了极为重要的原则；为了一些繁文缛节而牺牲了简朴，盲目地崇拜了教条和教义。令人感到更为糟糕的是，神学还将后者融入其精髓之中。就某种宗教而言，最为不幸的是，教义最终沦落为某种逻辑，从一些并不充分的数据中演算出一套貌似具有理性的体系。但是，幽默憎恨逻辑，根本无法将信念牢固地建立在并不稳固的推算之上。宗教所能承受的最重负担，就是历史传统所遗留下的沉淀，而幽默却是所有墨守成规与传统事物的天敌。只有伪善的精神才会盲从过往的先例与权威，幽默的精神在于热爱着所有富于跳跃、变化与颠覆性及新鲜的事物。

东正教所宣扬的天国之所以那么让人压抑、倍感沮丧，就是因为那里根本容不下笑声，让人只能表情恬静与温顺，最多只能是露出微笑。当人们想象着人世间所有无邪的荒唐与友善的笑容，从中消失的话，那么，无怪乎人们会感到沮丧了。然而，这些教义却制定出条条框框，约束人们的笑声，甚至编造出亵渎神威的幌子，扬言笑声都是对神的最大蔑视。这就是为什么当一个充满幽默的人，用他的死亡挑战僵硬的神论时，人们才会感到格外的悲伤。因为原先那个富于魅力与自然的人，仍在脑海中盘旋，一切却早已成为过往云烟了。

即便是弥尔顿狂暴式的幽默，也要比那些阴郁的东西更为纯粹。人们会记住，他所描绘的天使模样，戏谑亚当称天文学是故意被造物者弄成这么艰深的学科。这样，科学家们满脑子的疑惑可能正是上帝的乐趣所在！

“宇宙的创造者，留下了他们的争论；也许，这让他的笑声在古怪的想法中流传。”

我们可以再次看到，当他们成功地用大炮推翻了武装的六翼天使所具备的反叛精神时，这时，人群中才发出一些严重扭曲后的干巴巴的笑声。弥尔顿当然不想将幽默从天国中赶走，而他唯一的遗憾就是，自己并没有从自身童年的阴影中走出来，却仍从一般人的灾难甚至是灭顶之灾中找到最深沉的乐趣。

有人可能会问，在基督教义中是否存在幽默的成分？我对此毫无疑问。有一幅画，画中有一个小孩在集市上，无论脾气坏的同伴们表情或喜或悲，这个小孩坚持不让这些小孩参加属于他的游戏。这幅画本身便是绝佳幽默的体现。还有一个故事，讲述了一位寡妇对某位不公正的法官缠绕不清。法官却事先天真地透露出自己的判决结果。因为，法官说："尽管我并不畏惧上帝，但我也不惧怕人，我将报复这个寡妇，因为她总是过来烦我。"我想，这些故事的唯一用意，就是让听者们会心一笑。当然，类似的例子并不多见。但是，基督的传报使者们却并不打算去找寻这一类型的话语，将这些幽默流传开去。我认为，一个能够感受心灵正常跳动的人，他们的故事必然是世界上最为美好与生动的。在展现他们无与伦比的能力时，未能让听众感受其中诸多的幽默与简洁有力的话语，未能让听众在心灵中形成一幅诗性与情感的画面，这一切究竟要推究到谁的头上呢？

从来没有人将人类充满幽默的心智展现出来，以致人们都忘却了曾经挂在自己脸上那一闪而过的快乐。幽默，就像断了线的风筝，人们抓不住手中的线，无法怀着满足与快乐的心情去触动内心的感觉。耶稣基督的手轻轻地触摸到了生活，他的箴言直抵人性深处。这让我深深感受到，在他与朋友或使徒的关系当中，并没有任何过于认真的凝重感所带来的无聊与空洞。我们笃信他是一个完人，在凡人智力范围内所能想象到最美好与具有活力的性情，无一不在他的身上彰显。

在《新约》中，很难找到幽默存在的蛛丝马迹。有时，人们不禁会想，难道圣保罗对幽默真的没有任何怜悯之心可言吗？他是那么刚烈、武断，时刻急于实现自己的理想，而没有闲心或心境去探究一下人性。有时，我觉得，倘若他真的具有这种幽默的品质，他可能对信仰会有着另外一种不同的偏见。我常想，这可能就是基督教从简朴与真挚情感中开始分离出来的第一步，将原先那些纯洁的行为或是对信仰友善的宽容，僵化为一种定义明确而且必须要在智力上进行解释的一种信仰。

我记得，歌德曾说过，希腊文明是人类心智这把“匕首”最适宜的护套。无疑，世人能在希腊文明中找到人类心智最为灿烂的文明成果与思想上的开化。但是，谁能不惊讶于人类这朵极为绚丽与芳香的花朵——希腊文化之花，其形状与色泽近乎完美、大小适中、芳香盈袖，却在那么久远的年代，在那么陌生与孤寂之中突然绽放呢？希腊文明将孩童般灿烂的热情以及成熟心智的鉴赏品位，惊人而又完美地结合在一起。“Charis”一词是他们对此的称呼，饱含着一种极致的魅力。在他们精神的印记上，释放出了本能的优雅。于是，我们很自然地期望，在他们的文学作品中，应该同样能够找到这种升华之后的幽默感，正如他们作品中所透出的其他品质一样。但令人扼腕的是，那个时代的许多喜剧都失传了。在米南德的作品中，我们好比只是从一个美丽的花瓶上，找到一些剥落的零星碎片一样。而在阿里斯托芬的作品中，则散发出温馨的“直率”，肆意地将一些荒唐的笑料挥霍着，这是十分罕见的。还有那位温情而具有魅力的柏拉图，比起阿里斯托芬，虽称不上有多少智趣，而幽默倒是远远胜之。但是，将幽默融于文学之中的做法，希腊文学在这方面似乎鲜有后世的追随者。在古代文学里，一般的倾向都是带有某种严肃的伤感，或是一本正经地记述着事情，集中关注人类的命运以及对艺术之美的探讨。在罗马人那充满活力与勇敢之气的心智中，找寻幽默的踪迹只能是缘木求鱼。有趣的是，古罗马人的喜剧，大多都是改编自希腊喜剧。在特伦斯与普劳图斯两人之间，我一直以来就看不出有什么显著的区别。路德曾说，若让他孤身一人生活在荒岛，他会带上《圣经》

与《普劳图斯》这两本书，这着实让我大吃一惊。贺拉斯与马迪尔（Martial）对人性的弱点有某些深刻的见解，但这只是属于智趣上的见解而已，而非真正的幽默，更多的只是讽刺作家卖弄风趣罢了。之后，古代世界的帷幕似乎便垂降下来了，离我们渐渐远去。当人类文明再次崛起时，便是以英法两国的文化为主轴，我们越来越意识到，现在处于一个更为宏大与优越的文化等级之上。甚至可以毫不夸张地说，我们拥有了形形色色的品牌后，同样还有许多质量各异的酒。从英国人戏谑的调侃、苏格兰人俏皮的深沉、美国人枯燥而点睛的酒话来看，要想对现代社会的幽默起源与发展，做出一个历史上的概述，这恐怕需要费一番功夫。然而，让我好生奇怪的是，竟然没有一个德国哲学家尝试对此问题进行一个科学的分类。也许，适合做这种工作的最佳人选，就是那些不知幽默为何物的人。因为，只有这样才能避免因个人的偏见，而产生一些误差。我想，这应该单纯地作为一种现象或心灵的症状来研究，仅凭对分类学执着的热情，反而会让一个学生忘记自身的微不足道。

然而，我不愿为幽默找一个固定的程式或某个特定的意义，而是要去发掘它，探究幽默真正的原始本质。这就好比氯气一样，它能将其他特征消除，以致散发出的最为原始的那种扑朔迷离的特性，让人难以遁逃。

我觉得，幽默深藏于人性当中。比目鱼夸张的嘴与恹恹的眼睛；翻车鱼无可救药的圆形身体；金鱼悲郁地瞪视，一刻不停地翻转着眼珠；牲口棚门前的家禽，显得恼怒不安，却又无能为力的神态；野猪粗犷的身姿；鹦鹉那双貌似认真而又狡猾的双眼。对于这些动物身上的特征，如果我们能够从一种富于创造性的角度分析，那么，就会发现幽默无处不在。当我们发现这一切与幽默有关时，我发现最为本质的根源在于，我们在不知不觉中就将这些动物的脸部特征与人类的表情进行了一番比较。人们赋予了上述动物一些其自身可能无法感受到的情感，而这恰恰是一种隐藏在人性中的幽默。即便如此，我们仍难以解释清楚一些事，比如这些对动物自身而言极为自然与正常的“夸张”表情，却能激起人类愉悦的感觉。也许，我们所犯的“错误”，就是将人类的情感加诸这种创造性的精神之上了。但从另一方面来说，我们却发现，在没有任何物质需求或是生理本能的驱动下，很难看到这些动物表现出更为复杂的情感，除非相同的情感早已存在于造物者的心灵当中了。

这些，极易容易产生共鸣。如果画眉在傍晚时分朝向孤寂的丛林展喉高歌，如果孩子们看到膨胀多刺的仙人球而面露微笑时，我想，这其中必定是他们心中觉得有某种欢愉的东西，值得让自己去发出内心的微笑，而这恰恰是深藏于人性最深处的容易引起对事物的挚爱，从而看到最为美感与最为欢笑的本质。无疑，美感与欢笑是健康与满足发出的自然信号。

不少人心中还会存在这些疑问：难道幽默存在的基础就是一种自私的自我安全感的满足吗？当一个人在面对着奇异、古怪、破碎、不安或梦幻的事物而发笑时，难道个中主因是这些事物增强了我们对自身健康与安全感的感知吗？其实，我并不是说这就是现代社会所生出来的幽默之花。但是，换一种角度来思考，难道这就不可能是幽默产生的根源吗？难道让我们发笑的前提，不是对乐趣感知的一种纯粹孩童式与自私的冲动吗？这并非源于别人所遭受的苦难，而是在于感觉所有扭曲的事物都集中于一点上了。因为我们会常常觉得，至少我们暂时要比别人更加幸福。小孩子发笑，并非完全因为他感到快乐，当他处于极度快乐之时，也是最为严肃与正经的时候。但是，当小孩子深深感知到自己的健康与安全时，就会大笑起来，正如他被别人搔痒时所感受到愉悦的“痛苦”一般。然而，正是这种轻微的不安，让孩子们感受到了自身的健康。

现在，让我们做进一步的思考，其实，这其中更为深刻与奇怪的思想有着这么一种规律。我们能够看到，所有生物都有一定的生命循环规律，包括人类本身也是从童年、青年、中年再到老年。但是，我们是否考虑到这种生命循环的规律下面，难道没有隐藏着更为深邃的法则吗？我们认为自然永远是强大的，永远是年轻与充满乐趣的，但是世界上悲伤的荫翳或苦难，难道不也正在同自然一样变老与憔悴吗？也许，在某个极为渺远的年代，在神话与科学记录诞生之前，自然也曾一样年轻过，也曾一样英姿勃发。现在，世界充斥着过多的悲伤，但这并不像是老迈之后所透出的悲伤，而是一种成熟的悲伤。这个世界是不会衰朽下去的，她的心仍在躁动，活力仍在血管里喷涌，她仍然满怀希望。世界所存在的忧郁，只是年轻的忧郁，一种极富美感的忧郁。然而，世界本身充满了对天边远景的遐想与追寻梦想的渴望。尽管现在，世界的理想正在受挫，但她仍然深信能够取得最终的胜利。幽默在这个世界上重新泛起的一个根本原因，可能正是这种美好的远景堆积起重重障碍所形成的一个阴影而已。因为，幽默在那里寄生着，年轻人气焰万丈地相信，一切皆有可能，而年老一些的人则会觉得希望有些难以实现，便在希望与现实的鸿沟上，期许幽默的到来，感怀真实的微笑。

其实，那些潜藏的幽默，能让我们意识到自身的局限性，从而对现实能够清楚地判断。有时，往往一些约定俗成的普遍原则，其实被证明是充满了各种假象。在古代的世界历史上，充斥着人类对自身重要性的狂妄自大，他们认为世间万物都是为人类的创造而存在：花朵的存在，是为了让人类感受其颜色与芳香；飞禽走兽的存在，是为了给人类提供食物或竞技乐趣。总之，这种思想可用一句话来概括，即人是万物存在的标准。但是现在，我们已经清醒地认识到，人类只不过是世上迄今为止存在的最为精妙的生物而已。正如当人类可能灭亡之后，在未来的某个时候，一种更为发达的生物回过头来看人类，恰如我们回头看几百万年前巨大的土鳖虫看待三叶虫这些奇异生物一样。而在那个时代，土鳖虫的存在，已经是造物主的极致了。也许，我们追求的极致与永恒的理想，实际上可能只是因自身的浮华或狂妄，而这些恰恰最为荒唐可笑。

适才追溯了一下我们过往前进的脚步，幽默的本质似乎对不协调的本身，有着某种程度上的感知。

举一个例子，是一则有关醉汉的故事。在伦敦广场的栏杆上，有人看见这个醉汉在不停地原地绕圈，其实，醉汉是想找到走进广场的入口。然而，当他绕得累了，便坐了下来，双手掩面，哇哇地哭了起来，而后满怀苦楚地说："我被关了起来。"在某个层面上，他的这句话充满了哲思。因为在他眼中，倘若世界上只有广场上的花园与鲜花代表着自由，那么，广场之外的一切空间便成了监狱。那么，身处广场花园之外的醉汉，无疑陷入了被监禁的状态。

再举个例子，一个苏格兰人醉酒之后，小心翼翼地跳过灯杆投在地面上的阴影，因为他以为这片阴影下就是积水。当他看到教堂在自己前面留下一大片阴影时，他脱下了鞋子与袜子，撩起裤子，狠狠地说："看来，我不得不要涉水过河了。"

这些醉汉的故事，在一个信奉基督教的国度里时常出现，这确实让人看上去揪心，也的确让人深感遗憾。但是，不可否认，这些醉汉的故事之所以极具幽默感，却是由于醉汉失去了正常人清醒时的那种分寸与权衡感，从而对自己臆想出来的困难加以埋怨与指责。对这些情形的解释，实际上等同于原始状态下平常的幽默。

我们之前已经说过，幽默源于对别人的幸灾乐祸，而中国古代"五十步笑百步"的例子，正是这种实用笑话的经典案例。这种幽默，源于看到了别人处在自我臆想的困境中，看到了别人的不能自拔，从心里发出的一些笑意而已。此时，幽默源于看到别人处于一种悲剧之中，但实际上造成这种悲剧的因素，却是凭空臆想出来的，这就是所谓智趣上的幽默了。乔治·桑有句话大概能道出一二，她说："没有比修辞更能滋养人。苏格兰一个爱国者声称，莎士比亚铁定是苏格兰人，而他给出的理由仅仅是莎翁所具有的才华本身。"乔治·桑的话语所蕴含的幽默，取决于对辞藻的认知。这其中，构建了更为深厚的理念，更为强烈的情感。通常，当人们到达了这一层次，便远离了之前的个性，进入了一种陶醉与奔放的情绪之中。关于莎翁的幽默之处，在某种意义上来讲，乔治对某国的偏爱之情，会让人罔顾其所说的话语，因是否存合理性，而感到幽默。

同样，我们会认识到，幽默感的强弱在很大程度上取决于自己对其他国民的弱点或不足的各种感知。一位著名的政治家曾说过，如果一位苏格兰人应聘某个职位失败了，他接下来的目标就是确保获得这个职位的人同样是一个苏格兰人；而一位爱尔兰人若是应聘不成功的话，他接下来就会千方百计地阻止自己的同胞去获得这个职位。在这里，这位政治家将苏格兰人强烈的排外爱国主义情感与爱尔兰人崇尚个人主义情感的性格特征，通过一种幽默的方式表达了出来，让人在轻松一笑之余，对这两类人的本质特征留有了深刻的印象。这种类型的幽默，有趣的地方在于当其他国家在漫画上描绘出我们所存在的某种典型的印象时，我们竟然浑然不知。德国人难以理解英国人会对他们有这样的印象：在饕餮一顿、酒足饭饱后，在抽了许多根雪茄之后，他们竟然在一起讨论真理的专业术语，然后谈到诗歌或是某种曲调时，竟会潸然泪下。同样，英国人自己也难以理解当时在法国统治下所形成的一些习俗：男人们留着长长的络腮胡子，穿着麻呢的衣服，而他们的妻子则骨瘦嶙峋、穿着锯齿状的上衣短裙，而这两种奇怪的人会肩并肩地走，在他们身后则跟着一群与母亲打扮一样的女儿。

倘若某位幽默作家能够清楚地认知本国民众的荒诞之处，那么，他该需要多么强烈的幽默感啊！其实，能够做到从容地默认表面的荒诞，那是另一种思想高度的结晶。往往，我们能够从一些逗人的人身上，找寻这种幽默的乐趣。但是，不知有多少人无意中取悦了别人，却并不对此感到愤怒。如果某人真正具备了博爱，那么，在时刻给别人带来有益的快乐中，他也会感到极大的乐趣。

从上面这些想法当中，我总结出了这样一个结论，不管从道德或者是伦理方面，人们都没有认真地对待“幽默”这个词语。而实际上，我们大多数的英国人对幽默理解是前后相悖的，陷入了老一套的传统陷阱中。同时在现实生活中，我们大家所理解的幽默，大多都基于一个统一的准则，即无论什么类型的幽默，不管三七二十一，一律假定是错误的。一旦这种类型的幽默被过分地滥用，导致的结果就是幽默按照这一套路无限制地被复制了，且都是粗制滥造。这种类型的幽默，令幽默者坐立不安，常常害怕自己不被别人理解，这就好比是幽默者身边的一颗定时炸弹。我也没有否认这种幽默的存在价值，但是我认为这种类型的幽默很快就会变得乏味与单调。现如今，有许多聪明的年轻人，他们充满了朝气，并且为人处世非常直率，仅仅因为他们害怕被别人认为是幼稚的，就不专注在自己能力之内去表达一些美好的情感，而转向了世俗的写作。在他们看来，那些心智迟钝的人对他们露出的艳羡笑容，远比他们内心那颗充满爱心的心更为重要。

因此我们可以总结出，真正的幽默其意义更为宽广与深沉，只有人们对这个世界有了更深入的认知之后，才能理解其中的含义。然而在人生的旅程中，充满了太多的悲伤与严肃，根本容不下欢乐的存在，因此，这种对幽默的阅历就成了一种情感上的认知。那些幽默的作家，总是试图让自己保持童心，充满孩童的热情与快乐，温柔与宽容，但是这样一种心境是不可强求的，因为，幽默是天生的，并非后天能够再塑。

当那些努力拼搏的年轻人，将全部的身心投入到工作中时，我们常感叹他们失去了幽默感，生活索然无味。然而我们姑且可以这样认为，正因为他们失去了幽默而换来所谓的快乐，却更利于他们自身的发展。

我们常常听到这样一种说法，幽默者很难成为传教士或者领袖，因为传教士和领袖都是比较严肃的名词。有时人们也会偶尔发现，一个真正的天才能对生活中那些表面上看起来荒诞的事情，做出一个有趣的认知，并获得更为深沉与高深的见解。这些人就像一条河流，表面上汹涌，水下却异常平静。在人生的长河中波浪翻滚、汹涌澎湃，身边的事物就像阳光一样，照在水面上时波光潋滟。大多数人必须在这条混浊而又寂寥的人生长河中流淌，忍受其中的艰辛，度过人生重重的历练。另一部分人，则可能会在人生长河的激流中消逝或迷失，就像一条缓慢流淌的小溪，寂寂无闻。

也许，有人会说，要成为真正的幽默者，就必须要有棱角坚硬的一面，表达自己的个性。因此，我们很少见到情感丰富或激昂的人成为真正的幽默者。我想，这也许就是女性一般都不及男性幽默的原因吧。与此同时，那些幽默的男性也为此付出了一定的代价，他们或许会因此变为懦弱、懒散、猥琐的人。就我个人而言，我更愿意成为一个强壮、温情、忠诚与高尚的人，不想成为这个世界上最幽默的人。若是幽默能与以上的优点相结合的话，那么这样的人就拥有了难以抵挡的魅力，也具备了完美的分寸感，永远不会让情感随时迸发出来或者让美德僵化为一成不变的教条。因此，我想说，幽默是性格中一种具有神性的魅力，它体现出了艺术上的分寸感，一种真正而重要的宽容，让人趋于博爱。

第五章

旅行的意义

转头向上，看一看变化多端的蓝天，也许，工作的压力会随之缓解，紧张的心情会平静下来。因为有太多的理由，需要我们卸下身上的重担，去看一看五彩纷纭的世界。带上你的行囊，迈出旅行的步伐。

转动头向上，看一看变化多端的蓝天，也许，工作的压力会随之缓解，紧张的心情会平静下来。正因为有太多的理由，需要我们卸下身上的重担，去看一看五彩纷纭的世界，带上你的行囊，迈出旅行的步伐。在旅行者当中，无论出于良好的动机，还是拥有一些邪恶的想法，甚或自私与无私、高尚与低俗，对一些人来说，旅行仅仅只是排遣无聊的一种方式而已。

许多人都有这样的想法，当人们沉浸在单调乏味的日常生活中不能自拔时，大多数人会选择通过旅行排遣心里的负担。然而，有些人的旅行可能出于对健康、商业、陪同他人的缘由。但是，这些动机都没有好坏之分。有的人通过旅行，扩大了视野，写出了一本书。但是，有些旅行者却不同，他们怀揣着最为糟糕的想法，就是当自己旅行归来后，总是想通过自己的见闻来扩大别人的眼界。让人感到遗憾的是，这样做的结果，就是旅行者栩栩如生的描述，往往使得听者感到厌烦，因为他人的生活不能凌驾于另一个人的生活之上。因此，才造成了许多人到了某处旅行，便想着要去书写日记。因为这样，原本轻松的旅行，却搞得自己头昏脑涨，这一切实在让人感到费解和遗憾。

这些旅行者到国外旅行的日记片段，通常都是将琐碎的思想片段毫无保留地倾泻到日记里面，这便显得幼稚与青嫩，所以他们的日记片段被世人所忽视，便在情理之中了。为什么产生了这样相反的结果呢？因为读者在一本自传中想看到的是，某人在日常生活中的本真，他的工作状况，休闲的时间怎样利用。但是对大多数人而言，他们日常的生活轨迹似乎平平淡淡与毫无生趣，所以，他们也就没啥兴趣去做下记录。但是，当他们在异地旅行时，通常会进行详尽的描述。一般而言，这样的描述也是趋于肤浅与五花八门。同样令人遗憾的是，许多聪明人也会犯下这样的错误。前几天，我的一位朋友刚从美国旅行归来，他告诉我，一个孩子将他严厉地批评了一顿。从此之后，他滔滔不绝地讲述自己经历的习惯，便被彻底地纠正了。事情的本来面目是这样的：在他临走之前，他正在与哥哥一起享用午餐，但他却一刻不停地重复着自己旅行时的美妙遭遇。终于，八岁的侄儿在午餐结束前，放下了手中的汤匙与刀叉，满怀怜悯地对母亲说："妈妈，我必须说出来，听到叔叔一直反复唠叨不停，让我对食物感到厌烦。"

这样的旅行方式，让我常常想起一个有效的反驳方式，它出自于一位聪明的女士，在她反驳其表妹时，便采用了这样一种方式。表妹刚从印度旅行回来，觉得自己满肚子都是奇异的旅行经验。早餐时，表妹全身心地投入到对印度社会生活妙趣横生的描述当中，而早餐之后，表妹还准备着继续自己的感情抒发。此时，她从房间走出来，拿出一些布道文章、一本记事的本子，还有一支笔。她说："莫德，你说的这些可都是精华啊！不能任其消失，你必须将自己想要说的每个词语都记录下来。"但是，表妹实际能写下来的手稿内容，却是极为有限。同时，她也不必再为表妹的絮叨而烦恼。这样一个经典的反驳方式，其中所蕴含的哲理，值得我们每一个人深思。

也许，对多数人而言，旅行所带来的最好结果，就是当他们在返回时，那些原先熟悉的环境能给自身带来安全感，而现在使得自己充满了感恩之情。原先看似单调的生活，旅游之后就激活了，与老朋友的关系重新获得了某种新的价值，过去让人厌烦的闲话也有了几分舒适的热度。毕竟，金屋银屋，还是自己的老屋最好啊！自己所说的母语要比异域那艰涩难懂的发音，听起来更为顺耳。无聊的时候，挤挤海绵或是将衣服塞满衣箱，也充满了乐趣。总之，回到家真好！

对一些具有教养与智趣的人而言，他们有足够的理由去寻求旅行所带来的一些收获。春日的阳光，轻柔地洒在眼前这片陌生的丛林，南欧紫色的花朵散发着幽香，南方房屋鲜艳的色彩，古老而高大的城堡在森森的花圃里闪烁着光芒。这些都是很轻易走进我们印象之中的事物。当我们看到在黑压压的拱门之下，有一种神秘的祷告仪式正在神龛祭台上进行，我们便会停下匆匆的脚步，闻一闻那"浓厚、刺鼻而又让人昏沉"的烟雾，在异域的背景下领略别样的风景，亲眼看一看宫殿阶梯下运河相接的奥妙之处，听一听海浪拍打的声音。倘若上面还有造工精致而腐朽的檐口，这些景致让人看起来，真是不亦乐乎。

当我们的双脚站在一片与自己毫无干系的土地上，会有某种莫名的冲动，不一样的喜悦之情。当我们驻足于过往的英雄或圣人墓旁，看看艺术或历史曾造就的熟悉而又陌生的场景，参观一下名人的故居，这些或单调或失落的景象，也会激起我们的感觉器官。当人们半生都在希冀向往的地方，出现在自己眼前时，那种无数次与梦想相逢的神游场景，在这里被现实拍下了最为珍贵的照片，这又是一种什么样的激动与幸福。惊呼？尖叫？兴奋？这一切，我想都不为过。

有时，一位无趣的同伴也会给人带来无尽的苦闷，他们恰似在纯白的心灵上撒了一层墨云。我曾经拜访过阿拉丁伯爵，我永远忘不了与他在一起的时光。朋友们滔滔不绝地讲述着关于考古之类的事情，领着我们从一间房子到另一间房子上下打量，然后打开方位图努力地搜寻，以求让我们不至于迷失了方向，我不得不承认，在彼时彼地，因为房间号码不是按奇数排列的，而是按照偶数排列的，以至于我不能准确地辨认最为中间的那扇房屋。

尽管在旅行中会碰上不少困难，但是旅行还是会有很多难以言喻的美好瞬间。当情绪与同伴都处于轻松和谐的状态之时，就能感受到这种瞬间的美好。现在，当我写作之时，就能感受到这样的时刻又重新回到了自己的内心深处。在古罗马城放眼眺望，四周都是平原，一座座坍塌的墓冢砖石早已破碎，墓冢上则长满了青草与金鱼草，当我们在安那波的苇丛河滩上感受小船迅速而下时，心中的快感便会油然而生。沙子在池底晃跃着，清泉则从地底下涌出，一只大麻鸦从附近的芦苇荡里急速飞离，当看到如此田园美景，恬静而怡然的组合，值得每一个旅行者为之苦苦追寻。这些自然界神奇的组合，会带给心灵空间一种浩渺的意境，深深地触动着灵魂。其实，若不是亲眼看见这些美好的景致，我会觉得近身于海市蜃楼一般。但是，在这个奇妙的世界上，存在着许多值得我们为之找寻的珍贵事物，前提是我们努力去找寻。

但是，我可以肯定地言明一点，即旅行并非一味狂热地收集一些印象，而是要怀着休闲与美好心情能够在空旷的空间里，得到最为纯洁的释放。也许有些人会认为，自己去的地方尽量多一点，以便能走马观花地从一个地方赶到另一个地方，但是我却恰恰相反，因为这些走马观花近似扫雷似的驻足，永远都只是浅尝辄止，并没有充分地了解一域的风土人情。那些只顾在旅行中收集印象的人，即便再美丽的景色也难以打动他们。但是，我们所要追求的，并非某种特定的印象，而是心灵更为持久的震撼。

倘若我们没有礼拜的习惯，走进一所教堂与走进一片湖泊的意义相差并不大。因为，教堂存在的最大价值，便是供人们礼拜的。人们只有通过礼拜这种方式，才能真正深刻地理解教堂存在的真正内涵。倘若我们没有强烈的欲望，想要在某个地方待上一段时间的话，而只是浏览一下风景，这倒也无可非议，但也不值得提倡。因为，到一个地方旅行的真正意义，便是在其地感受生命力，而非着迷于其外在的精致。总之，我们不能让记忆在心灵染灰的木屋中沉睡，然后自问留下了什么。所以，当我在写作之时，记忆的宝库便会敞开，偷偷地向外窥望，想看看眼前是什么景象。我看到了乳白色的天空，天蓝色的大海翻滚着轻柔的绿波，而我似乎驾驶着一艘普通的小舟。唉，想想这也是二十年前的事情了，当时的我身体孱弱，在海的边缘上，又能感受到什么东西呢？那时，颤抖、变幻的蓝色波涛在何处闪耀着微光与跳动着澎湃的浪花呢？在一簇白色房屋与帆船桅杆之上，有一处长长低矮的岬角，也有一座白色的圆顶屋，就像天国里的神殿一般。我想，这就是加的斯吧。但是后来，我才发现所描述的景象完全是错误的。有人告诉我，加的斯这个城市，矗立着工厂的烟囱，浓烟从烟囱里滚滚冒出。但是，对我来说，那座鬼魅般的白色圆顶屋，就好像按照珍珠的模型塑造出来的，隐露于不断流变的雾霭之中。后来，我再也不谈人生的所见所闻，觉得由此一景，足以回味人生。

后来，我又仿佛看到自己此刻正在另一艘小型汽船上蹒跚而行。老实说，这个动作，我很不习惯。但是迎来了春日早晨的曙光后，脸面上便袭来一股清新之感。我发现，这里的海浪有另一番风味，它不如大西洋钢铁般长长的滚浪，而是碧绿得海天一色的浪花，跟随着音乐的节拍有节奏地推进着。这，就是地中海！岸边铺满了青草般的山丘与褶曲的山谷，在灰色的山崖边，碎浪不时在那里泛白跳跃。那么，这是哪儿呢？西西里岛？转眼间，我又想到了提奥克里图斯。在那里，有一个牧羊少年在海角边，无忧无虑地歌唱了一曲满怀欢乐与宁静的调子，就像一杯美酒进入了我的心胸，让我潸然泪下。哦，提奥克里图斯！十年前，当我在伊顿那布满尘埃的教室里，阅读丑陋与棕色的书卷时，翻着一页页发黄的书页，当时的阅读给了我一种美妙的感觉，让我从喧嚣的学校与倍感折磨的环境中解脱出来，让一颗喜欢幻想与不安的心灵听到了歌声的回荡。当时的我怎能想到今天的情景呢？现在，当我看到荒芜的石灰岩悬崖、一望无垠的荒原，人迹罕至的山沟，地势起伏的山脉，清新的海风，便有一股感怀过去美好岁月已逝的悲伤。那段时光，是我人生的一段青葱岁月，我常与牧羊人走在一起，同他们同喜同悲，结下了最为纯洁的友情，然而，那样充满温馨的时光，却一去不复返了。

回到村子参加节目，与穿着破烂的流浪诗人们相遇游吟，脸上却挂着令人哭笑不得的笑容。当他们的歌声停下后，接着用灵活的双手演奏出古老而真实的旋律，那种场景实在让我魂飞梦绕！这些古老而甜美的梦，对我而言又意味着什么呢？当阳光汇聚在一起，穿透人类的灵魂，就像穿过暗影的岩石；海水不停地咆哮，发出隆隆巨响，最后在洒满阳光的沙滩上停留，在潺潺流淌的溪流里，苍鹭可在那里半酣着？这股同源的水流，从一个未知漂流到另一个未知，在这陌生的未知中来回飘荡，于我有何深意呢？我只知道，这带给了我某种陌然的渴望，自己在追寻所有微妙、美好与充满魅力与神秘的追求，想去感念一下那些被泪水模糊双眼的人，体验被世上那些古板的规定刺伤得愈发不清醒的感受。因为，人生就仿佛正从陡峭的悬崖逐渐延伸至死亡的平静之夜。

当我再次坐在一个可以眺望维苏威火山的房间阳台上时，已至天色向晚，天空被暗云笼罩着，空气仿佛静止了。从陡峭坡度下的果园，传递阵阵清凉的微风，空气沉闷地摇曳着，但却又似乎在薄暮时分失去了方向，羞怯又随意地吹过，就像精灵在远处大海之上的某个松林里浅唱，随着洋流缓慢入耳。攀缘植物厚密而干枯的叶子，突然闪电般颤动了一下，精灵被惊醒了，空气中也融入了某种高雅的精气，凝滞着暗香与清凉的露珠。几处灯火，在远处开阔的平原上闪烁起来，接着沿着海平面往上升，天空仿佛更加幽暗了一层，暗影却难以再度穿过。但是，天空与地面之间悬浮着红光闪烁的“眼睛”，那又到底是什么奇怪的东西呢？更让人感到诧异的是，悬崖边上幽灵般闪烁的火焰，似乎在疯狂地游移。那么神秘而又变幻的灯火，就像一串将熄的火焰在空气中忽明忽暗。暗灰之处，其实就是维苏威火山上的一道裂口，焖烧的热量从地壳喷涌而出。在一两天前，我还看到从那里流淌出来的黏质熔浆，在这熔浆上面，火焰噗噗地燃烧着，接着流向地下通道，便冷却成了火山灰。在这道火光之上，则是维苏威的火山口内部的熔浆在一刻不息地涌动，它们释放出巨浪式的油质烟雾，将蓝天染成了乳白色。汇集在深坑里的熔浆，从地下冒出来的蒸汽又似乎点亮了山口。这是一种不眠不休与始终如一的力量，按照某种永恒与让人费解的规律一直进行着，最终呈现在我们眼前的就是这恐怖而又壮观的景象。这一切，让我感到极为困惑的是，远处炽热的火苗与散发着麝香味道的小巷，为什么要组合在一起，它们的组合带给了我无穷的遐想。

在我脑海中，储存着数百个这样的情景。每个情景都在脑海中烙下了深深的烙印，挥之不去。有时候，心里会莫名地涌出这些画面，让我感到颇为震惊。大脑敏感的神经，在自身没有一丝意愿下，以极为小心的方式保存着这些让人震撼的情景。每当重新触摸时，却总能焕发出一种全新的感觉，每次似乎都将原先一些僵化的细节打磨掉，直到心理的情景都变成一首抒情曲，难以言喻的曲调，以致我总不忍去触摸。

每个人都应该遵循自己的品位，要是在旅行时试图遵循着别人的旅行目的或方式，便显得毫无意义。就我个人而言，旅行的最终目的仅仅为了收集一幅幅美丽的画面，并将这些美丽的画面深深地印在脑海中，那么，我便可以做到完全忽略在旅途中寻找知识或某种信息的目的。因为，在旅行时，常有一些天马行空的思想或一个执拗的心态，让我们不愿被任何规则所束缚。并且，在收集那些美丽的装饰图案或微小的细节时，都需要我们多加小心，谨慎行事。

每当我写作的时候，以前所收集的那些情景，便会浮现在眼前。在我眼前，常常有如下的情景出现：在阿瑞图萨清澈的池塘中，一条巨大的金色鲤鱼慵懒地潜游着；在一座高架桥的铁轨上，一条由松叶菊编织的地毯可能是缘于其自身的某种欲望，紧紧地缠绕在高架桥上，旁边还有不断摇曳的品红色花朵和其肥厚的叶子，为高架桥上壮美的画面，增添了更多的情趣。

我曾在锡拉库附近的一个海角，看到过一条镶着深黄色的线，一直不明白如此壮丽的景致如何形成。当我试着向导游打听，导游解释说，因为曾经有一条满载着橙子的船，在海边搁浅后，船只便破裂开来，而船体一直留在海滩上，船上的橙子在海浪数百次的冲刷之后，在海边长成了以搁浅船只为依附的海生植物。当人们从陆地上看过去，就会看到一条镶着深黄色的线。然而，对于眼前这些充满美感的景致，那些固执、不通情理的人也许毫无感触，也无法在心里留下什么深刻的印象。与之相反，那些有着古怪脾气与淘气的人，会在自身极度不适或者劳累的时候，记住这些景致，并在心里形成一些不可磨灭的印象。我以为，这些人之所以这样做，很可能是因为在身体疲乏的时候，希望从这些美丽的景色中，找到打开身体疲乏桎梏的钥匙，并将自身从眼前这些忧虑中摆脱出来。

但是，有一些旅行者出去旅行的目的，仅仅是为了考古或者统计历史事物的数据。他们希望能像尤利西斯那样，研究“人的行为方式，民族的风俗，政府的管理制度，国家会议的组织形式”等问题，鉴于他们的目的，他们可能会对诸如建筑风格或某个历史时期的雕塑比较感兴趣。我有一个朋友，为了研究某一大师的画作，经常让自己陷入数不清的麻烦之中。有时候，他为了目睹一些看上去令人讨厌的涂抹，便将所有的画单全部买了下来，然后声称自己将这位大师所有著名的画作都已鉴赏完毕。我认为，这种不顾事物本性的残余，将所有事物照单全收的行为，就像孩童时期那种收集油画一样，幼稚而可笑。或许有时候，我应该赞扬这位朋友这样一种执着的精神，但是我觉得为了达到喜欢的目的而受苦受累的话，是一件十分不明智的举动。

还有一些像迪安·史丹利一样的旅行者，对大自然美景的欣赏转变成了对人文历史景观的陶醉。有关迪安·史丹利第一次看到地平线上雪白的阿尔卑斯山脉的故事，总是让我会心一笑。当史丹利还是个孩子的时候，他第一次看到了雪山，就手舞足蹈，跳起来嚷嚷道：“天哪！我该怎么办？我该怎么办呢？”但是，在后来的日子里，史丹利却不愿再走进一步去观看雪山的风景，而是选择整天在某个农家宅院的围墙上，搜寻那突出来的废墟，好似要从这废墟中，找到某些被世人遗忘的人文或历史传统。然而，我个人却无法理解这种行为。

我不是一个容易受到他人话语影响的人，不会因为人们说恩培多克斯在火山口的纵身一跃，就非得去看看埃特纳火山；也不会因为听说某座城墙因主人吹奏小号而倒塌，而一定要到杰里科去看看这座城墙。在一个历史景观中，唯一让我感兴趣的是这些场景可以在某种程度上，构筑起原有的那种历史场景，让我可以通过双眼去看到历史当事人所处的大部分真实场景。锡拉库扎这座城市之所以让我陶醉，并不是因为其历史渊源，而是因为它固有的美感。我深信，修昔底德在栩栩如生地描绘那场海战之时，是不可能目睹到当时的惨烈战况，并且在叙述的过程中，也必定夹杂着不少道听途说的内容。从另一方面来看，当一个人感悟到某个逝去的历史场景难以改变之时，也有可能激发出来人类伟大的思想，继而创作出流传千古的著作。然而，世上其他任何事物，也无法与这种能力相媲美。

有一天，当我路经吕达尔山的神圣之门时，我的心中充满了难以言传的崇敬之情，并脱下帽子表达了自己崇高的敬意。我的同伴笑着问我：为何这样？我回答说："为什么不这样呢？这完全是一种自然的、虔诚的行为。我能够想象出在这里，曾发生的情景，哪怕是产生的细节，都好像我曾经住在这里一样。那个场景历历在目：我数百次与诗人神游于此，在花园的月桂树下与内布斯加的林荫大道之间来回踱步，然后与他们一起坐在一个小小的客厅里，客厅里的壁炉中还闪烁着火苗，同时听着他们说出对自己诗句不满意的地方，而一旁的友人却正在记录着他的言辞。

在阿伯茨福德，我看到了一间让我肃然起敬的房屋。房屋内的装潢，仿制了封建装饰风格，看到这样的装饰风格，让我倍感兴奋。房间里有一个窄窄的楼梯，当年司各特就是从这个楼梯上静静地走上楼去，一个人在楼上孤独地完成工作。房间里还有一个玻璃箱，里面放的是折叠好的衣服、不成形的帽子，还有难看的鞋子。他居住过的房间，曾经容纳了一个心灵饱受创伤与丧亲之痛的人，也容纳了一个以勇敢的人生态度与多舛的厄运作斗争的人。房子周围，是一个农场，这个农场见证了司各特与一位干练的法警朋友在一起散布的情景。同样，在这座山坡上，可以看到埃尔登山脉。

在阿伯茨福德，还能看到一幅壮观的景象，如玉带一般的特威德河水，蜿蜒着流淌过草地与灌木丛。在这里，我想起当年那位善良、勇敢与高尚的人，以及他对这个世界所有美好与欢乐事物的痴爱，这时，我的眼泪就情不自禁地掉了下来。我很乐意跟大家分享我的这个经历，并不为掉眼泪而感到羞愧。

直到现在，我仍然记得，当年我来奈德斯托伊这个地方的时候，路经了一位著名的英国诗人曾经的住所，看到了他所住的房屋如此简陋的情形。当时我还在想，在柯勒律治心中对生活的希望，恐怕还没完全消失之前，他那诗思泉涌的文采还没完全湮没前，还没有完全变为一堆形而上学的荒芜前，他要是真的想拯救自己的话，完全可以找到适宜的药物来治愈那折磨自己心灵的痛苦。

我满怀着敬畏之感，沿着阿尔福克斯两旁长满茂盛树叶的小道向前行走。接着，看到一座美丽的房子如鸟巢般，坐落在橡树环绕的峡谷之中。这时，我想起了当年柯勒律治与华兹华斯在这里一起散步的情景。年少轻狂时，那些美好的记忆，在平淡不惊的日子中一点点积淀，直到后来，他们一起享受成名的隐乐，并合作完成了清新而可爱的著名抒情诗。

我承认，自己更热衷于以上这些美丽恬淡的情景，而不喜欢那些具有历史或政治传统的场景。因为，我觉得这些情景于我而言，具有某种不同于世上其他荣耀的感觉，因为在这里常常酝酿出一些观念或思想，一些美好的想象也是诞生于此。这些观念与思想会撞击着年轻人的内心，并给他们带来前所未有的快乐。对我而言，这些情景中所蕴藏的自由与优雅却是任何历史与政治场景所不具有的。而看到政治家为了扩大权利法案而推敲细节的房间，或是为了改变进出口关税而做出努力的场景，我都不会有什么感触。尽管我愿意看到逐渐强大的民主力量，日趋战胜特权阶级的垄断，但是，这种民主力量在政策背后的阴谋、策略与相互倾轧下，也显得黯淡与无能。当然，我并没有否认这种民主力量存在的重要性，因为他们仍然具有很大的价值，也有其高尚之处。但是，人类要想取得最终的胜利，并不能靠那些委员会或是立法机构。

谁才是人类前进道路上的先锋呢？先锋当属那些既为提高人类道德水平，又高举简朴与真诚旗帜的先驱者。在推动人类前进的队伍中，军队处于很靠后的位置，而军需部门则在队伍的最后，大家一齐缓慢地向前行进着。毫无疑问，我应当归属于平凡的庸众之列，但是我仍会将自己的心绪，遥寄到那片绿树成荫的小道与充满希望的小山之上。

但是，我不会因为别人的品位与我不同，而与他们发生争执。如果一个人选择在旅途寻找舒适的空间，还想亲手烹制一些美食或者尝尝美酒，甚至尝试与一些毫不熟悉的人进行有趣的闲聊。那么，就请放心大胆地做吧，尽情地品味旅途带来的愉悦之感。若某人想去研究经济状况、工资标准、生活现状，我也完全赞同。倘若某人想收集史料或者考古、测量露天庙宇的高度、墓冢的建造模式，或者搜集一些民俗风情和建筑风格，等等，我也绝不会对他们的这些行为泼冷水。但是，我要申明一点，即我所认同的旅行者身上的那种同源精神，是那些让人充满印象与感觉、语调、气氛、稀奇、美丽的历史场景。在这个精神状态下，任何让人感到烦恼、苦闷的东西，都会完全失去其控制作用。

当年，为了观看在都柏林博物馆里展出的出土古物，我不顾自身皮肤的疼痛匍匐在地上参观。这些出土古物，是从黏土场里挖掘出来的石柜和石块，这些东西原先都深埋于泥土之下，四周全是沙砾。出土之后的石柜和石块也是一副粗糙的模样，之前长在上面的草根，早已枯萎，便形成了几英尺覆盖在上面；在石柜里面，则有一个做工粗糙的土瓮，倒扣在一堆烧焦的灰烬上。然而，真正震撼心灵的，并不是眼前这种奇异的景象，而是我所联想到的其所展现出的远古时代的一种漫长的社会生活风貌。在那个尚未开化与文明初现的年代里。他们也和如今的我们一样，只能看着身边的朋友或是某位受人尊敬的首领化成一团灰烬，而为死亡的来临感到悲伤与痛苦。这个想象中的场景让我的思绪如游丝般渺远，似乎将我与远古时代交错在一起，让我心绪激扬澎湃。

远古的人们虽然过着茹毛饮血的生活，思想混沌，也没有社会文明，但是他们也与我们一样，在面对这种永恒生死隔阂的恐怖时，也在一瞬间就能明白，并跌入这一让人难以忍受的深渊当中。然而，死亡是一个无情的话题，是一个难以解答的神秘问题，我也无法解答这个问题，因此我自己则很少关注祭祀的发展演变，对这些仪式与人类演进的关联，也缺乏真知灼见。或许，我们可以靠哲学家的研究，弄明白一些问题。现在我所关注的，只是那些历史古物向我展现出的古代同胞们的生活方式，不需要考虑死亡这一深奥的问题。

我常想，如果我落入了那些古代同胞们的手中，他们必定会嘲笑或愚弄我，甚至眼睛都不眨一下地就将我杀掉，然后将我视为一个吸干了果汁的水果皮一样随意扔掉。但是他们都是我的祖先，我也是人类中的一员，他们那茹毛饮血的传统习惯，是不是也在我身体的血管中流淌呢？

随着年龄的增长，我旅行的次数也随之越来越少。其实，我并不在乎自己能否再次横跨英吉利海峡，对于这个问题，我并不认为有对与错、明智与愚笨、权宜与长远之分，因为旅行的本质应当是为了获得一种乐趣，而不应是怀着某种责任感去做，因为如果这样的话，就实在是愚蠢之至。然而，我并没有充分的理由来证明自己的这个观点，仅仅也只是用约翰逊博士曾说过的一句话来证明。约翰逊博士曾说，任何不充分的理由汇在一起，也不能让其充分起来。他的这句话正印证下面的这个例子：很多兔子聚在一起，也不能变成一匹马。然而，下面还有一个有趣而荒诞的例子，恰恰也佐证了这个观点：史上任何一位君王都不会无端地开一张价值一百英镑的支票。但是，我觉得自己的思想之所以会这样转变，其中一个最大的原因是我自己也不想再这么折腾下去，不想继续在自己热爱的国家里到处漂泊了。还有一个原因，是我无法通过语言与别人进行成功的沟通，但是来自旅行的乐趣却在于，在异域与他人交流所获得的见识，将是一个全新的视野。随着年纪的不断增大，我才发觉，自己对身边这片美丽得无与伦比和有趣的土地，了解得真是可怜至极。所以，我才有了如纽曼诗歌中所描写的那样，自己不再向往远方的美景，因为身边的景色，已经让我目不暇接、流连忘返。

最后，我还有一个牵强附会的理由，就是旅行的实质可能只是精神上的某种分心而已，而我再也不想被这种分心所打扰了。生活在西半球的人们，经常会犯一个致命的错误，那就是欲望太强，以致湮没了自身的思想。在我认识的很多人当中，他们的生活目标似乎都集中体现于某些固定的生活方式，借此来忘记自身的存在，从而避免让自己缅怀过去。

普通的英国人并不十分在意自己的工作，以及工作本身所具有的价值，只要他手中有事忙活着，他就会觉得非常满意。在《圣经》里，有着许许多多的故事，然而有这么一个故事曾打动了我，耶稣基督指责忙碌的玛莎，批评她整天都在劳碌与忧烦中度过，甚至还批评她对来客过于关怀，但却赞扬了她在休闲时能够坐下来，听耶稣的布道。我也并不是想说，静下来沉思，是人的一种责任。然而，我常会想，人类很有必要仔细思虑一下自己的人生，思量一下到底人生为何物，研究一下人的生缘起止的问题，理解其中的美好与意义。但是，在现实生活中，我们却始终推崇着一种生活方式，那就是当自己满足了自身所需之后，仍旧不可理喻地为财富梦想而角逐。

在柏拉图的一本对话集中，曾提到过苏格拉底所引用的一位哲学家的话语：一个人要好好地活在这个世上，就需要他能够在生活中不断地践行美德。还有一位哲人也曾说过，人类应该尽可能早地在生活中践行美德。我完全赞同这位哲人的这些观点，因为在我的内心里，还一直有一个这样的希望，倘若我们能将一辈子的时光都花在编撰古希腊书籍之上，这将是一件无上光荣的事情。

如果一个人只习惯于各种忙碌的生活，而忘却本身所存在的价值，那么，旅行对于这些忙碌的人来说，还真是一项消磨时光的权宜之计，因为在这些忙碌当中，他们不会去思考自身的存在价值，反而省却了许多烦恼。虽然，这样一种权宜之计，我不敢说这是他们应该接受的惩罚，但是我的确会为这些人感到遗憾。许多人，在旅行当中，并没有停下手中的工作，也没有将思考当作一种修行，从而沉浸在忙碌的生活中而不能自拔。如果有人质问思考本身有何种好处的话，我只能这样来反问他："倘若你总是不断地做一些毫无必要的事情，请问，这又有什么好处呢？"至于，人生的目的究竟通往何处，其实，我与任何人一样，都感到茫然不知所措。但是，我坚信，人类来到这个世界上，并非要枉为人生、无所作为。正如《小孩儿》中的龙虾大声地疾呼："让我静一静，我想要思考一下。"我相信，这样的精神活动对人类本身也是大有裨益的。

从我家门前出来，走到不多远的地方，就可以看到一些让我心醉神迷的景象，可以毫不夸张地说，这种心旷神怡的感觉可与环游欧洲相媲美。今天，我沿着一条平坦的道路向前走着，这条道路是个缓慢的下坡，一直通向幽深的谷底，在谷底处矗立着一架风车，并不是人们常见的环形塔楼上那种黑色而难看的风车，而是一种用老式木板做成的形状奇特的风车。风车上有一根竖立着的主支柱，还有一扇神奇的活板门，与磨房连接在一起，当用麻袋装着稻米放在皮带上的时候，它就会被传送到活板门处，在风车漏洞下的风雨板上，这些稻谷便被碾磨得粉碎。在这里，我可以看到一个壮观的景象，工人扛着麻袋，贴着黑暗的门道外慢慢地走上去，更让人叹为观止的是，他的身子还处在半空中，当走到面板门前时，工人则将麻袋倒进去，关了面板门，这时的风车翼板就开始旋转了，缓缓地转动着，发出“吱嘎”的声响。我能想象出这样一个情景，在昏暗来临之际，布满灰尘的风车在不停地转动，齿轮在椽条上“咕噜、咕噜”地摩擦着，当工人将金黄色的稻米送进漏斗中时，下面便会发出“咔嗒、咔嗒”的声响，然后滚磨出面粉。

看完风车的奇妙工作后，顺着这条路再往前走，地势就更加低了。山谷间有一群簇拥着的屋顶，那里是一座大教堂。太阳照在钟塔的窗户上，反射出冷峻的光芒。大教堂旁边还有一座古老的建筑物，在道路两旁的榆树丛间崭露出头角。我常想，这无疑是一幅充满古老的柔和与安逸的画面，比我在国外见到的任何风景都要更为让人心动，可以完全称之为一幅完美的艺术画，甚至可以制成画卷镶嵌在相框中。年龄不断增长的人们，应该学会去欣赏这些浪漫的美景，而不应有一丁点的浪费，因为那些装潢一新的画廊、雄伟的建筑，还有壮丽的山峰都可以让人心潮澎湃。

有一句拉丁谚语是这样说的：改变心境。这句话说出了人生的秘密所在，改变心境可以让我们对生活更加充满希望。改变心境之后，我们对生活中的一些细微之美，便会更加敏感，也会对事物多一点温柔、少一点苛求。在实际生活中，除了我们自己，任何事物都不能带给我们平静。古香的旧室、狭长的山谷、路旁的杂树林，当我们选择热爱这些熟悉的景致，要比循着乔尔·乔涅的艺术轨迹环游欧洲，将更加接近生活的本源；也比到亚洲寻找当地的美景，更能接近这种平静。正因为世间万物皆有定时，在年轻的时候，人们就应该周游世界，与各种各样的人打交道、多交往，这些都是有益而有趣的。等到时光流逝，步入晚年的时候，回过头来缅怀年轻时的经历，难免会有一种“知足常乐”的感慨，而且更加令人心驰神往、心潮澎湃。

第六章

论“专长”

专家们是无害且有必要存在的一个群体，但是有个存在的前提，那就是他们一定要意识到自己的能力范围，而且还要清楚自己说出的话对公众的影响力。出于这样的考虑，他们的存在一定要以道德作为奠基石。

在现在的时代背景下，一些年代久远的格言或陈词滥调早已灰飞烟灭，已经不能代表其真正的含义，但它们却仍能保持活力，这简直是一件有趣的事情。然而，许多思想古板和已经落伍的人，仍能发现他们对这些格言和陈词滥调情有独钟，这便想到自己似乎存有了偏见。这就好比一个乳绿色、不透明的玻质花瓶，上面点缀着金色的星星，爱恨取舍互相交织着。那些曾经在维多利亚早期盛行的壁炉架，现在只能在一些次级与简陋的卧室中偶见一二，但是它们却依然被人珍藏着。正如诗篇作者的文艺对手一样，这些陈词滥调仍具有强大的生命力，仍旧存活着，而非苟延残喘。呜呼！这些老生常谈的东西，依然在一些老实结巴与鲁莽之人的谈吐之中不时出现。这些人自认为是坦率与平和之人，他们的意见在其所处的社区中也具有一定的分量。但他们的情感却时常被一些所谓的成功人士所左右，而不是通过自身的思考得出理智的结论。

在很多具有负面意义的陈词滥调中，有一条是这样的：每个人都应该“通百艺，专一长”。这句格言具有某种似是而非的警示意味，其炫目程度足以说服一些具有一般常识的人对智慧的判断。

事实上，这条警示语，在当代却是行不通的。因为，这条警示语并不是让人向往的目标。一个人尝试“通百艺，专一长”，最终只会落得“百艺盲，无所长”。当代许多渊博之人提出了最折腾人的口号，就是所有人都应该“通百艺，专百长”。而一些具有清醒头脑的专家，则会满足于“略懂一二”。

某天，一位颇有学识的朋友告诉我，有一位可称得上是最后一位“通百艺”之人的名字及所处的时代。我忘记了朋友所说的名字及其生卒年份。但我相信，这位传说中学富五车的人，应该是十六世纪左右的一位红衣主教。当代，在知识与书籍几何式增长的情形下，累积知识的确成为了一个很严重的问题。但是，纠缠于这个问题而让心智烦恼，就变得毫无意义了。正如眼前所有无法解决的难题一样，最终都会以一种很浅白的途径去得到化解，以至于后人常常会感到奇怪，为什么前人会为此而伤透脑筋呢？当前，世界面临着石油可能枯竭的问题，无疑在后世会以某种很简单的方式得到解决。

适才讨论的那句格言，时常被引述成一种教育模式，为给予每个人提供全面普及的教育正名。我想，这可能就是造成当代教育课程混乱不堪的一个重要的催生因素。这样做的结果，就是所有的科目都被过分地看重了。每个科目，都被教授视为教育培训中必不可少的。然而，教育真正的出路，就是要认真谨慎地挑选出一些科目。可是，从来没有人想着去这样尝试，才造成了许多年轻人深受此等教育理念的毒害。正如约翰逊博士所说，现在弄得我晕头转向，连我自己也不知道，在穿短裤的时候，到底先伸出哪条腿。与此同时，约翰逊博士在一篇演讲中，直言无畏地说，当前的教育理论应该尽早退出历史舞台！

然而，在进退维谷的现实当中，不少人进入了困境当中，这也催生了所谓的“专家风气”。有人说，属于博学之士的时代已死，现在是“专家”们的天下了。因此，我觉得完全有必要在本国文化范畴内，追溯一下这种演变的过程。

在这里，我无意抓起棍棒去攻击“专家”这个群体。专家们是无害而且有必要存在的一个群体，但是有个存在的前提，就是他们一定要意识到自己的能力范围，而且还要清楚自己说出的话对公众的影响力。出于这样的考虑，他们的存在，一定要以道德作为奠基石。倘若没有道德作为基础，专家们对工作的影响，只能是毒害，只能是“妖言惑众”，只能是自己逍遥而让他人受罪。大家都知道，寡头政府的专制，是所有专制当中最烂的一种，因为这意味着普通人对一群个体的胜利；而专制政府最恶劣的一点，就是单个个体对一群人的胜利。精英们所组成的寡头政府的余毒，在今天依然浸淫尤甚。愿意为增强人们的自由而抗争，其内涵就是抵制任何形式的暴政。无论这是开明君主专制或是自命不凡的寡头专政，抑或是开明的民主暴政，都一律加以反对。

“专家”的“统治”，造成的第一个邪恶的后果，就是对“业余者”们的摧残。而一个板上钉钉的事实就是，在“专家”们严苛的目光下，“业余”一词原先只是意味着对某种美好事物的休闲之爱，现在却开始逐渐被扭曲成低能儿的代名词了。作为该词的一个符合语法习惯的例子，我常常会想到史蒂文森在某处遇到一位热情地主的故事。史蒂文森与地主共同喝了一杯法国勃艮第葡萄酒，但是这位慷慨的地主很有礼貌地拒绝了第二杯酒，地主说：“我对这些酒没什么鉴赏能力，只是一个‘业余者’。因此，我不能让你成为内行。”

在此，我想将眼光投到文学领域。因为在英国，文学在大众文化中扮演着很重要的角色。然而，我们一些最杰出文学作品的作者都算是“业余者”。这种说法也未尝不对，同时我也坚信着。在著名作家当中，随机抽取几位，诸如莎士比亚[①]、德莱顿[②]、蒲柏[③]、约翰逊博士、德·昆西[④]、丁尼生[⑤]、卡莱尔[⑥]等。无疑，他们都是属于“职业”作家。但换个角度来看，弥尔顿[⑦]、

---

① 莎士比亚（W. William Shakespeare，1564—1616）英国文艺复兴时期伟大的剧作家、诗人，欧洲文艺复兴时期人文主义文学的集大成者。

② 即约翰·德莱顿（John Dryden，1631—1700），英国古典主义时期重要的批评家和戏剧家。

③ 蒲柏（Alexander Pope，1688 —1744）是 18 世纪英国最伟大的诗人；杰出的启蒙主义者。

④ 即托马斯·德·昆西（ Thomas De Quincey，1785—1859），英国著名散文家和批评家。

⑤ 丁尼生（Alfred Tennyson Baron，1809—1892），英国桂冠诗人。

⑥ 即托马斯·卡莱尔（1795—1881），苏格兰散文家和历史学家。

⑦ 约翰·弥尔顿（John Milton，1608—1674），英国诗人、政论家，民主斗士。清教徒文学的代表。

格雷[①]、博斯韦尔[②]、沃尔特·司各特、查尔斯·兰姆[③]、雪莱[④]、布朗宁[⑤]、罗斯金[⑥]等皆可视为“业余”作家。但是，这种划分并非因某个人在写作或是出版书籍，真正重要的是，写作的那个人所具有的精神状态。沃尔特·司各特在人生风烛残年之际，才真正转变为一个“职业”作家，但他从始至终都怀揣着高尚的理想。有时，他写出的作品让人不忍卒读。在这方面，一组典型的对比就是骚塞与柯勒律治，他们最初都是“业余者”。骚塞后来成为了一名职业作家，而他的灵感却似太阳堕入了重重珍贵资料所营造的迷雾之中；而柯勒律治则始终都是业余写手的本色，他一些极为出色的诗歌为英国文学添彩，但后来却陷入了辩证的形而上学的沼泽，难以自拔。其实，问题的关键在于，某人写作的目的只是纯粹出于情不自禁或是单纯为了混饭吃。出于后者的动机，绝不是说其一定无法创造出一流的艺术作品。事实上，有些作家必须在迫于生计的刺激之下，才能从懒惰这一天性之中挣脱出来。当约翰逊博士看到格雷一年四季总能那么悠闲地从事写作时，对他如何能从春分到秋分一直这样不懈地工作深感不解。格雷说：“一个人在任何时候都可以写作，只

① 即托马斯·格雷（Thomas Gray，1716—1771年），英国诗人。

② 博斯韦尔（James Boswell，1740—1795），苏格兰作家，以所作的约翰逊博士传记为代表作。

③ 查尔斯·兰姆（Charles Lamb，1775—1834），英国散文家。

④ 雪莱（Shelley，1792—1822），英国著名诗人。

⑤ 即罗伯特·勃朗宁（Robert Browing，1812—1889），英国诗人和剧作家。

⑥ 即约翰·罗斯金（John Ruskin，1819—1900），英国艺术评论家和社会思想家。

要他固执地坚持下去。”此言妙矣。但是，一个人若仅凭固执写作，却不能得到艺术的青睐。可能在一个道德家眼中，此人能够以一种忠诚与坚持的态度从事其职业，以坚韧不拔的精神追求理想，然而，这要比那些仅靠艺术灵感，依靠狂暴地驯服某种巨大美感所带来冲击的艺术家们，显得更为伟大。但是，始终阻碍英国人欣赏文学的真正障碍，就是我们无法以脱离道德的眼光看待文学。我们深感兴趣的是其中所蕴藏的道德，而非其中的艺术价值。但是，在所有文学写作中，都需要一种乐观的虔诚，因为这才符合真正享受的标准。

有些问题依然存在，比如某人只是出于混饭吃的需求，坚持写作，那么，他就像一只囚鸟开始振翅，唱出他在绿色森林中学会的歌曲。拜伦说：“随心所欲写出的东西，都是狗屁不通的。”拜伦其实想要表达——混乱的思维与匆忙的写作，很容易模糊作品的格式或色彩。然而，业余者们普遍存在的一个毛病，就是他们能够制作出一件外套，但却不管外套是否合身。这也就意味着，他们绞尽脑汁写出来的东西，不一定让人感觉通俗易懂。业余者们所具有的精神状态，就像与自己心爱的人在一起时忐忑的心情。倘若他每每想到自己喜欢的心上人若能爱上自己，他们的内心就会一阵悸动。职业者的精神则像是一个男人有礼有节地向一位处女求爱，声称自己这样做，完全是为了她日后的幸福着想。业余者在其作品中，可享受到一种不羁之乐，他们就像一位高尔夫球手，想象着大力挥杆，或是在自家后院里练习推杆的情景；而职业写手则会以认真负责的态度，在固定的时间里投入到这项工作之中。却在自由的时间里，为自己可以将这些烦人无趣的工作撇在一边而暗自窃喜。但是，无论是职业或是业余作家，他们都不能奢望可通过从其中获得乐趣或是凭借忠诚的信念，而俘获艺术的精髓。这种艺术的精髓，是源自心灵最深处对幸福的渴望。当一切尘埃落定之时，可能造物主会赐予一份珍贵的礼物。

原本可以随入随出的文学或音乐等艺术领域，“专家”们却划出了界限，阻挡“业余者”们的进入。这些“业余者”实际上可能只是无意中闯进来的漫步者而已，但是“专家”们却想出了各种方法排斥。这种情形，在文学领域屡见不鲜。“业余者”们被历史学家告知，他们不能进入历史领域。因为历史是一门科学，而非属于文学领域。但是，现在绝非是各个学科画地为牢或是总结过往的时代！细致入微的叙述方式，被视为与真理的精神背道而驰的，没人能像专家们那样描绘出黑与白，总在戏说历史简直就是一种罪过，一种堪比亚拿尼亚与西蒙·马格斯[①]的罪孽。“业余者”们被痛骂一顿之后，只能双手捂着耳朵，迅速逃离，从此之后，便再也不敢去碰历史了，更别说要去写点关于历史题材的东西了。我可能将这种情景描绘得过于严重了，但事实上，当我年轻时，除了对古典文学一知半解之外，就没有经过特别的专业训练，但是我却曾想尝试写出一本历史自传。每当我想起自己要运用的方法或是学术工具，就掩面叹息。因为当我跳过所有无趣与沉闷的部分，并未阅读那些枯燥的史料，那本书成为了自己的热情、轻浮想法与自我陶醉写作方式的一个极不协调的大杂烩。我仿佛能感受到朱庇特[②]的轰轰雷声、霹雳闪电。老实说，直到现在，我没有原谅他以一种毫

① 两人皆是《圣经》中的人物。
② 朱庇特即宙斯（Zeus），希腊神话中的主神，第三任神王。

无必要的严厉与尖刻的方式指责我丢人现眼。但是，我必须感谢上帝，因为从那以后，我就转向纯粹与简朴的文学道路了。

在文学领域，也同样面临着类似的情形。可怜的“业余者”只想从文学堆中找寻一些美好的东西，却被告知不能瞎扯进来，除非作者非常认真。这意味着，作者必须花上许多时间，研究一大堆次级的作品、学派的历史或文学发展的趋向。在文学领域，情况也是不容乐观。“业余者”不能放任自己去阅读自己喜欢的书籍，并且还要从其中的影响摆脱出来。他必须了解某个作家在历史上的地位，虽然这本身是毫无价值可言的，但却是成为“职业者”的一个重要步骤。然而，神学与哲学领域也同样不能幸免。“业余者”们不能去阅读《圣经》，或是说出自己对此的真实感受，却必须事先要对希伯来语或是犹太法典中的趋势有所解释。作者们必须对某个特定时代的倾向有所了解，以及清楚邪教异端的余毒所投下的阴影。而在哲学领域上，“业余者”的处境更为糟糕，因为他们必须深入探寻形而上学的术语，以求掌握符合要求的评论方法。

话已至此，毋庸置疑，专家们在某个程度上显得正确，因为盲人焉能做引路人呢？但是，整个问题的关键，是我们以一种过分严苛的科学精神对待这些。这样带来的悲惨是，专家们在上述领域内的工作，旨在用篱笆将某种法则包围起来，其后果只能是不断累积或催生一大堆劣质作品。例如，在文学领域造成的恶果，就是许多二流或三流的书籍被大量重印。专家们没有对一些著名作家的作品进行挑选，而他们的劣质作品也没有从人们的视野中消失，而是继续重印发行。个中原因，并非是这些作品对人类有任何直接的价值，而是因为他们从某种发展的观点出发，认为这是在科学界的一项重要性事件。但是，对一般读者而言，让他们怀着积极与热情的心态阅读大师的作品，这要比他们独自一人从一大堆考古或文献的细节中费力地跋涉，显得更为有益。当我还是个孩子的时候，假日的任务就是要准备莎士比亚的剧演。从那以后，我就对一些剧目怀着一定程度的畏惧之情。因为，当剧演结束之后，只能学到开场白，或是一场戏剧的开始以及一些解释诸如"克恩斯与武装随从"的注释等。然而，对于戏剧本身所包含的动作、蕴含的诗歌、冲突的情感，都弃之不顾了。造成这种结果的部分原因，可能是安排作业任务的老师怀着严肃与认真的精神，或是我们英国人对正确信息的价值估过重看看，正式这种心态造成了恶劣的影响。事实上，若某人一开始想要去创作艺术作品，就必须要了解承载艺术媒介的使用。但是，倘若某人一开始只是从研究媒介起步，那么最后作品肯定会遭殃。因为，布满灰尘的器具，只能收集更多的灰尘。

专家们对文学领域的垄断造成的影响是"业余者"必须从任何可应用于历史或科学方法的领域中滚蛋，只能将其精力关注于纯粹的想象领域。只有在此范围内，才不会被人干扰。所以，我窃以为，这就是为什么那些以更为精细叙述方式写就的纯文学，会被小说所取代的原因吧。充满怜悯但却天马行空的评论，会立即被专家们压制，专家们对每个细小错误或一点过失，都会唾沫横飞地口诛笔伐。然而，小说似乎成为了业余者们聊以安慰的唯一阵地了，而且这个阵地十分安全。

但是，专家之于业余者就恰似老鹰之于鸽子。我想，如果查德邦德怀着爱的精神，深入地追寻所谓的"专业"，到底在专家们心中有何影响？可以毫不犹豫地说，这种所谓的影响完全取决于个人自然性情的流露。一般而言，真正伟大的专家都充满了睿智、友善、谦卑与有趣。因为他们深谙一点，即尽管自己花上一辈子研究的某个领域或领域的分支，相比该领域本身所隐含的知识，自己所了解的或许只是九牛一毛而已。知识的曦光，在他们前面闪烁，时暗时亮，就像通往上下起伏的孤寂山谷。他们深知不可能在这条道路上走得太远，所以会暗地里羡慕那些后来者。因为，许多在他们看上去还处于一片迷雾的地方，可能在后来者眼中便显得清晰明了。他们也深知，知识在向各个方向延伸，便显得那么渺远与深不可测，而且在不断地交错与纠结。他们在自己容量有限的大脑中，那些最微妙的能力与事物蕴藏深远，于是他们便明白，知识并非创造出来，而是不断地被发现。因此，我们便可以肯定，尽管这些看上去显得神秘与复杂，但每个人还是有自满与骄傲存在的狭小空间。

事实上，我所认识的博学之人，一般来说，不仅不会因自身的知识而与一般人有所隔阂，因为他们已阅遍了人间风雨。他们可能稍微拥有更为宽广的视野，便能看到灌木篱墙边郁郁葱葱的草地、远处山峦的轮廓；而那些骄傲自满的人，恰如低矮的花朵，只能看到自己前面一大丛根茎与绽放的花朵。两者之间的光线，显得昏暗朦胧。

一位真正的博学者，更愿意去赞美别人知识的渊博。只有那些心胸狭隘、阅读面窄的专家，或是那些只有一种古板的逻辑思维、捕风捉影的人，才会认为自己可从芸芸众生中超脱出来。真正的专家，都在极力专注于真正的进步，根本无暇将精力浪费于展示别人的错误之上。只有那些次一级的专家们，戚戚于自己的名誉，时刻想着展现自己的优越性，总想着去指责或取笑那些无力反抗的同胞们。

若某人看到某位专家对某本书极为无情的批评，那么，我们几乎可以肯定，这位专家也算不上心胸广阔之人，实为小人一个。与此形成鲜明对比的是，真正的学者对自己所从事的专业，都是三缄其口的，而对其他领域的心理活动研究，则表现出极大的兴趣。因为这些领域都是他想去探寻，却又无力分身钻研。只有那些半桶水式的人物，才会想着用自己的知识之光，让别人感到炫目与困惑；或是压制别人的观点，让自己在一旁独自炫耀。对一位真正的学者而言，谈论起自身所研究的领域，是一件极为困难的事情。倘若他是一位友善且有耐心的人，就会回答一些肤浅的问题，附和着对此领域一窍不通的人。这种感觉可以说是世上最有趣的了，不信的读者可以慢慢品味。不久前，我就抓住了这样的一个机会。我坐在一位著名医生旁边，问了他一些关于此领域的现代理论发展的愚蠢问题，在接下来的一个小时内，我就像一个懵懂的小孩，在一个昏暗与陌生的世界里步履蹒跚，被一双强有力的手牵着走，穿越了事物层层奥妙。我想在此重现一下当时的情景，但我深信，我所描述的毕竟会与当时的情景有所出入。当时，透过表面的混沌，我仿佛能听到原子快速地移动与碰撞的声音，沿着一个巨大的旋涡旋转。当我认识到在最为坚固与难以穿越的物质里，还可能存在更为剧烈的内部运动时，我便感到了深深的震撼。我不知道自己是否完全记住了一些准确信息，但我却是在一片惊奇与敬畏的海洋中徜徉着。这位友人的脸上始终挂着愉悦与憔悴的笑容，举止极为优雅。我想说，他的风度与举止更让我感受到知识的美感与神圣之处。我对他说，这些知识必定能带给人类巨大的前进动力。

“啊！”他说，“其实，我刚才所告诉你的，并没有得到科学严谨的证实，现在还处于猜想阶段。对于这些理论，我们仍在黑暗中摸索。也许一百年之后，某位医生在听到我刚才所说的话时，可能会为一个如此理智的人竟会说出那么幼稚的话语而感到不可思议呢！而至于其中蕴藏的力量，哦，这其中并没有什么力量可言。若我们想去追寻真理，那么在一些原本应该极为肯定与精确的事物上，我们的模糊不定与犹豫不决，只能让我们意识到自身的无能与软弱。这更像一位传教士所说的：‘主啊！我笃信你。赐我力量，认识万物吧！’这些却要以肯定的语气去回答别人的疑问，更需要一种勇气。”

在形而上学与宗教的臆测领域，让我对专家们的专横行为感到讨厌与害怕。一些想沉浸于此类研究的人，会被神学家或形而上学的人告知，他们应该在多了解神学或关于形而上学的评论之后，再回过头来思考。在我看来，这就好比告诉人们，若没有导游的陪伴下，就不能爬山；或只有研究了前人是如何攀越山坡之后，自己才能从事攀越的工作。专家们会说：“这就是我们的意思，你若不知道自己想做什么，却想着尝试征服如此艰巨的领域，实在愚勇至极。”

对此，我给出了一种回答，我说，要真是这样的话，几乎所有人都没有资格去爬山。但是，每个沉思的人都会碰到宗教或哲学上的疑惑。我们既然活在这个世上，或多或少都是生活某方面的专家。当人们意识到这些问题，对于每个人的精神层面有着至关重要的作用后，或当人们进一步发现当前的神学家与哲学家们在痛苦与邪恶、死后自我的存在性以及生理的需求上，拿不出真知灼见，却要在自由意志等启蒙问题上树立反对的大旗，而且在这些问题上不断地压制人们的想法时，想要去揭秘神学或形而上学的人们又会有什么感想呢？因为，这些所谓的专家并没有任何技术上的能力，而只有肆意地压制这些问题存在的证据。解决这些问题的唯一方法，就是了解如何吸引与影响正常的心灵。当然，我十分愿意倾听任何一位长期受困于这些问题之人所遭受的苦难经历，或是一位对爱有着忠诚的笃信的人，抑或是在阐述大自然之美被影响的诗人，我都愿意倾听。这些实例都要比那些所谓神学家或是形而上学者，提供的证据更为有力。

我们当中的许多人，若非是任何特定领域的专家，那么，我们就是生活本身的专家。我们很自然地获得了某种人生观，那些事物不同寻常的一面，会以一种特殊的力量让我们对自身有所了解。真正让这个世界充满信念与希望的，是一些真诚与坦率之人从生活中提取的经验。所谓的专家，通常没有时间或机会去观察生活，他们观察的只是一些隐士的观点，然而这些观念既狭隘又保守，因为这些人没有机会通过生活本身来纠正先入为主的传统观念。

我时常用一种认真的态度呼吁那些睿智且有极强洞察力的人，能拿出他们的使命感，肩负起“感悟人生”的重担。并且，我还希望这些人，能不因一些接受过专业知识教育之人的否定而感到沮丧，而是勇敢地站出来，告诉我们，他们对人生所持有的一些观点。

其实，在宗教与哲学领域内，接受过专业知识训练的人，常常会带来一些负面的影响，他们可能灌输给我们一个错误的甚至是将人引入歧途的信仰。在特定的时代背景下，人们的心智就会因此而蒙蔽，并且这些传给我们错误信息的人，会将这个时代熏染得成为一个桎梏的环境，在这样的环境下成长的人，就会被带入歧途。一个时代只能有一个传统的信念，这是那些具备专业知识的专家所展示给我们的理念，这个理念是多么可笑啊。睿智的人曾经指出，生活中总是存在与超自然现象相类似的自然现象，某个时代的人们仍会持有这样一种错误的观点，认为自然法规是可以被更改的，之所以会存在这样的错误观点，是因为人们缺乏对浩瀚宇宙的把握以及生活中的知识。生活中，那些看似不可思议的现象，实际上都是符合自然法规的，都可以用自然法规解释。

面对那些新生事物，诗人和理想主义者总是会有感而发，提出一些重要的观点和看法，并且广为传播。有时候，很多专家就将这些观点捡起来，认真地加以分析与总结。但是，我们绝不能仅仅只停留在分析阶段，还要更进一步考证。同时，我也希望那些睿智的人能真诚而明了地告诉我们，他们是如何摆脱传统信念束缚的，他们的心灵是如何修炼的？如何找到一个借口，以摆脱那让人满怀希望或者绝望的时代枷锁。纵观历史，从个人身上，还不能看透一个时代的思想与言论。但是，从社会层面上说，人们再也不会因为其个人的信仰而受到惩罚，哪怕是异教徒，或者是支持教会分裂者，抑或是自由主义者，他们都能同样免于惩罚。

我真心希望，人们能够坦诚地回答下面这些问题，以便我能够了解他们更多的事情。思想层面上的那些方面，真正地影响了他们的行为，使得他们在很大程度上被自身的倾向和习惯所控制。他们如何抵抗那突如其来的痛苦，以及死亡的突然逼近，还有生命的意义、情感的影响、生活希望的幻灭以及心头上永远挥之不去的恐惧？然而，许多恪守教规的教条主义者，总是鼠目寸光，认为弄明白以上问题是一件不合时宜且不文明的行为。正因为他们的这些观念，酿成了一些严重的后果，我们在书本上只能找到很多无关紧要的东西，而那些真正深刻与重要的思想，都被深深地掩藏了起来。

当然，我们还是有很多具有深刻思想的书籍，诸如蒙田的《随想录》、卢梭的《忏悔录》、卡莱尔女士的《信笺》、奥利芬特女士的《回忆录》、海登爵士的《自传》等。这些书，也只是我渴望去阅读的优秀书籍中的一部分。在这些书里，作者将他们不敢向朋友袒露的话语，都以文字的形式淋漓尽致地表达了出来，阅读这些书籍的时候，我可以看到他们真实的灵魂，直抵作者的心灵。小说中的情节总是过于简单，在这些简单的情节中，人的本性就会自然而然地流露出来。但是，现实生活却不如小说或戏剧中的故事情节那样完美，小说里的奥立弗·退斯特，在现实生活中，就没有被他祖父的一位最亲近的朋友收养，也没有在晚上独自一人闯入阿姨家行窃。其实，我们并不希望生活会变为一个完美而漂亮的花园，我们只是希望在自家门前能够看到它，并且以符合其自身的生长特点茁壮地生长。在另一方面，我希望可以了解并深刻地理解这种思想之下的观点、理论与原则。

然而，生活中，真正有所作为的人实在是凤毛麟角。我们一方面默认自身能力有限，而与大众随波逐流。在另一方面，我们又义愤填膺地宣称自己有自由而坚定的意志。世上最美好的事情，就是看到那些与生活抗争的人，可以按照自己的意志去选择屈服或者坚持，珍惜生命并且坚持到底。但是，这些似乎都基于某个原则，我们做什么并不重要，重要的是我们如何去做，以怎样的方式去做。

当我们静下心来仔细思量，回忆我们过去曾说过、唱过、写过、记录过、唠叨过、想象过的那些事物时，便会惊讶地发现，在这些所有的事物中，能真实地告诉我们生活为何物的东西，却几乎为零。我们只能透过生活中的那些细节，来观察生活的本质。在我看来，许多人将生活过于哲学化，热衷于阅读那些有关生活哲理的畅销书。其实这些畅销书是不值得推敲的，因为其本身并没有解决生活的实质问题，往往拘泥于许多现实的东西，但在某种程度上的确也解决了一些来自于生活本身所提出的问题。

对生活透彻的理解，可以说是我们与生俱来的专长，这种专长也可以被视为一门技术。与其他领域相比，在生活领域上的认知，对我们来说更为密切，而且也更被我们需要和接受。我衷心地希望，我们可以处于一个开诚布公地讨论生活与哲理问题的年代。然而，在如今文学理论标准之风盛行的形势下，我们要寻找自身对生活与哲理的理解，毫无疑问地要被视为是一种无病呻吟、放纵、变态的行为，也会被其他人所鄙视，并将我们与大众隔离开来。完全凭借自身的个性，对待生活与哲理方面的问题，而不像对待其他事物那样认真与慎重。因此，我们需要那些能够真诚与正直地对待生活的观察者，而不需要那些虚荣而自命不凡的专家，因为，这些所谓的专家只会夸大其词，从不尝试着从自身真正的动机出发，执行或者限制某些行为。

下面这个例子，很好地证明了我的观点。不管在文学领域，还是在道德方面，我们都需要用最坦率的方式来展示真诚。罗斯金曾在《前尘往事》中写过这样让人伤感的句子："一个憔悴与悲伤的人，没有必要伪装自己的思想信念。"1840 年，在马库尼亚加时，罗斯金开始阅读莎士比亚的著作，并提出了这样的疑问，为什么莎士比亚戏剧中那些最可爱的人都被单调可悲的日常工作所阻碍困扰，并因此而感到迷惘？当然，莎士比亚本人对这些毫无感知，并且永远也无法想象到这点。在那个时代，在许多积极而有理想的英国人看来，莎士比亚的智慧是没有任何意义的。我个人也认为，他的著作所描述的都是人们假想的一个美好希望，甚至标新立异，由此而让人变得懒惰与无耻，但终究都逃不出这样一个神秘的梦境。并且，我从未见过一个人对莎翁所表达出来的激情发表过半点共鸣，或者从他的著作中得到某些经验教训。

当然，莎翁在书中所要表达的情感，是一位专注于生活本身之人所发出的呐喊。其实，我们从书籍这些艺术作品中，就可窥视出人生的全景。但是，这也许也会受到人们的渲染或者精神压抑方面的影响。如果，人们不能从莎翁那颗充满奥妙的心灵中感受到生命的变动，那么，就只能靠着自身无聊与喋喋不休的热情来观察生活的本质。

我所谈论的这种情感的自我暴露，极有可能会成为一些心怀不满与忧郁之人手中的把柄。倘若人生真的平平淡淡，堆满了各种待办事务的话，那么，就没什么值得说或想的了。除了这些平平淡淡的人之外，也有不少人认为，由于人生中某些未知与难以抗拒的运转规律，完全有可能让人错过那些会变得优雅和更加美丽的机会。既然如此，这些人该如何获得内心的平静呢？我用下面这句话，来回答这个问题：除了勇敢与耐心地面对之外，我们再也无法找到一种方法，能够治愈焦灼之人心里的疾病。我所说的这个方法，其实已经被别人用过了，并且在使用的过程中，都取得了很大的成功。我们必须要深入地洞察人生，即便最后被证实就像孟德尔的遗传学说，只能完全受制于某种固定的规律，对我们寻找解脱痛苦的过程无济于事，即便如此，我们依然要用理智的慧眼观察生活。在洞察人生的整个过程中，我们能得到一种心灵的解脱。

在此，我将自己的思路整理一下。首先，我们要面对这样一个现实：在现在的情形下，生活中积累着大量的历史记录、古书以及移风易俗，然而，艺术与科学必须要沿着自身的轨道渐进式地向前发展，这一切都必须在有能力与技术的人手中，才能得以实现。

随着时代的变迁，在任何一个领域，要想取得辉煌的成就，都会变得越来越困难。因为，我们的祖先所完成的工作是那么完美，没有留下任何的瑕疵，这样就使得我们的生活只被允许走在一条严格限制的小路，正因为如此，我们就必须怀着坦然而谦卑的心境，一步一步、小心谨慎地向前行走，不可心存骄傲与虚荣。

然而，我们还要记住一点，生活中难免会有一部分索然无味的知识，如何让知识作用于生命时，变得更为有效呢？这就需要借助于情感、希望、爱情与热情的帮助，这些都是催人前进的动力，正因为有它们的存在，才让无味的知识变得富于价值。

如果我们处在千姿百态、光怪陆离的生活当中，也许我们会被生活击败，但是只要我们站起来，只要我们一息尚存，就要在尚能发挥余热的领域中，用自身的经验为别人提供一点方便，从而体现出自我存在的价值。我们若能够将自身的经验说出来或写成一本书，这样，更多的人就会从中受益。试想，这是一个多么棒的主意。

人活于世，有太多的不顺心与困境。很多人时常感到迷惑不解，这个时候就需要他们有继续抗争的勇气，以及生活下去的希望，还要有缓解压力的快乐，最后积极地找寻饱含这些勇气、希望与快乐的信息。但是，如果我们无法做到这一点，那么，我们至少可以怀着真诚、温和与友善的态度过好每一天。哪怕我们做得不好，将生活搞砸了，甚至有了过失，也仍然可以提醒别人在穿过泥泞路时不要掉以轻心，以免滑倒。当他们跌倒时，我们也可以拉上一把，帮助他们清除衣服上的污点。就算那些我们都做不到，至少我们还可以给他们一些慰藉，让他们不至于在难以忍受的悲伤中，因为无依无靠而产生绝望。

第七章

时无英雄

任何人都无法通过与别人的对比，或是日思夜想的意识来获得伟大，更别说只是出于某种想要伟大的欲望了。人们最需要的，应该是以某种安静的方式，让自己活得伟大。

当下，人们时常会发出这样的感慨，认为所处的时代是一个缺乏英雄的时代。有时，我也会思忖一番，现实是否真是如此呢？首先，我不敢确定，我们所处的时代就是评价当代英雄伟大与否的最好判官。一个伟大的时代，人们更乐于做一些让后世人觉得伟大的事情，而不是一味地在想，这样做了之后，其本身是否伟大？也许，真正的事实是，我们正在找寻一些英雄，却因为找不到而发出这等抱怨。这也从侧面说明了，我们正处于时无英雄的年代。

我认为，处于伊丽莎白时代的作家，并不会专注于自身伟大与否，他们更希望拥有充裕的时光，想要急切地说出心中酝酿已久的思想，而没想过这样做是否会获得别人的赞赏。在文艺复兴的历史里，我们会对诸如里奥·巴蒂斯塔·阿尔伯蒂与达·芬奇这样杰出人物的存在，感到不足为奇。他们将建筑师、雕刻家、画家、音乐家、运动员、作家等头衔集于一身。而且，这样全面发展的人才，在那个时代可以说不在少数。他们能吹奏一曲让你泪满青衫的曲子，也能驾驭最桀骜的马匹，跳得比所有人都高。而且，更让人印象深刻的是，书籍之于他们，就好比珍珠与花朵一样可亲。他们在“夕阳下，渐趋黯淡，但却庄重”。我们可以想象，诸如这些人，他们并没有时间考虑自己的成就会对后世有怎样的影响。当太阳还挂在中天之时，就无须质问其至高的优越感。当我的双眼专注扫视天空，想要找寻熹微的星光来照耀夜晚时，我们实在是在浪费时间。然而，我们还要努力找寻一些激励我们的人，这种行为无疑证明了当代的人们缺乏激情与创造力。另一方面，我们也有很多不被同辈人所认可的伟大人物。

现在，我们所赞美的成就，几乎都是经过一段岁月的发酵之后才渐渐认识到其存在的意义。我们不会将热情洋溢的赞美，赐予某位事业正值巅峰的预见者。更为重要的是，在我们这样的时代，一般成就的水平已经很高了。所以，也就更难感受到一些特别伟大之处了。大树耸立于小灌木丛中，要比迷失在茫茫的森林里更为显眼。

在当代，成就伟大之名有两种途径。其一是凭借知识的渊博，其二则是知识的精深。某人的伟大之处，在于其形成了一个巨大与宽阔的“模型”。但是，他本人可能没有任何特殊的成就或能力。有时候，我们想要称赞他某一具体方面的能力时，便感到有些困难，但是人们却能真切地感受到他存在某种特定的能力。这类人，恐怕就是我们所说的天生的领袖。他们的影响力，并不是凭借自己在某一方面表现出了出众的才华，而是以其对崇高事业的渴盼，并清楚认识到自己想要达成的目标，能在自己周围聚集朋友、追随者与帮手，将正确的人摆在适当的位置上。他们展现的巨大力量，让别人在他们面前显得黯然失色。一般而言，性格怯弱之人都无法担当最重要的责任，他们只能享受着普通人在这个世界上能获得的最奢华的东西，即满怀怜悯地征募，给予适当的价值。领袖的能力绝非是一般的禀赋，这点我们不得不承认。许多富有才华的人，都可能无法写出一本小说，但若是得到这些人的激励或是指引，却能做得十分出色。

我曾接触过一位这样的人，当我感知到他的魅力所在后，却实难用笔书写他本身的伟大之处。记得有一次，一位对此存疑的人质问我：某某人的伟大之处在哪里啊？我真的说不出特别明显的伟大之处，但是他显然掌控了那个圈子。尽管在这个圈子里，许多人在智力上都可能比他更为出色，但他却似乎有自己的一套方法做到了这一点。他若请求某人办事，别人会为获得他的信任而感到骄傲。他在口头上的一句赞同，就是对别人最好的奖赏。人们可能对他在某件事情上所持的观点有异议，但在他面前却无法表达出自己的不满。有时，他简短与随意的话语，要比许多油嘴滑舌与喋喋不休的演说更有力量。虽然，我个人并不怎么相信他的判断力，但还是对他心怀崇敬。对于这类人，后人通常难以理解，为什么处于那个时代的人会深受感染，或为什么人们仍会怀着崇敬与热情谈及此人。其中的秘密，就在于一种道德与自身魅力所散发的力量。但是，这类人的可怕之处在于，如果他们的思想本质是反动的，却又看上去充满智慧的话，那必将酿成一场大祸。因为，他们更倾向于将本应变革与更新的东西一次次僵化，让事物停滞不前。

这是伟大的一种形式，凭借着某种力量而对人产生了影响，就像巨大的海浪，生存了数万朵浪花，然后又重重地拍打着。

关于这种伟大所带来的强烈与难以言喻的力量，与大家分享两个有趣的例子。这两个例子的主人公分别是亚瑟·哈勒姆与 W.E. 亨里。在亚瑟·哈勒姆的例子中，他的朋友对他所作的赞歌数目之多，似乎达到了毫无节制与极尽夸张的地步。但事实上，关于他的那些最著名的颂词，都是由一些为世人称颂的天才所作的。相比许多默默无闻的平常人，其中的信服度并不能增添多少。因为，一个人越杰出，思想上就越容易先入为主。所以，这种伟大，就越趋于华而不实。除了《回忆录》的记述之外，丁尼生对亚瑟·哈勒姆言语的记录几乎一面倒，尽是夸张赞美之词。我曾有幸与格拉斯通会面，向他问起亚瑟·哈勒姆这个人。因为他与哈勒姆在伊顿求学期间，就已经成为了亲密的朋友。此后，他们的友谊也一直维持了下来。在听到哈勒姆的名字后，格拉斯通的眼睛突然来神了，声音顿时变得洪亮起来，手势也更为文雅。他说，在经过之前的深思熟虑后，无论在身体、智力或道德上，亚瑟·哈勒姆在他所认识的所有人当中，都是最接近于完美人性的典范。但从哈勒姆在伊顿公学求学时期的照片上看，他似乎只是一个很普通的年轻人。身体结实、比较平凡、富有朝气，但却看不出任何特别或富有魅力之处。虽然他留下的散文与诗歌的数量众多，但显得冗长与繁杂，而且其中也没有留下多少让人印象深刻的东西。但他似乎对与他同时代的人，施加了某种催眠术般的影响。对于那些不了解他的人而言，他似乎只是一个极为平凡的人。

在他去世之间，发生了一段有趣的逸事，就是当他与其父到欧洲旅行时，看到他毫不留情地指责其父的言论，看到之后深感满足。以上的说法，是一位目击者所说，并被哈勒姆的魅力深深地感染着。人们会问一些毫无意义的问题，类似于他的魅力到底在何处。但是，这种魅力无疑就在那里存在着，只是有疑问的人自己没有探究也未能发现。现在，随着他的去世，再也无法重现了。在不同的领域，类似的情形也会出现。在W.E. 亨里身上，也能看到同样的情形。他在文学上的造诣，除了几首诗歌之外，几乎就没有其他具有保存价值的作品。他所写的文艺评论，饱含情感与自满，但缺乏分析的深度与广阔的视野。他对待史蒂文森的做法，鉴于当时的情形，可以说是不够厚道且让人愤怒的。但是，在那些与亨里来往亲密的人都一致认为，他是一位宽宏大量、高尚热情的人，许多人都对他产生了强烈的忠诚感。我记得，在他去世之前，有一位他的忠实粉丝对他进行过评价，称他为“另一位约翰逊博士”。在谈到对他所写评论的判断力时，这位粉丝说：“亨里彰显出来的愤怒是傲慢的。例如，他拒绝给予德·昆西用英文写散文的权利。这让他感到无尽的乐趣。”这些评论是如此自大与怪异，却让他在许多忠诚粉丝中获得了嘉奖，反复地被人吟诵。这一切，说明了读者独立的判断力在亨里的个性面前，被冲刷得无影无踪。通过以上两个例子，可以告诉我们一个道理，即人们可通过自身的作品获得世人的赞誉；但更为自然与持久的感激之情却属于其本身。

另一种成就伟大的途径，就是凭借某种知识的精深。这种伟大的影响，集中于一些灿烂夺目的点上，就像机敏睿智的对答或在电光石火之间产生炫目的感觉。具备此等伟大之处的人，一般都能取得让人瞩目的成就。他们的其他天性却往往会因某种极为出众的才华，而被遮挡起来。他们在某个方面的成就，绝对是显眼与毋庸置疑的。倘若这些人能够将一些模糊或到处散落的知识收集起来，将人们心智中一些盲目与本能的感悟聚集并表达出来，那么这将成为他们最锋利的武器。他们并不会将精力广泛地分散，而是集中于一点。正是这种人，给这个世界带来了一些最为深远的变革。因为，他们善于将分散凌乱的力量都总结并归纳起来。卢梭就是一个不喜欢远游的典型例子。在他所处的那个时代，充满了无谓的伤感情绪与思想的冲击。他本人并非是一个果敢之人，而是典型的梦想者与诗人，但他却在忠实地表达自己情感方面具有无与伦比的天赋。他能用简明且吸引人的文字，精确地表达出每个人意识中欲言又止的形象。

现在，让我们审视一下人们可进行努力的几个方面。在一些领域，人们可以获得至高的名誉，并且应该思考在这个时代理应期待的伟大。

在军事领域，最近，我们很少有机会证实自己的军事天才。海军的战斗力不足、人员不整，南非一役充分地将一个苦心经营但却并不实用的和平协定的缺陷暴露无遗。尽管，这维护了少数人的声名，同时也让某些人头上神圣的光环成为了泡沫，一刺便破。毫无疑问，这并没有显示出我们的将领有丝毫的应变能力。我还记得，在一次内阁会议的讨论上，对于应该让哪些军官执行这场战斗任务的问题，议员们产生了僵持。诺斯公爵说："我不知道你们在看到这一串名字时会有什么感觉。先生们，但我必须向你们坦白，这让我浑身颤抖。"南非一役，显示了许多将领都未能达到华兹华斯所描述的"快乐的勇士"这一层次，反而让诺斯公爵感到觳觫。更有甚者，在战略范畴内，我们最近单独的军事行动，也证实了这个时代的确缺乏军事指挥方面的天才，虽然他们表现出能够胜任的忠诚度。我绝不像某位作家为最近布尔战争的结束而感到遗憾，因为他觉得这可能阻断了军事战术这门科学的发展，但有一点可以肯定，人们对战争的反感情绪却在与日俱增，对于生命的牺牲怀着强烈的憎恨感。同时，这也营造了一种不适于造就军事天才的氛围。因为，在过往的历史上，伟大的军事声誉一般都在那些果敢的人身上获得。

再谈一下治国方略。大家都很清楚当今的社会状况，民主的洪流正以迅雷不及掩耳之势在政治领域内横扫一切，这也是对施展个人政治天才的不利因素。最大的奖赏，落入了一些精明的机会主义者身上。政治家扮演领航者的机会越来越少了，更多的只能担当引航员的角色。在这个公众舆论趋向缓和与接受解释，而非某些天才激励与指引的时代，远见与无畏的勇气，反而成为了一个缺点。最受欢迎的政治领袖，则是那些能协调各方不和谐的声音，绕过一些无法克服的障碍继续前进的人。友好与温和，要比对目标的预见性或高尚的情怀更具价值。政府的代表性越强，那么，个人的原创性就必须要屈服于众人的统一性。政治家越是八面玲珑，他的适用性就越广泛，也就越受欢迎。自从比肯斯菲尔德深藏的神秘感与格拉斯通[①]的无比坦率之后，政治领域内便再也没有出现哪位“一人呼，万人应”的领袖。即便如此，在这两个例子当中，人物的伟大之处，在很大程度上取决于个人魅力的影响力。这两个人成为历史的时间越长，人们就会以一些书面记录来评价他们。那么，比肯斯菲尔德内心的华而不实与缺乏真诚的信念，便会暴露无遗地展示在后人面前。同理，格拉斯通的内心则是怀着一种“步行者”的悠闲之气，缺乏批判思维的毛病也会暴露无遗。我听过格拉斯通的演讲，在某个场合上，我为一家日报记录格拉斯通就某个文学议题上的私人演讲，发表了自己的看法。我个人被他的演讲才华折服得五体投地，他句句珠玑，双眼炯炯有神，透出一股狮子王的霸气。他的声音似乎有某种直沁神经的物质在发生着反应，他那似乎横扫一切的手势，无不让听者如痴如醉。我才发觉，原来自己之前从未认识到他所谈及的那个领域，具有如此深远与重大的意义。但是，当我试图从辛辛苦苦摘录的笔记中重构出一些让我震撼的心灵话语时，却显得一切又是那么苍白无力。我的笔记不仅显得空洞，而且尽是一些极为琐碎的东西，几乎可说是毫无记录的意义。但是，在当时的情景下，他所散发出的那种魔力，的的确确存在。撇开内容本身不谈，当时的演说情景，真是让人神迷。我可以很坦诚地说，个人并不认为格拉斯通是一位智力超群或情感深厚的人，但他却是精力极为旺盛与充沛之人，还是一位极为优秀的演说家。

慎重有礼的力量，包含着智慧、幽默与魅力。也许，当代

---

① 格拉斯通（William Ewart Gladstone，1809—1898），曾担任英国首相。

坐在议院中的具有才华与志向的人，与之前的伟人无法比拟，或者可以说还远远不够。现阶段，并没有任何让人印象极为深刻或能指挥一切的人物形象了。伟大之名，似乎并未被凝聚起来，反而被稀释了。无论是在军事策略或是政治范畴里，都难以阻挡人们对一些横空出世的英雄怀有敬意，倘若某些人真的具有这般能耐的话。

接下来谈谈艺术与文学领域。当追溯维多利亚时代这段历史时，我个人比较倾向于将这个年代视为一个思想极为活跃与优良作品迭出的时代。而在当代，有两种情况阻碍了最杰出艺术家的出现。其一，就是我们业已积累了许多艺术与文学上的精品；其二，就是大众可按自己的品位分享画作、音乐等珍宝。书籍的累积，无疑让新生代的艺术家，都更难获得显赫之名。过往有太多杰出的作品，值得从事艺术或文学的人研习。我们往往会满足于过去那杯芳香的葡萄美酒，即便现在有些美酒也可口，但难以被人尝试。这种情怀造成的后果是，有不少原先杰出的艺术家在其创作之花早已萎缩的情况下，他们的作品却仍能保持长久的赞誉。而在当代，这些人只能安于被少数人认可的命运了。我想，关于这个问题的解决办法，就是在挑选的时候，制定出更为严格的规则。我们必须要认可一点，即无论对于过往还是当代的作品，都要取其精华、剔其糟粕，让杰出作家的二流作品从人们的视野中消失。与此同时，也要为那些敢于探索新颖表达方式的新人，提供一个美好的未来。现在，文学形式的古板，似乎表明了人类在探索表达方式上已经黔驴技穷了。诸如抒情诗、史诗、讽刺诗、叙述文、书信、日记、谈话等文学体裁，都散发出了艺术的香气，但也许还有其他可行的表达体裁仍待发掘。一旦我们从掌握与实用的角度出发，可能会更需要革新。就以绘画艺术为例，现在色彩只是作为一种类型方式在被人使用，只是用来包装画面所蕴含的动机。然而，为什么不将色彩如交响乐之于音乐那样应用开来呢？在音乐中，我们从某种有序的振响中获得了听觉的快感，既然耳朵可被一种音序感染，眼睛为什么不能被某种色彩次序的运用所震撼呢？所以，在艺术领域内，倘若我们能借助某种升华的冥想形式，就能突破现在仅局限于对人性描述的桎梏了。这样，思想就能在最微妙的层次中不断混杂与染色，而无须牺牲思想表达的流畅度，继而呆板地迎合格律或韵律诸如此类原始古板的体裁，或是向更为幼稚的插曲、戏剧低头了。福楼拜曾表示希望这样一个时代的来临：作家无须应付于某个主题，却可以直接地表达情感与思想，无须以图画的方式将之前难以表达的思想说出来。倘若某位作家能够发现，能从各种羁绊于表达的传统方法中挣脱出来，能将思想中一些幻想或奇异的特色表达出来，让作者的个性彰显得充满个性，那么，这种成功便能立即与其他人区别出来。而且，传统方式若未能让人将心中最为亲密的话语表达出来，那么，他甚至可谓开创了一种新型的艺术表达形式。

有一种重要的心理倾向，在当前的作家心中盘踞着。正如我之前所说的，就是人们对事情都有了自己的想法，这是一种刚处于萌芽与未被培养的时代。但是，在这个出版廉价与读者众多的时代里，却成了作家的灾难。这种趋势带来的诱惑，常常令人感到悲伤。有时，人们只是为了占据市场，而不是真心创作一些自己真正想要的作品。唯一的标准，就是只要受大众欢迎就行了。但是，我们必须承认一点，这并非完全是一种低俗的诱惑，因为这样做的本身，能为这些人带来可观的财富。尽管在一个追求安逸的时代，社会地位在很大程度上会诱导人们抛弃心中的理想。无疑，财富本身就是一个巨大的诱惑，而更大的诱惑则是通过吸引读者来获取成功。若某人有了自己的想法，他自然会想着如何去表达这些想法。倘若他能够传播自己的想法，完全可以吸引那些智力正常与富于热情的人来分享自己的想法，于是，他们就会觉得自己在做一件很高尚的事情。事实上，在文学领域里，这种追求民主诉求并非是一种思想，而纯属道德范畴。维多利亚时代所有极富盛名的作家，无一不是具有乐观精神的道德家，如布朗宁、罗斯金、卡莱尔、丁尼生等，概莫能外。世人之所以推崇他们，是因为他们可以在一种弥漫着异端芳香的迷雾之下，掩饰骨子里那些传统的思想。实际上，他们是在迎合一个自满自足的时代，却以一种诸如拜伦、华兹华斯、雪莱、济慈等貌似相悖的方式做着满足他人又能实现自我的一种表达。追求民主的人们，误以为这就是大度、高尚与明智的表现。事实上，这恰恰是一种目光狭隘与伪善的表现。他们怨恨自主与原创，但在表面上却装作两者都喜欢。他们喜欢吉卜林[①]，因为吉卜林向这群人证明了一点，即庸俗并非一种罪过；他们喜欢萧伯纳，因为萧伯纳让这群人认为，自己要比想象中更为聪明。事实上，在文学史上，有许多著名人物在当代都必须要习惯于不被世人称赞或认可。他们必须像斯温伯恩所写的一对快乐的同伴那样："在死亡的花园里，歌手们的

① 约瑟夫·鲁德亚德·吉卜林（Joseph Rudyard Kipling，1865—1936），生于印度孟买，英国诗人、作家。

名字叫不朽，他俩的音乐，别人却听不到。”

在科学领域里，我并没有太多的话语权。因为我对此并不了解，也没怎么学过。正如亚瑟·西奇威克所说，在科学领域中，我不知道伟大本身是由什么构成的。我想，科学上的英雄，是那些在极为耐心的研究中，加入了某种强大的想象，也许是某种演绎的能力，正如牛顿或达尔文一样。但是，我们正站在科学年代的门槛上，也许离光源太近了，科学发现的成果已经炫目，以致说不清谁伟大或谁不伟大了。我在科学界认识几位享有名声的科学家，他们这群人显然是天赋超群的，而他们中的有些人的性情则显得慵懒与遮掩。我们无须挑剔，因为存在即为合理，在某方面取得非凡的成就，一般都预示着对世界有了一定的了解，或者至少对世界有了自身的思考。科学界的伟人，在他们的思想领域中，其实常常与普通人难以达成沟通。我认为，科学上的伟大不能以某个发现所产生的实用性结果来衡量。我的意思是，某人可能无意中发现了某种疾病的治疗方法，对人类而言具有难以估量的价值，但这些人却并非是真正意义上的科学伟人，而只是一个幸运的发现者，偶然间成为了人类的造福者。对未知事物的发现，就像螺丝钉或轮子，被一个迷失于过往的人偶然间创造出了新事物。我想，这些人并不能被视为科学上的伟人。科学上的伟人，往往是能指出某些基本规律，改变人们原先的思维方式，激励人们更加满怀希望地研究一些问题。但是这个过程就像了解一些自然法则，其本身的意义并不会立即带给人类多少现实的便利。关于生命自我存在这些问题，仍有难以计数的未知谜团笼罩着我们，而揭开这些谜团的方法，就在我们手中，这点毫无疑问。只要看到头脑简单的小孩熟知事物的脉络与影响的过程，就会认可这一观点。我想，最近几年，科学界无疑享受着至高的声誉。

目前，有许多人抱怨当代没有英雄，对于这个情形，我们感到非常惊讶。尽管我们耗费了时间来抱怨，却常常处在一种惯性思维当中。其实，从长远的功用利益考虑，伟大之名与人类的自我表达密不可分。现实生活中，我们可能会对日常一些常见的伟大视而不见，针对这样一种情况，后人也常常会指责我们。对此，我所持的观点是，现在的科学与技术，能让我们详细地窥视出伟大事物所蕴含的真正道理。在此所要表达的意思是，我们曾经接触过很多伟大的杰作以及伟人的思想，而在某群人或者某个学派中都可以找到相同的杰出思想。

伟人往往都热爱工作本身，深深地沉迷于他所做的事情，并全身心地享受着工作的快乐，而不是一心想着伟大与否，并不追求所谓的名利，这便是我所认为的当代科学的现状。因此，我更愿意承认，在当代科学领域中，更容易发现英雄的存在。

因此，我认为，时代并不缺少英雄。尽管，我必须承认，我们缺乏被世人承认的英雄。我觉得，大众对英雄的定义是，在人类某个领域中赢得举世公认的显赫声名，而世人眼中的“英雄”还要更进一步，必须创立自己的理论学说，并且在面对别人的藐视甚至敌意时，英勇地坚持并发扬这种理论。我认为，真正的英雄并不是对批评漠不关心的。事实上，他们由于比常人更为敏感，拥有更强的感知能力，而更容易在大众的轻视与误解中深受打击。卡莱尔、丁尼生、罗斯金这些人都有某种近乎病态的敏感，郁郁地活在自己的悲伤之中。另一方面，很多英雄都会因早年的惨痛的经历而埋下阴影。培养英雄的最佳土壤，似乎是让他们是早年必须在某种孤独中度过，在与少数志同道合之人的相互欣赏下，对抗着世人的鄙视。然后，随着英雄们掌握了自己的方法与能力之后，学会了不要过分高估世人评判的眼光，这样，他们的成功就会显得更加成熟，能力显得更加醇厚。但是，符合这样条件的伟人有几个呢？一般而言，伟人们最优秀的成就都是在孤独中甚至是不被世人认可的寂寥中完成的，而当他的才华耗尽之时，可能才会获得属于自己的阳光。

至于当代不利于产生英雄的说法，我想，必须承认事实的确如此。首先，我们大家都对彼此十分熟悉。在国外，舆论对个人存在着强烈的好奇感，便是出于对生活微小细节的好奇，但是世界上的人难道有何不同吗？这让人们产生了过分的自信，滋生了自我主义的习性。同时，这个世界对新奇与各种感官刺激有着青睐，那些轻而易举的成功来得快，去得也快。许多人所崇敬的，其实并非伟大，而是实现伟大之名所带来的快慰而已。这样造成的后果是，展示出的震惊世人才华，都被立即挖掘与利用，像一个玩具被人玩耍，而后又被扔在一边。与此同时，年龄的观念也是深深充斥在人们的心里。人们喜欢被贴上标签，用来装饰自己，希望以此从大众中脱颖而出。新闻报纸，也迎合了这样的口味。接着，轻松与快节奏，引诱着人们无休止地体验诸如旅行、社交等活动。这恰恰与自身日渐成型的性格相背离，这种性格正是我们施展自身天才所需要的一个重要因素。

有一个故事，可能算不上是这类现代社交生活的典型，但却发人深省。女主人公有点像里奥·亨特女士，无论别人的名声大小，都喜欢邀请别人过来聚会。有一次，她对一位参加聚会的年轻人说："先生，你肯定还记得，你叔叔搭乘的火车发生了事故，他在事故中受伤很严重吧？"这位年轻人被这一问题，问得极为窘迫。正是这种不计一切后果，想要出风头的强烈欲望，让她失去了别人的尊重。任何真正的伟大，都不可能凭借这种方式来获得。

一个浅显的道理就是，任何人都无法通过与别人的对比，或在日思夜想的意淫中获得伟大，更别说单纯只是出于某种想要变得伟大的欲望了。人们必须要以某种安静的方式，让自己活得伟大。一个人越伟大，可能就越不会关注自己的名声。试图尝试以别人的方式来实现伟大，则显得徒劳无益。这就好比让自己看起来与别人的肖像一样，即使由委拉斯开兹绘制，也不可能像其自身。谦逊与伟大并非是如影随形的，很多伟人仍保持着强烈的虚荣感。在这种情况下，这又是某种行动的伟大之处了：即某人可能才华横溢，而不一定是灵魂的伟大。赫列特曾说过，谦逊是所有美德中最低级的，因为它真真切切地显示了自己所具有的缺点。接着，他说道，一个自我贬低的人被别人低估也是很正常的。这是一句犬儒与庸俗的格言。事实上，一个伟大之人必须要对自身尊严与重要性保持一定的分寸感，也不要忽视任何一个微小的细节。倘若某人真的有一颗伟大的灵魂，也就不会拿自己与别人进行比较了，而会更倾向于高估别人工作所具有的价值。正如D.G.罗塞蒂[①]对朋友们工作的夸张与赞美之词，反而更能彰显其自身的伟大之处。这种优雅怡

① D.G.罗塞蒂（1828—1882），英国诗人、画家。

然的性情，成就了他的个人魅力。

我认为，当代之所以缺乏显眼的伟人，是由于这个时代过度的活力与欲望所致，而非人们的无精打采或是精神的烦躁产生的结果；而文学与艺术等领域的没落，也并非是任何懒惰或逐渐腐败的征兆。相反，这更显示了一种对追求过分制造轰动的效应，以及他们本身具有极度的欲望、对情感的体验有着更为强烈的渴求。时刻怀揣着希望，能够对别人产生影响的强烈欲念，这些都是属于反对一些陈旧与常规理论的行为。我不是说，我们就可以沿着这些方向找寻伟大，因为真正伟大的实质，就是某种平衡、镇定与深思熟虑，而颓废是神经质和过度活跃的体现。

我最美好的愿望，就是倘若这种焦躁的精神能达到极致，将会产生一种反抗自身的力量。伟大的本质，在于不走寻常路。现在，焦躁不安却逐渐成为一种常态。在教育、艺术、文学、政治以及社会生活等方面，我们在公开地声讨梦想者与懒惰者之时，却往往迷失了自我。我们无法忍受看到一种步伐缓慢、深思、沉默寡言的精神，沿着明晰的道路安静地走着。人们怀着忠诚与认真的态度去履行各自的任务，这便是拯救世界的最佳方式，然而我们并不感到满意，却还要求每个人都应友善待人，要对别人负责。我们努力做到苦心劝告，敦促别人；并认为做到克己奉公，管理好自己，是完全错误与无益的。我们的目标应该是更有耐心，而不是只顾及其实际效用；真诚做事而非考虑其适用性，认真学习而非好为人师，努力思考而非尝试说服别人；认识真理而非制造幻觉，不论这种幻觉多么让人舒适，多么让人开怀。

第八章

羞怯

解释羞怯的本质及哲学意义就好似剥洋葱，不断地将包裹人类精神的外壳剥掉，越来越接近其原本的样子。

在人类本性中最为古老、原始的一种性情，无疑与羞怯有关。在人类文明的进程中，羞怯当中的消极影响理应被日渐提升的安全感和进步的启蒙思想所根除，但是事实并非如此，仍然存在着残留的余根。与许多最为原始的本性一样，在人类儿童阶段它们便会显露，到了青年时期则变为隐隐作痛，这就好比一个小型的野生动物或者出于婴儿时期的野蛮人，尽管它们在儿时就受到了彬彬有礼与友善的人类文明教育，但仍旧难以幸免。

羞怯就像人们在乡村散步时，发现的那些砍伐之后剩余的残枝，营养不断得到补充，但最后还是沦为耕地与农场。尽管人们在开垦荒野之时，将凹凸之处不断地梳平，但是仍可听到土地下的那些金属发出的叮当声。在那里，也许埋藏着笨拙的“企图”或某个古代文物，抑或是河源被陡坡河槽截断。人们在那里，发现了一些古老森林的残骸，一两个木制的圣坛。同理，羞怯也是如此。许多古老、野蛮的特性，都可以通过教育或遗传而不断地加以抚平，以致它们在长期受关注之后得到些许收敛。以便它们只有在偶然的怒发冲冠之时，才会显露出来。但是，羞怯无疑是人们想要消灭的最大的“漏网之鱼”。因为人们深信，这种动机往往富于掠夺性与危险性，使得人们不得不躲在矮小的灌木丛中，或在陌生人到来时，悄悄地躲在树干背后。

我之前看到一个小孩，全身沐浴、精心打扮之后，手上佩戴着金银首饰、面容清秀。倘若将他带到一个客厅中被赞赏，人们可以在孩子的脸上看到恐怖的表情。尽管，孩子用过往的经验得知，自己只是在接受别人的赞美。但是人们还是会看到，孩子会突然用那双小手掩面，接着就是一片惨淡的安静，甚至是掉下眼泪，拒绝别人的安慰。直到孩子又回到了熟人的双膝之下，才会慢慢恢复平静。

我的一位性情活泼与乐观的朋友，有着简朴与善良的美德。他说，自己从小就不知羞怯为何物。若人们提起这个话题，他说其实羞怯只不过是一种自我意识罢了，根源于过分地想着自己。他的这种说法，在某个层面上是有一定道理的。但是，这种“诊断”并不是医治这种“疾病”的良方。因为，羞怯这种“疾病”，正如人们时常遇到别人泼冷水，自身的任何努力都无法防止别人的抱怨。唯一能避免这些的攻击，就是某人以后再也不与别人交往，然而这又恰恰是不可避免的；或下定决心，通过不断的让自己参加社交场合，以变得“铁石心肠”起来，直到能从熟悉感中找到直面攻击的勇气。尽管如此，即便某人没有深受羞怯之苦，要是让自己驾驶着布鲁厄姆马车到某间陌生的房子，看到几个脸色庄重的男管家不知从哪个门廊中冒出来，背后还有数人涌出，这种情绪也会随之而来。倘若他是一个羞怯之人，此时一定会想，要是还能回到火车站，马上就买一张返家的票。在此，他向几个站在厅室的仆人报上自己的姓名，一边向前走，一边匆匆整理自己的衣冠，与房间里一大群道貌岸然的人混在一起。他们的说话声，就像罗塞蒂所说，“充满了疑问和喧闹”。此情此景，难道他们不想同坷垃（Korah）、丹特（Dathan）或阿比兰（Abiram）[①] 一样钻进地缝里，或是远离这群人？

据《丁尼生的一生》一书中记载，当碰到以上几种情形时，他向一位年轻人建议说，试着去想象宇宙广袤的空间。在那个空间里挤满了星群，而星球在彼此难以言喻的距离中不断穿梭着，以这样的想象来缓解羞怯，不失为一种心理疗法。我所认识的一位女士说，当她还是个小女孩的时候，在这种情形下，就总会想着永恒这一话题，借以维持自己那颗受伤的心。但是，所有这些努力都显得徒劳。一旦现场处于这种紧迫时刻，人们很少还会有心情去想象星群的运动或未来暗淡模糊的前景，更多关注的，只是自己的外衣褶角是否整齐，自己的领带是否上镜，以及“敌人”的鄙视。基督的教义里曾谈到了如何面对这样的场景，相比一时所处的危机而言，这样的场景就显得微不足道。然而，当我们身处其中，我们是多么希望，别人能够忘记自己的存在。

心灵敏感的人，在童年时期的这种强烈的羞怯，随着岁月的推移，一般都会被另一种情感所替代，也就是过渡到青春期

---

① 此三人皆是《圣经》中的人物。

的羞怯。有些人评价这种羞怯的本质，就是一种“羞愧的骄傲”，我觉得有一定的道理。青年时期的羞怯，源于一种让别人感到开心、留下深刻印象或感兴趣的一种强烈欲望，抑或想在别人的生活中，扮演比别人更为重要的角色。谁又能怀着蔑视、怜悯的心态，看待年轻人这种显而易见的矫饰之情呢？他们害怕在任何方面承认自己的无知，深深希望自己能在世界上占有一席之地，获得别人的尊敬与赞赏。一天，我遇到一位年轻人，他没有任何出众的能力或显眼的成就，一个人站在一场大型社交聚会的角落里。突然间，恐惧感与自负的感觉杂糅在一起。我更愿意相信，他可能是察觉到我的行为与气质透露出微薄的善意，便用双眼直直地盯着我。他所待的那个房间，有很多重要的客人。在一两分钟内，他以迅雷不及掩耳的速度对我说了几句诸如“某天，总司令跟我说……”或“几天前，主教对我指教……”之类的话语，以此作为个人自信的来源。这些谈话的“残余”，无疑是他在一间自己并不喜欢待的拥挤烟室，道听途说得来的一些“碎料”而已。一些忙碌与友善的老年人会感到奇怪，为什么这些男孩们还不乖乖地上床睡觉？当我回想起自己那段曾经冒进与自负的青年时代，我的心不禁在滴血。我只是希望，过往萦绕在我心头的诅咒，不要再次在他身上重演。有时候，瘫软在床上，在夜深人静之时，回想起从前，仍会因羞怯而感到脸红；一想到自己曾经那张扬与荒谬的自我夸耀，毫无羞怯地彰显着，我便会感到无地自容。在许多年以后，这种对虚荣的痴望，却在心里隐隐作痛。历经了当年那些愚蠢的举动之后，反击记忆中那些复仇的鬼魅便显得尤为重要。

在我还是一个年轻的大学生时，我仍然记得自己到一位熟悉的朋友家里待上一天的时光。朋友的家，就在剑桥大学附近。在朋友的家里，有一位男性客人是一位严苛与古板的老师，他的演说充满了尖锐与不留情面，时刻想着要让年轻人回到自身应属的位置，并且劝他们要安分守己。若是在剑桥大学里，他根本不会注意到我这个人的存在。但在那里，在一个相对陌生的地方，可能出于某种遗失已久的礼仪冲动，当女士们退场之后，他竟然对我说："我想抽支雪茄，你知道去烟室的路怎么走吗？"那个时候，我还不会抽烟，当时的我真是很傻很天真，现在回想起来，当时的自己可能正在回忆曾听到一位长者的谈话。于是，我模仿长者的语气说："对不起，先生，我不抽烟，但我愿意坐下来，与你分享一下谈话的乐趣。"这位男性客人不以为然地嗤笑道："什么！不准抽烟？那就请你不要烦我。"这并非是一个友善的回答，但也同时让我觉得自己真是愚蠢得无可救药、难以忍受。在第二天，我也没有表现得更好一些。在回剑桥大学的路上，我提议帮这位男性客人从火车站搬行李，他却坚持要步行，断然拒绝了我的好意。无疑，在他眼中，我只是一个无精打采的年轻人。而事实上，当时的我可能的确如此。

我还记得另一件相似的事情，几乎也是在同一个时期发生的。一位同学邀请我到他的房间里喝茶，会会他的朋友。茶后，他的心情十分愉悦，当场表演了一些傻里傻气的动作，诸如像一只小丑那样倒立着，跃起双脚，背对着坠下沙发。在男女嘉宾都在场的情况下，我绝对不会展示这等滑稽行为。但是，我却急于想要表现出自己成熟的态度，对"表演者"表达自己的"怜悯之情"。其实，我的本意只不过是善良的称赞。我说："我想不出来，你是怎么做到的。"一位在场不懂世故的阿姨，对自己侄子的表演深感满意，马上对我予以尖刻的回答："本森先生，难道你没有年轻过吗？"从那之后，我就想着要为类似这些恼人的问题，准备一个机敏的反驳回答。同时，我以为，无论是之前那位老师或是这位阿姨，他们的言论都有失厚道与公允。我相信，培养年轻人远离羞怯所带来的痛苦，就要求长辈们不要在公开场合下讥讽年轻人，或是让年轻人显得自己像一个傻瓜。很多时候，这种类型的讥讽，却很自然地落到同辈人身上。我认为，一个老年人有权利在私底下对年轻人进行重要且认真的批评，若是年轻人能有机会为自己进行反驳，陈述自身观点的话，他们是不会为此感到怨恨的。但是，一位毫无宽容之心的长者在公开场合的羞辱，让年轻人根本难以抵抗，因为这种攻击太过猛烈。对于羞怯之人，他们总是急于想从别人身上找寻怜悯的眼光，完全无力给予反驳。因此，长辈们在这种公开场合下的谴责，便显得不可原谅，因为这是完全不对等的。

在生活中，我遇到的最为友好的人，都是一些友善与善解人意的人。这些人，在小时候时常被宠坏，长辈们都在不断地对他们给予鼓励，让他们不仅期望别人的容忍，而且对别人也培养了积极与友善的怜悯之心。但是，这种友善最为糟糕的是，只被那些相貌好看或聪明的孩子所独享，而一些动作笨拙、面貌丑陋、不招人喜欢的孩子，却在公开场合被人无情地责备。正如丁尼生在《莱蒂的地球仪》中的一首清新的诗歌里谈到的那样：孩子"应从四面八方都获得赞美"。只有当孩子们故意表现了粗野或懒散，才应公开地予以指责。而事实上，无论是粗野或懒散，通常都是由羞怯所致，而非其他原因。

在青春期的羞怯之后，接着就进入了另一阶段。此时，羞怯之人已经领悟了一定的智慧。他们意识到自己多么容易察觉别人身上的矫饰与自负，并且意识到宣称拥有自身实际上并不具备的经验，这对自己毫无好处可言。暴露自身的真相，要比察觉到自身的缺陷与不足，更让他们感到痛苦。他们也深深意识到，当自己试图给别人留下深刻的印象时，只会让自己显得自大狂妄。这样造就的结果是，当他隐退到某种沉默的状态时，或像一只温驯的绵羊静静地待着，也许是尴尬地坐着，同样也能够在相当长的时间内达到自我安慰。四肢的不安与神色的异样，都能神不知鬼不觉地掩饰起来。倘若别人不是那么自我陶醉的话，或具有察觉到其中隐含的价值与真正性情的话，就能透过表面更进一步地分析别人的不安。他们会意识到，潜藏的能量与温柔，仍在他们那些毫无规则的动作中展现着。接着，就是羞怯之人让自己踏上社交之路的时候了。他们并不需要口若悬河，但是他们若想尝试一下帮助别人，看看别人的兴趣或爱好，按照别人的想法进行，就能构建起一座座谈话的桥梁；试着问一些“正确”的问题，也许还需要假装对别人所追求的事物充满兴趣，那么，他们就可能释放自己肩上的重负。在这之后，就该展现出同情的笑容，如果让自己说出或表达自身所感受的同情感，那么，这个社会就会充满和谐。实验主义者们很快就会意识到，这种谦虚有度的同情心，能得到人们的欢迎，自己反而不再那么羞怯。他们开始发觉，自己已不再像以往那样被别人无聊地容忍着，而是为人们所信赖。他们将被视为聚会上的一个有趣的“帮手”，很快就会体验自己的观点与奇遇被别人欣然接受的愉快经历。倘若他们并非要压制或掩盖别人类似的观点，而是慢慢地引导出来，那么，他们的观点就会得到应有的承认。呜呼！但是大多数羞怯之人，都难以达到这个阶段，却仍然怀有一种批判与过分挑剔的态度。

我的一位年长的亲戚就属于这种类型，他们这些人拥有广泛的兴趣与精确的知识，但却对社交充满了恐惧。他们过分羞怯，不敢和别人进行一般性的对话。相反，他们凭着敏锐的双眼，坐在一旁观察着别人，脸上挂着干巴巴的笑容。之后，当人群散去，他们却挑选并传播这些参加聚会之人的一些不慎言论，并以一种尖酸的方式加以修正，从中获得某种乐趣。若是这些人在某一领域享有声望，却有选择用沉默对待他人，那么这些人便让人觉得可怕与恐怖。同样，我也认识这一类型的人，他们一现身，仿佛就给原本欢乐的聚会蒙上了阴影。时常让人觉得遗憾的是，羞怯之人将这种名声视为抵御外界眼光的盔甲。这可能也解释了为什么他们放任自己对别人的鄙视，而自己还不察不觉，就像猴子在他人田里摘了西瓜，却又要对农夫横眉冷对。

在我所认识的人当中，最让人反感的当属那些本身能力很强，却在青年时期饱受欺凌的人。此等阅历会让他们倾向于认为，多数人都是怀着某种模糊的恶意。他们要利用自身的能力与经验，彰显自己的重要性，哪怕这样做了之后，他们本身并没有感到快乐与满足。这些特殊的人物从一种毫无得益的沉默瞬间，进入到对那些毫无恶意之人疯狂攻击的状态，这样的事情我算是屡见不鲜了。我认为，这可能就是世间上最让人感到不悦的一件事。谦虚与可亲的名人，则是我们所能遇到的最友好的人了，他们往往显得友善与和蔼。而且，享有声望之人的这种天然般的温顺性情，要比金子更具有欣赏的价值。

最近，有人告诉我一件关于某位著名政治家的有趣故事。这位政治家与一位谦逊与焦急的主人待在了一起，主人邀请了一群平凡之人一起来会见这位政治家。政治家在晚餐时稍微来迟了点，然后他便以一种古老的方式向四周鞠躬，对客人做一一的介绍，但是，并没人敢直视他的眼睛。仪式结束后，政治家以一种让整个参议院爆笑的语调对主人说："你卧室里的那罐水壶很轻便啊，倒起来真方便。"他的一番话，将社交中的隔阂消融了。大伙们都高兴地发现，这位政治家对普通人所关心的日常事务如此感兴趣，使得每个人都可以拥有自己的见解。这场对话，也正是从日常生活中最简单的一些事情聊起的。之后，他们逐渐聊到了各种有趣的话题。事实上，在日常生活中，友善与简朴，要比才华本身更具价值。最为杰出的能力，可在一些日常话题中与新颖闪烁的灯火达到共鸣，而不是刻意在别人陌生的领域中展现自己。倘若在一个仆人眼中，某个自以为志向高远的英雄不愿与仆人打交道，未能正确地估量他们所具有的价值，那么，他也不再是一个英雄了。

接下来，倘若我们回过头来看看，就会发现有一些缺陷。在人生的不同时期，羞怯或是笨拙，在某种程度上并非显得不友善。事实上，对年轻人而言，羞怯是相当可喜的素质。一个全然沉着或喋喋不休的年轻人，很容易引起别人某种潜藏的敌意，除非能伴随着一种谦虚与真诚。在青年时期，单纯的空谈者对所有的话题都有自己的想法，并且觉得自己的这些想法都具有值得发言的价值。与此同时，羞怯的性情则让人感到愉悦，免于许多尴尬的情景。但是，这些人在日后的生活中常退化为生活的无聊者。倘若某人的观点最终证明具有价值，我想，他应当度过了一段狂暴与刺痛的敏感时期。此时，他相信自己有自身的观点，但找不到足够的自信形成这种观点。他应该要有这样的想法，即让自己处于某种模糊的状态，对抗墨守成规的观念。这不仅适用于同长辈打交道上，而且在与同龄人交往时，也非常适用。年轻人应对那些在任何事情上都有自己固执观点的谈话者，给予真正的憎恶。对年轻人而言，沉闷、无趣，这些并非是一种消极的受难，而是某种相当痛苦的折磨。更进一步说，年轻人所说的许多观点都是人云亦云的，从别人那里听到一些碎枝末叶，或从本书中断章取义地摘录，往往没有任何条理与连贯性。然而，那些谦逊与朴实的年轻人，心中往往充满强烈的兴趣与好奇心。一定程度的顺从，其实是一件让人值得赞美的事情，这是人类最富优雅的表现。对于一个老年人而言，通过善意的反讽或适当的幽默，能够消融心智的僵化，感受自身年轻的魅力，这也让人觉得无比有趣。正如许多世纪以前，苏格拉底与自己那些性情温和与谦虚的学生们一样。

年轻人的自信，通常意味着某种自满。如果一位羞怯的年轻人仍有心思考虑别人的便利与欢乐，这也算是世界上最完美的同伴了。人们会感到，年轻人的勇敢与单纯的清新之感，相信一切事情，同时也希冀所有欲望。这种年轻的冲动，未被这个世俗的世界磨掉。只有这种羞怯期延续的时间超过了一定适宜的岁数，因为如果让一个身体健康、其貌不扬的年轻人说起话来，因紧张而大口喘气，变得语无伦次，显得呆板与毫无风度，这种畸形才是让人痛苦与沮丧的。早年的羞怯所带来的真正阴影，就是由于有意识的笨拙举动而带来不等值的痛苦。

有两件有关仪式的事情，一直深埋在我的脑海当中。有一次，我与一位乡绅待在一起，他算得上是一位很有礼节的老派绅士，却有着急躁的脾气。第一天早上，在祈祷的时候，我迟到了一两分钟，那里已经没有我可以坐下的椅子了。乡绅停止阅读《圣经》，以死一般的神态，向男管家打了一个手势，管家从自己的椅子上站起来，发出“咯吱咯吱”沉重的声响，接着走过了房间，为我腾出了一个座位。我满脸疑惑地坐了下来，男管家也返了回来。两个侍者之前都是拥挤地坐着，为他腾出了仅存的位置。男管家在长凳的另一端坐了下来，不幸的是，在他坐稳之前，第二个仆人已在对面一端坐了下来。结果，凳子倾斜了，几个仆人都倒在地板上。接下来，又是死一般的寂静。之后，摔倒的仆人们慢慢站好，回到各自的位置上。乡绅强忍着心中的怒火，没有爆发，继续读着接下来的章节。在余下来的时间里，仆人们不时用手帕擦着脸上的汗珠。剩下的仪式，都会发出一些莫名其妙的声音与动作。相对而言，我是无辜的。但是，这件事所留下的阴影，让我对接下来的参观都了无生趣。

另一件事，我纯粹是一个旁观者。我坐在一个灯光昏暗的大厅，大厅里坐满了教会中的一些权贵人士。我们正在阅读《圣经》，一位客人打开卧室的房门，走下楼梯，主人停下了阅读。这个羞怯的人不仅没有偷偷溜回原先的地方，而是继续向前走，走到一堆火旁边，还以为仪式没有开始，便与女主人调侃了一下有关天气的话题。结果，在他们说话的间隙，这位客人似乎明白有点不对劲，看到一群仆人站在厅室的角落边，他便意识到自己应该马上回到座位上。在他接下来的逗留日子里，我发现他充满了羞愧。当然，人们会说，幽默感可以从道德力量的崩溃中拯救出来，但是，如果要让一个愚蠢的人将幽默展示出来，那该需要多么强大的幽默感啊。

在此，我还想说发生在三十年前的一件小事。同时，在说这件事的时候，我必须坦诚，因为我至今都还没从那件事的阴影中走出来。那时，我还是一个小学生，与父亲一起住在一间宽敞的乡村房屋里。当时，我对周边的环境并不是很熟悉，而让我觉得莫名其妙的是，每天早上，都会有一位衣着庄重的仆人拿走我需要换洗的衣服。

在我和父亲到达这个乡村小屋的第一个晚上，这里举行了大型的晚会。我和父亲分别坐在一位和蔼可亲的女主人身旁。晚会进行得非常顺利。可是，在吃甜点的时候，发生了一个小插曲。一只可爱的毛茸茸的西班牙猎狗来到我的旁边，并用乞怜的眼神看着我。我看到盘子中只剩下了葡萄，就善意地递给了它一颗葡萄。猎狗叼着葡萄，迅速地跑到壁炉前一块干净的白色毛皮毯上，然后，毫无理由地抽搐起来，不停地翻滚与吼叫。当那位易怒的主人，看到这只狗的行为时，生气地问道："是哪个魔鬼给那只狗葡萄了？"接着，那位主人又转过身，向我父亲解释说："只要这只狗吃了葡萄，就会在那张毛皮毯上打滚，并留下难看的痕迹，而要清洗地毯上的痕迹，是一件让人苦恼的事情。"这时，我的内心充满了内疚之情，犹豫着想要承认自己的过错。女主人看到我此刻的表情，立马就明白了所有的事情，抢着对主人说："弗兰克，这件事是我干的。我一时忘记了，这只狗不能吃葡萄。"对于这位女主人天使般的搭救，我真是感激不尽。然而，我却一直没有足够的勇气澄清事情的原委，只能在心里怀着对女主人长久的感恩之情，并安慰自己，等到晚宴结束之后，女主人必定会向主人解释整个事情的经过。但是，这件小事让我的心灵得到了巨大的震撼，不只教会了我一些道理，还教会了我作为基督徒在紧急时刻帮助他人的责任。如果，在以后的生活中，我有幸遇到类似的事情，一定会帮助那些羞怯的人，让他们摆脱自我愧疚的痛苦挣扎。我要感谢那为女主人，因为是她对我的及时帮助，让我学会了如何在别人为难之时伸出自己援助的双手。

然而，从这些陈年往事中得出的经验，也时常让人感到迷惑不解。害羞之人似乎应该在当时受到自己内心的谴责，而不是之后的自我臆想与后悔的双重折磨，这是一种非常严重的惩罚，比某些丧失道德所遭受的惩罚更为严重。并且，这种犯错所带来的后悔之情，并不是在这些失败的社交之后立即出现，而是在后来的日子里，当意识清醒之时，悄悄地潜入大脑，使得那种刺痛的负罪感更为尖刻与强烈。

事实上，我们都必须承认一点，在公众场合，我们既不愿意自己表现得像个无赖，也不愿意像个傻瓜。由此可知，许多人惧怕被社会嘲笑与否定，而不在乎道德的沦丧，这一现象是多么正常。这一结果带来如下的哲学思考，道德的基础就是这个社会对我们行为的判决。事实上，道德的丧失必将导致我们不得不面对上帝的惩罚。但是，人们还是希望，正义能够仁慈地包容诱惑。然而，最后的判定结果却是遥遥无期。在社交生活中的失误，一定程度上会给我们带来负面的影响，使得我们必须继续面对一个让自己厌恶甚至鄙视的社交圈。社交圈中的某些人，可能会记住我们曾经的失败，并落井下石、幸灾乐祸。因为，他们那所谓的正义感，从未经历过任何仁慈与善良的淬炼，也就显得微不足道。

然而，我们仍然会处于一个令人沮丧的环境中：尽管我们知道，身边的一些朋友常会承受生活中那些类似于此的压力，我们却毫无办法，甚至还以他们的这种压力作为自身的一种乐趣。事实的确如此，当我们的朋友处于悲伤、困顿、失意之时，我们有多少人想着伸出援助之手？当他们开心或成功之时，又有多少人愿意跟他们分享或鼓掌呢？

解释羞怯的本质及哲学意义就好似剥洋葱，不断地将包裹人类精神的外壳去掉，越来越接近其原本的样子。我不得不时常克制自己，用审视的想法安慰自己，认为人类的存在价值并不像托盘里的硬币那样，被一点点消耗掉，其真正重要的，只是一种大体的印象。前不久，我路经一个年代久远的教堂，古老的圣洗池旁，是一些暗黑色的模板与圣坛屏，上面的绘画与镀金经过岁月的洗礼，早已变得粗糙不堪，反射不出什么亮光了。但是，我觉得，那微弱的亮光曾经一定是明亮而庸俗的，反而没有现在这种黯淡而丰富的效果。凹痕与剥落的碎片、灰暗的颜料、厚厚的灰尘，这些给人的感觉都是难以言表的。我想，同样的情形也许并不会发生在我们的人生之中。因为，虽然我们心灵表面的光泽会变得灰暗，身体也会因激情的消退而变得笨拙与虚弱，甚至会为自己的愚蠢感到悔恨，但是，只有这样，我们才能真切地感受美丽，找到适合自己的东西，与圣贤产生心灵上的共鸣。

第九章

论“平等”

若有人问我，为什么要与自己地位相当的人交往。我的回答是，那些能与自己自然共处的人，几乎都是处于相同的社会地位。与其区分不同的社会阶层，我更愿意在一个无须考虑的环境中生活。

我能听到不少人议论盎格鲁—撒克逊民族，说这个民族缺乏理性，真正被这个民族奉为神圣的事物并不多。但是，有一样东西，却在最原始、最野蛮时期被许多盎格鲁—撒克逊人奉为至宝，甚至超过了任何信条、十诫、公平竞争与道德等观念，那就是“财产”。人们对财产的渴望极为强烈，以致人们并不怎么关心逝去的人们在宗教上所解释的难题，或是在爱中受挫的感伤，而只是想着自己是否会有金钱上的忧虑。然而，我们的确将财产看得过于神圣了。在这方面，我们对别人权利的尊重，是基于希望自己的权利也能得到尊重。倘若别人问我，英美两国人民除了在财产概念之外，还有哪些观念让他们普遍地奉为神圣？我很难回答这个问题。我想，美国人在教育与文化这些方面展现了浓厚的兴趣；而英国人对这两者并没有表现出浓厚的兴趣。除了财产之外，另一种被英国人珍视的并让他们怀着满腔热情与浪漫气息面对的，就是社会地位这个问题了。英国式的民主，在面对社会上存在如此之多的特权时，常常会显得怒不可遏。在民主主义者眼中，“阶级”一词让人反感，但是，他们所反感的“阶级”，其实是社会上比他们高一级的“阶级”。如果民主主义者被发配到一个他们自认为低于自身应处的“阶级”时，就会变得极为愤怒。

我认识一些所谓的民主主义者，他们都极为憎恶与讨厌所谓的上层阶级在这个社会的存在。但是，我从未遇到哪一位民主主义者，倘若他们从属的高于低层与贫穷乞丐的生活阶级地位被剥夺了，会站出来伸张这种不平等。在英国，社会主义之所以从未真正盛行过，是因为平等只是一个词而已。对英国人而言，这个概念从来都不意味着任何真实的情感。英国许多底层百姓，一般也难以成为忠实的社会主义者，这是因为在他们心中怀揣的一个理想，就是让自己晋升为中产阶级，拥有属于自己的财产。对个人私有财产的欲望是如此强烈，因此无论多么好听的社会主义信条都没有一丝生存的机会。那些处于底层阶级中的一些聪明、富有才华与具有美德的人，可以让自己成为中产阶级，但他们却不会赞成任何社会主义平等的制度。在英国，社会主义作为一种政治制度，绝对不可能盛行。除非大多数人都是无私之人，或是不想通过日常诚实的劳动获得财产，抑或只想承担责任，而不念及行政机构的影响力。但在英国，行政职位常被人们视为朋友或自己获取地位与个人财产的一个重要的间接因素。

我本人是一位忠实的社会主义信仰者，也就是说，没有我个人的允诺，社会是没有剥夺我私有财产权利的，这点毋庸置疑。社会可在一定程度上，通过个人税收这一媒介来进行调控。我想，自己所拥有的财产，或是国家所获得的部分税收，都完全凭借我个人努力辛辛苦苦才获得。我从未继承过一分钱，或是拥有任何金钱，所有的一切都是靠自己的双手赚来的。我更愿意承认一点，即我的工作所获得的报酬，超出了自身所应得的。但是，我仍会紧紧地抓住这些财产不放，直到我确信这些财产真的有益于其他人。倘若这些钱被用于帮助那些懒惰与无能的人，我认为这对我而言，是极度不公正的。如果，这些财产会交由那些与我一样高尚与无私的人，并得到妥善的保管，我才会依依不舍地放手。若是为了满足某些个人的私欲，而滥用这些钱，我觉得这是对我极大的侮辱。

威廉·莫里斯有一个有趣故事。当莫里斯还是一位富有的制造商时，他就宣称信仰社会主义。但我可以看出，在这方面，除非所有国家都能同时履行解除武装的原则，否则，这一裁军原则是没有任何正当性可言。我们不能以一个看似无私的理由，呼吁别人自愿放弃自己的财产。倘若别人觉得自己周围的人都能从中得到好处，而不是只为自己服务的话，在这一过程中，必须要得到一群多数人真诚的共同赞成，他们可能才有权力强制一些少数自私的群体。就我而言，若是我不应该拥有属于自己的金钱时，对于该如何处理金钱这一问题，我是毫无头绪的。倘若在社会主义制度下，所有的公共机构都由人民来支持，他们不应该依赖于个人的慷慨捐赠。我认为，这也不应该在个人中间分摊。因为，倘若他们都是无私的人，他们理应会拒绝接受这些钱。我聊以摆脱自身所拥有财产所带来的困扰的一个好理由，就是我通过自己努力的工作，养活了自己，树立起了一个如何简单生活的榜样。我唯一的遗憾就是，我的收入与利息，要比一般人所获的财富都要多。因此，我所面临的这个难题，便显得真切。更进一步说，个人财产所带来不好的一面是，这过分强调了自己的社会地位，让拥有财产者获得了过高的自我优越感。现在，我可以开诚布公地说，我并没有任何所谓的自我优越感的存在。我决不能让自己所拥有的财产，让人生陷入空虚的娱乐之中。一个很简单的原因，就是我的工作要比其他任何娱乐活动更能带给我乐趣。若有人问我，为什么要与自己地位相当的人交往。我的回答是，那些能与自己自然共处的人，几乎都是处于相当的社会地位。我认为，自己所处的社会地位，并不比任何阶层要高，无论事实上是高于或是低于我所真实处于的阶层。我所能说的是，他们来自不同的社会与阶层，我更愿意在一个无须考虑阶层的环境中生活。按照科学的分类，我属于中上层阶级，但却与上层、中层或是下层所应有的行为举止并不相同。我感觉自己是属于上层的，也觉得自己是处于下层的。当然，若我完全是心绪简单与真诚的话，情况就不会如此。但事实上，我和那些地位与我相当的专业人士在一起，心中倍感自在。无须他们的解释，我就能理解他们的观点。而在自己所属阶层之外，我意识到试图抓住别人的观点，显得很费气力。坦率地说，这并不值得我们受这样的苦恼，我并没有想过要走出现在所属的圈子，对于那些走出自身圈子的人，也没有任何怜悯可言。一般这样做的动机，都很难称得上善意。当然，某位高尚的贵族，可能源于人类自身某种共同的本性，想了解一下木匠的人生观念，或一位高尚的木匠秉着相同的动机试图理解伯爵的心境。人们必须要明白一点，这是基于某种强烈的博爱之心与责任感的表现。但我却常常发现，由一个阶层迁移到另一个阶层的人们，但所怀的心态并非基于此。

在这件事情上，一个真正相信平等原则的人，若他处于与我一样的状况时，他应该怎么做呢？生活中，我所喜欢或欣赏的是与朋友友好地交往，做一些有趣的工作，追求自己享受的工作，并获得休闲，例如能在自己喜欢的艺术与文学领域里徜徉。我可以诚实地说，对于所谓的社会问题，我丝毫不感兴趣；或者说，对于研究这些问题的人，我也提不起兴趣。这类问题其实远没有达到那么严重的程度，而是处于一个高度技术化的阶段，仍与政治、经济、政体、组织等杂糅在一起。坦白地说，就我个人而言，这种研究的目标是无趣与捉摸不定的。我尊重那些从事这方面研究的人，但若我们真的意识到自己并不适合某项工作的话，无论这项工作本身多么富于价值，我们也不能出于某种责任感继续下去，而是应该坚决放弃。因为，人生苦短！我衷心希望，所有阶层的人们都能共同关注自己喜欢的事物，那么，我们就可坦诚地、自然地谈论书籍以及一些有趣的人、大自然的美丽，或是一些中等程度的抽象问题，同时，我也喜欢与我所遇到的人谈一些轻松的话题。

一般而言，我发现处于下层的人们对文艺的话题并不感兴趣，而我所称为上层阶级的人对此也是漠不关心，却以一种极不友好的姿态或俯尊屈就的方式去敷衍。这些上层人士身上所体现的态度，要比那些对此毫无兴趣的人更为可怕。我所处的阶级中的许多人，对这些上层人士都感到不耐烦，但将他们视为无伤大雅的消遣。我喜欢与一些志同道合的朋友混在一起，只有与他们在一起，我才可以得到自由自在地谈论喜欢的话题，而不必担心给别人留下自负、装模作样或肤浅、不自量力的印象。我发现，大多数人感兴趣的话题，都是有关个人八卦、金钱、成功、经商、政治等。我喜欢听一些八卦传闻，但只能在一个大家都熟知对方缺点与瑕疵的小圈子里展开。对于刚才人们所关心的价格问题，我其实并不是十分关注。迄今为止，我的肩头上始终有一定量的教学任务，这些题材为我展开有趣的谈话或思考提供了不少素材。但是，我总是深感一点，盎格鲁—撒克逊民族只能在某人做出了明确规定之后，才能按照严谨的做事原则执行，否则，他们就时常会犯一些因无法忠实地履行责任之外的毛病。我无意要求大众承担某种责任感，因为这样做的话，就暗示着对自身影响力与榜样的价值感，而我并不具备这种价值。

我坚信，一个人最为杰出与丰硕的成果，源于一种自然而然的影响力。我深信一点，即任何一个秉持强烈责任感的人，都不能够推动平等事业向前发展。因为，一种责任感的存在就意味着我们对自身存在的道德优越感的感知。据我从事教育多年所获得的经验，我相信一点，在品格的形成过程中，人们几乎是无能为力的。人们所能做的就是防止青少年去接触一些不良的事物，并且培养他们一种无私的热情。人们无法通过任何园艺方法将紫罗兰变成玫瑰，所能做的是无论是紫罗兰还是玫瑰，都应该拥有被我们称之为难听的“自我实现”的最好机会。

我对此的观点是，诸如平等、公正等这些重大概念，就像诗歌一样，都生成于自然，而非刻意地创造。当前，许多人都在思考这些问题，说明了他们也是悬而未决，不知如何是好。

他们对此所展现的兴趣，只是他们自身不断壮大的信号，而非问题的原因所在。我相信，人们必须继续向前走，努力避免任何自我意识上升至尖锐、自负、自私或卑鄙的事情上来。因为，伟大的思想会随着时间的酝酿，自然落地生根。

在我看来，创造一个平等的社会制度，存在两个明显而又困难的问题，其一就是人们的性格、品德以及所获知识的极度不均。任何制度都不可能只是一个人人均等的社会制度，除非我们不准备生育。某些人天生就具有强大的生活能力与成为公民的权利，而有些人却极为不及格。若是导致这种差异因环境而造成的话，这还是可以挽救的，但一个天生性情坚强、健康与天性温和的人，却可能在最为卑劣与严苛的环境下成长；另一方面，一些毫无作为与让人反感的人，可能是某些高尚与饱受教育之人的孩子，占尽了各种社会优势。我作为一名从实践中走过来的教育工作者，不禁会想到这一点，人们可以在有利于培养美德与能力的环境中成长，正如在任何社会主义制度下所能提供的。有些人只能懵懂地做一些最低级、机械的工作，而且其本性也是极度让人反感的。即便国家能够执行一种所谓高尚的孟德尔遗传学说，也很难防止遗传本身所带来的不良影响。若某人将对一个孩子的遗传影响，上溯到之前十代人的话，就会发现有两千多个祖先或多或少地对他有一定的影响，每个祖先都可能遗传给孩子某种偏见。

再有，我看不到任何形式的社会主义制度与家庭制度的统一。若人们想要保证环境产生相同的影响，当然在上层阶层里，寄宿学校在一定程度上得到了实现，而在这点上，经验告诉我，这种制度虽然对大多数人有利，对那些少数具有独创性的人而言，却不是最好的体制。而且，人们最渴望宣扬的却正是这种独创性。

当然，对于在一些平等的社会主义计划中，还有一些最为基本的反对声音。在这些问题得到明确解决之前，我不能任由自己参与到这种无谓的猜臆当中。我不能继续在这条逻辑的推理路上前行，因为，这些假设与看似有道理的大前提，实际上并不是很牢固。

那么，倘若一个天资聪颖却不懂如何使用自身智慧的人，或是某个享受幸福却不懂得传播给别人的人，抑或是一个过分沉浸于自己所享受的快乐之中的人，而不愿与人分享、不愿为了推动大众的福祉事业而努力的人，对于这些人，我们又该怎么办呢？难道一定要强迫他们义无反顾地从事一些他们没有兴趣或无法从事的活动？在他们认为客观条件根本不成熟的时候，盲目地依照别人的想法行事？大家都应该记得《荒凉山庄》[①]中的帕迪戈太太，那位瘦削的女士在勤奋的工作中自得其乐，不知道疲倦为何物。然而，她却对那些不够积极勤奋的人说三道四，甚至还要榨干孩子们的零用钱用于慈善事业。在我看来，许多致力于社会改革的人就像这位帕迪戈女士，他们以辛勤的工作为乐，并热衷于指挥别人。在一个以智慧与理性构建的社会，根本就应该没有诸如帕迪戈女士这样人物存在的空间。问题是，我们是否一定要经过这种帕迪戈式阶段？对此，我不以为然。我认为，帕迪戈式的做法，并非是治愈这种疾病的一部分方法，相反这种做法是该疾病最为丑陋的表现形式。我认为，

---

① 《荒凉山庄》(*Bleak House*）是查尔斯·狄更斯长篇小说之一。它以错综复杂的情节揭露英国法律制度和司法机构的黑暗。

帕迪戈女士是走在一条错误的道路上，将人们引向歧途。

我认识一些自称为社会改革家的人，对于他们，我报以衷心的尊敬与怜悯之情，他们能看到问题的所在，却不知道该如何去修理，就像哈姆雷特一样，陷入了无望的忧郁，却仍深埋在想要给别人带来快乐的欲望之中。事实上，他们原先并不想这样，最后反而迷失了自己。这种类型的人，通常是早年过得春风得意，就像翻滚的后浪，有着某种难以抑制的激越之情，想象着自然与艺术所具有的美好与可爱之处，时刻活在一个充满美好体验与细腻情感的天堂之中。这些人必然会有一些怪异与错误想法，认为这些就是每个人在现实中必须要追寻的东西。接着，随着人生的流逝，他们越来越多地接触到生活的棱角所带来的痛苦，认识到原来大多数人都没有活在这种幻觉之中，而是更热衷于吃喝、享乐、金钱的乐趣，而对别人所发生的事情，却毫不理会。只要他们自己身体健康与快活，其他人是如何虚掷光阴、忍受痛苦，这些都无关紧要。之后，那些之前怀揣着美好憧憬的人，心中的阴影逐渐变黑变浓，直到这些可悲的梦想者要做一两件事去摆脱，要么将自己禁闭于自家庭院那充满芳香的小花园里，孤芳自赏；要么妄想将社会上这种不协调的声音淹没掉。另一方面，倘若他们本身是高尚的人，让他们因此就失去了信心与希望，甚至失掉了享受美好、宽容、幸福与纯洁的事物的乐趣，这是一个让人感到悲哀却又无法摆脱的窘境！

在现实生活中，也许存在一两个具有幻想的人，满怀着希望与勇气坚定地踏上这条帕迪戈式道路。或许，他们会像罗斯金一样，在构思与创立协会时，进行许多荒谬的试验；或许，他们也会像威廉·莫里斯一样，接受新闻业与委员会的责问。然而，无论如何，他们都被牢牢地阻挡，从此停步不前。我并不是说，这种自我克制的生活不存在深厚的道德力量，但换个角度来说，一个天赋异禀之人放弃自己的特长，做一件永不能实现且注定失败的事情，是一件非常可惜的事情。

我相信，当社会致力于让大众更好地享受幸福而合理地利用财产时，平等的理念就会悄悄地生根发芽。然而，在事情未分类之前，就尝试着规划组织，这的确是一件高尚的事情，但是，效果却不会很好。因为，一旦他们要想竭力弥补损失，这种行为就证实了人类的冲动真真切切地存在。就好比太阳已经照亮了山顶，而山谷却仍未感受到温暖。

今天，我阅读了萧伯纳先生早期的一部作品——《非理性的结》(*The Irrational Knot*)。他的作品表现出来的勇气、幽默与力量，都让我由衷地敬佩。书中虽闪烁着智慧的光芒，但却浸透了忧郁的情怀。因为作者以犀利的文字，描绘出了人性的本质，将人性中的卑鄙、丑陋、惊恐都赤裸裸地暴露在光天化日之下。这本书传播了一种新思想，一种我认为是萧伯纳先生想要我们去理解的思想，一种充满活力、乐趣、友善、明智与勇于向前、无所畏惧的思想。具有新思想的人，棱角过于分明，言语过于自信，不适合做传教士。我想，如果萧伯纳先生能怀着一种敬畏感的话会更好。当然，这种敬畏感不是那种传统的敬畏，不是那种对慷慨与坦诚之人的重大过失与失败所表现出来的敬畏。

在这里，我想谈谈这本书的主角康诺利先生，希望他的思想能带我走出困境。但是，我又不能向他袒露心声，说出我所认为真正神圣的东西。还有一点需要说明的是，书中认为金钱是世上最重要的力量，并且明目张胆地表述出来，对于这个观点，我感到困惑不解。在我看来，金钱只是人们手中的一个武器或一堵普通的围墙，是一个自我的保护方式，而具有新思想的人是不需要这种保护方式的，只要他们保持自身旺盛的精力与宁静的精神，就足以应对一切事情。并且，具有新思想的人总是说心中所想、做心中所想，完全按照自己的意愿生活，这种独立自主的本能，不需要畏惧所谓的权力。但是，我认为，萧伯纳想要表达的主要观点是，即使你不能改变这个社会，但是若你自身足够强大，就可以战胜那些愚昧与软弱，反过来让这个社会服务于你。也许，在萧伯纳本人看来，书中的主人公之所以会残忍与野蛮，是因为这个社会将各种卑劣的手段施加在他身上。我想，倘若我们都能同样勇敢、勤勉、幽默一点的话，就不会为那些卑劣的手段所屈服，阴影也就自然而然地消失殆尽。

我认为，下面这句话解释了这个问题的奥秘之处：社会不可能因外界而改变，我们只能不断地完善自身。由此可知，最完善的社会主义制度，就是最高级的个人主义的呈现。人们应该遵从情感和法律的发展，尽量让自己在属于自身的角落里安静下来，摒弃卑鄙与邪恶，选择诚实与纯真，变得无私与友善，这些都是基督教的平等教义。然而，只有我们都怀着这种紧迫感，想着与其遭受恶棍的威胁，还不如齐心协力将其绳之以法，才能一劳永逸。如果我们一味地忍受这些暴行，可能会触发这些恶棍和旁观者的良心，比起将那些罪恶之人关在孤独的囚牢里任其发怒，剥夺他们的权利，这个方法似乎要更好一些。当然，真正的解决方法，就是我们为了让后代生活得更加轻松和幸福，而放弃个人的安逸与舒适。实际上，帕迪戈式的改革者们，却非常乐于参加这种抵抗活动，因为他们空闲已久的扫帚终于可以派上用场了。

然而，当我们继续向前行走时，旁人却是一脸的迷惑和不知所措，这让我们觉得非常惊奇。他们能够听到我们所说的每句话，看到我们的每个动作，这些本能都是他们与生俱来的，是我们无法改变的。虽然我们生活在一种本能的幻觉之中，却仍能逃脱那些苛刻的逻辑，我们在任何时刻都能自愿地选择自己想做的事情。事实上，我们对这些都没有丝毫的概念，每个现象都显得那么真实与浅显，而对我来说，逻辑上的信念要比这两种现象更具希望和持久力。因为，如果这种进步的力量在上帝手中，那么在这个逐渐演进的人生梦境中，我们所扮演的角色都是神秘莫测的，就远远超出了我们自身的想象与控制范围。与此同时，如果这些都要我们做选择，而我们又被环境中难以描述的枷锁桎梏着，无法远离这些行为另辟蹊径，任其阻挡着意志的远行，那么，在这个充斥着令人厌倦、冗杂、赤裸裸的失败生活中，我们可能会故伎重演，陷入绝望的深渊。然而，我所能做的事情就是，忍受着命定的痛苦，用自己的洞察力做自己应该做的事情。不管怎样，我都将怀抱着希望，穿越崇山峻岭，满怀欢欣，找到晨曦初露的海面。

第十章

自我优越感

世上再也没有比对自身重要性的优越感，更能带给我们至高与持久的满足了。真正的幻觉，能够超脱所有的失败与沮丧，让所有最卑微的行为看上去都无比重要。对这些人而言，整个世界只不过是一个被人注视的舞台，而他们在舞台上成功地扮演着适合自己的角色。

某天，我沿着剑桥的一条道路走着，周围都是一群戴着方帽的年轻人。他们朝着一个方向前进，用现在一句流行的说法就是，他们要去“欣赏”一场比赛。我看见一位小女孩与她的女家庭教师，则沿着与人群相反的方向走着。女孩的眼神中透露出一种高傲，女孩的前额稍长，顺长而柔软的头发披在肩上。我猜想，她可能出身于一个学术氛围浓厚的家庭里。当我走过她身旁的时候，小女孩以斩钉截铁与自满的语气对女家庭教师说：“我们显得与众不同啊！”女家庭教师敏捷地回答说：“劳拉，不要胡扯啦！”但是，劳拉却以某种近乎顽固的自满口气回答说：“不！我们确实与众不同！难道你敢说不是吗？”劳拉的自我优越感表露无遗。

我思忖着，劳拉小姐啊！你真是那种对自我重要性有强烈感觉的人。这种感觉可能会让你活得很开心，完全不会感受到痛苦。我敢肯定，这个年纪就自命不凡的人，一定会在心中对自己说：“我敢说，这些成年人都一定在猜想：那位沿着与比赛相反方向前进的、看起来聪明的小女孩，也许还有比看比赛更为重要的事情要做呢！”至于人们是否应该对自身制造某种幻觉，抑或还是希望这种幻觉能尽快消散的问题，这个才是真正需要考虑的。无疑，这种自我幻觉会增添人们的幸福感；但另一方面，倘若生活是一个不断接受教育的发展过程，人类的目标应该在追寻一种道德上的完美结合，那么，这种幻觉越早消散越好。人们会希望继续维持这种幻觉，让生活更为快乐。然而，世上再也没有比对自身重要性这种优越感，更能带给我们至高与持久的满足感了。真正的幻觉，能够超脱所有的失败与沮丧，让所有最卑微与简单的行为看上去都无比重要。对于这些人而言，整个世界只不过是一个被别人注视的戏剧舞台，而他们在舞台上成功地扮演着适合自己的角色。

我认识一些拥有这种强烈感觉的人，他们从早到晚对所说所做的事情，抑或哪怕是某人不经意的赞美之词，都会感到无比高兴。即便自己所处圈子里的人对他全然冷漠，他仍可从中意识到自身有能力圆满地完成自身责任而感到快乐。我曾认识一位普通的牧师，在他布道演说时谈到了一点，即人们时常会问起他保持微笑的秘密。他总是回答说，自己并未察觉到自己的微笑是否有什么特别的魅力。若真是这样的话，那么佯装宣称很多人都注意到自己的微笑，这岂不是此地无银之举？正是他不断地将某种坚定的乐观注进了微笑之中，才让他的微笑显得更具魅力。正如我之前所说的，这位牧师在其他方面并不突出，但可以肯定一点的是，一想到他那自认为上帝赐予的微笑持久地保持，便感觉到自身所肩负的重大责任感，无疑这让他感觉自己活像一只喜欢露齿而笑的可爱猫咪，即便当他的内心并未感到特别快乐的时候，他也会将这份美好的感觉维持下去。

但是，要想找到一位能真正坦率与直白地承认自己这种优越感的人，却是极为困难的。一般而言，这种情感或多或少会在个人独自的“消耗”之中隐藏起来。然而，那些基本的自我满足感，一般都会自然地表现出来。例如，一些没有此等幻觉的人，对于自身的容貌在镜子中端详良久，也会让自己感觉到，原来从某个角度来看，其实自己也挺帅。一个沉闷的传道士会以私底下某种心理的宽慰，让自己不断地重复着他布道时所讲过的一句极普通不过的话语，并且还认为这句话饱含自己某种独创性，会给别人留下深刻的印象；或是某位仁兄只是做出了一些无关紧要的发现，却想获得该领域权威注意的目光，以从中榨取少量的安慰感。然后，他就可到处宣传：我向某某教授提出我的发现了，他对此深感兴趣，并要求即时予以发表之类的话语；抑或是一位普通的女士在一个茶话会上发表了一个讲话，因此而感觉到自身散发出的显赫与自信。可见，构成这种自我优越感的材料，在生活中俯拾皆是。这种性质的优越感并不等同于自负，尽管这很类似。毋庸置疑的是，在许多真正成功之人的心中，若这种优越感不是那么明目张胆地裸露着，那么，这常常是他们取得成功的重要因素。但是，让人感觉幸运的是，这种优越感却时常出现在许多默默无闻与智力平平的人身上，让他们的人生充满了浪漫与乐趣。这种感觉，无论这种展现方式多么卑微，但在很大程度上与公共形象有关。对于他们来说，这种自我优越感却是聊以自慰与自我欢喜的重要源泉。即便这种优越感，降临于一个没有任何社交能力的人身上，随着年岁的增长，他们的交友圈子在不断地缩小，接受的邀请函越来越少，但是这种自觉处于有趣的氛围之中，并且相信自己身处在不同的环境中或在一个更有眼光的社会里，他们会赢得更多人的认同，从而让他们倍感安慰。

毕竟，正如许多事情都在很大程度上取决于我们所珍视的自我幻想一样，当这种自我优越感降临于那些头脑迟钝、感知能力弱与任性的人身上，这对别人将造成严重的伤害，除非旁观者都能抱着某种欣赏与幽默兴趣面对。当我们发现一个人具有代表性的举止，例如凡事准时这一特点，正如本内特对柯林斯的印象一样，充满了人们所能想象的荒唐之事，这就成为了让人值得高兴的事情了。接着，这就变成了一种兴趣，并不一定是不友善的乐趣，因为这带给了“受害者”最深沉的满足感。要想逗乐某位自我主义者，就好比挑逗一条鳟鱼，通过一些简单有趣的刺激，引诱它跳出水面。

我曾认识一位颇有才华的朋友，他偶尔的拜访总能带给我无限的乐趣，毕竟他也从中获得了某种尖酸的“快乐”。因为，他的要求就像一只头脑简单的苍蝇坠入池中，却能冒出头将它一口吞掉。我听到他为自己时常收到大量的信件，或是别人总是无休止地向他寻求建议而感到厌烦的话语。他的脸上挂着无奈的笑容，称每天总有数以百计的人像是提着空空的自我怜悯的罐子，要他以自身的同情心去给别人“充气”。他希望自己能够有一点休息时间，但他认为，尽管这让他苦不堪言，但是满足这些人的需求是自己义不容辞的责任。我想，在这种坦诚的背后，必然有过往某种经验的积累。因为我的朋友是一位坚定的道德主义者，不会故意说些谎话。唯一难于理解的是，我不知道他将自身的怜悯之心存于何处。因为我听他除了讲述自己之外，就再也没有其他话题了。我想，他的这种以别人的请教作为自我安慰的方法，是一个说明生活中人性优雅的一面能够战胜动物本性的极佳案例。

有时，自我优越感会以一种夸张的自我贬低形式出现。某天，我在阅读一本关于某位忠诚教士人生的书籍。书中描述到当教士躺在病榻上，临死时对身边的人说："倘若你们要纪念我的话，就在我的墓碑上竖起一块朴素的木板，在上面刻着我名字的大写简称与生卒年，还有一些这样的字眼'这里埋葬着该教区一位微不足道的牧师'，也就这么多。"

此人的谦逊无疑是真诚的，但却给人谦逊与虚荣杂糅后奇异的困惑之感！若他的这种谦卑之情是无瑕的话，他就会觉得，那些真正值得如此描述的人，根本就不需要任何纪念碑；再者，若他对自己的功劳没有任何自信的话，他就会放手让那些想要纪念他的人去选择适当的纪念方式。若是人们分析字面下隐藏的意思，就会发现，这是某种希望被人铭记的情感在作祟，隐约透出一种自信的希望，即自己的工作还是值得世人纪念与缅怀，还兼有某种不希望夸大自身价值的真诚愿望。但是，缄默无语要比任何精心诣造的话语，更能证明他的谦卑之心。

自我优越感，并非随着年岁的增长而增强。有些人可能从一开始就拥有了这种感觉。我有一位老朋友，他在从事一项毫无重要性可言的研究。他与我的许多可悲的朋友一样，除了谈论自己兴趣之内的话题，对其他事情都无言以对。“你不介意我谈论我的工作吧，”他总是一脸灿烂笑容地说，“你也知道，这对我而言十分重要。”接着，在解释了一些极为艰深的术语之后，他还会说：“当然，这些对你们来说，也许显得微不足道，但这些工作是必须要有人去做的，这就好比垒建科学庙宇的一块小石头，只有不断地增高，才能达到科学的顶峰。我也时常觉得自己应该展翅高飞，飞向更宽广的领域，但我似乎对此类工作有着特别的才华。因此，我想继续坚持下去，这也是我的责任所在。”说完，他会很不自然地用手擦一下额头，接着又会谈论另一个技术术语。他总是为时刻谈论自己的工作而向别人致歉，但是无论到哪里，与哪些人在一起，他总是在絮叨自己的成就。但是，在我所认识的人当中，他无疑是最为快乐的一个。

另一方面，这种优越感若能与心灵的某种平衡感结合起来，将是一种相当具有魅力的性格特点。倘若某人自觉无趣，谈何激起别人对自己的兴趣呢？在谦逊与怜悯之间，存在着某种富于活力与真诚的浪漫以及优越感。这有点类似于富于想象力的孩子，在讲述一个以自己为主角的长篇故事。但是，具有这些能力的人，一般都会对此略感惭愧。他们并不认为自己所想象的奇幻之旅真的能够实现，他们只是在想，倘若事情能够自然而然，那该多好啊！那么，这种优越感，就完全取决于某种有趣或娱乐的眼光，将某种一成不变的生活方式应用到实际生活当中。富于想象力的孩子，一般都具有真诚的同情心与丰富的情感，当他们长大之后，一般到最后都会发现，真实的世界更让人感到惊讶与有趣，他们的视野也得到了拓展。在与别人会面时，他们会将原先只局限于自身的热情与兴趣应用于他人。

这种性情会让一个原先饱受自我优越感之苦的人，变成自负与自我满足的人。他们对自身的影响力有着强烈的渴盼，渴望着能向别人传播自身这种优越感。但是，我们要感激的是，大多数人都会由于失败或是罪过而变得谦卑起来。若是通往罪恶的道路是崎岖的，那么驶向正义的道路岂不是更为险阻？若某人天生就能远离众多诱惑，且保持精力旺盛、行动敏捷，此人十有八九会落入自以为是与道德自满的圈套之中。然而，他那不受人欢迎的风度，更是增添了别人对他的致命偏见。因为他会认为，正是由于自身的善良而遭世人排挤，而实际上别人所讨厌的其实只是他过于外露的自我优越感罢了。这类人总在劝诫别人，若别人对他的建议不闻不睬而陷入困境，他也不会暗自得意。一些冷漠之人，总是为自己要去承担别人的生活责任而感到觳觫。若他能逃避悔过，将此归咎于自身的处事不当，但却会被遗憾的痛苦所包围。

诚然，道义上的义愤是一种奢侈品，真正有权沉耽其中的人，在这个社会显得极为少数。如果有钱人进入天国有难度，那么，自我优越感的人就更为困难。这些人基本不受别人批评的影响，因为他们总能温顺地忍受着。他们有着一颗自认为善良的心，从不觉得自己会处于错误的一方。倘若他们真的犯了一些极为严重的过错，就会以极庄重的方式对自己说，应当温柔地清除自身残余的自我满足感与谦卑中隐含的荣耀感。在一个心智更为健全的人身上，正如哲学家们所说的，当满足于岁月带给他的成熟之后，仍能让自己保留着批评世间事情的权利。因为，真正约束我们的事物，都是生活中让人倍感痛苦、单调与难以容忍的事情。一个人自身的卑鄙、愚昧、软弱或灾难所造成的后果，有时让我们难以招架，而非只要我们怀着虔诚与乐观的心态或是掂量自身价值与良心的美德，就能做到这一点。

我想说，自我优越感的破灭，出现在教士身上的概率要比一般人更大。这是因为教士这个职位，本身就必须让人不断地锻炼这种感觉，方可胜任。之后，在这种感觉的引诱背后，其实就是某种特殊的虚荣，这是需要很多养分才能保持生命力的。自我优越感喜欢在诸如交际与典礼等公众场合上俘获别人的眼光，这些具有本能优越感且同时还身兼教士职务的人，更容易认为自己就是活在一个神圣的人生旅途之中。虽然他们带着疲乏的精神，穿着光鲜，却作为人们精神的庇护者，时常将自己陶醉在讲台上，动情地演讲。他们的双眼凝聚着火光，似乎自己已经看到了真理，并且坚决地对抗着罪孽。他们相信自己的话语与语调有一种令人震颤的特性，有某种火焰在喷涌或存在着精妙之处。而事实上，这可能正在灼烧或穿透了那颗罪孽深重的心灵。人们可能认为这种批评过于苛刻了，但我从未说教士的这种心态具有普遍性。我想，这种情况要比人们想象中更为寻常，我也从未说这与深层的人性渴望或至关重要的认真感有什么不符之处。更进一步说，这种自我意识的优越感，对于那些必须要在气势宏大环境下工作的人来说，是一种宝贵与亟需的素质。这种素质通常让我们产生深刻的印象，并且让那些见到他们演讲的人感受到真诚。一个对形象无所计较的人，通常难以说服听众。因为听众更关心他所传递的信息，而非只是传递信息的一个喉舌。我常想，若是强行要求那些具有此等魅力的人，放弃这种宝贵气质的话，是否真的适宜？因为，这种给人强烈印象感的能力，是他们取得成功的一个重要因素。要想真正地将一件事情做好，就需要我们自身对工作拥有极强的自信。无疑，对于一个公众人物而言，无论内心多么诚恳、冷漠或卑微，若缺乏了自我优越感，只能展现出糟糕的外在形象。我更倾向于认为，自信与一定程度的自满，都是极为宝贵的财富。重要的是，某人一开始就要对自己所说、所做之事充满自信，其次才是自身能力与是否适合的评估。

有一个很有趣的故事，我不敢确定该故事的真假，但也常听人说起，也就信以为真了。大主教曼宁无疑是一个拥有强烈自我优越感的人，有一天晚上，正当他要将自己的主教袍放入威斯敏特教堂的圣器收藏室，有人突然敲门，并不顾看门人的抗议，执意闯入。此人身材魁梧，看上去像一个富有的商人，而且此人显然正处于某种强烈的情绪之中，朝着曼宁走过来，开口就说了一大堆愤怒的斥责之言："你用自己虚伪与鬼祟的方法迷惑了我的儿子，你让他成为了一名罗马天主教信徒。你已经破坏了我们家庭的幸福与平和，你伤透了孩子母亲的心，让我们一家人都陷入了悲惨之中。"富人继续用这种语气说了许久，曼宁则站在那里，长袍依然在身上，保持着高贵的自尊。直到这位唐突的闯入者口干舌燥之后，最终以威胁的手势停止了说话。其中几个在场的人想上去阻止富人，但都被曼宁挥手叫退了。曼宁用手指着富人，慢条斯理地说："先生，我已经让你说完了你要说的话了，你也应该听听我的答复吧。你已经在这里诽谤了神圣的教堂，你在如此需要安静的地方肆无忌惮地撒野，说了一些邪恶与让人憎恨的话，并诋毁天主教。我现在要告诉你，在三个月内之内，你也将成为一名罗马天主教的信徒。"曼宁说完之后转过身，继续自己的准备。那人听了之后感到极为苦恼，似乎想要说些什么，但却找不到要说什么。富人环视了一下四周，最后垂头丧气、灰溜溜地走出了收藏室。

这件事情发生之后，一位当时在场的人，终于鼓起勇气向曼宁说出了自己的疑问：“难道您真的有预知未来的能力吗？您真的预知到这个人会在短时间内皈依天主教吗？”曼宁笑了笑，双手搭在他的肩膀上对他说：“亲爱的朋友，其实我也不知道未来的事情会怎样。但是，在当时那个尴尬的处境下，我必须这样说，因为这是应付那个情况的最佳办法。”

上面这个例子，充分反映了伟人及伟大的心灵具有超乎寻常的力量。但是，人们也并不能肯定，这样做是否就是传教士在应对类似情形所应采取的最佳手段。

我们还是将这个问题从宗教领域转移到日常生活中来。在现实生活中，无论男女，一旦他们对道德问题怀着强烈的责任感与深切的怜悯心，急切地想要推动事物的发展，那么，行为举止、演说时的手势与气势都将对其自身的发展产生着极大的作用。人们常说，那些具有影响力的伟人，都具有某种天赋，当人们在与他们交往的时候，都能从他们身上感受到那种与生俱来的才能，他们所做的事情都极为有趣或重要，他们与身边的那些人之间，似乎都维持着某种特别的关系。毫无疑问，那些优秀的人在面试的过程中，常会让应聘者深受鼓舞，尽管他们也知道自己并没有什么特别之处，只是应聘人员中的平凡一员。

这种伟大之人所具有的优越感是政治家、律师与医生必须要具备的品质，但是当自我优越感与自我主义、自私、冷漠为伍时，这就变成了一种相当可怕的组合。正如之前所说的，这会让那些伟大之人自满。但是，换一个角度来看，这种自我优越于自我主义的组合，也浸透了道德的本性。虽然会让人跌入失败的深渊，但是却给了人们深刻的启示。这时，倘若没有《圣经》上所说的以一颗全新的心接受洗礼的话，失败之疾必将无法治愈。对某些人来说，这种自我满足是抵御外界批评的坚强盾牌，不允许有人接触他们所认为的优越感，因为这些人都小心谨慎，害怕将自己内心的自我主义暴露出来，便很少给外人机会，从不试图让外人接近他们，即使是他们十分亲密的朋友也是如此。与此同时，他们却对外宣称自己所有的言行，都是在最高动机的指引下做的，就算别人会有发自内心的抗议，也会被他们冷静的宽容所包容。然而，对那些真正有着优越感的人来说，批判者根本不理解他们的所作所为，只会阻碍那些有益事物的发展。

我认为，有这样一种类型的人，他们永无止境地追求那些具有影响力的事物，对那些别人认可的东西充满了渴望。事实上，他们可能都是有权有势的人，并且有的还非常富有，时刻准备着用金钱或者建议帮助别人，不惜一切为那些有求于他的朋友争取职位或解决困难。当然，他们这样做的目的，并非真心地帮助有求于他们的人，而是为自己赢得声誉与赞美。也许，在他们看来，他们或许不应该帮助那些人，但是他们必须依靠这些给予别人帮助，以收获声誉与赞美。因为他们能够自由地支配时间与金钱，并且讨厌任何的干扰，急切地希望得到别人给予声誉上的回报，所以在处理任何事情的时候，他们的动机都表露无遗。然而，这必将造成一些难以挽回的后果，许多曾经得到过他们帮助的人，最终都会对他们怨恨有加。夏多布里昂曾说过：“想着让别人迅速偿还恩惠，不能造就真正的感恩。想着摆脱那些受益于自己的人，不是真正的仁慈。”

身为普通人，有时候对别人真诚、关切的怜悯以及对自身重要性的强烈感知，这两种情感会不可避免地交织在一起，导致问题变得复杂，不可思议。所以，我必须承认这一点，自我优越感的基础并非完全出于有益。当然，这只是个人主义的一种表现形式而已。但是，有一点却很明确，我们会因过分关注自己而受伤，同样也会因为不够重视自己而受损。倘若人生的目的就是追求自身的价值，承担责任，也只是一种强烈的自我重要性感觉罢了。我个人赞同价值本身并非人生目的的观点，但是，价值都是在我们不知不觉中产生的。我相信，任何谦卑与真诚的男女，无论是爱与被爱，在通往天国的阶梯上，都要比那些精明的游说者更为接近人生的价值。但是，也许我的这一看法是错误的，相反，世人眼中对赞赏与尊敬的评判标准才是正确的。诚然，我们无法看清那些强大的本能如何植入了人类的心灵，如何将成功的价值超越事物的本身，也许只有造物主才能看清这一切吧。与此同时，人们怀揣着希望，在未来的发展道路中，寻找着那些所谓的完善的批判标准，因为他们觉得应该有这一条标准：不以实际影响为标准，而是以手中所拥有的资源作为衡量尺度。

诚然，自我优越感带来的效果是毋庸置疑的。人们可以从基督教学派不断发展壮大的例子中，看出其所具有的巨大力量。一个性格坚韧的女人，通过启发了潜藏于许多人心灵中的观念，一种真实且具有活力的观念。然后，将这种观念变成某种确定性的东西，传播给那些感情用事、心智模糊的人，并让他们铭记于心。这种做法不仅积聚了大量的财富，而且自认为承担了上帝的意旨，从而不会遭遇广泛的反对之音。然而，正是人类这种动物的本性，决定了这些做法的成功。因为人类都急于寻找领路人，并追随其后。只要某个善男信女能说服大众，以一种武断、不容分说的气势，表明他们怀着对人类的某种使命，就能吸引一群忠诚的信徒。这时，人类的信仰就超越了智力与常识的范畴，完全赞同那些所谓的预言家的说法，并朝着那个方向前行。

但是，这种一呼百应的现象对这些预言者而言，是极为危险的。自大自满以及所有伪善的缺点都会迅速滋生，慢慢地，他们会失去所有的分寸感，无法在一个未知与神秘的世界里成为一名谦卑的学习者。同时，他们希望造物主能显露出未来的迹象，让他的善行能变得永恒、丰硕。但是，在羞辱与绝望的黑暗山谷里，预言家必须认识到，上帝其实是在容忍并利用着我们，他并不需要我们，正如某位赞美诗作者曾说过，上帝不从任何人的游戏中获得乐趣，上帝拯救了别人，自己却成为了被抛弃的人。圣保罗曾清晰预见到了这种可怕的命运。因此，任何意识到自我优越感的人，哪怕只是微弱地察觉到这种意识的人，都应该谦卑地祈求自己能从中解脱出来。回避圆滑、践行坦率；即使无意中犯了错误，远离内心任何深藏的罪恶，都应该为此而感到高兴。如果犯了一些明显的过错，道德上的不义或身体的残缺，都要心怀感激。因为，我们怀揣着上帝在教育我们的心态，想象着他能从脆弱而又坚硬的黏土中，制造出一个个美丽的雕塑，那么，这种信念就能阻止我们包涵任何经历，无论多么让人不悦，多么让人痛苦，都显得微不足道。直到人生的最后，我们仍可以获得一种真正的分寸感，明白人是渺小而又伟大的。

第十一章

凯尔姆斯科特与威廉·莫里斯

莫里斯在人生早年的成就，要超过许多人一辈子的建树。他曾写出许多艺术成就极高的诗歌。他曾坠入爱河并结婚，交友甚广，财富也在不断地增长。他喜欢自己工作的每一个细节。莫里斯公然地反抗着这个世界，对于社会的尊称显得毫不在乎。

四月的早晨，凉爽无风，我待在费尔福德享受着这一切。阳光洒在小小的广场上，四周是各具特色风格与漂亮的石垒房子，乔治王时代坚固的面墙点缀着竖框的山形墙。在不远处，有一个让人神往的教堂，巨大的灯塔，在天际划出了坚实而柔顺的轮廓，鱼卵状石灰石透出了沙石精妙的细节，历经岁月的风化蜕变成了橘黄的色调，自有其温柔端庄的一面。教堂里，遗留了许多中世纪的艺术珍宝。纱窗、木工手艺、纪念碑，无不显得气派、端庄与宽敞。在国王学院的小教堂旁边，有着斑斓的窗花，我想这应该就是整个英国最为高雅的窗户了吧。颜色显得无与伦比，蔚蓝色与深红，绿色与橙色交错搭配着，呈现出简练明快的艺术效果。教士、教父的礼袍，则置于白色精致的壁龛中，至于其设计，我真是哭笑不得，将圣人们打造得精细却丑陋的面容，我并不知道设计者出于故意还是自然而为，却不得不称之为一种具有简朴热情与温馨的体验，让我甚为感动。

这并不像一些颇有现代气派的玻璃所透出的柔和、典雅的瓷器外观，但窗户上却堆积着“魔鬼”，像极了蜜蜂聚集在蜂巢一般。这些形象怪诞、鼻子长长却又善良的人物造型，显露出极不负责任的粗心大意。一些是火红色，一些则是拖着长尾巴，一些则是多鳞的杂绿，一些则像犰狳上的装甲，所有的造型都散发着极度的热情与欢喜，却展示着毫无怜悯的工作。人们会批评这些画面：一个面容扭曲、被折磨的女人，裸露着胸脯，被投入熊熊烈火之中；一个人用一只灼热的钩子，将一个悲惨的恶棍放入滚滚的熔浆中；一个人面带微笑，在最高处用手拿着搅拌器；一个金发男孩，露出了痛苦与抽搐的脸庞，这些恐怖的景象在设计者心中又该是怎样的想象呢？我们无法因为他们展示的强烈“幽默”，而宽恕这些设计者。难道设计者真的相信，这些事情的确在充满仇恨的地狱里不断重演？我猜想，应该是的。那些住在附近整天看到如此景象的村民们，他们又会产生怎样的心灵震撼呢？我们可以预见，这些图像会让一个原先充满想象力的男孩或女孩变得压抑，最终可能精神失常。倘若这些卑鄙可耻的行为是某些精神失常、忧郁或无情之人所作所为的话，那么，这将让人们的心理更容易承受一些，但这些奇幻的小恶魔，却又充斥着邪恶的笑容，无疑是在享受着极度残忍所带来的病态乐趣。

在那些所谓信仰者的脸上，找不到一丝悲恸或沉重的神情。

也许，村民们那淳朴与村野的心理品位，正适合对付这种罪恶的现实。人们不禁会联想到高尚的牧师吉布尔，他一生中许多岁月都在这里担任父亲的助理牧师，他又会对此有何感想呢？也许，他那温顺与柔软的心智，将此作为某些宗教意义上的一种象征，即上帝对人类极度贪婪与腐化的一种无情的怨恨。当人们将耐心、性情温和、乐于助人而又神秘的吉布尔与此地联系在一起时，内心会稍感宽慰。但是，人们很难想象，吉布尔能在这般清苦的空气中呼吸。精神的清风沿着狭长的小路冷飕飕地吹着，一方面被这种深不可测、从不妥协的神学传统的高墙所阻挡，另一方面则被严苛的新教主义所牵绊。世人会忍不住说："这是多么矫揉造作的方式啊！"但我想，人们绝不应将此地视为人类精神之域所绽放出的芳香花朵。任何体制似乎都会对人类某种性情，做出自然而本能的反省。

我沿着农场肥沃而低平的小路缓步而行，密密麻麻的灌木榆树环绕四周，一直蔓延至莱奇莱德这座人口常年流动的美丽小城。在这里，也有一座古老精致的教堂，竖着一个并不刺眼的塔尖。"一个美丽的石块锥体"，正如一本旧时的旅行书这样描述一样。在这里，可以看到漂亮的山形墙房子，分布在有围墙与阶梯状的花园之中。石球角柱边上，还有一座古色古香的亭子。河流在下方流淌着，穿过大桥，一直流向修长的泰晤士河。在那里，清澈的河水不时地翻滚着，在一个宽阔的池塘中溅起各位想象的浪花。放眼平展的牧场，金凤花肆然绽放，莱奇莱德房屋的尖顶，鹤立于簇拥的房屋顶部，一直向西延伸开去。

放眼远处，有一条人烟稀少的崎岖小路。人在心中品咂着美景，心跳也随之加速。我离凯尔姆斯科特越来越近了，而大冲积滩则在两岸不断扩展着。在两边低矮的树林里，莫里斯曾面朝南方，有感而发：“这里的景色真不赖！”接着，就走到了一条蜿蜒曲折的十字路口。我怀着愉悦的心情，走进了这些分布散乱的村落。在这里，每间房屋都有其自身的魅力与风格所在，到处都可看到一座高高的山形鸽房。一座木制炮塔，则耸峙于坚实的牲口棚与草垛之间。这里有一个面积不大、并不显眼的教堂，还有一座石制的钟塔。接着，小路不断向前延伸，直至消隐于旷野的远方，但那里应该也是村落的尽头了。那里，正是我所要找寻的地方。此刻，我内心怀着敬畏感，心跳不由得加速。当我接近了一个充满甜蜜与美好记忆的地方，这个地方比许多艺术大师的故居还要让人感到亲切。

当我想到自己要到某个艺术圣地朝圣时，心中不免升腾出一种敬畏感。一般而言，我所到的地方，都不会因为现实与心中所想的相差万里而扫兴。我从罗塞蒂的书信中早已对凯尔姆斯科特了如指掌，从莫里斯翔实与充满情感的描述、图画以及其他前往此地旅行的游记中确信，自己不大可能失望而归。事实证明，的确如此。

这个地方不仅如我心中所想的那样，而且还有其自身的微妙与自然优雅的气质。这里的房屋要比我想象中显得更为宽阔与美观，花园虽小却不减其姿色。我之前就不认为，这会是一个羞怯或充满乡野味道的地方，很难找到能俯瞰整个庄园全貌的角度。道路两旁是村舍，还有一幢巨大的建筑，一半是仓库，一半是车匠商店，用来满足农场的一些日常需求。透过一扇敞开的大门，可以看到一张长椅上堆满了工具、木板、侧板、轮轴与铁路货车的配件，甚至还有束薪。乍看凌乱不堪，实则井井有条。继续往前走，看到了一座墙垒的菜园，一些庞大的灌木、月桂树、棉毛荚莲等丰满地在菜园内拔起；而在灰色的房子之外，薄薄地涂着灰泥。在一个石堆覆盖的屋顶上，垒着山形墙与烟囱。左边则是宽阔的牲口棚与牛栏，一个农夫正在用鼻圈的绳索牵着一头牛崽。

目光越过此地，就是一片开阔的空旷地，那里有一堵低土墙以及泥土垒筑的防洪墙。荨麻在上面丛生，枯萎的莎草在河道中漂流，而秃鼻乌鸦则在榆树上喧闹地筑巢。沿路上，我们遇到一些友善、淳朴的伯克郡人，也找到了负责此地的一位园丁。我们在一边与他交谈，一边沿着这座房子的另一边环绕，走到了草地的开阔地带，家禽在那里欢乐地俯啄仰饮。古旧的木料农场与破旧的栏舍，还有被弃用多时的锄犁，都井井有条地放置着。莫里斯曾这样写道："我多么喜欢这里的整洁！"我发现，莫里斯最钟情的，还有这个忙碌农舍之下自然而简朴的杂物。

在这里，庄重的房屋显得更为高贵。透过一堵敞开的大门，我得以一睹这座古式标准的果园，与其接壤的是春天花朵绽放的尖状物。园丁正在松着沙砾上的土壤，以一种正式且友善的态度迎接着我们。但是，当我询问是否可以进房屋里参观时，园丁语气坚决地说："决不允许任何人进去。"接着，他就不理睬我了，继续做着松土的工作。

我多少感到有点窘迫，于是往回走。我瞥见了前廊上锯齿状精细的雕纹，匀称的翼板以及隆起的建筑。我想进去看看那宽敞的客厅以及挂毯的房间。还有一个有关萨姆森的故事，曾让罗塞蒂对自己的工作感到厌烦。我想去看看那株巨大橡树的根系，目睹帷幔上刺绣着莫里斯最为美妙的抒情诗：

“荒原之朔风，呼呼扑，静夜之冰霜，滴滴泠。”

我想参观那间卧室，在那里，莫里斯当年曾极为舒适地享受着健康食物的乐趣，尽情地延长用餐的时间。他当年所饲养的雄孔雀与紫杉，如今早已不见了踪影。我不敢确定，椅子、桌子、家具装饰、图画等是否会成为阻挡我与这个地方产生的精神交汇，我只得朝着教堂的方向走去。教堂的外边，显得简朴与清秀，而在教堂内部则有一股真正中世纪精神的气息，正如“亚瑟王之死”时的那个“中古世纪的小教堂”。教堂四周的墙壁显得空荡，壁画有一半被破坏了，却“贴”在坚固的台柱，充斥着一种远古简朴的气息。让我感到悲伤的是，我并没有看到莫里斯的坟墓。尽管在我的想象中，营造了这样一幅情景：他的灵柩从莱奇莱德由一辆装饰精美的农场马车起运，那天还下起了无情的细雨，而在教堂的墓地里，我看到的景象似乎给我发出了一个错误的信号。一个傻里傻气、自我意识过强、打扮过浓的乡村女孩在摄像机面前摆着各种姿势，仿佛在炫耀自己的审美观，要将一种有损身心健康的虚荣与世间庸俗的情感，带到这简朴的乡村生活中。这可能就是名声所留下的丑陋一面，让普通人对名人们的生活及生活遭遇的细节深感兴趣，但却没有丝毫激发他们对这位名人的理想或动机，产生任何怜悯之心。一位真正的崇拜者，要为他们的追寻之旅所付出的代价就是，一般无知之人都在一旁流着垂涎的口水，盲目地跟风。于是，我怀着可悲的心情，离开了这个地方。我希望自己可以在这些景物周围设置一堵无形的篱笆，只有少数真正懂得其中所蕴藏秘密的人，才有进入的钥匙。

而此时，为了表达自己内心的一些美好情感，还是让我以莫里斯为这幢房子写的句子来阐述——

“我想，自己深爱这幢房子是有道理的。虽然，我的言语在你们的脑海中无法营造出一幅富有魅力的画面，但是我想向你们保证一点，这些魅力是真真切切地存在的。那些在泥土上建造的古老房子以及生活在这里的人们，同样如此充满魅力。传统的游丝仍在空气中弥漫，草地与田野、树林与河流，总能带给人喜忧参半的感觉。人们会对这些事物产生浓厚的兴趣。也许，还有少量情感沉淀的原因吧，我想，这就是这座古老的房屋所赐予的魅力。

“我的双脚沿着他们熟悉的道路前行，上升的道路指引了我进入一片面积较小的田野，一边则是河流涌上的一摊滞水；而在右方，我能看到簇拥的小房屋与牲口棚。在正前方，则是一座灰色石头垒砌的仓房，一面墙上已覆盖了常青藤。在墙之上，可看到一些灰色的山形墙。乡村小道在滞水潭的阴影下止尽。我穿越了这条路，拉开了一扇门闩，进入墙内，接着又站在一条通往古老房屋的石路上。在石墙与房屋之间，花园散发着六月鲜花馥郁而浓烈的香气。在这个修剪得当的小花园里，玫瑰一排排整齐地盛开着，香气满天。乍一看，让人们百虑尽消，唯余一片美丽在心头荡漾。黑鹂在拼命地歌唱，鸽子则在屋脊上咕咕鸣叫，秃鼻乌鸦在高高的榆树繁茂的叶子上饶着舌，而雨燕则在山形墙上如车轮般绕着圈子。房屋本身，就是这个夏天所有景色中美丽且适宜的守护者。

“哦，我的天啊！我是多么热爱这片土地，这里的四季、天气以及所有的事物，所有在这片土地上生长的事物，都被我深深地喜欢着。土地及其抚养的生物与滋养的生命，都是那么贴心。我只能直抒胸臆，我是多么热爱这里啊！”

这些充满美感的语句，洋溢着纯朴之情。但是，这会让某些人自大起来，同样也想写出一些蹩脚的句子。但是，我想说，在整个午后，身处恬静的旷野当中，白色的云朵在低低荒原的唇齿间翻滚。我被这个身材魁梧的男人的思绪所萦绕：那个一头鬈发，留着胡须的人，双眼似乎很警觉，却又那么散漫。但是，他却能注意到任何渺小的细节，一双看似粗大笨拙的手，竟能从事如此细致的工作。看到他身穿粗制的蓝色服装，以优雅的步态在四处闲逛；时而俯下身子观察花坛上的各种鲜花，时而瞥一眼天际，时而漫步到小溪、钓鱼取乐；或在客厅的桌子上笔势如飞，抑或在织布机前专心致志地工作。他是如此直率、友善、明朗与自然，以他对世间万物的认知深爱着自己眼前所见的事物。在他的血管里，血液在偾张，生命在无休止地运动，或者在回想起罗塞蒂走过人烟稀少的荒原时，那双视野广阔的眼睛，一半在专注的闪光，一半则懈怠着、无精打采、脸色苍白，似乎被异域渺远的梦境所牵饶，缓缓地踱步，全神贯注于自身热烈的思想当中。这就是英雄不散的魂魄啊！

在我的记忆深处，他们的情感与幻想搅拌出了这人世间最为美好的意境，只是在某些精神上，思想如浪潮般从一个未被发现的海岸出发，涌入了生命与爱的场景当中。这些，我自己都无从思量。但是，这个地方似乎充满了未知的景象与难以望穿的神秘。无疑，我们认为营造比例精确的世间景物确实值得考量，但是在这一望无尽的绿色牧场、山形墙与城墙上岁月剥落的痕迹散发的从容之美，还有那芳香花朵的绽放，小溪的清流，看到这些美景之后，我们真正地爱上了某种深沉与神圣的东西，甚至象征事物本身仍保留着某种神迹般的力量，直到今天仍旧感动着我。当我沿着向西的小路返家时，房屋与树林的阴影渐渐被拉长，跌落到山静日长的旷野草地上。

英雄？我真的这样说过吗？在这里，我不想谈及罗塞蒂，尽管他那颗充满激情的心与反复无常的梦境常被人们神化。在深思之后，我发现，他已将自身所有的缺点清除了。但我却不能剥夺莫里斯享用英雄这一名号。让我用文字描述一下，当莫里斯将这个美好地方视为家园前后所发生的事情吧。莫里斯在人生早年的成就，要超过许多人一辈子的建树。他曾写出许多艺术成就极高的诗歌。他曾坠入爱河并结婚。莫里斯交友甚广，财富也在不断地增长。他喜欢自己工作的每一个细节，无论是设计，还是纺织、染色等。他有一群忠诚的工匠。莫里斯公然地反抗着这个世界，对于社会的尊称，显得毫不在乎。他拥有无与伦比的精力与健壮的体魄，让他能从各种活动中享受到有益的乐趣。

在所有快乐的人生岁月里，一股阴云浮现在他的心灵，阻挡了他在阳光下呼吸。也许，原因之一，就是他个人忧郁与悲伤的情绪所致，原因之二可能是在前半生高产与无休止的能量消耗之后，体质逐渐下降所致。当然，这些都只是一些很次要的原因。让莫里斯开始反思自己的是，想到人类所有的劳作，正是劳作生活让他无法享受生活中所有美好的事物。这些美好对他而言，正是生命存在的本质所在。一个推波助澜的因素就是，他意识到自己已经开始缺乏高级审美的享受能力了。享受美感的本能在凋谢，甚至从原先忧郁的天性中连根拔起。他开始意识到，人们不再从对艺术或自然的喜爱中获得乐趣，即使让他们真正接近这些艺术或美景，也难以从中获得任何乐趣。接着，他的思想愈加朝着阴暗的方向发展，认为现代艺术归根结底是空洞与缺乏灵魂的玩意。莫里斯便看到了那些与自己所拥有的一样美丽的房子，古老的教堂在形式与细节的精致程度上存在着某种自然的本能。这些事物几乎代表着一种简单之美，存在于热烈的欢乐之中，而这些欢乐似乎正从这个世界上消失。在古代，当时的建筑师可以建造出一个既坚固又具有美感的仓房，而其中的细节只须将石块加固，甚至细心地打磨，并将心思花在隅石、窗台与滤石上，用坚实与匀称的横梁来支撑屋顶，然后用平整的瓦片覆盖，使得房屋的每个部分都具有鲜明的特色。而现在，如果人们想要自然的建筑，就必须要用砖石来修砌薄薄的墙，用铁杆紧紧地捆扎，并用锌镀的铁器来做弧形最上方的屋顶。诚然，这样的建筑很糟，但更糟的是，似乎没人会注意或介意这些建筑的不同之处。他们似乎认为新式房屋更为方便，而至于美观方面的问题，则从来就不在他们的考虑之列。他们残酷无情地推倒原先的建筑，或将原先的建筑修补得面目全非。所以，莫里斯开始觉得，现代艺术在其本质上不过是些矫揉造作的东西，只是为了少数休闲人士而存在的奢侈品，再也不是基于一种深厚与普遍人性的本能了。他认为，艺术会被人类的相互竞争、庸俗与物质主义所伤害致死，而所有这些伤害艺术的东西都必须全部消失，只有自然的事物才可从新生的树墩上生长出来。

莫里斯不是一位个人主义者，但是人们可能会误认为他所关心的事物要重于其他问题。莫里斯的一位朋友曾抱怨说，如果自己死了，莫里斯会为之悲伤，并怀念自己。但是，这却不会阻碍莫里斯以后的生活，也不会分散他的工作精力。莫里斯所关注的是，一种社会的趋势、阶级的对比、人群的组别，而不是某个个体的存在。因此，在冷静的反思之后，他得到了下面这个观点，继续将自己束缚在一个自创的艺术小天堂里，他发现了这样做是一个非常错误的做法，而且也是罪恶本性的体现。世间的喧嚣、丑陋与迷惘，这种悲伤对他来说都是很高尚的。然而，那些生活贫瘠、没有欢乐甚至毫无人生希望的人，常常会进入到他的思想，让他着迷。他也开始将心思转移到此，同时，还想办法理清手中那些混乱的事情。

在1880年新年的那天，莫里斯写道："我正处于十分沮丧的情绪之中，所有的事情都纠缠在一起，难以理清。最近，我总会感到莫名的忧郁（忧郁这个词，可能用得有点不太恰当，但我实在是找不到第二个词了），并不是因为我自身无法以愉悦的方式享受生活，而是人到中年，总会遇到一些嘲笑，或许这些嘲笑根本就微不足道。我想，这些都可以接受。因为人的性情变得缓和了，就极有可能从原先只关注自己的事情上，转移到别的更具有意义的事情上。我希望，自己心中所酝酿的那些伟大的变革，能在这个世界上慢慢地得以实现。"

从莫里斯写的这些话中，我们可以看出，他义无反顾地投身于社会主义运动之中，放弃了诗歌创作与许多原本卓有成就的工作。他频繁地参加一些会议与委员会，写了很多传单与宣传小册子。为了社会主义运动，他肆意地挥霍金钱，不断地参与此类的宣传演讲，同时，还忍受着别人的误解与辱骂。他曾在雨中向那些冷漠的游手好闲者演讲，推着一辆车子在广场上售卖社会主义文学的作品。他也常常与警察发生冲突，因此成为了治安办公室的常客。他还被人冠予“具有诗味的家具商”的称号，成为令朋友或敌人困惑不解与鄙视的对象。也许，这份工作真的不适合他，但他却做得不赖。他在与别人交往的过程中，培养了极大的宽容心与幽默感，甚至变得圆滑。但是，常年在恶劣的自然环境中工作，还有自身的压力、对身体健康的忽视，最终都导致了他的死亡。然而，比死亡还糟糕的是，逐渐滋生的沮丧感，使他渐渐地意识到，社会主义运动的时机还不成熟，就算人们能够抓住他们真正想要的权力，也无法进行使用。他也开始发觉，工人们在社会规模中日渐上升的需求与满足，并不是让他们满怀信心、诚实地对待工作、热爱工作的保证，而只是希望能顺利转为中产阶级，成为一个“小型”的资本家，这一切都是莫里斯不愿意看到的。

很多时候，在他耳边都有一种声音在“嗡嗡”作响：一个富有的资本家或雇佣着许多劳动力的雇主，即使不是奢侈地生活着，至少也能过得相当体面，他们却在继续占有财富的同时，宣称着社会主义思想，这难道不显得十分荒谬吗？莫里斯曾在一封回信中表达了对这种言行的抗议，他这样写道——

“其实，在很多时候，我也无能为力了，我无法控制自己的思想，大脑不允许我停下来休息片刻。在现实生活当中，我看不到任何具有思想价值的东西。很多人都处在一种有序的生活安排下，这种安排能让一些体面的人活得充实而快乐。但是，在我看来，他们只是昏昏度日，用别人的辛苦劳动换来自己安乐的生活，正就好比他们正在不停地啃噬着同类的血肉。还有一个更糟糕的事情，在这样的生活下，人们变得更加腐败、迷恋、虚伪，永远处在底下的精神阶层中。然而，让我内心感到不满的是，如果我不履行自己的职责，那么，我的一些朋友反而会因为我的失职而赞美我，而不是指责我。同时，这又是一件多么让人痛心疾首的事情。”

然而，到最后，在经历了所有阴谋、争论与妒忌的恶劣环境后，他接连参加的所有组织都逐渐解体了。并不是因为他不相信自己坚持的理念，而是因为眼前的障碍实在难以逾越。他最终释然了，怀着感激与悲伤参半的心情，又回到了过往的生活，重新回到了对艺术与工匠生活的热情之中。他开始创作一些美丽、浪漫的散文故事，并给故事配上优雅的标题。他慢慢认识到，要想全面扫除邪恶制度，是不可能靠个人的力量完成的。无论他多么努力与认真，也不可能在某个阶段或人生中得到实现。他也开始认识到，社会如果要将某些思想付诸实践，那么，也只能在这种思想清晰明了与广为人知之后，才能得以实现。促使人们接受一种他们根本毫无观念或毫无意愿的生活方式，则显得徒劳无益。然而，以前的他总是将人们在美好事物中获得快乐，视为自己人生的一个神圣责任。

事实上，人们都知道，任何人在任何时代，都不可能在这一方面影响深远，但是不得不承认的是，他确实在不断地培养与传播人们的这种思想。他摧毁了家庭与艺术中一些卑劣与伪善的传统，通过写作的方式，为无数心灵打开了一扇通往纯洁、不被世俗破坏的浪漫而遥远的乌托邦大门。不仅如此，他仍旧勇于顺从自己视为神圣的东西，做自己认为正确的事情。他是一位天然忧郁且不切实际的人，不甘愿为一位苦行者放弃肩上的负累与恐惧，而是为了理想，他放弃了自己狂热的工作，全身心投入到了生活中，将自己的祝福传递给了别人。当然，他的这些行为，完全出于对那些出身条件劣于自己的人们的怜悯之情。

在这个他深爱的角落里，这种比平和透过阳光的绿荫更加甜美和安静的习惯，理应发出更为洪亮与急促的音调，从而阐述精神。当莫里斯居住在凯尔姆斯科特时，在那段迷惘的日子里，他曾说过："我觉得我的个人信念，应该是这样的。在这个和平的地球上，我不能因为任何私人的烦恼而报复自己。然而，在这里，我却能感受到友善之情。面对眼前这优美的景色，我绝不想板着脸去迎接。"这是多么高尚的情操与高雅的语言啊！也许，他的天性只允许自己享受在安全感下的美丽，以及生活的乐趣。但是，我认为，如果人类都这样生活的话，他将没有个人的敏感性，将不为任何人可悲的言语所动。眼前那些情景，可视为让他获得心灵宁静盾牌的信号。但是，他却放下了盾牌，用胸膛抵挡锐利的箭矢。在他那高贵的疯狂中，修正自己所处世界的错误之处。也许，他更像一位伟大的骑士。

我想，这大概就是环境对一个人心灵震撼巨大的原因。莫里斯曾说："任何最细小的事物，都是不同寻常的，有着独特的甜美之处，就像一个天真无邪的童话故事一样。"事实的确如此，在莫里斯走上这条道路之前，已经有许多简朴与安静的人，在这里度过了他们的人生。但是，莫里斯有着自己独特的观点，他认识到最为微小的甜蜜难以被禁锢，就好比小手指上的宝石，五光十色，璀璨夺目。

我认为，两件事情可让生命增添力量。其一，对自身特性有所了解，对自身的重要性有着强烈而可怕的感知力，将自身控制在手中，将某个巨大而又难以控制的成分与元素聚集在一起。这种巨大而神秘的元素充满了悲伤、罪恶、痛苦、欢乐、希望、死亡，它们在尖锐地对抗着。但是，可以肯定的一点，就是这些元素都与我们的某种行为方式在一定程度上有所联系。其二，正是在这个让人悲伤的节骨眼上，许多凡人与艺术家的悲伤终止了。他们过分地强调自己所喜欢与渴望的东西，而忽略了其他事物。当痛苦的浪潮袭击他们时，他们被彻底湮没了，充满了困惑，抱怨着所有的一切，挣扎着要站起来。

但是，对那些真正的人才而言，这又是另一回事。这些人的内心充斥着一种欲望，希望所有人都能分享他的乐趣，然后从中获益。这种想法，让阳光投下了阴影，搅乱了玫瑰的芳香，让鸽子咕咕的叫声听起来悲怆，这让人感觉到，别人是在遭受痛苦，并且没有人愿意伸出援助之手。更让他感到悲伤的是，某些迟钝的心灵从急躁的羁绊中解脱之后，他们的欢乐就变得邪恶与野蛮，从而难以忍受任何甜蜜与纯真带来的乐趣。他一直以为自己真的很聪敏，尽自己最大的努力，在缓慢与疲惫的时间里安慰别人，而实际上，他自己也是身处沉重与沮丧之中。但是，这些时候，他自己并不知道，思想上美妙的涟漪，已经在波澜不惊的池面上扩展开来。也许，他被藐视和侮辱，但对此却毫不在乎。然而，所有伟大而神秘的计划，无论其本质是黑暗的，还是光明的，都将以细致而又实实在在的方式进入自己与别人的生活当中。那些伟大的设计会变得更为宏大与圆满，在生命之屋中还将建设有宽广的厅室与门廊。一个筋疲力尽的骑士，盔甲上满是凹痕，额际布满了灰尘与汗水，双膝跪在神庙前，这让这个地方的静寂更具美感。

然而，那些天性乐观、从不感觉苦难与疲惫的人，不仅脸上没有倦容，而且双手也未曾因劳作而瘦削与粗糙。在他们的思想世界中，清澈的双眼能洞穿笼罩在清冷原野与树林上缠绕的迷雾，只有他们热爱的事物，享受着单纯与高尚的欢乐。在白天长时间的劳累之后，满怀疲惫与忧郁的他，终于倒下了，欢乐的鼓声从高墙围绕的城镇上响起，仿佛在举办一场热烈的音乐会。他人生所有的价值却没有随着生命的终结而结束。

第十二章

演讲日

这个夏天，我参加了学校演讲日的一些活动。事实上，我参加过很多次这样的活动。正如贺拉斯说过的那样，不管是否被邀请，上帝都会与我们在一起。其实，我也没想过从这样的活动中能获得什么乐趣。因为参加此类演讲的人都是很盲目的，就像一只绵羊，从一片草地被赶到另一片草地。

这个夏天，我参加了学校演讲日的一些活动。事实上，我参加过很多次这样的活动。正如贺拉斯说过的那样，不管是否被邀请，上帝都会与我们在一起。其实，我也没想过从这样的活动中能获得什么乐趣。因为参加此类演讲的人都是很盲目的，就像一只绵羊，从一片草地被赶到另一片草地。虽然被友善、温柔地驱赶着，但还是不能改变被驱赶的本质。可想而知，在这些场合下，听众也只是被“填鸭式”地灌输。当然，也不可否认，我们在这里会遇到一些富有魅力与有趣的人，但你却没有时间与他们好好交谈。但是，我还是乐于参观一下。因为我认为，当人们在演讲结束离开之时，会带走友善与美好的心情，还有年轻与充满希望的回忆。

这所学校虽然不是一座最负盛名的学校，但是却有着悠久的历史。这里的建筑物都显得宏大而实用，而那些充满了现代与新潮的装饰，却散发着古色古香的成熟味道。在校园中央，有一个小小的却极为有趣的庭院，有绿色的草地和美丽的花园，还有成荫的树木。在这里我们会度过美丽的一天，明媚的阳光和清新的空气，让人们不会感到闷热。

演讲活动的第一个节目就是午餐。我坐在两个友好的陌生人中间，谨慎地交流着对教育的看法。让人意外的是，我们都赞同一个观点，古典教育作为心理锻炼的价值似乎被过分地高估了。或许，当代教育会让人们将过多的精力投入到体育竞技方面。但是，无论如何，公共学校系统是我们国家培养人才的基础，教育男孩们学会绅士的举止。同时，我们都认可一点，学校是培养学生品格的理想场所，公共学校体系也是让世界羡慕的。

在如此有深度与建设性的思想交流中，时间飞快地流逝。

接着，我们聚集在一个大型的厅室，看到许多骄傲的父母与美丽的女生，兴奋地簇拥在一些身材结实、彬彬有礼的帅哥身旁，当然，那些美丽的女孩都穿着她们认为最漂亮的衣服。我真为他们感到高兴，因为他们都是我们国家未来的希望。我看到，穿着教士袍的校长，浑身散发着学术的宽容气息。人群中，那些年老的绅士们笑着回忆年轻时的飒爽英姿，而随着时光的渐渐流逝，他们还是那么意气风发，这不得不让人高兴。在这里，我感觉自己身处一群幽默与欢乐的人中间，他们都曾被一种想要改变现状的模糊观念所鼓舞，甚至感到振奋人心。

这时，人群中响起了雷鸣般的掌声，接着，便是一幅我们再熟悉不过的画面。一位年轻的演说者进行了虔诚的朗诵，还要求在座的朋友都能洗耳恭听，年轻的人还应从中受到一些启发。然后，就是主教兼校长出场了，在接下来的时段里，他将要发表演讲。我认为，听一位有才华的人娓娓道来的演讲，这种感觉还是挺不错的，尽管我并不认同他所说的大部分内容，也无法证实其正确性。但是，他是如此真诚与自然。此刻，如果有听众想对他的演讲提出疑问，都会自惭形秽。然而，我却不禁会想，为什么在这些场合，总会说一些千篇一律的话，并且还被人们视为可行的呢？一开始，校长就说，男孩们在学校生活的时光是人生中最为快乐与重要的时光，是其他成年人羡慕的生活。我不知道其他听众是否认可他的这句话，但我肯定男孩们并不这样认为。倘若我可以以自己曾经在这些场合的感想作为判断依据的话，那么，我认为自己曾经就读的学校是一所相当不错的学校。但是，当时的我却向往着离开学校，了解外面广阔的世界，充分体验自由的兴奋与乐趣。也许在某种程度上，我们这些老一辈的人，确实应该羡慕这些年轻学生面前有着许多我们曾经没有把握住的机会。但是，我仍然坚持认为，在这种“反之亦然”的寓言故事中，我们也不会真的愿意与他们交换位置。如果一个人可以有更为轻松的选择，他会心甘情愿地想重新回到纪律严明的军营生活吗？会在可以自立的情况下，拒绝自立吗？对此，我表示怀疑。

接下来，校长谈到了教育方面的问题。他饱含激情地说，尽管很多人对现代教育众说纷纭，但当我们年纪逐渐增大之后，大多数人都会意识到，其实所有文化都是根植于希腊与拉丁古典文化之中的。尽管我敢肯定事实并非如此，但我与其他听众只能满怀热情地为之鼓掌。我想，这位校长真正的意思是，他所掌握的文化都基于古典教育。此时，在演讲台上的校长，是一个精力旺盛、真诚且明智的人，但是却不是一个严谨的文化人，只是粗略地浸淫于文化之中，简单地认为德国文学是朦胧的，法国文学是不道德的。他说自己没有时间阅读小说，但是会在每个基督教的礼拜日抽空阅读一下。或者在感冒躺在床上时，才细读一本司各特的威弗莱系列小说。但是，他却认为自己是一位饱学之士，而且其他的人也是这样说的。我想，他或许只读过一些关于神学自传的书籍。这让我不得不相信下面这个观点：我们的国人之所以不喜欢优秀的文学作品，是因为我们处于一个易受影响的年龄阶段，教育体制的节衣缩食，没有传授一种真正的文化，而在没怎么阅读古典作品时，一味地将古典作品视为人类智力高度的衡量标准。在我看来，这似乎在争论人类进步之时，缺乏信仰所带来的悲哀。但是，我们都认为现在的自己是一个有高度文化素养的人，有着深厚的希腊与拉丁文化的底蕴。

接着，校长以一种庄重的口吻谈到了体育竞技。过往的经验让他深信，任何值得做的事情都应该做好。但是，他却没有谈到：是不是所有的游戏都值得去玩呢？年轻人是不是只须通过体育运动来填充休闲的时间？成功的运动员只须以获得的荣誉和别人的崇拜，为自己的嘉奖？老师是不是应该对诸如保龄球、板球、划船以及足球等运动有着强烈且深切的认可？是不是这样之后，人们就不会失去分寸感。他还告诉男孩们要尽全力从事体育运动，并且告诉他们，体育竞技绝对深受基督教义重视，他自己也对此深信不疑。他宣称，男孩们应该培养男人气概和勇气，摒弃懒惰与邋遢。但是，我个人对此一点都不认同，我认为，现行组织下的体育运动跟美德可以直接挂钩。如果参加体育运动的人缺乏美德，那么运动的普及就会变为一件危险的事情。同时，频繁地组织体育运动，会大大降低个人的自主性，在许多学生的脑海中形成了一种错误的成功观。

但是，我认为，校长受邀发表演说，也是怀着宣传现状好处的目的，不说违反常规的东西，只是在努力地践行这一目的。

接着，他谈到了以下几个方面：对人而言，真正重要的是性格与品行，智力只是上帝赐予我们的礼物，而优于常人的运动能力也是上天赋予的天赋。但是，在某种程度上，我们却是平等的，我们都有责任与义务，不断地努力提升道德高度。那些在道德方面有所建树的人，也不一定是著名学者或运动员，而是那些勤勉、信赖、友善、慷慨与具有公共精神的孩子们。当谈到这一点时，他的情感顿时丰富起来，仿佛这是某种极为大胆与出乎意料的表述，认为有着警世的坦率，给人一种正在忠实地阐明人生真正价值存在的感觉，并且用一双勇敢的手将世间错误的喧嚣都一扫而空。我并没有为此鼓掌，而是用鞋跟有节奏地蹬着地面，发出的声响是对这位高尚但却远没有明确主张的人无声地反对。

但在，在这里，我感觉事情并不像看上去的那样高尚，他口中那个指定的目标并非一个成功的目标。他并没有谈到什么回报与自我克制的生活，也许这些才是最为高尚的，而应被提出来。但是，这些只能证明，那些意识到自己既没有超群的天赋，也没有运动能力的男孩们，只能继续等待。这是以道德平等为幌子，强调的却是一种安慰奖。在此，我觉得这个假定是不正确的。倘若人们能仔细地观察一下，这种与道德路线平行的生活，其实最为糟糕。真正应获得奖赏的，是力量本身，而不是良好的心愿。人在具有认真、慷慨、谦逊、公共精神这些特性之后，将会取得最终的成功，这与智力、天赋和身体没有任何关系。人们什么时候见过一位毫不谦虚、懒散、斤斤计较与缺乏精神的人能获得与此相反的品质？我必须坦白地承认，这样的人太少了，几乎为零。然而，许多自私、占有欲强、毫无原则的男孩们却在智力与运动上取得了成功，并且做得很出色，积累了大量的金钱，还赢得生前身后的名声。回想起我过去的在校时光，像这样的例子也并不少见，在我的记忆中，那些在世上取得显著成功的人，都是铁石心肠、谨慎的人，表面上温和可亲，而实际上却只做那些有回报的事情。所以，我不敢肯定地说，生活的奖赏只落在那些心灵纯洁、友爱且坚持原则的人身上。

在此，我们姑且不理会校长的说辞，那么得出如下的结论：他的演说注重对成功的赞美，而其中的道德说教则在于，若你不能在智力或运动领域取得成功，你可以通过一些不自我夸耀的美德，获得别人在某种程度上的赞扬。我斗胆说一句，宣扬这种所谓的成功是极为庸俗的，也是对自我利益的一种美化。我想，如果主教宣扬公正无私、默默的忠诚与奉献等这些教义的话，那么他的热心听众将会少许多。如果他宣称，无论那些笨拙与友善的举止中包含多少美德，都是通往世俗成功的最大障碍。那么，我想说，虽然这是一句大实话，但是如果他这样说的话，就会显得没有特别的教育意义。然而，我想听到的，并不是一些让人震惊的悖论或愤世嫉俗的评论，而是一些更具气概、公正与不拘于传统，更为热烈与无私的东西。校长并没有教育男孩们要因为事物本身的美好而去关心这些事物，而是依据事物被社会的接受度，转而关注那些吸引眼球的东西。

从某种程度上讲，听到校长的演讲，的确受益匪浅。他体格健壮，为人友善，散发出父亲般的慈爱与真诚，他的美德彰显出了自身的价值。我认为，他并不曾有过一些低级或是不纯甚至恶意的想法，他的人生道路从一开始就平步青云，他是一位学者与运动员，但他从来没有刻意去追求成功。要解释这些，很简单，因为成功如甘霖般降临到了他身上，也许，同时还会有一些金子掉下来。

演讲活动那天，孩子们、父母们、老师们，无论老幼都聚集在一起，崇拜着成功。并且，校长在这场关于成功的演说中，表现得非常棒。至少，在场的所有人都能明白：成功，最简单的一点，就是不能为了自身欲望而将别人的利益置之不顾。但是，在大家心里同样有一个疑惑，为什么我们要考虑别人的情感呢？我们下定决心，要有道德地实现我们自身的理想，而那些被落下的孩子们则属于软弱、腼腆、孱弱、犯错、笨拙与不受欢迎。他们被认为无法获得勇气，而只能羡慕那些成功的人，而且还要尽可能有风度地表现出来。但是，我们却将如此模糊又让人不满的思想抛诸脑后。我们听到了号角，吹起了横笛，并且在天国中自由自在。同时，我们热切地崇拜着那个伟大、充满勇气与五光十色的世界。

但是，我希望在兴高采烈与自我满足的顶峰，看到一些甜美与大度的人。他们充满了上天的智慧，能够暂时将颤动与花哨的帘幕拨开，向我们展示另一种景致。但是，我们不得不承认，无论我们多么愚笨、无聊或懒散，无论我们的理想多么卑微，诱惑多么邪恶，仍能分享人生所继承的一些美好东西，即便里面充满了无数失败的记录。实际上，寻常的罪恶感被毫无欢愉的胜利与不友善的笑容所替代。但是，如果我们能够对抗这种错误，并能忠诚地完成这些无聊的工作，让自己变得更好一些，更为强大一些，更加无私一些，那么，在一些布满沙砾的道路与恐怖的景象中跋涉，就不会感到徒劳无益。我想，接下来，我们就可能被某种更为甜蜜与真实的感觉联系起来，聚拢在一起。或许，我们认为生命是需要分享的，而欢乐则是需要我们尽情享受的，而不是认为这个世界充满了美好的事物，我们要孜孜不倦地收获与争取这些美好的事物。

或许，这位善良的校长采取了更为简洁的方式，告诉这些男孩们一个古老的故事，就像萨摩斯岛上波利克拉特斯的这个故事一样。如果这样的话，我会感到更为自在。波利克拉特斯是一位专制的暴君，但他双手所触及的事物都会变得美好起来，以此避免过度繁荣所带来的惩罚。他将自己那枚著名的印章戒指扔到大海，一两天后，这枚戒指奇迹般地出现在晚宴的餐桌上。他在晚宴上吃鱼片的时候，在鱼的肋骨上找到了那枚戒指。校长可能会说，这个故事告诉我们，不要试图获得所有美好的东西，因为，古代希腊人就有这样一种思想，认为上帝嫉妒凡人的繁荣。然而，我们的繁荣通常被自认为聪明与温柔的话语所粉碎。因为，人类最邪恶的一个敌人或者最迷惑与盲目的缺点，就是一种自我满足感与安全感，但这不足以破坏涉世未深的孩子们天真的乐趣，却可以让他们带走一些有益的东西，回去慢慢咀嚼思考。正如有些面包卷放在口中很甜，但吃进肚子却痛苦不堪。

人们可能会认为，我对校长的演讲进行如此这般的分析，只是为了强调自己能做一次更好的演说。事实绝非如此，一想到演讲时紧张的神经，面对场上黑压压的人群，要时刻注意个人的举止，我就双脚发颤。我无法做到校长的四分之一，并且一开始就怯于这样做。他与听众能够打成一片，而我则无法从容地做到这些。也许，这对我而言，算是一种悲剧。

校长的声音沉重圆厚，具有稳健的力量，就像小溪的流水通过铁管注入蓄水池一样，听众听得津津有味，毫不掩饰对成功的渴望。父母们虽然表现得没有学生那么明显，但内心也是一样的焦急渴盼，似虎狼一般，希望自己的孩子能够出人头地。一旦，父母得知自己的孩子愚蠢或品行不当时，那种失落的情感，是我见过的最为可悲的感情。

校长在演说达到高潮时，能悄悄安然地驶进风平浪静的结束港湾。老实说，这是一次极为世俗的演讲，但是，我不会抱怨这篇演讲的性质。有趣的是，许多在场的人们都认为这是符合伦理道德的，是标准的宗教式演说。

若某个年轻人在 23 岁时，成为了一名职业投球手，之后又成为一位职业的银行家，那么，他就完全实现了校长所说的完美理想，也许，这就是职业投球手的道德观与银行家的信条所在。然而，我不认为这是一个很糟糕的理想，但是，这也并非是一个高尚的理想，不是一个符合基督教义的理想。这就好比一个伪装之后的世界，只不过重复扮演着“披着羊皮的狼”的情节。当我们被带进这个世界时，还自言自语地说：“这个动物虽然披着羊皮，但我们还要牢记古训，小心为上。”

演讲结束之后，由一群声音尖锐但未经训练的男声唱诗班，以古老而欢乐的曲调唱起《光荣的阿波罗》及《向微笑的黎明致敬》，还有一首古老的校园歌曲，听着这些声音，我们不得不紧闭嘴唇，偷偷地擦拭不经意间从眼角掉下的泪水。回想起四十多年前，我们也许像他们一样，坐在一起，而现在却各奔东西，音讯全无。

歌曲唱罢，我们组团参观校园。那些神色庄严的小礼宾们穿着制服，排队走过。由于地势不平坦，队伍也显得高低起伏，在中间躬送着许多人。此时，我看到一位性情温和的老派上校，仔细地盯着另一个方向，原来那里正举行着一场休闲的板球比赛。之后，我遇见了一位老朋友，我们一起散步、溜达。一位友善的老师向我俩介绍了一些教室与房屋的情况，并称赞着这些绝妙的搭配。一些学习间里堆满了学生扔的垃圾，我们尝试着用不成熟的口吻与那些学生交谈，在荒诞与休闲中，自娱自乐。之后，我只身一人走着，让自己沉浸在这单纯与简朴的情感氛围之中。看到这些面容清秀的学生，内心的情感难以莫名，就像一道小溪流过这些古老的建筑。不论好坏，他们都会留下自身的印记。

在一个房间里，一些学生将自己的名字简写到桌上，或是刻在纸板上。在新人的脑海里，关于他们的记忆，很快就会趋于黯淡。这些新人充满了朝气，占据着时间，用一双有力的手翻过一页页墨迹芳香的手写稿。他们对未来思之甚少，更别说过往了。但是，他们中的某个人，也会突然间好奇而固执地想去记住某个人。

手中关于人生的牌，很快就被打完了，而我们在年轻时无忧无虑玩牌的日子，却恍然如梦，不堪回首。一晃数十年了，逝者如斯。身处这里，我想到这些孩子心中充满了希望与爱，他们的未来具有无限的可能性。突然间，我想起了自己的同辈人，我们这代人作为一个整体所做的事情是多么渺小啊！也许果断地说，大多数人的生活是一团糟，这是有失偏颇的，因为，他们中的许多人都是诚实与值得尊重的公民。我所思考的并不是如何成功，而是某种以高尚心灵与慷慨气概应对生活的能力，将自身的才华发挥到极致，将爱的热情以及勇敢的热望传播开来。但是，真正做到的人，是多么稀少啊！慢慢地，我们变得为人懒散、嗜钱如命、庸庸碌碌，而那些被我们视为榜样、奉为偶像的人，其实都是失败得一塌糊涂的人。因为，他们无法控制自身欲望的泛滥。而且，那些人也与毫无大志的人相互安慰着，还有一些人则堕落到保守主义的低俗之中，将时间用在紧紧抓住一些常规与固有事物之上。还有一些人则像伊卡洛斯一样飞翔，妄想接近太阳，但他们蜡制的翅膀早已融化，无法飞翔。还有一些人则与伟大一词毫不沾边，却时刻奢望着。

难道情况只能这么悲观吗？难道这永远都是一场对抗着命运，却毫无希望的斗争吗？难道失败迟早都是无可避免的？然而，最“安乐死”般的失败，就是柔顺地堕入到一种安逸与传统的方式之中，按照世俗的标准，心满意足与认真地打扫大街上的枯草与污垢。如果这就是大多数人注定的命运，那为什么在年轻之时，我们内心会滚动着一些朦胧与闪耀的理性，隐约闪烁着那种浪漫感、高尚的魅影呢？到底怎样做，才能让我们心灵为之高涨，在清晨升起冉冉的旭日，得到阳光的沐浴呢？

夕阳西下，当我们透过窗棂向外瞥望，是否会看到美丽的希望在呼唤我们？

此时的天空一片粉红，背后是一座古老的塔楼，给人一种无穷力量的感觉，一种纤尘不染的尊严，这些都勇敢地涌上我的心头。当晚祷的歌声在小教堂上空回荡时，我的内心又泛起了那种欲言又止的感觉。难道世间万物所带来的灵感与激励，都没有半点意义与暗示吗？莫非这根本不是一种真正的灵感触发，而纯粹只是少年精力旺盛的某种偶然思绪？我想，这绝不是幻觉，这是我们应当追求生活标准。人生最伟大的胜利，就是让希望长存于心底，不管历经多少失败、几多失意。

当我还沉湎于自己的思绪之时，学生们三三两两地从我面前走过，满脸兴奋之情，互相窃窃私语，注意力都集中在自身及同伴身上。我听到他们谈论着一些琐碎事情，一些不连贯的名字，一些直率的赞美与批评，还有一些不明智的反唇相讥或有趣的废话。我们盎格鲁—撒克逊民族性情中最为奇特的一点是，当我们处于最快乐的时候，都将精力挥霍在对彼此之间坦诚的嘲弄之上。虽然，我已记不清楚自己在学生时代的某一场对话，但一想起当年的朋友与同学，内心就会涌现出愉快。现在，我是一位作家，比起我说的内容，我说的方式更为重要，言语只不过是一些琐碎思想火光四射的喷溅而已。我们将一些身体结实而羞怯的孩子视为未来的英雄，不断地重复彼此的笑话。然而，这对彼此又是多么严厉的批判，对弱者或是奇异者的容忍度又是多么渺小啊！但是，我们又容易忽略那些性格幽默与身体强壮的人身上的缺点。

最终，这些八卦与闲聊、喜爱与讨厌所编织的小网，不断累积，却又不断被打破。我想，我们都是无可救药的保守主义者，只会为了自己的权利与特权站起来。对于孩童时代的天真、公正或是慷慨，我是绝不心存幻想的。因为，孩子们真正崇拜的是风度、实用与多变。但是，回首过往，人们却早已失去了某些东西，因为，一种希望仍能保存热情与专注度的欲望，却在心里悄悄地萌发了。我觉得，将自己从以前所犯错误中总结出来的人生经验或教训，传授给这些快活的少年，也会收效甚微。但是，人们会再次为已逝的少年时光感到哀婉，无法让别人亲身感受自己所经历的。就好比美德一样，只可意会，不可言传。不然，美德也就不复为美德本身了。这些真诚的少年，都会犯一些属于自己的错误，这或许是所有的秘密所在。人活于世，是为了获得一些人生阅历，而不是安逸地享受快乐。现实生活中，从那些与我们一起行走的人脸上，都可以看到一些罪恶的诱惑，那些诱惑清晰可辨地显露在外。既然这样，我们只能教育孩子，让他们的心灵趋向纯洁与善良，远离邪恶。也许，这是我们唯一能做的。

板球比赛已经结束了，这些球场上的勇士们也开始解散了。与此同时，茶会则在榆树下开始了。在那里，面带笑容的夫人们，穿着整洁的女仆们，还有一些满面笑容的男孩们，都会热情地招待你。人们总是不断地催促着男孩们点菜，并且还为此感到颇为有趣。如果学校不能改变学生的性格，至少，要让这些乐观的英国学生能以世界上最令人愉悦的方式同别人交谈，不让任何人感到尴尬，待人有礼，风度翩翩，同时又不展现任何一点自我意识。我想，外人可能对此会有一种思想上的偏见吧。因为，我们显然还没有被大洋对面的美洲视为礼仪或周到的典范，我们将最好的都留给了自己。当我表达了想欣赏一些新建筑的想法时，一位外表看上去充满魅力的年轻人，自告奋勇地想要做我的新导游。在整个参观过程中，他很少用到夸张的形容词，最高级的赞美词也就是“相当美观[①]”。但是，我能从他的语言中感觉到，他对这个地方怀有一种真挚与不容怀疑的骄傲。

也许，这些学校最美好的一点，就是这个地方的风貌以及在此居住的人们的精神面貌，不管是节假日还是平时，都没有什么两样。这里最让人羡慕的地方，在于可让精神变得更加清醒，但这并不能掩盖一些缺陷或弥补一些疏离感。如果某人在平常某个时间参观一所公共学校，就会发现同样有很多人在勇敢地生活着。虽然那里同样存在着毫无尴尬的礼节，但根本无须大惊小怪，这里的生活在任何时候都可向公众开放。因为，我们英国人从不刻意为某个时刻预留什么，就算是在哪里学做烹饪，肉都要被切得整齐有条。

然而，这种生活也有其弊端，我们常会被外国人误解。因为，我们没有向他们展现出自身最好的一面。但是，我们觉得，无须为了别人的感觉而委屈自己。因为，这并非是缺乏美德的表现，而是某种自满与狭隘的爱国主义情感在作祟。

最后，无论是在主人，还是客人的心中，逐渐会泛起这种感觉：游戏已经结束，并且节日已经接近尾声。我们的主人展现出来的好意，是希望即将离开的客人能逗留更久一点。我有一位老朋友，是一位害羞之人。有一次，他举办了一个大型的花

① 英国人讲话一般都是低调的，彰显出一种轻描淡写的感觉。体现了含蓄的感觉。

园聚会，还请来了乐队伴奏。他的表现一直很好，但最后感觉自己的神经实在绷得太紧，无法继续忍受下去。为了不那么唐突，他找到了乐队的负责人，告诉负责人自己接下来不要演奏那些曲目了，而演奏一曲国歌《天佑吾王》。结果，他的客人们都悻悻地离开了。然而，在如今的生活中，这种隐喻的“机制”已经不再需要了，我们会自动离开，不再需要友善的主人继续堆着僵硬的笑容掩饰内心的疲惫并心有余悸，下一次举行类似的节目又将是一年之后的事情了。

对我来说，这一天充满了各种心理冲突与深厚情感所带来的震撼，我带走了丰富的记忆。因为，我觉得，生活也许应该更加简单与容易一些。如果我们或多或少地抛弃一些拘泥的思想，就可怀着更多的热情与直接的态度面对自身的问题。同时，我也看到了居住在这里的人们，他们过着充实、进取与活力的生活，有足够的自律，让所有人都能乐于遵从，并且允许在自己权限范围内，放弃一些个人思想与行动的自由。我看到了一个充满高度可能性与希望的地方，将诸如工作、游戏、友谊等美好的记忆财富赋予了居住于其中的人们，并高举着个人应当顺从共同利益的“斯巴达式”的理想。由此可知，这一理想并非要由法律来维持，而是要靠个人荣誉感与一种体制来支撑。

倘若这种环境不鼓励创新，那就不是对国民倾向性的一个正确的反思。只有当某人全身心而慷慨地致力于该居住环境的利益时，而且没有任何个人的计较，不带一丝自负与炫耀感，这才是人类真正的进步。的确，人们希望在这个地方增添某种程度上的智力刺激与心灵的自由，但人们却不想从中带走什么，因为他们想看到我们学校的力量能不断增强、扩充与拓展，希望这一过程能沿着原先的路线继续，而不是另辟蹊径。所以，当我们想培养更深层次的希望与热情，让那些更为纯朴的道德标准、更具活力与智力的生活，在我们学校普遍展开，就不要忽视在日常的平静岁月中创造奇迹，从而涤荡那些恐怖与忘恩负义的污点。同时，让我怀着《旧约》中《诗篇》的精神，以“我们的同胞及同行之人”的名义，祝福我们万世繁荣。

第十三章

文学"点睛"

一周前，有两个文学圈子里的朋友与我在一起。他们两人都是很有成就的作家，并且对自己所从事的艺术领域兴趣浓厚。我们争论的重点，就是文学的"点睛"，以及这种"点睛"在何种程度上具有可行性。

一周前，有两个文学圈子里的朋友与我在一起。他们两人都是富有成就的作家，对自己所从事的艺术领域深感兴趣。而且，他们并非只限于在专业或技术方面投入精力，而是在其他一些领域里也颇有研究。

在这里，我分别介绍这两位朋友，一个叫穆斯格雷，一个叫哈里斯。穆斯格雷是一位资深的作家、50岁左右，通过写作获得了丰厚的收入，在自传文学、批评文学、诗歌与短文写作等领域当中，都取得了举世瞩目的成功。但是，穆斯格雷却缺乏一种创造与想象的天赋，缺乏暗示与演绎的能力。穆斯格雷具有敏锐的观察力，为人也风趣幽默，但他无法在自己的观察之外，将这些事情做得更好；与此相对，哈里斯则是一位相当年轻的作家，对人类情感方面的写作尤感兴趣。穆斯格雷对当代现状更感兴趣，哈里斯则活在过去与未来。穆斯格雷观察人们的行为以及他们的表现，而哈里斯则总在思考一点，即过去的人们必然做出了某种行为，才导致了现在的这个结果，或人们在不同的环境下，可能做出不同的行为。哈里斯在自己的幻想中自娱自乐；穆斯格雷钟情于生活的细节，喜欢食物、喝酒、欢宴与社交，乐于会见新面孔；哈里斯则对生活的一些装饰门面的东西漠不关心，过着清苦的生活，不喜欢拥挤的人群与喧闹，对现状过分地挑剔与不满，哈里斯觉得无论现在怎样文明，总是感觉人类可以比现在做得更好！

穆斯格雷坦承一点，即作为一个作家，获得了比自己本应得到的成功更多的名利。我想，在普通人眼中，哈里斯则是让他的朋友们失去了希望，难以为自己超群的天赋正名。这可能与某种程度的梦呓或缺乏活力有关。穆斯格雷喜欢写作，总是有很多事情可做；哈里斯并不喜欢作文，总是怀着某种恐惧的责任感。但幸运的是，他们两人都没有艺术上的嫉妒之心，哈里斯认为穆斯格雷这种人，有一种让自己处于惊人的“麻木状态”的能力，正如一湖难以泛起波澜的“死水”。哈里斯则同样羡慕穆斯格雷精妙与美好的性格，还有一丝不苟的精神。一般而言，文人都不会在他们的圈子内讨论自身的艺术行为。他们都会有属于自己的一套“方法”。这种方法可能并非最佳，但对他们本人而言却最为实用。然而，他俩对此不会感到不安。文学上的交谈，一般都具有一些走马观花的性质。忙碌的人，喜欢将之视为消遣，而不愿真正谈及。但是，穆斯格雷愿意讨论所有的事情，而至于哈里斯，他则认为写作并非一个职业，总是怀着神圣的敬畏感，将之视为某种神圣的使命。

这场讨论，是在晚餐的时候开始的。看到这两人文学理念的巨大反差，让人感到甚是有趣。穆斯格雷具有惊人的心理灵活度，就餐与争论可以同时进行，对即将的讨论表现出浓厚的兴趣。哈里斯则扔下未吃完的食物，拒绝再吃，他推开了盘子，间或喝上一杯水，他是一位禁酒者。

我们争论的重点，就是文学的“点睛”，以及这种“点睛”在何种程度上具有可行性。哈里斯尊奉福楼拜学派，认为讲述某一件事有很多不同的方式，但只有一种最佳的方式；而找到这种方法，则是作家的职责与目标所在。在这点上，他是十分坚定的。

“我不赞同！”穆斯格雷说，“我认为只有一种理论是正确的。但在实践中却分支为许多流派。看看所有真正伟大的作家，比如莎翁，在我眼中，他的作品总能给人一种既匆忙又不曾修改的印象。如果要以某种方式去表达一件事，他在第一次表述后，就不会抹去这些。他只会以更为准确有效的方式再次说明而已，他的作品存在着不少瑕疵与不恰当的段落，但正是这些‘不和谐’的存在，赋予了他的作品一种真实感。”

哈里斯说：“是的。莎翁的作品，确实有很多东西值得研究。但我无从理解，你将如何证明莎翁深思熟虑之后故意为之的呢？莎翁在他戏剧中的写作，让人忘记自我、沉浸其中。因为这种效果，就是他心中想要达到的。如果他让剧中角色以更为温顺、更为准确的方式去讲述一件事的话，未免会更为妥当一些。因为人们在现实生活中也的确会如此，莎翁一直以他们的大脑在做各种思考。莎翁躲在自己所塑造的人物角色背后，移动着这些角色的手臂，透过他们的眼睛观察生活，借用角色的嘴巴呼吸。正如生活本身就是匆忙与不连贯的，所以，艺术的完美，本质并非匆忙与不连贯，而是要给人这样的一种印象。我认为，莎翁并非纯粹出于自身的不耐心而对此不做修改。看看当他以不同的方式写出来的作品吧，就比如莎翁的十四行诗，那可谓是他苦心孤诣之作。”

“是的。”我说，“那确实存在某种艺术成分，但我觉得这并不是故意为之的艺术。我认为，这些作品也不是在速度缓慢的情况下写就的。当然，在一首十四行诗中，诗人是很难一气呵成的。诗的节奏总是需要从各个方面扩展，就像许多缠绕的电线，人们必须要从中选择最为恰当的那一根。”

“那就另举一个例子。”穆斯格雷说，“看看司各特吧。他自称是‘写作速度狂’。他的校样是极为非凡的，里面充斥着各种不可思议的句子、语法等错误。他自己并没有对此做出修改。但是，他的出版商帮他做了这些，并且将原文一些混乱不堪的句子捋得井井有条。”

“哦，当然。我不会对此表示否认。”哈里斯说，“艺术气质与活力才是最重要的。司各特的想象力，曾一度让人惊讶，觉得难以置信。在我看来，他似乎对自己所创作的作品说：‘现在就让年轻人奋进起来吧，让他们在我们面前玩耍吧。’但我认为，他的艺术成就确实因粗心而没有变得更加完善。尽管他已然取得了伟大与高尚的成就，但他若能为此而付出更多的心血，那么作品将会更为出色。当然，人们始终会对诸如司各特与莎翁这样的天才，抱有敬而远之的畏惧感，大众也能够原谅他们的任何错失。他们仅凭借源源不断的灵感所创作的作品，都要胜于多数人为此而进行的苦苦思索。若某人的想象之域，能拥有与司各特和莎翁一样强烈的正义感，那么，此人的匆忙之作也要比多数人辛辛苦苦完成的作品更为完善。但对于那些能力稍欠之人，若他们编织错了，就不得不拆散，重新编织一次。有时，当我在写作时，总会有一种不安的感觉：就是感觉人物性格与他们的衣着并不相称。接着，他们必须要脱掉原先的衣服。也就是说，只有这样，人们才可以看到到底是什么擦伤了他们。现在，我想以《包法利夫人》为例来说明一下。这本著作是作者呕心沥血之作，这点应该是毋庸置疑的。但人们阅读的次数越多，就越能感受到某个细节与运笔的寓意。这本书最让我震惊的一点，就是最终的结果在该书的开头就已经隐喻了。这种方式是福楼拜在整本书的写作过程中，脑海里一直铭记要完成的使命。他知道自己要往哪个方向走，更知道要以多快的速度前进。”

“你说得完全正确。”我说，“但试着以福楼拜另一本书《布瓦尔与佩库歇》为例，运用同样的写作方式获得的结果，我只能说作品本身糟透了。虽然，每个细节都精心雕琢，做到了完美。书中这两个古怪的形象在诸如农业、教育、古董、园艺，以及蒸馏香水、制作果酱等方面上都有所涉猎，无论在哪一种追求上，他们都犯下了相同而荒唐的错误。但读者却会觉得，这完全是一种缺乏现实责任感的表现。因为读者会觉得，一个人不可能有精力从事这么多行业。这只不过是一大堆典型谬论的集合罢了，鉴于这些人的特殊追求，这都是很自然的。但读者对于同样的方式一而再再而三地滥用福楼拜所描述的行为，读者们就会感到难以容忍。因为福楼拜心中一直有些大实话，直到他死前，仍找不到如何将其表达下来的方式。《布瓦尔与佩库歇》一书，缺乏一种主次分明的脉络感与顺畅感，这就像拉斐尔早期的画像，在每个细节上都极为追求完美。尽管，这种感觉是存在的，但并非人类视觉能理解的画面，而且也不是一种正确的表现方式。人类的心灵会集中于某个中心点，然后将所有的一切辅助功能都调动起来。在艺术领域里，我想任何事情都取决于某个点的集中。恋人依依惜别、鸟儿在稀疏的树上无力地哀鸣，落日在雾笼的荒原边缘上火红地燃烧着，这些元素都构成了一幅真实的现实生活图景。若在这个时候，你突然跑去研究植物学、鸟类学、气象学，这就会让中心点模糊起来。即便当你稍稍偏离主题时，你的目的也只能是为了强调主题。”

“是的。”哈里斯叹息道，“你说得很对。这一切都取决于某种分寸感的把握。而在所有讨论艺术点的过程中，最为恶劣的就是每个人都必须要找到自身的标准所在，也就是让人们无法接受别人的观点。就我而言，《布瓦尔与佩库歇》几乎可以说是一部毫无瑕疵的艺术作品，这种艺术的魅力充满了活力与生气。当然，我也并非全盘喜欢。但是，对于这种艺术魅力的存在，我是毫不怀疑的。在所有顶级创作的背后，必然隐藏着某种具有绝对正确性的艺术，必须与诸如科学、形而上学与宗教等领域区别开来，因为这种创作的背后，拥有一种真实与难以改变的法则，这就是我所信奉的艺术信条的核心。”

“但这种观点最为不足的一点，”我说，“就是当某人创立了自己的某个鉴赏标准，在某个时代显得对称与华丽。然后突然冒出了某个全新的创作天才，将原先这些古怪的标准全部推倒，砸成碎片、破旧立新，创立了新的法则。在我看来，艺术的标准有时只不过是天才作品的某种集合罢了。我始终很难相信，艺术中存在着某种定式。也就是说，一个嗤鼻者或是一个烛台，无法代表摩西就在高山之上。最终，这只不过是摩西对两个嗤鼻者所持的观念罢了。”

“我完全同意。”穆斯格雷说，“所有评判的最终标准是：‘我喜欢，因为我喜欢。’任何时代的鉴赏家，都只不过拥有了是否同意的权利。我的这番话，不是针对大众而言，而是对许多有才华的批评家而言的。”

“不！不！”哈里斯抬起了那双忧郁的眼睛，盯着穆斯格雷的脸说，“不要这样说，你要是这样说的话，就是剥夺了我全部的信条。当然，在艺术的道德层面上，必然存在着某些中心的标准，正如伦理道德一样。例如，在伦理道德当中，残忍能变成正义，倘若前提只是需要有足够多的人认为这是正确的吗？难道真的就没有哪条绝对的原则吗？若真是这样的话，那么，在艺术领域中，一些伟大的画作与杰出的诗歌，历经世代的流传后，人们仍记忆犹新，难道这本身就不能证明什么吗？这些作品的正确性与美感，虽然是批评家们所认可的，难道最根本的原因，不是源于它们本身的蕴含所致吗？我对此的观点是，世上无疑存在着某种绝对美感的原则，而且我们正逐渐接近这种原则。有时候，人们像古希腊人一样，离这个原则十分接近。再举个反例。难道人们会认为米洛斯岛的维纳斯是丑陋的吗？”

“答案是肯定的。”穆斯格雷大声笑着说，“我想，要是人性沿着另一条道路发展的话，就会形成另一种新的为人们所接受的美感。我们可能会认为，米洛斯岛的维纳斯是一个野蛮与不健全的物体，对我们而言是一种可怕与拙劣的模仿。我想，这就好比对雄性大猩猩而言，深刻的皱纹、长长的上唇，从鼻子到嘴巴深深的锯齿状的线条，这些雌性大猩猩在青春期主要的生理特征，可能是极为耀眼与可亲的。美丽只是一个相对的概念。”

“我们已经远离原先的观点了。”我说，“真正的问题在于，当艺术不断拓展的时候，原则是变少还是增多了。我个人的想法是，这些原则的确变得更少了，但表达的方式却更趋多元了。济慈试图这样总结道：‘美即真，真即美。’但这不是一句严谨的话语，因为正如某位易怒的哲学家所说的：‘为什么要用两个相同的词语，指代同一事物呢？’”

“在某种意义上，这是准确的。”哈里斯说，“我们所得知的是，在艺术领域中，题材显得无足轻重，真正重要的是一种表达方式。写作的风格、绘画的主义、小说的情节、戏剧的插曲，这些都是相当基础的元素。福楼拜曾希冀在某个时代，人们将不再讨论题材这个问题。艺术家能做到像利用音乐那样，表达一些无形的东西。”

“我必须坦诚，”穆斯格雷笑着说，“对我而言，这种说法不值一文。一位画家可能在画作中，没有绘出任何具体的东西，而只是在营造某种和谐的色调，让一幅图画简单地拥有了色彩共鸣的质感。我个人以为，这就是一个是否观察细致的问题了，在创作过程中是否伴随着极为微妙与表达的启示性。有些人会说，这只是一个事关现实感的问题。而问题的关键点，是作者应将一种现实感传递给读者，即便他创作的这幅画在读者心中产生的情感异于作品本身，但对我来说，这完全是一种象征意义。”

“完全正确，”哈里斯说，“艺术超越了象征意义，就变得愈为纯洁，这正是我为之追求的梦想。”

“嗯。”我说，“这给了我一个坦承自己想法的机会，我从来也未能真正地了解所谓象征主义在技术上艺术的作用。通俗地说，一个象征意义，就是某些让我们回忆或启发其他事物的情感。因此，艺术的精髓，就是纯粹的象征主义。色彩的轻拂，能让观者有一种‘林地在远方’的感觉。某个段落的描述，能带给我们一种心理场景或某种情感。即使书页上只有五个印刷精美的字，都会让人在想象的空间中，得到快乐或悲伤。对于多数完美的艺术品，我的观念是，这不会让你考虑到是否结束的问题，而是沉浸于其中所描述的内容。正如某句古谚所说的，‘所有努力的目的，就是为了掩饰努力过的痕迹’。我想，有些人则通过一系列的缺失而达到了这个目的，但最杰出的艺术作品还是要能直抵人们的心灵。”

“是的。”穆斯格雷说，“我个人的感想是，这种错误在于只能用某种方式去做。每个人都有属于自身的方式，我同意那种认为最优秀的艺术在于那种看似最漫不经心的观点。”

“也许，站在一个旁观者的角度来看，确实如此。”哈里斯说，“但这并非从创作者本人而言的。就创作者而言，艺术的乐趣，就在于能看透困难的所在，并且看到艺术家是如何战而胜之。想象一下以前的艺术家所经历的个人挫折所带来的乐趣与当代机器制造的区别吧。根据所使用的不同媒介，当然会存在某些不协调。打磨一颗宝石，不可能与建造一座大楼相比论。宝石的价值在于白璧无瑕；而对建筑物而言，一些凹痕有时却很正常，正如在沙砾路上，耙子所留下的痕迹一样。当然，音乐必须是完美的，给人坚毅、果敢却又出乎意料、合乎情理的感觉。因为这都是媒介的需要。某天，我看到一幅大型油画，一张高尚的艺术画作，这是在艺术学院看到的一幅画，就在靠近旁门的地方摆放着。画面的背景，是许多混杂颜色的涂抹，更像一些碎步拼凑起来，而不像一幅画。但是，走远几步看，原先的混杂从整体上却变成了一个河谷，浸水草甸流经夏日的草地与茂密的灌木丛，这些都是完美的组合。画家知道自己需要什么，同时画家具有某种超凡的想象力，将这张图画的结构表述得极为完整。但看到他如何成功地创作出来，却也能带给观者强烈的愉悦感。这就是我所希望达到的艺术效果。”

“是的，”穆斯格雷说，“我们应当同意这点。但我的想法是，艺术家要做的，是让自己对某个主题的了解更为溢满，然后任其溢出。我从不相信一点，即痛苦地拼凑或将某些部分黏合起来会具有价值。但是，这一个过程应该是极佳的实践方法。在我看来，这却像埃德温·里尔在《荒诞之书》之中的一个人物，为了做某一道有毒的菜肴，将所有让人厌恶的食材都倒进去一样。这种行为却以别人严肃的话语来结束：用布端上菜，然后马上将东西倒出窗外；或是当你弄好之后，立即扔掉。倘若真是如此，忍受痛苦则不算太糟，因为你将能更好地续写自己的人生。但是，任何作品都必然激发最热切的活力。我相信，这种情感能够在丰富的心灵中，甜蜜自在地流动。以纽曼的《辩解文》为例，这本书在几周的时间内就完成了，但这却是饱含着作者的热泪写就的艺术杰作。”

“咱们换个角度，看看阿里奥斯托的《奥兰多》吧。他花了十年时间写了十六个版本而且成型的剧本，却没有任何一句冗余或无聊的话。”我说。

“是的。”穆斯格雷说，“当然，艺术家都是以自身的方式做了事情。一般而言，最优秀的作品都是在短时间内，怀着巨大热情完成的，并从这种快速写作中衍生出某种诙谐感与曲线美。这是任何事物都无法给予的，真正重要的是要有一种清晰的结构感。但是，这不能通过狭隘与烦躁不安的处理来达成。这就要求艺术家彰显智慧与把握能力的时候了。但是，即便如此，这完全取决于个人的喜好。我承认，自己更喜欢整体上的宏观把握而非细节上的雕琢完美。”

“我觉得我们都同意一点。”我说，“即认可文学上的博大与活力，而且这是两个极为重要的特点。在一些次级艺术品中，却存在着一种恰当的精细与完美。在打磨宝石或创作十四行诗时，所需要对细节的关注，与在建造大教堂或创作史诗时的精力耗费是不能做比较的。我们都不会赞同任何急忙、懒散与笨拙的工作。我们所需要的是，发现这种不规则、不恰当与不适宜东西的存在。我们的分歧之处，只是在完成某种特殊工作，需要适宜的精确量这一问题上。穆斯格雷认为，在福楼拜的例子中，他在小说中试图用打磨宝石的方法建造教堂，或是用建造巨型雕像的方法塑造微小的雕像。”

哈里斯悲伤地说：“是的，我认为这是必须的。尽管，当我得知福楼拜花上几个小时找寻某个词语，而甘愿忍受折磨的这种做法，我很是不理解，但若真能够得到满意的结果，我认为，这些牺牲的时间非常值得。”

“但是，我却不满于他这样对待时间的方式，”穆斯格雷说，“我宁愿要一份没有完成的工作，也不想要更为精细的工作，尽管我认为有时应当努力把握后者。在这个艺术珍宝需要过重的积累、只有完美作品才有机会获得人们认可的时代，也许，某人可能会花费三十年写一个短篇故事，再花二十年润色。在当代，很多没有说出来的话，其实都已经说出来了。我承认，我并不推崇这种仔细与费尽心思的工作。这让我想起了一个有关瓷器工人的故事。某位瓷器工人，花了五十年时间在瓷器上绘画，最后却在关键的时候破碎了。在我看来，这无疑是对时间最为严重的浪费了。”

“但从另一个角度来看，我想，这样的人生是我梦寐以求的最为高尚的人生了。”哈里斯面露出不悦之色。

在我听来，哈里斯的话像是在某个礼拜仪式行将结束之时，说出的一些傲慢式的祝福。而此时，晚餐已经结束了，我们到图书馆休息了一下，穆斯格雷说了一些他最近与一位编辑争论的琐事，同时也缓和了气氛。他说，一位编辑委托他就某个文学议题写一篇论文，但编辑却始终反对他在论文上的观点。穆斯格雷就在这位不满的编辑面前表现得无精打采，通过坦率的问题布置了几个“陷阱”，让编辑来回答。之后，他精心写了一篇文章嘲讽这位编辑的观点，并且温顺地提交了上去。当这位苦恼的编辑再次否决之后，决定让穆斯格雷从自己的书信中节选几段解说性的文字。

这是一种引人发笑的做法，谈不上任何有益之举。哈里斯在聆听的时候，难以掩饰自己对此的反感之色，并在诗歌朗诵会将要结束时，以工作为托词提前离开了图书室。

当哈里斯关门出去之后，穆斯格雷给我递了一个眼色，说：“我想自己刚才所说的故事，让我们那位年轻的超现实主义者感到了不满。在我的这个故事里，他始终没有感到半点乐趣。他认为，我的做法相当庸俗。我觉得他可能也是正确的，但我却无法在他这个层次上生活，尽管我肯定这样也是蛮不错的。”

“那你认为他的工作怎样？”我问，“难道不是很有前途吗？”

“是的。”穆斯格雷沉吟半晌之后说，“事实该怎样还得怎样。他真的具有良好的文学天赋，但他却从不肯妥协。无疑，理想主义在艺术领域里，是一种非常有用的东西。不时会有这样的人出现，并且敢于为此而付出代价。哈里斯所不理解的，是艺术也有两方面：理论与实践，诸如教育与宗教等很多领域都存在这样的问题。但是，这种理想主义理论家的危险之处，在于将其变成一种学究式的问题。他们对形式这个问题过分沉迷了，而一个简单的真理是，无论形式多好，你都必须要把握住实质的内容。问题归根到底，在于如何将艺术应用到生活当中。有时候，你必须屈尊俯就。在事关人类最终目标的这种重大问题上，就必须将人类自身纳入考虑范围。如果你的目标只是想引起其他艺术家的注意，这就变成了一个是否应该追求博学的问题了。就好比你做一位华而不实的木匠，只是想为了获得其他木匠的赞扬。当然，若你满足于指引别人如何应用或怎样变得流行的话，这样也还是具有价值的。但是，如果你将艺术完全孤立于理论之中，无法将之应用于生活当中的话，你就只能是一位学者，而非一位艺术家。倘若首先不能做回一个人，怎能成为艺术家呢？因此，我认为人性应该排在首位，但这并不意味着我们就必须继续庸俗下去。当然，我只是一个专业人士。我的首要任务，就是通过诚实的劳动来维持自己的生计。我坦承一点，自己绝没有定位为一位大众行善者。哈里斯却并不关心收入多少与作品是否打动人心。当然，也许我应该提升一下文学的标准。我乐见普通人能够自己鉴赏什么是好的艺术，而非完全屈服于传统情节剧的艺术。但是，哈里斯却并不关心，哪怕是两便士价值的存在。他就像一位基督教徒，确信自己已经得到救赎了，而对牧师表示怀疑，认为其他人都不可避免地要受到诅咒。正如我所说的，这是某种高尚的理想。但当这种事情发生的时候，却并非是一个积极良好的信号。世界上最美好的艺术创造者，诸如荷马、维吉尔、但丁与莎翁等，都得益于许多也许根本不知艺术为何物之人的吹捧。试想一下，让荷马去讨论艺术形式这个问题吧！我认为，当形式主义发芽之日，就是艺术开始堕落之始。这有点类似于宗教，最初始的那位老师对神圣的美感有着无与伦比的激情，后世的追随者却将之降格为神学。这类年轻人之于艺术，恰似神学之于宗教。他们在编纂的过程中，纠缠于某种概念，从而失去了对事物本身全貌的认识。我个人对伟大艺术家的定义就是，能够发现美感是如此致命地吸引与让人着迷，无法控制心中的话语，必然喷涌而出，无法让内心平静下来。接着，一些人就开始认为，这就是他们潜意识中赞赏与渴望的东西。只有少数天赋超群之人，才认为自己能够加以分析，并运用自身的分析来达到相同的效果。但是，这其实是不可能做到的，艺术必须都要各自拥有其生命力。”

“是的。”我说，“我赞同你的观点。哈里斯是一位苦行主义者，并且有一种隐士的气质。在很多方面上，这是一种优点，但这种艺术却缺乏一种生命的传递。到头来，只是一些很贫瘠的东西，恰如一朵无籽的花。”

“让我们表达一种庸俗的希望吧。”穆斯格雷说，“他可能会陷入爱河，这将他带到一个让他可以停泊的彼岸。我们到音乐室去吧，看看我能否将这只羞怯的鸟儿，从其栖息处引诱出来。”穆斯格雷是一位杰出的音乐家，他打开了窗户，演奏了巴赫著名的《托卡塔》。几个小节奏罢，哈里斯这位理想主义者神不知鬼不觉地走了进来，脸上似乎带上了某种需要宽容的惭愧之情。

第十四章

仲夏之遐想

每个人都能从自己的人生经验中得知：生活中有些日子在记忆中是尤为深刻的。蓦然回首，让我乐趣倍增的时光，无疑是我读过的某段沉闷与单调的岁月。所有的事情仿佛都朝着错误的方向发展，并且纠结成一团。

每个人都能够从自身的人生经验中得到一些人生观，生活中有些日子在记忆中是尤为深刻的。即便是在一大片快乐的时光里，人们的心情都会被某些特别的愉悦时刻点亮。人们在当时无法预知日后这段日子是会让人如此神往的，当时光飞逝，在黎明与夕阳返复之间，在阳光普照的狭小空间围绕成为“最完美的星星，当我们身处其中移动时，自己却看不到”。

我个人的感觉，就是营造这种“天人合一”的场景。正如某位学生所说的，这种场景必须要有适宜的陪伴。同样重要的是，同伴也应该处于某种恰当的情绪之中。有时，适宜的同伴在慷慨之时，反而显得无聊，而当其本该安静之时，却甚为喧闹。但是，当他处于一种适宜的心情时，我们的感觉就像在攀登峰顶时，身边有一位熟悉且极富同情心的向导。他会在关键时刻给予帮助，内心关于进退的想法，常常与自己暗相吻合。他并非一位受雇的助手，而是一位具有兄弟情义的同志。

某天，当我思考这个问题时，竟发现原来自己也有这样的同伴。他是那么乐观、可亲与幽默。我走到哪，他都会跟随到哪。有了他的引领，让我感觉生活充满了美好。有人说他感情用事，但是他却丝毫不觉得羞愧。他不想争论，同时，他也并非如随时消散的蒸汽或堂吉诃德式地表露情感，或为死亡而寻想，他只想在长时间的缄默中，寻觅最深沉的乐趣。在缄默之中，我们的思想指引向了同一点。所谓真正的考验，不过是电光火石的一些微妙瞬间，在心与心之间无形地移动。

蓦然回首，让我乐趣倍增的时光，无疑是我度过的某段沉闷与单调的岁月。所有的事情仿佛都朝着错误的方向发展，并且拧成纠结的一团。有几个人在金钱的问题上与我发生争执，他们的行为固执得与不可理喻，至少我这样认为。同时，自己的工作也陷入了停滞状态。也许，我之前赶路的步伐太快了，而现在则进入到一片荒芜的原野，在石南花下无法辨认出道路，不知何去何从。对我来说，这并非任何特殊的任务，而我力所能及帮助的人们，似乎毫无缘由地发达与独立起来。现在，不仅没人想要聆听我的观点，也觉得自己的确没有任何有价值的观点值得说出来。谁不知道有心灵的框架呢？当生活似乎只是一场漫无目的的游戏时，很容易让事情堕入深渊。当人精力耗尽，希望的清泉几近枯竭之时，我觉得自己仿佛身处于沃尔福德女士某本书里描述的家庭那样：他们想要一起出去吃晚餐，而残酷的事实是，根本没人愿意搭理他们。我的灵魂也陷入了这种状态。

有一天早上，某种美妙的情感，莫名其妙地降临到我身上，以其自身特有的方式，将寻常事物中的美好特征都显现了出来。之前几周的追寻，纯属徒劳。这种感觉就像一只任性、温柔、美丽却又冷漠的猫咪，欲擒故纵的举止：它直直地盯着我的前额，当我想去寻觅之时，它却蹦跳着跑进了丛林；当我停下追寻的脚步，它那一双无辜的灰色眼睛，又过来慰藉我。现在，这种感觉又不请自来了，抚慰着我的心，就像一位长年未见的老朋友。之前所有的一切耐心与焦急的守候，现在证明都是白费功夫。那天早上，早餐的香气钻进我的鼻中，似乎为恭迎我祭火的烟气；花朵的形状与色泽，充满了深厚的神秘，而绿色的牧场则似乎是一个中年男人想尽情跳舞的地方。灌木丛中鸟儿尖声鸣叫，仿佛是专门为我的耳朵准备的演奏会。我们很快就变得骚动起来，就像华兹华斯面对这种情感时，那种激越的心情。我们称，这一天应赐予到懒散的手中。虽然亵渎的人可能会问，那位休闲诗人[①]怎么可将余生都美化掉呢？

我坐在一辆快速移动的火车上，而司炉似乎正在密谋着一场有趣的事情。在圣埃文斯这个小镇上，我愿意详述这个地方所有的魅力。清澈与宽敞的小河上，蔓延着灯芯草，散发着古色古香气息的砖房，靠近码头的花园，延绵的旱金莲花倒影映在潺潺流动的河水里。映入眼帘的那座港湾状的大桥，雄伟地矗立着。一座古老的教堂矗立于溪流旁，但我必须要牢牢控制内心的欲念。尽管我有很多理由相信这是一个极富魅力的地方，但我不能流连于“毁灭之城”的美景。当我们沿着美丽河堤的

---

① 指上文的华兹华斯。

道路上漫步，走过缠绕的酸橙树，越过漂亮的教堂，而在霍顿山脉悬挂着的山林的景色便显得更加迷人。

在这里，我们看见了一座磨坊，是一间很大的木制结构的房子。屋顶利用瓦管排水，奇异的走廊与突兀的阁楼，覆盖着面粉的碎屑，一切显得那么恬静。一个巨大的轮子，被羊齿植物覆盖在大门洞里，水底下则杂草丛生，水沿着向下的露天人工水渠流悠然而流，多么美丽的小溪！河流与水渠，以及一些滞水都沿着柳树遮蔽下的小岛流淌着。放眼四周，尽是绣线菊、聚合草、蜂斗菜与草樨。头顶上的阳光，穿透了飘移的白色云层，垂直照射下来。在漂荡着曳尾水草的美丽小池塘中，鱼儿则静止不动。倏忽，我的心灵被大地的欢乐与美丽所占据。谁还会关心之前或日后烦心的日子呢？谁会理睬所谓的诡辩法、决定论或事关人生命运、目标等这些东西呢？怀着清静的心境，闲看蚊蚋在金光中嗡嗡地舞蹈，而在某个偏僻的角落里，桤木的支根深入水中。

我们租了一只小船，在闷热的上午，慢悠悠地摇动着，桨橹发出着"咕哝"的声响，水滴不时落在水面上。从一个河岸到另一个河岸，从一个池塘到另一个池塘，船舵轻轻晃动着芦苇与水草。坐在船上，可以瞥见浅水潭中倒影的山谷，葱翠欲滴的林子。远处，峰峦层层叠嶂，让夏日的空气为之颤动。一群牲口在浅水之处站立，水流没膝，慵懒地抽动着尾巴，嗅着溪流。

到了中午，鸟儿也逐渐安静起来，只有芦丛在微颤、随风仰俯。在一把巨大的铁锁旁边，是一大堆被砍碎的木材。清澈的水流流经一座半掩的闸门，思想的清泉仿佛瞬间浸满大脑，内心的感触难以形容。这种来去的感觉就像一个破灭的泡沫，但在多数时间里，我们都很沉静，只是微微颔首或以微笑来交流。我们最终到了目的地，这里是一座被绿叶遮盖的房子。河流旁边就是教堂墓地，而教堂似乎悄悄溜到了河边，想看看自己在河水中的倩影。

这个地方，世人称之为赫明福德·格雷。但在那天，对我而言，它却在我心中有一个无法言喻的名字，因为在历经尘世风霜洗礼之后，仍能保持着一份觉醒，我觉得极为难得。那天，在旅行途中，我看到了一座富于浪漫色彩的小村落，簇拥着屋顶与条状伸出的烟囱，这一切绝非梦境，而是真实存在的地方。我想，居住于此的人们，都应该过着简朴与慵懒的生活。日常的买卖，闲言碎语，结婚与死亡，但对旅行者而言，这是一个让人心醉神迷的地方。在这里，可以忘却烦恼与悲伤，抚平生活的棱角、丑陋与肮脏，堪比世外桃源。这里的人们活得真实，心灵感受到了生活的美好，而这些正是我们所要寻找的，却总是无疾而终。对于我那位朋友而言，一位居住于此的睿智与友善的艺术家，无疑是生活在一个花的天堂。他的房屋墙篱上，必然绕满了攀爬的玫瑰，引诱着燕草植物抬起蔚蓝色的尖头，在空中招展。他是如何将这一切布置得如此完美，又迎接了这些黄金时间的呢？也许，他压根就没有想过，这些景色对我们这行人而言，是一份如此美好的礼物。

之后，我们从一本红色的小册子中，发现这个地方因古老的历史回音，而充满了生命力。在穿过草地上的一座小教堂时，我想到了心宽体胖的查尔斯·詹姆斯·福克斯[1]。他曾在这里举行婚礼，迎娶了新娘。溯流而下，考玻[2]的小狗，曾将他引到自己不可能到达的黄色睡莲生长的地方。在教堂里面，有一个小型的厚板，当年两个妙龄少女曾睡在这里。著名的古宁思（Gunnings）姐妹，因流连于此处的景色，分别嫁给了公爵与伯爵。在小道旁有点破旧的庄园里，度过了快乐的青春岁月。我时常思忖的是，两个小女孩在豆蔻年华时逝去，这是否算是最好的分离呢？当博斯韦尔根据天上大熊星的方位，到达了荒凉的北方，那位高贵的公爵夫人是否对困窘的他表现出傲慢呢？她可能并没有想到，儿时与自己玩耍的姐妹的骨灰就埋在这清凉溪流的圣坛边。

然后，我们在教堂庭院的城下，小憩了一会儿，看着水草依然荡漾，鱼儿在水中纹丝不动，而在庭院的某个温馨角落里，在一年内的某个时节里，生长着白色的紫罗兰，花朵却早已凋谢。它们的生命力，却仍宛如刚绽放之时以香气与颜色向世界彰显着自己一般。我认为，花朵或树木，都具有感知力。不仅如此，所有的生物都具有某种感知自身的能力。我相信，花开时节对于花朵而言，是一种彰显生命的幸福。对艺术家而言，亦是如此。

靠近我们的是一堵墙，一座宽大、坚实的乔治王时代的房屋。在向外敞开的窗户与百叶窗反射的光芒闪烁于平整与阴凉的草地上，满眼都是绽放的绿色与清淡的阴影。踩踏过去并占为己有，自己可能会被视为一个粗野与非法的闯入者，虽然没

---

① 查尔斯·詹姆斯·福克斯（1749—1806），英国辉格党著名领袖。

② 即威廉·考玻，英国作家。

人会占有半分，但为什么这些景致，会给人带来如此深沉的幸福感与祥和感呢?

这些都是难以言说的，一切都在我们的想象之中。人们会遐想夏日悠闲午后的长长景致，自己则坐在一棵硕大的无花果树下，躺在睡椅上，享受着阳光洒在自己身上的温暖。翻着书页，细声地交谈；或掩卷沉思，仅凭记忆重述一些古老而美丽的故事；也许某位可爱的小女孩，从某个房屋蹦跳着出来，湛蓝的双眸闪烁着希望与无邪的欲念，抑或是一个身形高大、身手灵活的男孩，光着头趿拉着鞋，身穿法兰绒在草地上漫步，感受着自己的健康与旺盛的生命力。不经意间，男孩跳上了一只平底船，摇动着铁链，解开铁链扔到船头，发出“咔嗒”的声响。然后，撑一长篙，一拨，船儿就晃晃移动了，穿过微光与阴影交汇的光怪陆离地带。所有的一切都直抵心灵，人们将生活中所有的烦恼与愁绪都涤荡一空。原来所有失败的荫翳与苦楚，都有其美好的一面。

接着，就是一幅更为深远与让人反思的美丽画面，丁尼生称之为“逝去的激情”。一念及所有美好的生命都在指尖消逝，人们便无法逗留片刻，不禁唏嘘。但是，日落的阴影已经悄然爬上了日晷的钟面上，教堂的钟声也预示着这一天的渐渐消隐。倘若认为这种和谐的感觉，只是在年龄增长与阅历扩展后才发生的话，这就是认识的一个盲点。事实上，这全然是另一回事。因为，只有年轻时才能最为深刻地体会到任何易逝之物所留下的遗憾之感。当人逐渐变老，就容易将不满与忧虑杂糅在一起。他们就会猛然发觉，千年前贺拉斯的格言变成了事实：

“人生苦短，何以撷取远方缥缈的希望呢？”[1]

于是，人们开始学会感恩这阳光明媚的日子。当一个人年轻时，感觉自己能够享受所有的美好；对于荫翳与蒙蒙细雨，则显得不耐烦，难以忍受生活的甜酒被稀释冲淡。

我认为，这就是对这些景致魅力的一种解读。欢乐与永恒的可能性，被短暂的怜悯之心所染色，起伏不断，最终像溪流的涟漪一样缓缓消散。

这种阅历感想的幻灭，并不似年少时的那种哀婉之情。因为，年少之时，哀婉的本质就其自身而言，会为生活增添某种乐趣，带来了某种微妙的美感。即使这不是短暂易逝，也是难以占有。

问题在于，真正的烦恼，沉重的忧虑、羸弱的身体、流逝的人生，所有这些在诗人笔下或作家描述的情景中，显得浪漫与唯美；而事实上却没有一点浪漫气息可言，只是些浅白通俗且让人反感与难以忍受的东西。那个曾经中流击水、身形矫健的少年，如今已经成长为一个男子汉。现在，金钱总是拮据，孩子总是带来忧虑，妻子的生病与坐立不安，自己也是满身毛病。在一天天的疼痛与折磨之后，在傍晚时分，他蹒跚地走到了一株不知历经了多少岁月的悬铃木，伫立在树荫下。他若仍能感受到这个地方美妙的力量，仍能沉浸其中，获得心灵的安慰，此人必然是一个睿智、平和与耐心之人。

享乐主义者与随时追求美感之人的盲点，在于他们将生活中坚硬与讨厌的一面，划分得过于阴暗。生活有一个习惯，喜

---

① 原文是拉丁文，此处译其大意。

欢将所有“艺术性”的椅子颤动，而下面则有软垫来缓冲，一切都显得那么突然。所以，如果某人真正富于智慧的话，就会认识到，心灵的活泼要远离在这片总是午后易打瞌睡的地方。真正应有的人生态度，应该能够在这个世上扮演好充满活力与男子汉气概的角色。与此同时，脑海中将诸如银行存折或收支总账等烦人的问题，统统抛在脑后，让心灵尽情沐浴在夏日的阳光之下。

“可享受此等乐趣的人，皆为睿智之人；时常被心智困扰，绝非明智之举。”

这是古代一位清教徒诗人的诗句，诗句中饱含的大智慧，是我一辈子所向往的。我自己也是一位深受焦虑之苦的人，而解决焦虑之道，就是心态的平衡，但是，切莫认为这种宁静的生活就是全部。另一方面，不要去相信那种理论，认为人生就是一个不断向前驱赶与喧哗的过程。衡量一个人是否成熟进步的标志，就是一些世俗活动或恼人的交际是否开始让他感到过度的烦忧。倘若感受不到这种烦忧，人就会变成一个享乐主义者。换另一个角度来看，通过仔细的观察，看看一个人在一天的工作之后，能否从容地享受假日；或转而感到无聊、不安、疲惫。倘若其人属于后者，那么，此人就犯了与那个福音故事中玛莎所犯的同样的毛病。

人们想要尝试了解人生的本意，绝非让人一味受苦或安逸，而生活对于每个人来说，仅仅都是学习者。有时，智慧可能透过悬铃木的叶子，在耳边向你絮语，同时还夹杂着紫罗兰在空中的芳香。有时，这可能源于一场思想交流；有时，则通过翻看一本充满智慧的书籍；有时，则在沉闷的时光里静静地感悟。当某个难以忍受的思绪，在辗转反侧之时有所启发，那时我们便会敞开心扉，谦虚地接受生活。

也许，一些读者会认为，我在写作时，过分地强调了生活中更为灿烂、美好与宁静的一面。其实，这是我深思熟虑后故意为之的。因为我相信，我们应该尽可能地享受人生无邪的乐趣。即便如此，这却不等同于我们忽视了自己的对立面。我觉得但丁所描述的蜿蜒与黑暗树林，于我而言并不陌生，因为很多单调无趣的道路，使得我不愿再次涉足。我的身体处于健康状态，事业看似也处于上升期，但是，我却对幸福的乐趣过于敏感。一般而言，其实就是对忧虑与负担病态的敏感。

快乐与不快乐，这是一个很主观的问题。正如古米治所说，当她将自己的烦恼告诉别人的时候，她说道："我感觉自己的烦恼总是比别人更多。"倘若秉持追求平和心态的使命，就好比一个牧师在布道时与自己内心真实的想法背道而驰。有一点却值得肯定，即无论一个人如何感伤于自己的错误或想追求与众不同，成长的秘密正是在于这种悲伤之中，不断孵化，不断进步。也许，更多的秘密却隐藏在这种无能为力的悲伤背后。一个人必须要认识真理，不论人们多么惧怕它。人们在自己的幻想中，待的时间越长，学习的时间也越长。当人们得知了真理就在那里，而对于其他人是否相信，则显得毫无关系，难道这便是一种苦涩的安慰？我想，是的，这是一种安慰，因为在此基础之上，人们可以承受许多东西。

一个人的思绪，从原先美丽的场景上漂流得越远，他所获得的美妙感受就与日俱增。白天的热气已经消散，微风吹拂着河面荡起层层涟漪，塔楼的阴影在水面上横斜着，我的同伴们都微笑着起身，而我又迷失在懒散的自娱自乐之中。他们却并不知晓我的思绪飘向了何方，只是觉得我在在异域的思想之海中，而且孑身一人。

他们或许在猜想，当我回首自己人生的时候，发现痛苦压倒了幸福。倘若一切可以推倒重来，我是否想再活一次？倘若我真的能再次选择的话，难道我不会选择再活一次吗？尽管如此，我庆幸自己没有这样的机会。因为，这完全是在心神懒惰与精神萎靡之时所做的臆想。我并不认为，生活的目的就在眼前，而属于我享受自己生活的时日终将到来，到时还可审视一下恐惧所具有的意义。之后，我们沿着原路折返，就像夏洛特女士一样登上船，沿着西向，在朦胧的水道上前行。为什么我无法向朋友们讲述内心这些黑暗的事情呢？如果可以的话，岂不更好？但事实上，却没有人能分担在我肩膀上的负担。

薄雾渐染西天，将芦苇、农场、缓缓的流水融合成一片，难以分辨。树林迎着夕阳，浓厚成翡翠绿，一颗星星从漆黑的山头上升腾起来。当我们逐渐靠近，灯火开始从簇拥的房屋敞开的窗子里反射出来。当我们穿过黑乎乎的房子时，山形墙与烟囱黑压压地映衬着那片光亮的天空。所有的沉闷与无聊，甚至温馨的事物，都被暮色涤荡，留下了神秘柔和的浪漫感！这座小城，充满了英雄神话般的魅力。一个人在桥上静静浏览风景，看着船只在缓慢滑动。在人们心中，高尚的理性又是什么模样呢？是一个中产阶级的市民，还是一个天使？阴影与垂降的灯火，交织了另一种梦幻；钟声则在草地与河流上飘荡，但是，这极为渺远、难以言传的美感，与日常生活单调劳作的真实一起相互感染着，却在此时融进了心间。这感觉，不是更少，而是更多！也许，这样更好。因为，这一切给我带来了更为深沉的价值感与自身的重要性。我们必须牢牢抓住这种永恒的伟大之感，因为最终的秘密就在此，而不在无力的挣扎与焦急的延迟之中。这些只不过是旅程中的一些小插曲而已，而不是避风港和家中的宁静生活。

第十五章

象　征

所有景象都是一种象征，因为这些景象唤醒的情感是名副其实的，正如科学对任一现象的分析所得出的不容争辩的证据一样。也许我们希望这些情感的法则，能够被分析或系统化。我们可能认为，只要更深入地钻研这些秘密，我们对生活的观念及对上帝的感知，就会变得更为深刻。

这是一个聪明人羞于轻信别人的时代，这也是科学精神演进所造就的极为自然与可喜的结果。人们对任何事情都会加以调查，自然法则庞大的结构为世人所发现，展现出让人惊讶、微妙的过程，而这显然又有其偶然的因素，没人能预见最终的结果。这种科学探索，使科学知识坦率得令人振奋，但增长的知识却没有增加我们反思与行动的自由，尽管这种增长是极为有限的。至少，我们能逐渐认清自身的界限在哪里。看到人类自身建立的界限，要比上帝意志所划定的范围更让人兴奋。我们不再为某些权威主观的理论与狭隘的传统所桎梏，这的确让人振奋不已。我们再也不会在魔术或神秘主义前俯首称臣、颤颤巍巍了。诚然，迄今为止，科学领域的研究，让人们能不断深入探索原先局限于对具体事物的浅薄印象。同样的做法无疑可以应用到诸如哲学、社会学、心理学等学科，我坚信，人类终将有能力认清宗教与道德发展的进步法则。

正如上文所说，摧毁盲目的轻信是一件值得高兴且有益的事情。许多明智的人，从学习与上帝打交道的过程中找到了幸福，发现隐藏在万物背后的是一种创造性的新力量。虽然这看起来是多么不可理喻，但这绝非异想天开。总之，任何人都无须以马赛克式的宇宙进化论中一些详尽的细节，调和自身的宗教信仰，或以接受希伯来先知从森林召集大熊，将某些为了私欲而浪费粮食的无知男孩撕成碎片，这些事实让人们认知了自己的信仰。这纯粹是一种收获，而且沿着一个有益的过程。许多人被抛弃到命运之船的外面，却仍然谨守着一些盲从的信念，那些更为高远与崇高的特性，被人们称为信仰。

我们已经知道了许多神秘的背后，隐藏着各种解释，许多自然的谜团都得以解开，但却坠入了“物质主义”的泥潭。一些人怀着错误的观念，认为对一些物质现象的解释，同样在洞察抽象的现象研究中适用。但是，任何怀着哲学或诗性的精神接近科学研究的人，都能极清楚地看到，其实人们所做的只不过是一些分析而已，包围我们的神秘也只不过是向后退远了一步而已，黑暗仍然是浓厚得难以穿透。我们所学到的就是自然法则如何运行，我们还远未清楚其如何运转的原因。我们真正掌握的知识，是一些冒失且不能让人满意的理论。例如，旧时的救赎行为，必然让人觉得无望与不圆满。科学精神的危险，并非在于其过于强调的不可知论，而是由于其对不可知性的了解还不够深入。有科学家认为科学能解释万物，而实际上所掌握的资料仍是寥寥无几。每个人都有权利根据自己的人生经验推断或演绎某个理论，而我们没有权利做的是绝不能将某种理论强加于那些人生阅历足以支持这些理论的人头上。我们可以允许他们按照我们的假定行事，但若他们认为这是毫无根据的话，我们则不能因此而责备他们。

某天，在与一位热忱的天主教教士交谈时，他将《圣经》中的“光明”视为教会权威的所在。他说，自己就仿佛身处半山腰，由于地势的坡度，无法看清隐约遮蔽的山谷。他说，在山顶上可能站着一些具有良好信念、视野清晰与自信的人。如果这些人将他们所看到的山谷的情形告诉他，他将不会有任何怀疑。但是，这种类推，在每个点上都会逐渐分解。因为，这种类推本身的寓意，就是任何到达山顶的人，都不可避免地看到相同的景象。但是，在宗教领域里，山顶上站满了人，而他们的信念之虔诚也是不容置疑的。但是，他们对山谷下的景象描绘却千变万化，无一雷同。更为重要的是，他们都极为坦诚，认为他们所形成的心理印象，是逾越了科学或智力评判的范围。这完全是观察者对事物主观认同的一种推断，并且承认这是难以给予证据证明的。科学地位的力量在于，当科学的观察者身处一种被无数研究所证实的观察时，在某一个阶段法则的应用就将得到确定。任何通情达理的人，都没有任何怀疑的借口。当法则与宗教假定相冲突的时候，在任何情况下，都不能说明这种假定只是一种主观的臆断。不能被证实的理论在证实之前，必须被假定地接受。宗教上的假定认为，人生是一个不断接受教育的过程。但是，许多有能力的人做出的任何道德或智力上的选择之前，却已经关闭了心灵的窗户。这些例子，依然无法证明这个理论的真实性。

通过研究，可能会证实一点，即所有的宗教理论或信条，只不过在人类绝望与可悲的挣扎之时，有了一种期待的寄托，因为意识到自身对痛苦的本能恐惧，以及对自身追求幸福这一不可剥夺的权利，抑或为许多人存活在这个世上只是为了迎接痛苦或不幸，给了这些骇人的事实一个合理的解释。这个秘密如此不为人知，而哲学仍未能解释上天赋予了人类正义感，却又为什么时常违反这一概念本身呢？

事实上，科学的进步，为信仰与希望的特性研究，创造了巨大的需求，展现了自然规律在运作方面上有着许多悲观的一面。如果我们想在生活中获得任何满足或宁静，就必须要笃信这一点，那就是科学所要展现的上帝并非要让人类庸庸碌碌、一事无成。倘若可能的话，我们必须获得一些希望，但这些希望并非反复无常与冷漠。这一切，让我们必须面对许多事情，让我们有所畏惧。当上帝关照我们，我们便会精力旺盛、充满活力，内心知足。然而，真正具有价值的解决方法，就是带给了我们勇气、耐心甚至是欢乐。

当所有的事情似乎都在对我们残忍、不公、觳觫之时，能让心灵得到安慰的事情，在很大程度上就取决于周遭环境是否充满了美感与高尚。当人们身处在困顿的悲伤之中时，瞥见到熟悉而又友善的目光时，谁不会感受到其中巨大的爱意，在黑暗的背景中微弱地移动呢？当然，倘使这种爱是世上最深沉、最强大与持久的话，那么，他们对自己说出了同样深藏于上帝心底的话语。这是基督教天启的独特力量，转念于仁慈的天父之爱，感怀着上帝所创造的万物，而无论哪一个人充满了忧郁与焦虑的负担，都能得到上帝的缓解。上帝会让人看到春意盎然的绿叶摩挲着青空，欣赏花朵的颜色，嗅着芳香，聆听音乐协奏的美妙音调，紧绷的神经，就会时常发出这样的信号：如果你能找到诸如美丽、平和与欢乐的途径，人们对死亡的恐惧，就会因人生可爱的快乐结尾而得以减轻。亲爱的人，只是匆匆逝去，安静地进入了沉睡的状态而已。任何在夕阳西下时归家之人，看到薄暮呈现出流光橙黄色的帷幕时，而且轻轻地向西边的荒原上垂降下来之时，古老的房子则在星光闪烁的牧场上独自黯淡，此情此景，谁能感受不到超越生死之门后的一些甜美的回忆呢？所有这些都是一种象征。因为这些景象所唤醒的情感是名副其实的，正如科学对任何现象的分析所得出的不容争辩的证据一样。许多人所犯的可悲错误，就是罔顾了科学真理，而将情感模糊了。相对于蜜蜂社会学的初步研究，或与星群的某种同轴性力量，这些情感对我们而言，联系更为紧密。相比于永不切断的生命之线无可争辩的自然法则，我们的情感更为真实与栩栩如生。也许，我们希望这些情感的法则，能够被分析或系统化。因为将某种确定性视为亵渎，这是一种很腼腆与犹豫不决的表现。我们可能认为，只要更深入地钻研这些秘密，我们对生活的观念及上帝的感知，就会变得更为深刻。

如果我们过分依赖于象征主义的宗教机构，便会时常犯下一个错误，就是将这种象征主义过分狭隘地限制为传统的仪式，抑或是令人生畏的宗教仪式。有人说，宗教是向穷人们敞开的唯一一种接近于诗歌的形式。在某种意义上，任何将生活中的一些简单与寻常经历，从智力与艺术的影响中分离出来的做法，都将变得神圣与纯化起来，这无疑是真实与实在的象征主义。人们可以理解的象征主义，最美好的象征则是能表达最普通的情感。但是，为了强调某种情感的范围，而牺牲了更为宽广的视野，则是一个很糟糕的观念。将宗教的神圣影响局限于某个特别的建筑物或特定的仪式，这是与象征的精神相悖甚远的。与此同时，一些人从树木与花朵，阳光与雨水等现象中，很不自然地看到了象征自己的影子，讨厌自己自由活动的范围被限制。以上这种思想，是一些明智与宽容的人应该应抵制的。因为旁边有井，而将手中的水罐打破，这种想法便显得十分邪恶。一个人无法通过打破自身的界限而让狭隘的灵魂变得更加宽广，而他所要做的，仅仅是将美感推向更为深远的前方。即便是错误的怜悯之心，也是必须抵制的，孩子们更容易在耐心倾听一个励志故事时受到启发，在对孩子们横加指责时，他们不会听进去一句话。

另外，让一个人从小在爱的环境中成长，却要他去尊奉一些狭隘的象征意义，以便激发心底趋向更为宽广的心灵，那么，这个人就会被这样的环境折腾得窒息。要是纯粹出于对权威或风俗习惯的膜拜，则完全是错误与羞怯的表现。一个人在拥有一件新衣服之前，绝不应该丢弃原先那件合身的衣服。但是，出于某种错误的哀婉之情或不可理喻的忠诚感，当手中有了更为宽大的礼服，却选择了更为狭窄的衣服，这完全是愚蠢的表现。

我相信，对许多善男信女而言，他们的思想早已超出了原先传统信念的范围。他们自身并没有任何错误，但却出于某种对利益集团或伪善之人抱有的恐惧感，他们就不敢打破这些枷锁。当然，我们必须仔细权衡，一个人到底更看重安逸还是自由，我想说的是，信念最为重要的特点，就是必须要富于弹性，能够顺应发展的需求，能够迎接思想不断地向前更新。行文至此，我并非建议大家超越基督的传统。我想说的是，我们并没有掌握最简单的原则。我窃以为基督教能够拥抱最大胆的科学推论，是因为一个简单的道理，而且这根本与其自身无关。宗教信念与科学冲突的地方，是因为支撑这种信念的人顽固地坚持一些《圣经》中描述的神奇事件。他们偏好于对其中一些文字的理解，而这些却显得缺乏科学根据。但是，在我看来，后者只不过是当代信仰发生的一个自然的背景而已，而完全与基督教的本质无关。奇迹，无论是真是伪，总之都是无法证实的。任何将一些尚未证实的事件作为支撑信仰的凭条，都是没有任何生命力的。但是，耶稣基督本身的个性、力量、感知，都从周遭的细节中获得了显赫的影响。我们可能无法核实耶稣具体说了某句话，或是没说过什么，但同样类似的是，任何通情达理之人都不可能这样认为，它只是某些显然无法理解耶稣的人虚构出来的一个概念而已。所以，它的教义，大体主旨是清晰与让人信服的。

就那些自称为虔诚的基督徒而言，尽管还有很多记录的细节存在一些不确定性的因素，但我想要他们做的是，采取一种简单的妥协态度，继承基督教义的遗产以及神秘的象征，而不要感觉自己好像被任何神学传统所束缚。任何人都无法通过一些固执的规定，阻止人们直抵耶稣基督或上帝的爱。基督教义完全是一种个人主义的教义，建构了行为与情感智商。其中的难点在于，教徒们的制裁与指引，已经被人们世俗的目的以及社会组织的野心所取代。我想，虔诚的基督徒应该怀着感恩之心，接受这种团结与宽容、简单与美好的象征。但是，他们自身应有更为高远、更为宽大的象征范围，有着自然之美，艺术以及文学一些的象征。所有平和与情感的激情之梦，让人们渴盼的心为之颤动。当这些情感引领人们变得自私、残忍或追求感官刺激的话，他们必须忍受世人的唾弃。正如我们也不可能相信宗教情感会允许这种与基督精神背道而驰的分离，但是我们要笃信一点，无论其文字具体如何表述，无论其形式及其散发出来的味道如何异样，宗教的本质是让我们活在上帝爱的光辉之中。而且，我们必须更进一步将它发扬光大，深信宗教的目的是要指引并促进人与人之间这种温柔与怜悯的兄弟情谊。这样，方可在这个充满黑暗的世界里互相依偎。宗教教义遵循并尊敬法则，尽管他们知道，自身的教义不断的扩展会将这种法则撕成碎片。当然，因为自由是福音的精神所在。平等之下的自由，有可能在一些情形下，一个人必须抵抗在他看起来是道德或智力上的专制。简而言之，人们必须要明白一点，自觉的不虔诚或对自身的限制，必然会决定自身。有时候，同情别人的感受，似乎与自己对虔诚的理解发生冲突。但我想，优先考虑别人而克制自己，这至少不会犯错。

平和与温顺，最终总会战胜猛烈与暴力。和平演进，会为一个国家带来更为圆满的结果。因为我们完全知道，这要比以一种武力的革命更为适宜。即便是现在，一些狭隘的宗教体系，凭借着一些牧师的柔和、善心的劝说，也能获得了进一步的推广。因为，雷声总是不与闪电同步的。

信念的胜利，可能不需要通过争吵或争斗，而是凭着静默而又难以抵挡的潮流来完成。即便是现在，翻滚的海水会轻轻地浸入沙子，注满了原先波澜不惊的池水。

在象征崇拜这个问题上，还存在着一个更深层次的危险，那就是倘若某人完全依赖于此，将象征构建于充满美感、哲思与宗教的宫殿里，那么他就很难实现这个追求了。我们的誓言并非是已获得的，而是难以企及的东西。只有远方遥不可及的东西，才会让我们不断前进，因为停下脚步恰恰犯了大忌。我们都是人生的旅行者，若是为了美感、情感或宗教所陶醉或感到茫然无措，而停下了脚步就此扎根，这就好比我们睡在一片让人神往的地方，失去了前进的动力。我们已经拥有了许多，再也难以激发继续前进的步伐。但是，满足就是某种沉睡。

在艺术的脚步上苦苦追寻的忧郁，激昂的乐章萦绕不去的伤感，揽到美不胜收的景色时发生离别的惆怅，这些都只不过是与我们同行的“向导”，唯恐我们流连止步的一个警醒。人们都应该见过在一片高地上，一座古老房子的山形墙、教堂的塔楼，在微微的夕阳下，白嘴鸦栖息于一片黑暗的干枯树枝上，由此人们便举得如此美丽的生命景象，却不可思议地展现在这里，不由得沉浸其中。但是今天，正当西边的落日渐渐将浮云染成金紫，我在路旁看到一个年老的劳动者，他背上扛着耙子，沿着耕地，沉重而缓慢地走着，茁壮的小麦纵横于阡陌，附近的一座风车旋转着，“咔嗒”的声响不时在田野间回荡。我是多么希冀一些能带来永恒之感的场景、画面或是声音，但此情此景告诉我，人生的目的没有完结。那这代表着什么呢？我也不知道。在人生的逆旅之途，我脚步缓慢，面容枯槁地劳作着，辛辛苦苦地维持生计，所有的一切都悬挂于渐渐消退的深红日光下。湿漉漉的小道，反射着金黄的色泽。再往前走，是一座穷人救济院，在广袤的原野上显得如此单一。我的目光越过树篱，在消防车库后面是一大堆火山的岩烬与垃圾。那里有一座整齐划一的公墓，一间阴森森的太平间。整个场景让人哀伤与华而不实。在一排排墓碑之下，埋葬着许多失败的人与罪孽深重之人，骨头想必也似腐朽不堪了吧。墓碑上没有刻上半句希望的话语，只是在锡制的墓碑上刻着生卒年而已，没有比这更让人觉得恐怖的了。人们不禁会联想起让人悲伤的仪式、忧郁的牧师，以及一群亲戚。兴许他们可能在心底暗自庆幸着这个可怜、无能的家伙，他的人生终于宣告结束了，其可悲的人生彻底成为历史。尽管这个场景警示着人们不要逗留，因为人生追求的目的仍未到底。此时，暮色渐深，我朝着城市的街道方向走去。黄昏笼罩的夜色，将一切卑污与单调的事物拭去了。夜空中，只有那些形状不规则的房屋尖顶，刺破安静的天空。窗户透出一缕灯光，有一种家的味道与温馨之感。教堂塔楼上晚祷的钟声慢悠悠地敲响了，我经过的时候，听到了教堂里的风琴声。这一切都看似传递给了人类灵魂的一种甜美、欢乐与平和的象征。

之后，我却陷入了长串反思当中。当生活的每个方面都存在着许多象征之物时，总是选择那些能够带给自身满足或安乐形象之物，这便是极为危险的。荒山野岭之上，一座座孤零零的公墓，让人觉得悲伤得恐怖，但这必然也是一种象征物。这里必然见证着上帝心灵那一可怕的部分，某种奇异的缺陷或裂口，在上帝的世界中涌出，将那些满足于自身需求的象征之物分离开。这种想法更让人感觉舒适与奢侈。但是，这并不能让我们身心倍感安全、无忧与欢乐。静观时间慢慢地溜进世界黑暗的深渊时，而非怀着某种病态的心理，或怀着可怖的感觉，这也许才是最好的。华丽礼袍下的骷髅，死亡坐在君王的肩膀之上。但是，我们必须要忠实且睿智地提醒自己，荫翳在前方等待着我们。之后，在单调与沉重的时刻里，我们应该找寻让自己感到平和的象征之物，而不要愤怒地将这些东西扔到一边，这只能让我们想起自己所失去与丧失的一切，但是我们注定了要耐心与希望地等待。双眼饱含着希望，看看广袤地平线上金色光线与紫色的阴影壮景，在不断地更迭。因此，我们不能以类似于商人买卖的态度，将自己对生活中神秘的欢乐售出。因为，即便我们的谨慎也不能让自身更加接近上帝，而是要以孩童般烂漫的心情，仔细地估量善意的话语，让狭小的房间光明起来，保持微笑，让平淡的食物丰盛起来。对于那些将天父礼殿变成商品之人，则无须妒忌或觊觎他们的收入。

这个问题最为本质的核心，在于象征本身的价值所在。我们的人生，并非只是一些被焦虑日子填充的空间，让人恹恹欲睡；某种让人无从想象的巨大设计与不可或缺的元素，仿佛涌动在星星密布的天宇间。无论是过去还是现在，我们所想的缺乏次序，没有行动，没有话语，最后只能埋藏于黑暗之中。但是，古老的事物与当前的事物一样，甚至在一百万个世纪之后亦是如此。倘若我们能够接近真理，从中学习，在最黑暗的日子里，精神上的焕发是不可能无端消失的。人们心灵中最为悲哀的是，想到一些原本该如此的事物，却变成了另一个模样。若我们让自己认识到，上帝是不以人的意志为转移的话，那么，在真理之光面前，我们毫无端倪的疑惑、悲伤的遗憾都会随之消融。正如清晨沾在青草上的灰蒙霜气，在日出之后便消散了。当每颗圆状的露珠，在拂晓时分燃烧的旭日下，闪耀得如一颗颗珍珠。

第十六章

乐 观

我认为上帝是粗心或冷漠的，抑或软弱无能的。我只有从人生中飞出去，才能获得平和、欢乐与满足。然后，怀着乐观之心承担黑暗或苦楚带来的最为沉重的负担。

我们许多盎格鲁—撒克逊人都是乐观主义者，我们喜欢舒适的东西，即使事情并不像想象那般发展，也会假装表现出大度的样子。若是活泼的盎格鲁—撒克逊人得不到葡萄，也不会说葡萄是酸的，而是宣称他们根本就不想要葡萄。这里，有一个关于英国殖民总督的故事。总督想要从自己掌管的财政部获得贷款。他对财政部长说："部长，给我注意了。你必须要为我的这桩生意提供贷款。"部长吹起了口哨，然后说："嗯，我会尽力而为的。但这很难说啊！""哦，你总会有办法的。"总督说，"我可以悄悄告诉你，这绝对是至关重要的。"第二天早上，部长拿来报告说："我跟你说过了，这是很难说的。董事局并不批准。""该死的。"总督写着自己的东西，头也不抬地对部长说。一周后，财政部长遇到了总督，因为上次贷款的事，财政部长觉得不好意思见总督。岂料，总督面带微笑地对部长说："部长，很高兴碰到你，顺便和你说一下关于贷款的事宜。我已经想清楚了。上次幸好你没有那样做，否则，这就是一个极坏的先例，我们这样按照规矩办事更好。”

这里就充分体现出了盎格鲁—撒克逊民族真正的乐观精神。我认识许多朴实的英国人，他们都想获得某个名分，或是拥有自己的成就。但是，如果他失败了，即便他并不经常失败，他也会和蔼可亲地说，他对此甚为感激，如果自己成功了，这就是一场毁灭。这种乐观的精神，同样流淌于我们的哲学与宗教之中。而且，在这个世界上，只有盎格鲁—撒克逊民族能够自我炮制这些充满活力的理论，为自己未能达到的愿望开脱。无论自己的愿望能否实现，他的祈祷都会实现的！希腊人会祈祷，即便他们并不稀罕什么，而上帝仍会给予一些善意的东西，不让一些邪恶的愿望应验，即使这正是他们想要的。精明的古罗马人曾说，上帝将给予我们最适合的东西。因为，在上帝的眼中，别人要比他自己更为重要。但是，忠诚的盎格鲁—撒克逊人则坚持认为，即便自己的祈祷被拒绝，在某种程度上，自己的愿望还是应验了，只不过是以某种迂回的方式应验而已。因为，在他们的意识之中，上帝是不可能身处悲伤或忧郁的境地，他们无法理解在悲伤之中还存在着美感。

然而，对凯尔特人而言，悲伤本身就是可亲与美丽的。他们认为，呼呼悲号着的风，还有低云的泪水，都能带给他们甜美、奢侈的情感享受。一些悲伤的阅历对他们来说，是美好的。当人生逐渐趋向终点之时，爱对于他们来说，就像在背上的那个姐妹，而不是快乐的源泉。但是，这种想法，在盎格鲁—撒克逊人看来，是一种病态的想法。在盎格鲁—撒克逊人心中，悲伤笼罩心头的日子，是一些被浪费掉了的时光，那些寸草不生的荒芜时日，理应被尽快地遗忘或抹去。这些日子没有任何神圣之处，而是充斥着悲伤，就好比崎岖的小道，他们必须快马加鞭地逃离出去。只有这样，才能带给他们自身安全与欢乐的感觉。因此，那些关于强韧与易于满足的盎格鲁—撒克逊人心灵的各种说法，都是如此。当诗人无法压抑的情感爆发时，印证了“上帝在天国，世间井然有序”这一说法，后者却与日常经验背道而驰，而前者倘若是真的话，那些在世上苦苦追寻上帝的人则没有任何安慰可言。当布朗宁说这个世界本意是强烈和善良的时候，他只不过是在向这种已经剧烈燃烧的乐观之火添了薪柴。因为，对许多人而言，这个世界没有任何特别存在的意义，只有极少人能真正响应善意的话语，尽管这与日常生活中一些可感知到的经验所抵触。但是，或许，一些深刻而惊喜的事情正在等待着我们，这也许就是一些人最希望看到的吧。

我个人认为，年纪越大，就越能清楚地看透人生，明白人生要比自己之前所想的，更让人费解与迷惑，甚至可怕。用一个比喻来形容，就是这不是一个可以耐心接受教育的过程，并且我完全相信这一点。但是，在我看来，这更像是一场板球游戏的游戏规则。你走到三柱门前，就只有一次机会，而一些最勇敢且有耐心的人，却可能在一开局时就犯了一个错误，那么，他就已经结束了。然而，一些羞怯、胆小的选手，却可能获得了天降的好运，能继续留在场上，准备进入比赛，知道他的心灵处于一个正确的位置，双眼直直地盯着对手。

这可能是关于生活的第一个可怕的事实，在一开始，粗心的人可能不会受到惩罚，而有些人却会马上遭受严厉的惩罚。在学校里，一个学生可能无视所有制度，不管这些制度是人为制定的，还是神性规定的，但他却可以不带污点地走进社会。然而，另一个羞怯而又善良的孩子，可能一开始只是走错了一步，在日后的人生上，始终被这片阴影覆盖。实际上，学校教育经常强调这个世界的不公，却从不努力消除这些不公的存在。一些校长总是倾向于压迫一些软弱的学生，而不是压制那些过于张狂的学生。

然而，当我们走进更为宽广的世界时，又看到了什么呢？到处都是让人困惑不已的事实。或许，我们会看到一个天真无邪、美丽的女孩，被持续、痛苦的疾病所击倒，这种惩罚也许对一些身强体壮或满头银发的罪犯更为适用，因为他们的双手沾满了血腥。我们也常会看到不幸降临于一个英勇与富于美德的人，他是一个友善而且助人的人，他的妻儿子女都得依赖他，但却在人生的某个时段被击倒了。但是，另一方面，我们常看到一些卑鄙与谨慎的罪犯，为人自私而狠毒，却能安然地享受物质生活。任何人与这些人进行交谈时，只会觉得相互间充满隔阂，如果大胆地问他们是否对世界有何诚实而有益的建树，他们可能会说，那些好人所经历的灾难，只是一个个例外而已。

一般来说，为人勇敢、心灵纯洁之人，都应得到奖赏。与之相对的，懦弱与污秽之人都应受到惩罚。也许，我们常以这样的想法来自我安慰。但是，对于那些例外之人而言，他们在相信全能、公正与充满仁慈的上帝这个问题上，还有多大周旋的空间呢？道德家们说："正是人性的罪孽，让他们遭受了这些痛苦。"这是一个毫无意义的回答，因为当这些黑暗的阴影压在一颗无法负担的心灵上时，他唯一能做的，就是为一些不值得的东西痛苦和哀号，之后，阴影也将更加黑暗。我们对人生也会有相同的爱意，自身追求幸福和爱的权利，都是与生俱来的。如果，我们最后看到，痛苦与失去将带来幸福，那么，我们能快乐地忍受这一切吗？但是，就目前而言，这种前景还没有降临到我们身上。

但是，我们仍活着、笑着、希望着、忘却着。我们沉浸于安静的日子，以及习惯了身边友善的同伴。对于一些人而言，逝者已矣，我们只能微笑着相互依偎，强忍着痛苦，高举阳光的火炬。一位朋友曾说："这是多么病态啊！何等的自我折磨啊！"但是，这就是生活，我们无法改变。为什么不去享受乐趣，而要忍受痛苦呢？这种思想无法远离我们。但是，我们也有需要做的事情，不为别人而生活、认知、获得某种准确的信息。因为，我认为上帝是粗心或冷漠的，抑或软弱无能的。我只有从人生中飞出去，才能获得这个地球上所有的平和、欢乐与满足。然后，怀着乐观之心承担黑暗或苦楚所能带来的最为沉重的负担。因为，我确信，只有在死后才会拥有某种不受阴影笼罩的安静、力量与爱，这些我们每时每刻都在渴望的东西。有时候，当太阳照耀着大地，身旁有自己喜欢的朋友的陪伴，风信子的香气从树林中吹来，在这充满安静与甜美的环境中，我会误以为这是来自上帝的爱与温存。但是，当我在清晨惊醒的那一瞬间，内心因思念着心爱之人而饱含痛苦，同时，在撕心裂肺地呐喊，最终陷入死亡的恐怖之中，这时，世界上所有的美丽熟悉的场景以及优雅与美好的景象，都充斥着丑陋与厌恶。我想，这大概是因为我们都身处于某些无情或无法理解的法则之中。对我们的幸福与心灵的平和无所关注，只在黑暗中盲目与愤怒地运作，让人收获痛苦，而让其他的人获得了欢乐。这些都是人生中最黑暗与最恐怖的时刻，但是，即便如此，我们依然要继续生活着。

当我心情舒畅地写作时，会看到在绿草葱葱的牧场上，天鹅绒般的绿草连绵天际，栗树则像塔顶高高竖直，在阳光下摇曳，显得非常沉稳，同时，还有一只鸫鸟在果园隐蔽的深处高歌，这些都是让人无忧无虑、心醉神迷的美丽景色。然而，我觉得满足的原因，是我此时此刻还活着。蓦然回首，我发觉自己也曾拥有过很多美好的事物，但是，时过境迁，那些都不再属于我了。当我心中产生这个念头的时候，古老教堂的钟声在荒原上回荡，宣告着的一天时光又静悄悄地坠入了迷离的过往。倘若我能从一些悲伤或痛苦的时日中，汲取一些力量或某种耐心的话，生活也许会显得更为容易一点。但是，痛苦的记忆让我对苦楚更加惧怕，害怕再次受到打击。过去悲伤的思绪，让未来的苦楚显得更加黑暗。当一切尘埃落定时，我宁愿选择某种力量，而非安静。但是，生活让我认识到自身的弱点，让我不得不束手就擒。

今天，我骑着马，在长满金凤花的草原上沿着一条清澈、潺潺的小溪静静地前行。树上都冒出了绿油油的叶子，只有橡树与胡桃仍姗姗来迟，仍旧慢悠悠地舒展着锈红色的叶子。随风飘来的是一阵浓郁的芳香，原来是从山楂树篱那边飘过来的，还有一只布谷鸟躲在那里欢乐地歌唱着。在小路的拐弯处是一座年久失修的水磨，至今，仍能听到水磨里齿轮转动时，相互摩擦的咕哝声。一株淡紫色的丁香花从花园里探出头，空中到处都弥漫着它的芳香。但是，在我一路前行时，心中却充溢着沉重的不安，这股不安埋藏在我心中，玩着猫捉老鼠的游戏，时而开心，时而又恐惧与不安。

四周全是美丽的景色，以及动听的声音。一般来说，与安静而悠闲的人在一起，会让我那颗躁动不安的心，沉静下来获得宽慰，但是，事实并非如此。在我看来，此情此景似乎毫不顾忌我的感受，残忍而傲慢无情地嘲笑、藐视着我。不知何时，我的思绪收了回来，回到了一间我曾度过许多快乐时光的旧屋，而世事变迁，那间旧屋现在却属于一位陌生人。我记得，在某一个安静而有趣的聚会上，在夏日温暖的黄昏下，我坐在台阶上，屋顶树林里的猫头鹰发出杂乱叫声，它们互相吹着自己的口号，却毫无声息地飞翔着，然后，在草地或栗树上发出平和的调子。放眼四周，全是晶莹闪闪的草原，在小港口的灯火照耀下，海岸线显得更加惨白，这一切都是如此美丽与安静，让人觉得不可思议。但是，我知道，即便是在那个时候，这种感觉也会时常被失落、烦恼与恐惧困扰。但是，任何细小的烦恼都已过往，在某个时候，消失殆尽，却又在未来显现出来，恐惧的阴影便充斥在日常生活中。如果允许我给它下一个定义的话，这就是人们所要应对的魅影。

现实生活中，是否真的存在忘忧泉？任何焕发纯洁与力量的源泉，都能让我们再次欢饮，并获得镇静与勇敢吗？也许，这是每个人都必须经历与回答的问题。就我而言，我只能说，这种力量有时赋予了我们，有时却离我们远去。如果我们因此而感到忧虑，却是多么愚蠢。但是，这也是不可避免的。倘若世界的美丽与欢乐，能让人在黑暗的时日中确信一切都会好起来，那么，人生的旅程将变得更容易一些。但是，人们怀抱着这样的想法，就真的能快乐起来吗？当然，人们可以控制自己，可以独自承担痛苦而不吭一声，甚至能够说出一些深刻且勇敢的格言。因为，我们不想打扰别人的平和，只愿耐心地等待某种神赐的思绪归来。但是，如果在孤独的信念中，人会不会认为悲伤才是更为真实的？如果，某人从自身的阅历中得出结论，认为在悲伤的重压之下，世界的灯火仿佛渐次熄灭，诸如健康、平和、美丽与欢乐等都消失得无影无踪。那么，人们会不会不禁发问：难道悲伤不是最为真实与最为现实的感觉吗？在这死一般寂静的时刻，任何降临于我们身上的东西，都是恐惧与痛苦的。当我们认为自己终于找到了真理时，却发现只是多了一个关于痛苦的问题，只有回答痛苦这个问题，才能找到最接近真理的事物，因为只有它最让人感到不安。我曾经一度甘愿让自己沉沦于绝望的深渊，而实际上理智一点说，我应该去承受它。因为，我无法逃避，不管我的绝望多么深刻，我都必须继续坚守与支撑自身的信念。

那么，该到哪里找寻希望呢？答案就在此时此地！人们常会通过一些人类相似之处，以及象征想象出上帝的样子。很多时候，我们将上帝想象为一个按照自己意愿捏造黏土形状的陶工，或一个能左右一个国家的政治家，抑或能创作出惊世骇俗的作品的艺术家。但是，所有这些比喻或比较，都破裂了。因为，任何人都无法创造什么，只能按照自己的意愿改变一些事物，如果失败了，也是因为一些自然法则阻碍了大志，让理想无情地消融了。但是，对于世上那些我们所熟知的邪恶，难道上帝就不该对此负责了吗？难道上帝也无法处理一些并非源于自身的无法控制的事物吗？任何思想都无法让我们从这种进退两难的思维困境中解脱出来，唯有笃信我们所认为的邪恶，实质上并不是真正的邪恶，而是隐藏的美好。这样，我们的双脚终于站在这片磐石般的土地之上，然后开始从深渊中向上攀爬。

或许，在心中，我们会强烈地感觉到自身的幸福，即便希望破灭，也可以迅速将不幸遗忘，而牢牢地记住那些欢乐的回忆。之后，我们就可看到，世上唯一绝对永恒与具有强大生命力的东西，就是爱的力量。这一力量，让我们敢于战胜任何熟知的邪恶。如果有人问我，世界上还有何种本质与战无不胜的力量为世人所熟知？我的答案是，这也许就是上帝自身的心跳。我们始终都觉得，死亡迟早都会降临到我们身上，当我们游移不定的双眼模糊地看到周围一些让人肃然起敬却又可悲的脸庞时，总觉得自己要不断地放弃一些东西。但是，死亡的浪潮已经打湿了我们的脚丫，最终阳光会消失殆尽。但是，即便如此，我们仍能在最为高尚、勇敢与纯洁的地方发现，爱在守候着我们，而所有卑鄙、羞怯与肮脏的东西都被一扫而空。

或许，这才是唯一值得我们追寻的乐观，并不是不耐烦与焦虑地将人生的黑暗扫荡干净，而是一种敢于面对人性中最让人痛苦的东西，然后还能如珀尔修斯一样，从一个阴暗的地狱回来，脸色苍白，一身烟气，宣称自己在阴郁的边缘，仍然看到希望的光芒。

接着，人们盼望的，就是一种对事物采取更为宽广视野所升腾出来的乐观，并将所有最糟糕的方面都考虑在内，而不是双眼疲倦的瞥视者眼中的乐观。

几天前，我在阅读一本由切斯特顿写的关于狄更斯的富于启发性的杰出作品，切斯特顿被誉为我们这个时代最为高产的评论家，他认为，现代社会对悲观主义的倾向源于积习难改的现实主义。他说，将现代小说与古代英雄故事对比一下，就会发现，我们时常将一些优柔寡断的人视为故事的一个主角，并将一个卑鄙无耻的人视为“英雄”。他认为，我们应当对人类的潜能，总结出一个更具活力的观点，让我们的双眼持续地落在更具活力与慷慨的人物形象之上。但是，这种做法，必将导致一种丑陋与非哲理性的乐观主义。这种乐观主义甚至让上帝都要鄙视他双手所创造出来的作品，并用愤怒与轻蔑的眼光对待任何脆弱、庸俗与不入流的东西。就像寓言故事中所描述的一样，某人利用别人忘记了所欠的巨债，敲诈一些比自身实力更低的人。然而这样，就会产生一个个悲剧。总的来说，这个有着八字脚的教士，在视觉清晰与想象活跃之时，可能会突然间发现，自己与原先想要变成的那个人相距甚远，原来自己是如此懦弱，如此松散，如此悲哀，但却无法跨越这些鸿沟。制造英雄的唯一途径，就是鼓励人们相信自己的可能性，让人们确信自己的确属于上帝的宠儿，而不是无情地揭露人们深藏于内心的自卑与寒酸。要是某位教士在心灵上软弱，或是走路时是八字脚，这些都不是他的过错，任何有价值的乐观主义都不能歌颂卑鄙之物。但是，与此同时，对万物怀着某种悲观的视角，也可能达到一种良好乐观的心境。

这里有一个关于年老的加尔文教派牧师的故事。牧师的女儿身处远方，饱受疾病痛苦的折磨，奄奄一息。这位牧师写了一封信，安慰生病的女儿。信的结尾处这样写道：“亲爱的女儿，你要记住，任何来自地狱的磨难都是上帝的仁慈。”当然，如果世人都能对上帝创造万物的目的有深刻的认知，并将地狱视为是上帝巨大能力的某种屈尊俯就，认为这是少数人的一个正常的目的地，就能让人获得救赎，并且从中分离开来。那么，人们将可以从无数被认为能够获得救赎的灵魂中得到欢乐。但是，与此同时，这也是一个阴郁的观点。因为，忽视了人类心灵中对幸福深刻与普遍的认识，反而树立了对造物主某种可怕的畏惧，认为造物主故意谴责大部分自己所创造的人，让凡人故意接受恐怖与痛苦命运的洗礼。

事实上，我们不得不面对这样一个诱惑：对任何迟缓或焦虑的事，显得耐烦。就像一个小孩子，一开始面对痛苦时，无法相信痛苦是真正存在的，而一旦这种痛苦的时间延长，我们就觉得在自己的世界里，只剩下了痛苦，而不再相信任何事情。此时，我们要做的就是勇敢与坚强地面对这些问题，仔细分析人性中最恶劣与脆弱的可能性。同时，还要注意这样一个事实，在最恶劣与低等的人身上，都会闪烁追求高尚与幸福的微弱光亮。倘若人们能够察觉到这些微弱的亮光，必然也会主动撷取。

几天前，关于“乐观”这个主题，我有了一个直观的体验。银行休假日那天，我沿着城镇的外环散步，大街上人群熙熙攘攘。我一直觉得，看到一些年轻的男女，我的心中会莫名地升起一股深沉的忧郁感。因为，他们正享受自己的人生，全身心地沉浸于当前的时光，而让我感到惊讶的是，他们总是肆无忌惮地享受人生。女生们在窃笑，有意无意地向路人抛着媚眼，而年轻的男生则那么喧哗、自私与没有礼节，总是以作弄路人为乐。他们互相将彼此推入水沟，或者将一个骑自行车经过的人绊倒。当看到别人的衣服沾满泥土或破烂时，他们便会毫无悔疚地爆发出笑声。在他们心中，似乎没有为别人制造欢乐的概念，而是将自己的快乐建立在别人的痛苦之上，在喧嚣中获得快乐。

除了年轻人之外，在大街上还有很多情侣，举止亲昵暧昧，双方的脸上都泛起了红晕。还有，一对年轻的夫妇带着他们因穿着厚厚的衣服而身形笨拙的孩子走在路上。他们的双眼时刻盯着孩子笨拙的举动，还问着一些愚蠢的问题。有时候，一对年老的夫妻与他们已婚的儿女们快乐地走过。我认为，这些年轻人只有学会关心与爱护他人，才会改变那种“己所不欲”的快乐方法。

但是，无论怎样，在相互缠绕的感觉中，柔和的乐观主义不知不觉便产生了。走出城区后不久，便要经过一座矗立在宽阔的洪漫草原上的水磨。在水磨的上方，耸峙着高大的榆树。青青的草地上，点缀着金黄的毛茛。密密麻麻的树林，青翠可滴。大池塘里，水波在自由地荡漾。紫色丁香花丛中，突兀地立着一座古老房屋，房屋拥有美丽的山形墙面。看到这个美丽的地方，就好比在饥渴万分时，喝到一杯甘甜的泉水，不禁让我想高声赞美。在如此美好的景色之中，悲伤早已消失得杳无踪迹。城镇的四周，绕满了碧绿得草坪，街道两旁都是些低矮的房子。火车站附近，是一排排褪色的铁轨，地板上全是一些煤渣，还有喷烟的机车。所有这些场景，在我脑海中隆隆作响。

其实，简朴生活的消退或古老的平静被侵蚀，抑或生活在城镇的人到乡村后感到的悲伤，这些都并不是真正的悲观主义，而是一种缺乏想象力的悲观，只不过源于个人品位罢了。但是，也许这只是一个过时的想法。我们家族祖上的十二代人，一辈子都是约克郡的自耕农，我个人的那些心理倾向，也许是一种本能的遗传因素的影响。但是，关键在于，这并不是一些哲学家喜欢的，而是我个人的喜好而已。我想，只有在自己喜欢的时候，人才会感到最幸福。倘若我不相信欧洲社会所取得的巨大进步、文明与通信网络的发展、喧闹与紧张的生活方式、各种社交活动，那么，我对统治世界的力量完全不感到乐观。我不认为，人性在执拗地走向迷途时会导致毁灭。我更愿意相信，在人类范畴内，必须挖掘人性所有的可能性。如果，人类只想过上安静的生活，那么，他们也许在乡村里便可以找到。

然而，那些准乐观主义者仍然会面临一个问题，那就是人性是否会变得更为高尚、明智与无私？在平等条件下，弱小的人都拥有同样的权利，人与人之间充满了兄弟情谊，彼此的仁慈，充满了活力的思想，涌动着生机。这种民主的力量不断成长，可能会阻碍某些人，但仅仅只是满怀希望，也是一件让人可惜的事。如果某人的思想过于悲观，那他应该认真地扪心自问，在某种程度上，他的悲观是否被对自身幸福的希冀所控制？一个人如果没有任何希望，或者追求个人的不朽名声，无法延续对个体的认同，他的未来无疑堆满了黯淡，自身也会被痛苦与难以治愈的疾病折磨。并而，在人类未来的问题上，他也可能完全是一位乐观主义者。

实际上，道德与情感蔓延的一个最有力的表现，就是越来越多的人愿意为了别人的利益而牺牲自己的安逸，为了让整体的利益得到保证，而忍受个人的痛苦。其实，目前盛行的悲观主义，只不过是一些自我主义者与个人主义者的悲观主义罢了，他们对于这种日渐盛行的思潮毫不在乎。因为，这根本无法带给他们任何个人利益上的满足。任何人都无法使得对个体认同的延续，成为一个毋庸置疑的事实，因为在这个问题上，没有任何所谓的直接证据，而存在的证据大多也是倾向于反对这种观点，而不是支持这种观点。现实生活中，这种信念只是基于人的本能与欲望。同时，在任何时候，任何人都无法肯定这点。但是，他们仍可以认为这是真实的，并保存这一希望，仍可怀着慷慨与真诚的心态，通过自我意识这种媒介，感激自己所品尝到的东西，体验人生旅程中美丽有趣而又难以置信的经历。人类与万物都有联系，人类的情感充满了永无止境的渴望，尽管自我意识会有减弱的时候，但自身仍能成为一个全新的人，他的活力在世界的活力之中持续地焕发光彩，如生命的机体一样，无限接近自身，会在这些事物的荟萃之中，融合并且获得新生。即使在饱受痛苦的挣扎与焦虑的折磨后，人们仍能深思熟虑与勇敢地将自己置身于上帝巨大意志的怜悯之下，珍视这种人类不断前进的思想，在高尚与令人敬畏的思想中修正错误、弥补过失，耐心地同痛苦和邪恶作斗争，直到永远。也许，在遥不可及的未来日子中，我们的后人，身体与灵魂都能与我们紧紧相连，享受着心灵的平和与宁静。如此看来，我们现在只是暂时或断断续续地拥抱着心灵的平和。

第十七章

欢 乐

苏格拉底没有任何个人野心，摒弃了所有的嫉妒与无情的毁谤，以一颗本真的心看待这个世界，他认为这是一个充满光明与勇气、充满着有趣的思想和悬而未决问题的所在。

阿诺德博士曾经说过，在孩子们面前，校长所表现出的那种高度机械与呆板的精神，是让人极为沮丧的。可能对孩子们而言，所获得欢乐的途径，只不过处于健康与年轻状态之时自然的结果，并不需要任何原则、情感、自我限制或怜悯的行动。我坦承一点，在我作为校长的经验中，出现这种“特殊”现象有时让人相当沮丧，而有时却又让人倍感宽慰。当人们被沉重的焦虑或真切的悲伤压倒时，似乎任何东西都无法激起心中的兴趣，这的确让人倍感沮丧。同时这也是一种宽慰，因为这可以让人从忧思的烦恼中解脱出来，正如描写田园生活的短诗所写的：当悲伤的女王被一位妙龄少女安慰时，“用含混不清与不加注意的言辞，让她感到高兴，使她身不由己”。

人们认为，每个人都没有权利让自身感到焦虑而放弃天真烂漫与自然欢乐。然后，人们努力让自己与自身专注的事务分开。然而，这样做的结果是，那些原本在心底分量很重的东西，现在却轻如鸿毛。

倘若人们能从自身的阅历中，找到某种独立于所有兴奋本能的欢乐感，就可在表面上获得平静的欢乐。通过锻炼，这几乎可以成为一种本能。这种经过锻炼之后所练就的情绪，几乎可在任何事情上都充当一面盾牌，让自身免于个人所遇到的烦恼，至少不让自己不满的情绪蔓延到别人。但是，在某种程度上，这也是捉摸不定的，正如某些人身上仍存在着一些难以压抑的高级“动物精神”。这种阴郁的精神具有传染性，很难去掩饰。也许，对于一个天性忧郁的人来说，这是可以尝试的最为实用的事情了。正如查尔斯·兰姆所说的，讽刺与幽默地对待自己所具有的低级情绪。约翰逊博士曾说，倘若某人一定要他滔滔不绝，他则会在内心深处确保自己站在正确的一边，并且还要有某种虚无缥缈的感觉。

这种哲思式的乐趣，可行性是基于一个喜怒无常的事实，因为这毕竟都是某种终极的希望之感。一些人拥有惊人的坚持能力，某种看破并且避免现有烦恼的能力，并用未来许多美好的愿景安抚自己。这些情形在女人身上更为常见，因为女人从自身周围的人群中能获得比男性更多的快乐。一般而言，女性更希望自己周围的人能感到快乐，即使她自己并不是特别快乐；而男性则对于自己的情感被周围的人所感知而觉得不满，而当其他人都欢天喜地时，他们却并不感到快乐，相反觉得这是对自己的一种侮辱。

也许，有些人比别人拥有更为强烈的自我优越感，并为参与其中而获得的某种风雅的乐趣感到自我满足。我认识一位饱受痛苦的残疾人，他却在参与公共聚会中获得乐趣。他会不计一切从床上下来，出现在任何聚会场合。我想，他认为自己这样做只是出于一种强大的责任感，并以此来安慰自己。但是我想，从这些事情的努力中获得乐趣，这才是他为之努力的真正动力。当然，这也是我们多数人忠诚地履行职责的动力所在。我绝非说他有着强烈的虚荣心，尽管他的“敌人”总是指责这一点，但是当他出现在公众场合上时，他却总是极为自然。他的痛苦在于，就在他出席这些场合时，要刻意地移动双手或脸上挂着死人般不变的笑容。对于后者，一个自我优越感极强的人，无疑会从尝试忘怀自己暗地里的不快所展露在脸上的不雅举止，并从中获得积极的乐趣。这种坚忍自有其积极的一面，但我所要追寻的品质要比这些更为高尚。这位朋友的努力，最终都是源于一种自我主义，深信参与公众活动是最适合自己，而且觉得自己做得很棒。但是，人们所渴望获得的却是一种更具怜悯的品格，关心别人，给予他们激励，以至于让自己的痛苦相比起别人所获得欢乐，显得无足轻重。

在面对一些身体严重损伤的人时，也不能排除这种心理的存在。我认识一位长期都保持乐观心态的人，虽然他也像常人一样忍受着痛苦与恼人的抱怨，但他的乐观天性与善意是如此强烈，以致这些埋怨都无法让他萎靡不振。事实上，这反而给他带来了许多宽慰。一些人只能在孤独中才能真正感受到的痛苦，必须要将所有神经的能量都集中于艰巨的任务之上。有些人却认为，社交只不过是心灵消遣的一种有趣方式而已。然后他们便沉迷于此，作为一种逃避烦恼的途径。我想，每个人都会经历这种心灵上“神奇的反叛”，也就是说，用欢乐的精神抵御身体痛苦的来袭。有一段时间，我遭受了一些虽不是很严重，但却让人感到极不舒服的疾病，但我却发现自身的欢乐不仅没有因此黯淡下来，反而因为身体的病痛而大为增加。当然，许多严重的病痛，确是导致心理压抑的一个重要因素，但其他一些小疾病似乎能够唤醒人们本能的希望感。

通过持续的努力，我们能否自主地控制自身的情绪，以及何种动机强大到足以让人们勇敢地摆脱悲伤与痛苦？也许，良好的举止能够提供许多最为实用的帮助。一些从小就在富于教养的传统下成长的人，一般都能够轻而易举地掌控自身的情绪。也许，在一些心情舒畅的时候，他们的行为失去了一些自然性，但是他们却极为欢乐、自然，洋溢着活力。当这种情绪转变为沮丧时，他们仍旧不动声色地保持着礼节与周全，喜怒不形于色。我与一位著名的公众人物保持着比较密切的关系，他本人深受心理忧郁之苦。他告诉我，最让他感到痛苦的时候，就是与一些著名人士在社交聚会上表现出的让人敬佩且持久的风度之后，内心却突然陷入了无可挽救与绝望的忧郁与疲惫之中。但是，通过自身一系列不断的努力，却仍能在私人生活或家庭圈子里表现出一如既往的周到与耐心。

有些人则通过强化对某种宗教的信仰，以此达到对情绪的控制。但是，这种特殊的胜利最为糟糕的一点，是这种经过磨炼的耐心的宗教态度，一般而言都是相当让人充满了沮丧。这种态度过于拘谨，过于镇定，以至于生活中所有自然与无邪的乐趣都被剥夺了。倘若在痛苦中表现得极富耐心与温顺，那么，周围的欢乐环境也同样变得温顺与柔和。这就要求年轻人的热情奔放与丰富的情感，能有一种神圣的宽容。这些被人称为“圣人”的性格，通常伴随着幽默缺失的情况。生活被视为某种过分重要的东西，而不允许心存半点游戏的态度，也不能从琐事中获得一点乐趣，但这些却是健康活力与强大的信号，而这种理念却羞于这些乐趣。因此，这样的生活氛围充满了压抑、渺远与难以接近。

“我可以斗胆地说，我的叔叔约翰让人难以容忍，除非家庭中有一个人死去，要不他的行为实在让人无法接受。”一位具有这种美德的牧师的年轻侄子，某天在我面前这样说道。在沉思半刻之后，他接着说：“他似乎认为，只有死亡才是任何人所能真正感到满足的东西。这算是一种遵循信条的最为糟糕情况了。想着让情感溢满天国，而不是脚踏实地地活在地球上。若某人不爱他的兄弟，那么，他怎么能够爱肉眼无法看见的上帝呢？”有时，这只是一种鄙视，鄙视我们自己的哲学观念，就是在还没有确定自身是否确切地感知了某个并不成熟的领域时，所臆断和狂妄的意淫。这种观念在节制中终结，而非在艰难的苦行生活之中。

在涉及生活的问题上，最让人羡慕的理想，就是苏格拉底所应用的方法。也许，他只是一个被过分理想化的人物，但也有不少比他真实存在的人物。我们看到这个面貌奇丑无比的老人，却能永葆心灵的达观与长青，无法抑制内心的兴趣、情感、幽默、礼节或敬佩这些情感的迸发。有时，他对周围的年轻人采用的方法是多么温柔！当这些人心中产生某些火花，做一些被今天人们称之为“戏弄”的行为，学生们的穿着活像暴怒之人，并且当他们回家经过一个黑暗的角落时，总是走到苏格拉底跟前。苏格拉底却没有任何不满，而是与他们侃侃而谈，特别就节制方面的问题上相谈甚欢。在酒会上，当酒徒一个个消失了，而在桌子下面，苏格拉底不仅享受着自己应有的美酒，还用冷酒器装起这些酒。此时，他却发现在一大堆将要熄灭的篝火边，四周都堆满了玫瑰花。拂晓的天色曦微，他却愉快地坐着，谈论着高等数学。他也似乎从不感到悲伤或遗憾，他的生活十分窘迫，但他却总能随遇而安，并没有想着要做什么特别的事情，而且总是有无限的休闲时间来进行谈话。他参加过军事活动吗？是的，他参加了，但他却完全无视军事打仗的艰苦，看着周围那些士兵如惊弓之鸟，让他有一种孤独求败的感觉。正如亚西比德所说，当最后的灾难降临，苏格拉底以极为幽默的语言为自己的死刑辩护。苏格拉底的一生对诽谤与误解毫不在乎，为什么到临死之时才这样做呢？在人生这最后鼓舞人心的一幕中，苏格拉底是唯一一位仍能平静地保持彬彬有礼到最后的人。苏格拉底生于这个世界，也活了一辈子，为什么他要害怕被世人遗忘呢？在这种威严的想象之中，倘若真实的苏格拉底是一个粗野与单调之人，他的死只是因为充满活力的雅典文化不能够容忍这样一个无趣之人吗？但这个问题的答案，显得无关紧要。

苏格拉底式的人生态度，要胜于那种高度教养下的态度，也要胜于苦行的人生理念，更要胜于那种镇静得近乎冷漠的人生态度。因为，这种人生态度依存于要将生活活得最为充分，而不要远离被自身认为毫无价值的东西。苏格拉底式的态度，是基于勇气、慷慨与简朴的品质。苏格拉底深知，正是由于恐惧，我们将自身忧郁的情感看得过重了；正是卑鄙与冷漠毒害着我们的生活，正是因为冗杂与守旧的责任，让我们被软弱束缚着。苏格拉底没有任何个人野心，摒弃了所有嫉妒与无情的毒液，以一颗本真的心看待这个世界的原貌，认为这是一个充满光明与勇气的地方，充满着有趣的思想与许多悬而未决的问题。

基督教在这方面不断地前进，因为在此之前已在平稳与快速地前进，但却更不明智地解释着生活。苏格拉底经常赞赏生活里有着智慧的思想，基督信仰可在更为宽广与舒适的生活中被人应用。尽管基督教义里面充满了教会主义，但却洋溢着苏格拉底的核心思想，其本质是灵魂不受偏见的自由，而所存在的问题，也是一些头脑最为简单的孩子所能理解的。但是，基督教义却在这些快乐的基础上发扬光大了，其中最为关键的信条便是“自由地接受，自由地赠予”。接下来的奥妙，便是如何享受。但是，这种享受不是一下子挥霍所有的欢乐，然后埋藏在自己的帐篷内，而是一种人与人之间的乐趣，与人共同合作所带来的乐趣。当然，这仍存在许多性情方面的约束，防止我们自身辛辣的幽默蔓延到其他生命。但是，这无法通过约束克服，只能通过温和的方式控制，很少有人的性格会有这种温和的性情。我可以细数自己认识的恶毒之人，他们为了让自己获得快乐，宁愿让别人忍受痛苦。这些人在年轻时无不遭受过欺压，所以，他们潜意识里不自觉地要让自己免于再次遭受别人欺凌的心理状态。因为缺乏必要的心理锻炼，他们会变得更加自私，健康不佳也会让一些人成为恶棍。但是，如果他们愿意，至少可以通过让自身保持这种冷漠，而不让别人知道。一些实践将很快让他们确信一点，就是世界上很少有给予别人乐趣这种行为带给自身快乐更为合理与廉价的途径了。

毕竟在某种程度上，这种义无反顾的欢乐，可以通过意志的努力来获得实现，尽管这也许比本能的欢乐更为有用的东西。无疑，在道德层面上的凝聚，不能让一些不理智或难以言喻的情感迸发。在没有任何有意识的努力或愿望的驱动下，仿佛盼到了雨后的阳光。在这里，我引用一段自己最近的经历加以阐述——

几天前，在一个忙碌与疲惫的早上，我琢磨着一些愚蠢且无聊的段落，这些句子没有任何启发性，只是一些流水账而已，唯一的优点就是文字极为通俗浅白，但也没有什么美感可言。然后，一个友人过来拜访我，我们聊了一些沉闷的话题。之后，我独自在草原上走了一段路。当我身处于一段平坦的大道上，两旁都是茂密的灌木丛，小溪绕着柳木与桤木围成了一大圈。阳光穿过云层的“堡垒”，照射到这么一座巨大的城堡上。那天，算是一个万里无云的日子，天空闪烁着冬日阳光蜜黄色惨淡的冷色调，感觉春意在空气中弥漫，而在一个掩体的地方，我发现了一株金色的山柳葡属植物，绽放着它光鲜的“外衣”。

对我来说，这并非是满意的一天。我在早上所冥思苦想的话语，让我深知这并不具有任何特殊的价值，而实际上也的确如此。我只不过是以英国人所惯有的顽固精神做着一些事情，不论工作本身是否具有价值，只是因为我下定决心不要被打败而已。

我怀着一种罕有的愉悦心境回到家里，仿佛听到一段短暂而又优美的乐章，在思忖着一些甜美的声调与丰富的韵律，或似乎我经过了某处美丽的景色，音乐从夏日那片五叶草的田野中吹拂过来。由此，我的心中再也没有什么特别的思绪需要理清。当我放眼大地之时，太阳在东边升起，月亮挂在西边，城堡式的城楼在橡树林之上突兀而起，我看到了几个衣着端庄的人，沿着通往森林的道路上欢乐地骑马飞驰。他们向我挥手致意，他们到底看到了什么美丽的景色，让他们如此着迷。我顿时感觉到美丽的生活离自己很近，仿佛就分散在自己四周，可能在镜子后面，在门外面，越过花园的树篱即可到达。倘若我拥有打开这些魅力大门的钥匙，那就让我怀着高兴与愉悦的心情，渴望一个充满震撼而又无限完美与平和的人生吧。在清晨初升的旭日越过茂密丛林时，阳光温和且静悄悄地洒在我的心中。当森林被一层最柔和的蓝色雾霭笼罩，或海浪缓缓拍打着平坦的沙滩，抑或冬日暖阳之时，在广阔的乡村与田野间，双眼痴痴地望着一大片橘黄色的水汽，在天空间泼洒；或听到了一些庄严肃穆的音乐，却有一个轻柔的结尾。心灵的平和，似乎不仅让人欢喜，而且唾手可得。

人们该如何解释这种瞬间的欢乐带来的心灵震撼呢？我将要尝试并将自己所笃信的作为其中的一个解释，就我而言，如果我能将思想浓缩为某种极为清晰的东西，且不论这些东西看起来多么超凡脱俗，那么，这将是一件多么美好的事情啊！

在这些时刻里，人们的感想，可能恰似一个人身处于黑暗的大街或喧闹的城市当中，黑压压的云层倏忽而过，人们可从屋顶上面看到蓝色的山顶，同风、阳光在一起感受山静日长。悬崖深深，蜿蜒草地，却在拾阶而上。

这种带给人们祝福的平和感，我认为绝不是一种主观的情绪或某种臆想的东西。我想，这是一种真实存在与踏踏实实的东西。人们的意识并不能创造出这样的印象，人们并不能妄想透过一些进入心灵的道德或艺术层面上的想法，而不得不凭借自我感知方可获得。教育并非一个发明的过程，而是一个不断探索的过程。这让人处于不仅知其然，也要知其所以然的阶段。人们在认识一些事物名称前，早已知道了这些事物的存在，凭借的就是一种本能与直觉。人们的心智，只不过是更宏大与不朽生命的一部分而已。有时，这会被自我认同感所设置的障碍阻挡，正如在海滩上一个个小小浅滩中的海水，在长达数小时里与其本应归属的浪潮隔绝。所有的遗憾、悔恨、焦急、烦恼，都源于我们没有认识到，自己只不过是这种更为宽广与伟大生命的一部分，而不是如自身臆想的那样孑然一人、默默无语。生命与欢乐的海洋，要天人合一。

有时，我也不知道为什么，我们会触摸到更为宽广的生命。对某些人而言，这源于宗教，有些人则认为源于爱，有些人则认为系于艺术。也许，翻滚过来的浪潮，会即时淹没我们所占据的小池塘，让池边的植物颤动，在沉睡的沙滩上不时发出冒泡的响声，在耳畔回响。

当这些时刻降临时，我们却犯了悲伤的错误，这似乎只是在震动着我们软弱的想象力。我们应该要做的，就是尽最大的努力，迎接并理解这更为宽广的生命降临在自己的身上，而不是愤怒地潜回自身的安乐窝里，事后却羞怯地感到悲伤。人们要勇敢地一次又一次敞开大门，因为，太阳的光芒会环绕我们全身，而这扇门是一定会敞开的。我们不时会有一些让自己吃惊的感受，显示出我们与别的个体某种极为重要的纽带。许多人都有这样的经历，这似乎在表明，我们与别人的心灵能够进行某种直接的交流，这是独立于言语或写作层面之外的沟通。

即使我们没有这样的经验，但科学已经证明了这种情况的确存在过。也许，一种比较笨拙的叫法就是心灵感应吧，指代的就是心灵某种直接的交流。这种心灵感应所出现的方式，是任何理性之人都不会怀疑。事实上，我们还不知道这种心灵感应所存在的状态，但这很像电流的某种传递，正如电学家们并没能创造出电流，而只是用他们发明的精密仪器捕捉或记录电流的存在而已。所以，人与人之间的这种直接通信的涟漪，无疑存在。当我们揭开了其背后所蕴藏的规律，我们也许能明白诸如热情、运动、社区精神、爱国主义与军事热忱等许多事物的实质了，然而这些东西现阶段显得那么的孤立与神秘。

在这些事情之外，还蕴含着更为重要的东西。在人性当中，我们只是这种宽广生活的一部分而已。可能在超过我们可见的宇宙之外，仍然在不断地旋转与束缚，就像喷泉的喷雾，洒到每个个体身上。有些让我们觉得紧迫与难以捉摸的情感，来势汹汹，充满神秘，但我衷心相信，这只是我们身外这种广袤生命跳动的脉搏而已。我时常会情不自禁地想，那些将生活所赋予的潜能发挥到极致的人，让自己的人生也随之感受到了这种悸动。这个世界对未来发展的忧虑，让我们投身于政治、商业、宗教，并对物质产生了担忧。我们这种杞人忧天的做法，等同于将自己束缚了起来，将自由的时日不断地压缩，忘记了广阔生命的存在。

目前，我们仍不知道这种联系所存在的机械途径，但这扇门却是打开的。至少我们可以敞开心扉，领略神灵所赐的影响。当狂风吹起，在我们的精神之域呼呼地刮着，就可看到任何工作、软弱、安逸，都不能阻挡我们承认这些的存在。

因此，当这些甜美、高尚与催人奋进的思想走进我们的心房时，我们只能像小孩萨缪尔在灯火暗淡的庙宇里祈祷："主啊！为你的仆人说句话吧。"空气中弥漫着音乐，伴随着微弱与颤抖的风，最后在花园里逐渐隐逝，越过远处的山坡，溶进了万里无云的天际。但是，我们听到了，我们不再与往常一样了。我们的心灵得到了纯化，理想更趋高尚。

最后，人们可能会问，为什么这些感受会如此微弱，如此神秘，进入我们心灵的频率是那么稀少？如果在我们的灵魂中剧烈敲打的是真实的人生，为什么我们要如此小心与不安？为什么我们在没有任何神性的视野之下，却已然孤身走了那么遥远的路呢？为什么我们看到或隐约看到事情，降临的次数却是如此稀少或根本没有感受到呢？我无法回答这些问题。但我相信，这种感觉就在那里。我只能想起古代圣贤写道："我不知道这将会怎样，但是，天国的现实越被模糊所掩盖，它们就会变得越发愉悦且具有吸引力。任何事情都比不上这种温和的拒绝，因为它坚定了我们对未来的愿景。"

第十八章

上帝之爱

根据自己小时候被宗教笼罩的经验，我清楚地认识到，其实自己一点都不爱上帝。我并不认识他，也没有任何理由相信他是善良的。根据儿时的本能，我深知，当自己淘气时，母亲并不会停止对我的爱，但不敢确定上帝也同样如此。

历经重重磨难后所获得的奖赏，筋疲力尽之后所得的极大安慰，都是孩子们不喜欢的说教语言。这是多么让人奇怪啊！倘若我们告诉孩子，热爱上帝要比自己的父母、兄弟姐妹更重要，要比有趣的玩耍、吸引人的故事、美味的食物或精致的玩具更为重要，并宣称这是一种责任，然而这一切却让孩子们听起来觉得恐怖！正是这些传统积淀下来的陈词滥调，让人们觉得宗教充满了单调与黑暗，像一层阴影萦绕在无辜的人头上。对于有形或视觉上的东西，孩子们的热爱显得极为强烈。对孩子们而言，爱的具体表现就是柔声细语与微笑的脸庞，温馨与友善的亲吻。孩子们并不因为事物自身的美丽而欣喜若狂，而是因其有趣的特点或古怪的特征，而爱不释手。相比而言，孩子们可能更喜欢一间长时间紧闭的阁楼所发散出的闷热与发酵的味道，壁炉架上那些闪光而难看的装饰，大街上的垃圾等。孩子们根本没有所谓批判性的感觉，除此之外，言语对他们的作用并不大，而一些新奇或具有魅力的同伴也是如此。

在孩子们面前，虽然他们没有能力表达自身的想法，但是任何人都无法将一些事物神化。孩子们缺乏某种抽象或精神上的概念，他们所感知的只是切身所接触到的事物表层，而在孩子幼小的心灵中，充满了一幅幅确定的画面。孩子们的支支吾吾、脆弱不堪，不愿将这种宽广与遥远的模糊概念加以散播，孩子们热爱着一些深不可测的东西，当他们独自一人在花园的林地上静坐，看着空荡的天际，内心所想到的一些东西，只是一些萦绕在空荡荡房间以及通往林地的闸门。更进一步地说，孩子们因对痛苦异常敏感，让他们对惩罚会有无端的恐惧，并开始逐渐认识到，上帝对他们比较温柔，在《旧约》当中，却如此猛烈地攻击着他们，用沉重的罪疚感与无情苛刻的手段杀戮了无辜的人，给孩子们造成了不可挽救的打击。

人们更渴望的是一种弥补，而非报复。“星期五”曾向鲁宾逊·克鲁索提出了一个简单的问题，但却得到了一个让人深思的回答。同样的问题也会很自然地在任何思想健全的孩子心灵上浮现，倘若上帝真的如此友善与充满爱意，为什么不立即消除世间所有的邪恶呢？这样的问题，让那些充满智慧的人都无言以对。孩子们则会由于自身缺乏教育的缘故，转而认为倘若质疑别人为什么教给他们知识的话，自己则显得邪恶。在压抑的氛围之下，有多少孩子仍旧会保持这种极其自然与可亲的“天真”怀疑论呢？根据自己小时候被宗教笼罩的经验，我清楚地认识到，其实自己一点都不爱上帝。我并不认识他，我也没有任何理由相信他是善良的。我想，如果自己为人暴躁或缺乏真诚，他就会对我感到愤怒。根据儿时的本能，我深知当自己淘气时，母亲并不会停止对我的爱，但不敢确定上帝也同样如此。我明白一点，就是上帝肯定知道任何事情的来龙去脉，这一点，让我觉得上帝具有了某种可怕性。所以，我经常祷告自己还是尽快地忘记上帝。每次，我想到这个问题，自己的乐趣便随之烟消云散。在我眼里，极为重要的小娱乐或无足轻重的玩意，上帝可能都会给予否定。当我好好学习或待在教堂里，他似乎才会感到满意。星期六是上帝喜欢的日子，但我确实多么讨厌这一天啊，因为在这一天，我的玩具就被人拿走，而要读一些我根本无从理解的小书。在我心里，所有一切都深深地充满了单调感。因此，宗教从一开始就没有与我结下缘分，倘若真的有某种缘分的话，我想，一定是仇敌。

在历经了一系列奇异的经历或内心迟疑的推理后，人们开始在灵魂深处感觉到上帝之爱的存在。这是一个多么缓慢的过程啊！即便到彼时，这种爱的本质又是多么的微弱与微妙！在难以忍受的重压之下，在深深的忧虑之中，当所有的事情都看似难以忍受的两难时，在生活的无聊之中或活力消退时，一股汹涌的浪潮，便开始猛烈而又平静地卷走了人类的灵魂。有时，人是难以控制自己的，也难以控制自己的悲伤。当这些情感从自身软弱与乖僻的本性中冒出芽来之后，人们便愈发控制不了自己的情感闸门。实际上，人们都处在旅途当中，经常跑到父亲的膝下，将自己所有支离破碎的软弱都倾诉于完全明朗的心灵之中。上帝必然希望，每一个人都能最好而且最真实地活出自我。一颗孤独的心，会经常发出这样的呐喊：“上帝，请赐给我勇气、希望与自信吧。”

倘若一个人真的拥有这种力量，他该怎样弥补这一切呢？唉！现行的方法，只能让所有愚蠢与笨拙的人变得沉默不语，让古板的父母、圆滑的牧师，对一些自己不认同的人的遭遇，津津有味地评头论足。我愿意教育每个孩子，甚至愿意让他们抵抗理智的“侵袭”，让他们明白不论浮沉，上帝都爱着我们、理解我们。上帝只是用悲伤来惩罚世人。上帝在宽恕与仁慈之中欢悦，在纯真的快乐之中欢喜，他热爱勇气、光明、友善与欢欣。对于那些卑鄙、邪恶与残忍的事物，他并不想用惩罚应对，而是用羞耻与眼泪看待这可悲与肮脏的人性污点。

在我看来，关于上帝显得不真实的原因，或许就是基督教徒过于夸大了上帝的完美。倘若，上帝真的存在的话，那么，等孩子们长大以后，就会觉得有一种罪恶感。这并非一个可怕与不可宽恕的失败，只是让人们感到极为无趣罢了。但是，这种情感一旦被激活，无论我们显得多么卑微，都可以取得进步，让幸福不受干扰地运行。也许，我们一定要遗忘这种罪恶感，因为上帝的恩惠不是对自我的一种阻碍，而是一扇敞开的大门。人们会以最快的速度，经过道路上的一处阴影，进入自由气息与温暖阳光的欢乐当中。

我还在学校读书的时候，就听到过一场可怕的演说。这次演说是一位著名的福音主义牧师所做的，当时很多人在场，牧师的声音特别洪亮。演说的主题是“罪孽之罪”，有关人类在精神面临恐惧时所要找寻的宽慰，听完之后，便有急于做正确的事情的冲动，并且想迅速逃离恐惧、冷漠、邪恶。现在回想起来，如果某人想就肉体放荡的罪恶，做一场演说，那么那场演说无疑极为给力。但是，那场演说谈到了人性的可怕与肮脏的腐败，然而某些人却仍能从中获得坚定的乐趣。当时的我还只是个孩子，懵懵懂懂，无可救药地相信这位明显受人尊重的长者所说的话。现在想起来，这是多么让人反感的人生理论啊！这是对上帝极大曲解后所形成的一幅丑陋的画面！

当然，这个世界的确存在很多看似缺乏爱的事实，比如粗心与无知、极为残酷与无情的惩罚、遗传的不良法则、精力的浪费与疾病的残酷，这些事实举不胜举，不一而足。身体健康、心智愚蠢却又有点美德的人，无疑最让人心碎。他们缺乏某种怜悯之心与想象力，只因他们自己足够强大，才能毫发未损地应对这些困难。现在，宗教让人感到恐惧的首要因素，就是一想到某些专横、愚笨与让人反感的人，常常垄断着一些教义，并压制那些谦虚、谦卑、缄默与善良之人，让他们噤声。当这些人取得了胜利后，还要责骂被控制的人，只是一些似是而非的乐观主义者。

在短短的一生当中，有哪些人只得自己深深感激呢？当然不会是那些责骂、讽刺、惩罚或羞辱我们的人，也不会是落井下石或雪上加霜的人。周围的人对我们都保持着耐心与友善，并且相信我们、抚慰我们，向我们张开拥抱，以原谅我们的所作所为。他们给予我们爱意，并不奢求报答，他们给予我们的是情感上的帮助而非谨慎的理智。他们之所以在乎我们，并非出于某种责任，而是一些神性的本能。他们总是会为我们找无数个借口，为我们自己开脱。他们原谅了我们失当的行为，并宽恕我们的卑鄙行径。

以上所说，就是人类文明神化了的上帝形象，他并非我们行为的审查与严苛的批判者，而是我们的拥护者。他爱护着我们，并非因为我们的身份，而是因为我们的自身。任何人在充满活力之时，都会沉浸于欢乐之中，不希望阴影来打扰自己。这就好比某位认真的人类导师突然间醍醐灌顶，认识到我们最终都会像青草一样枯萎。当气吞山河的壮志消沉之后，生命的活力就变得脆弱。我们也会感到奇怪，为什么热情会因为一些最简单的欢乐、一些怡人的喧闹与悸动而迸发出来。然而消失的热情，却仍然与我们同在，提醒着我们辛辛苦苦获得智慧。这是一种比年少时怒发冲冠式的冲动，更为深沉与持久的品质。

在我的人生中，我曾想过，如果自己有能力描绘一幅永恒画作的话，该会是一幅怎样的情景呢？我想应该是这样的：在一个礼拜日的早晨，我到一个大型的教区教堂参加礼拜。我坐在面东的条凳座位上，而在教堂耳堂前的走道条凳座位上，则坐着一位老妇人。她离我很近。是在礼拜仪式将要开始的时候匆匆赶来的。后来，我才打听到，原来她是一位寡妇，就住在附近一所救济院里。她的面容显得苍老与憔悴，生活显然是很窘迫。她的一生，由一连串的不幸与灾难所组成，但她却可从最艰难与最卑微的负累下卸下重负。

多年前，她的丈夫因一场折磨人的重病，离开了人世。之后，她的儿女们接二连三地逝去。现在的她，在这个世上孤苦伶仃，只有远方一些漠不关心的亲戚。对她而言，能进入救济院，实属难以置信与不可思议的好运气了。在那里，她有一间很小但单独的房间。她识字很少，很少谈及自己，也没人对她表现出任何的关注。她却有一颗善良、勇敢与无私的心，总是乐于助人，对别人的恩惠总是满怀感激。看来，只有上帝才知道，那些真正发自内心施恩的人，在这个世间是多么罕有啊！

这位妇人的脸很小，几乎有些难看，但她却十分安详。她有一双长满了老茧的手，而且十分干瘪，戴着不知多少年前的老式女帽，穿着一件暗淡、褶皱的黑衣服，看起来显得一副饱经风霜的样子。衣服上的折痕，可能说明了，在一年之中，她没穿过几次这件衣服。

在那个清晨，她的心情很愉悦。她收拾好自己的小房间，并且在晚餐时享受了邻居们提供的一点肉。那天早上，她还收到了一张圣诞贺卡，满心欢喜地凝视着这张卡片。她喜欢教堂人头攒动的热闹，还有冬青浆果散发出的那种让人欢愉的感觉。她把《圣经》举在面前，用自己那微弱与苍老的声音诵读着，当她唱到她从小就熟悉的歌曲时，她便更加勇敢地唱着——“听！报喜的天使在歌唱胜利的欢歌，天使的主人宣布：耶稣诞生于伯利恒。”

在那时，我无解地陷入了沉思当中。当我看到那张布满了皱纹的脸，听到充满哀怨却又振奋的声音，歌唱着那么美好的字句，我的眼角不经意间泛起了泪花。我看到，在这位老妇人的背后，站着一位年轻英俊的男人。我看到年轻男子卷曲的头发，在清秀的额际上摇曳。他穿着暗灰色的礼服，闪着乳白的色泽，给人一种视觉上的模糊感。他的双手紧紧交叉，也在歌唱着。他的眼睛注意到了这位老妇人，在他的眼神中，我可以读出一半是善意的关怀，一半则是难以言喻的怜悯之情。天使的主人啊！这就是一位充满阳光精神的同伴，做着天父应做的事情，将自己的欢乐与平和带给那些感动自己的人。在所有礼拜者中，他将那些站在柱子边最卑微与简朴的人，视为朋友与姐妹。那天，我的双眼只看到了这些。因为这些场景的轮廓，在迷离的阳光下逐渐淡化。但是，如果我能描绘出这一场景的话，那一张纯洁、毫无忧虑的脸，却又有近似于古老而饱经风霜的特点；而闪亮的长袍，却显得毫无生气。这样的一幅图画，是任何充满情感的双眼目睹之后，都难以忘怀的。

哀哉！人不能在片刻那般震撼人心的时刻间存活。随着人生的流逝，我们开始逐渐通过信仰来接近上帝。我们必须要在自己的生活或接近我们的生活中，承受让人心碎与可耻的灾难。某个无心的罪行，可能毁掉一个人的一生，让家庭一辈子蒙羞，或让之前一些慷慨与无私的精神，成为一缕浮云。然而，时常一些饱含才华的人，却被一场痛苦与让人绝望的灾难所击倒。我们对自己说，这必然也是源于上帝的旨意吧。若上帝想伸出援助之手的话，完全能阻止这些悲剧的发生。那么，我们该怎么办呢？我们怎能将爱的本质扭曲为专制的冷漠与有意为之的残忍呢？之后，我开始深深的思考，这也许提示了我们，我们永远也不可能完全了解别人的灵魂。

反求诸己，我们对自身的了解又是多么浅薄啊！即使我们完全真诚，也很少能真正地向别人说出自己心中真正想说的。我只能善意地认为，人性的弱点只是在不停地躲着我们。我们自认为敏感与软弱，而事实上却武装起自满与骄傲的坚固胸甲。当我们自认为强大之时，只是因为周遭的灾难，并没有降临到我们头上而已。当我们越了解一些饱受痛苦的生命，我们就会深信一点，痛苦并非恣意妄为的暴行，而是苦心孤诣的一种拯救途径。

我记得，一个朋友曾得到别人赠送的一株珍稀的植物。朋友将植物栽植在大花盘上，紧靠在清泉的凹地上，但是植物却始终不肯生长。在春天，朋友也只得将一些枯萎的叶子剪掉。尽管我的这位朋友是一个很谨慎的园艺专家，但也不知道该如何是好。之后，他出差了几周。在他出差之后，一个推着双轮手推车的粗心男孩将花盆打破了，植物随着泥土掉进了水里。男孩将花盘的碎片捞上来，却眼睁睁地看到植物沉入了水底，却没有将其捞上来的意思。当朋友回来后的某一天，突然发现在清泉上盛开了一株不知名的植物。经过仔细研究，终于明白了原因。原来那株植物是水生植物，在干燥的空气中因缺乏水分而显得憔悴。也许，它早就希望自己能在池底下扎根！

也许，这正是许多饱受心灵煎熬与饥渴之人所历经的情形。在数不清这样的情况中，他们凭着微弱之力，试着努力过着残缺的生活，自闭起来，结果使得自己真的软弱了。我们刚开始可能认为是一场灾难、一些难以理解或难以修复的痛苦，到最后却证实是另外一回事。悲伤能让具有潜在价值的东西显露出来，痛苦能激发某种沉睡的力量与耐心。

即便事实并非如此，如果我们在追溯自己人生或别人的人生之时，无法发现痛苦所具有的积极影响，我们又怎能在这种思绪中得到庇护呢？我们看到世间存在着一种巨大与富于改变的力量，那就是爱。我们看到，为了那些自己所爱的人，人们愿意为此做出暂时的牺牲，甚至用一辈子的耐心克制自己。我们看到一种伟大与热烈的情感，演变成了一种圆满与让人信服的力量。我们看到男男女女完全没有察觉到痛苦与单调，全然不觉他们是在没有自我思想的意识下，产生的种种行动。倘若他们能减轻所爱之人的痛苦或让亲爱之人的嘴角露出微笑，正如海草在汹涌的河水中旋转时所形成的一片巨浪，让人欣喜。但是，我们要是充满了自私与傲慢，就无法获得这些美好的感觉。

爱，充满了神奇与惊人的能量，能让人们在一些自认为没有爱的日子里，坦承自己的无能，怀着欢乐与愉悦的心情做出牺牲。难道我们还要怀疑，这种深藏于人类心灵最深处的能量，不也一样深藏于上帝的心灵深处吗？这个世界只不过是上帝的一个小小的反思而已？我想，事实应该如此。我们可能满怀忧伤地疑问，为什么在无聊单调的日子里，爱的力量似乎仍在隐退或迟迟不来？如果我们对别人怀有慷慨的冲动，将满足于自身欢乐的本能放在一边，重视那些有价值的人，那我们就无须担心自己会得不到快乐与满足。然而，却只有极少的人才会感受到这一点。尽管我们所希冀的爱，有时会错过或失去，但是只要我们笃信的话，上帝之爱总会在那里等着我们。

即使我们在生活中错失了爱的甜美感受，深陷于孤独与寂寥之中，难道不会有人回顾自己以往被爱或被爱的机会包围的日子吗？无论我们在孩童或少年时期，我们都会怀着苦涩的遗憾，为自己与爱近距离接触时，自己却视而不见，这难道不是一件悲哀的事情吗？我们为什么就不能更加温存与友善一点呢？我时常坦诚地对自己说，那些最让人心碎的回忆，都是我在跌跌撞撞时误入的，在一些小的场合，我表现得固执与顽固不化，我常常紧闭双眼，用一种悲哀的期待盯着自己。因为，当一个人对爱的渴求，让自己对一些臆想的不公正的愤怒之情，成为了阻挡爱的冲动的话，我就会板起脸孔、缩回双手，在默默赶路之时，在那个毒害自己的时候，为自己最终能以卑鄙的手段实现报复而洋洋自得。但是，人们会知道，所有的一切都会被宽恕，同时所有的误解都会在晨曦的曙光中，逐渐消弭。人们固执的残忍思想，也会在心底遭受沉重的打击。

当在《圣经》的寓言里，有一个浪子回头的故事。“浪子”并非穷苦的人，他转变的坚定动机也很清楚地表达了出来，他不想继续在寒冷与饥饿中独自憔悴了。这样，他就可以穿上衣服，获得温暖，但他并不是一个坚强与富于美德的长子。故事的真正英雄是一位耐心、宽容与具有爱心的父亲。正如一个严厉的批评家所说，他曾愚蠢地为儿子的放荡行为提供了资源，并且在他回到家的时候，也没有半句责骂之语。无疑，父亲的这种做法因为缺乏一种道德自律，而充满了可悲。如果父亲让儿子怀有某种敬畏与善意之感，能让儿子诚实地劳动的话，那么这些灾难就根本不会发生。但是，我们可以想象，这位年老的父亲时常在日落时分，爬到山顶，独自一个人站在那里。这位父亲俯瞰着漫长的道路，沿着平原蜿蜒至远方的城市。正是在这条道路上，他送别了自己的儿子，心情舒畅，内心充满了欢乐。沿着小路，他看见了一个表情忧郁的人，竟觉得如此熟悉，却又显然被悲伤所困扰，步履蹒跚地走在回家的路上。此人的存在，正是这一个美好与让人舒心场景的精髓所在。他对仆人发自内心的微笑，让这个家庭充满了乐趣。在那简单的欢乐之中，他认为那个刚愎自用的儿子是让人厌烦与不满的。但是，这位父亲也用恳切的语气，说了一些希望儿子也能享受凡人生活的话语。这是一些最可悲却又最富美感的话：“我的儿啊，你与我在一起，我所有的，都是你的。我们的相聚应该是让人高兴的，让彼此都感到快乐。正因为此，曾经迷失的你，现在‘死而复生’了，又回来了。”

毕竟，这就是上帝与我们打交道的一种方式。上帝给予了我们自由选择的权利，而他并没有收回任何东西。当我们肆意地挥霍精光，让自己身处悲惨的情形，然后求助于他，用上最蹩脚的借口，他也没有责骂或警告我们半句。上帝总是充满了欢乐与爱，世上有许许多多的文字让我们沮丧，让我们认为上帝刻薄地对待着我们。实际上，真正刻薄的人正是我们自己。这个故事无疑是世上最美丽的故事，让我们深思救世主的存在，以及其教诲的本质所在。我们可以将一颗对嫉妒之心的痛苦警告抛在脑后，让我们处于某种最高级的希望之中。倘若我们能回头的话，我们将比那些从未流浪与蹉跎过的人，更能欢乐地度过余下的时光。

也许到最后，当我们一再窥望，看透了人生的浮沉得失，却发现自己在一条孤独的道路上某个最让人沉闷的角落里，小道则变得崎岖与泥泞。阳光来去迅疾，不时被毛毛细雨所遮挡。我们心中不禁会泛起一种美好与神圣的涟漪，联想到人生这些暗淡的灰烬，闪烁的火苗逐渐熄灭。这些曾经都是跳跃的火焰，而非现在一个简单的结果，即火焰的苗头在燃烧。但是，人们已经做好了属于自己的工作，也开始变得温暖起来，充满了活力。人们可以安静地坐着，在时间的流逝间隙里天马行空，在想象之域中肆无忌惮，就像很久前，一个渴望的孩子看到了被焚烧的画像一般。但是，让人激动的兴奋、奇幻的心理消失了。生活与我们预想的并不一样，而是更趋于饱满，更让人觉得神奇，却又更为短促与无疾而终。但是，人们的心中却更为安静与富于耐心，怀着更为强烈的好奇心思忖着上帝赋予我们的爱。落日时分，橘黄色与绿黄色交织将太阳装饰成了一个火球，比起中午时分直射的阳光，失却了几分欢乐，却显得更加神秘、温柔与美丽。在夕阳下，双翅发亮的苍蝇四处乱飞，玫瑰喷着馥郁的芳香，晚间绽放的花朵也在喷涌香气。透过一扇面西的窗户，可看到一片迷雾笼罩的田野，参天大树森森的影子。在漆黑的夜空中，涌上了几处深红的火光。这并不像白日温暖阳光的花园或摇曳的叶子们所诉说的那样，它们所诉说的却是上帝神秘的爱，比中午猛烈阳光更为甜美与更为遥远的祝福，洋溢着微妙的神秘与让人惊叹的回响。我们已经意识到，黑暗在上帝眼中并非纯粹的黑暗，灵魂在清晨的曙光来临之时更为跳跃。现在，苍蝇开始思索自己要到何处了，在一个温存的阴暗处，它可以让自己那双疲倦的翅膀休息一会儿。

在困顿之际，心灵时常会大声疾呼：“再加把劲。”但事已至此，无可挽回。人会变得更加富有耐心。因为，她最后终于相信了，自己不再需要在桨橹上劳作，而是要勇于闯荡汹涌的浪潮，朝着上帝的心灵深处跋涉。

跋

思绪早已不知神游至何方了，从这片广阔牧场的孤单农庄之上，向沼泽地带静静地扩张。

思绪早已不知神游至何方了，从这片广阔牧场的孤单农庄之上，向沼泽地带静静地扩张。我希望再次将读者带到这个被墙围住的花园、果园、没膝的青草以及高大榆树下遮蔽的树丛。因为我还有一些最后想说的话，而选择在温馨的家里诉说，则最为适合不过了。虽然，我们的阅历并不一定受时空的限制，但就是在这个孤凉的山脊上，散布着大石头，夜风呼啸而过。黑暗笼罩着雅各布，一个无家可归的放逐者。在他人生最为孤立无助之时，他看到了自己攀登梯子的顶端，正处于上帝的膝下，充满了力量与希望。同时，正是在熟悉的家里，每个角落都凝聚了温馨的记忆。某种恐惧的心绪也变成了痛苦的源流，正如云朵在轰轰的雷响之下破开，照在雅各布悲伤的脸上。

或许，我们会在人生中找到某个角落逃避，会遇到各种难测的苦楚与绝望，但我们更愿意将自身恐惧的事物放逐驱赶。也许，在某种庄严的荣光下，我们可能很不情愿地在毫无意义的事物中取乐。在以上这两种情形当中，我们每个晚上都与天使在较量，不知道她是善还是恶，却忽视了她的名字与风采。但是，这要比在慵懒的知足中打发时间更胜一筹，更能接近实现我们清晰与微不足道的人生目标。因为，人们到最后真正需要的，并非我们阅历的多少，而是对阅历的感受。我们很容易认识到，当自己心情舒畅地想要勇敢地做某些规划时，就会看到播下的种子在上帝肥沃的花园土壤中茁壮成长。当我们的日子似乎只在强忍，使得我们无从计划与执行，抑或往常的健谈与活力离我们远去之时，我们唯一要做的，难道只是将自身这种存在的苦闷，在我们所爱的人面前，变成一个更为轻松的负担或阴影吗？

我们必须不止一次地提醒自己，尽管我们自身的一厢情愿或乖僻，可能只是增添了悲伤，但是任何事物都无法让我们与上帝隔离。当我们远离上帝的时候，也许，这才是最接近上帝的时候。当我们努力找寻却始终无法找到上帝时，上帝却可能离我们非常接近，倘若我们在笑声或自我陶醉中将其忘怀，那么，我们其实更为近距离地接近了上帝。记住，人们不能一厢情愿地沉浸在悲伤当中，或执拗地抓住烦忧不放手，直至形成一种病态，因为，这是不忠诚的做法，虽然也不会有任何的后果。

有一个关于查尔斯·金斯利夫人的故事，她在丈夫去世很久之后，就从来没有两颗心被某种骑士品质或奉献精神如此紧紧地拴在一起。“当我发觉自己过分想念查尔斯的时候，”她在悲伤的日子里说，“我就会找一本最富于情感的小说来阅读，人们可能觉得这样做是无济于事的。但是，心需要我们给予爱，而不是得到破碎。”我们对待悲伤，必须像对待上帝赐予的礼物一样，勇敢而有节制地面对，而不是心惊胆战地一意孤行。否则，这些礼物对我们来说，就显得毫无用处了。我们一定不能小题大做地拒绝别人的安慰，也不能拒绝别人友好的宽慰之语。有时，苦难是一个很好的天使，但我们必须与其进行搏斗，直到它最终为我们祈福！苦难带来的祝福，让我们在以往无忧无虑的日子里，与那些自私与忘恩负义展开殊死搏斗，为自己曾贪婪地索取别人的关怀与乐趣的行为，感到耻辱。再者，如果我们无可避免地遭遇苦难的话，那就让我们深深怜悯那些在短暂而坎坷人生中饱受苦难的兄弟姐妹们吧。因为，倘若我们能真正做到的话，我们来到这个世界上就没有白走一遭。因此，要是由于失败或错误而沉湎于遗憾与悔恨之中，就显得极为病态了。因为正是通过失败与错误，我们才能学到东西。我们要做一个勇敢的人，直面苦难与挫折，让自身更接近真理的本质，不要害怕前进中的困难。

追求生命的本质，这便是所有的秘密所在。正如路边花朵或夕阳西下落日的壮景所带来的心灵震撼，能够让笔下的字眼与唱出的音律都悸动人心。一瞥眼，一投足，让我们在缄默中突然顿悟。那些察觉到这种优雅动作的人，就会充分地享受生活，将人生理想化，在日常生活中展开人生的朝圣之旅。人生中一幅幅泛着金黄与无忧的画面，都能给我们带来乐趣。我们无须以一些错误的理由或卑鄙的言行，逃避所谓严肃与下流的东西。我们可冒着极大的风险，如夏洛特女士一样让人生的视野变得更加明澈。如果我们编织的人生之网被租借，魔镜被打破，实际上对我们而言，则显得更好。不！即便死亡在一首悲歌将尽时，降临到我们头上，我们也没有必要为生活而感伤。尽管我们很不情愿地抬起头，一脸苍白地看着事物赤裸裸的本质。也许，我们看到的只是被自己扔掉的可怜借口而已，瘦弱的绣花长袍也从我们身上被撕下，我们虽然努力掩饰但却无能为力。我们一定要紧紧地盯着，用心地祈祷，直到在心灵中成就了完美的作品。否则，这种视野就会逐渐消退。之后，在精神焕发之际，我们可能再次踏上满怀幸福的朝圣之旅。我们不再将一时的欢愉视为旅程的目的，或在一所敞开的安静小屋迎接幸福的到来。

正如我所说的，重要的不是我们旅行了多少地方，而是能够从这些地方得到一些阅历的感受。做什么，其实并不是很重要；而怎样做，才最为关键。在人生中，我们紧紧地抓住搜刮到的物质，让这些东西将自我逐渐丢失，这些都是阻碍我们进步的圈套与负累，恰似粘在旅行者脚下的泥土，或因为一些毫无用处的事物而忍受痛苦的负担。一些自己不愿意扔掉的东西，总以为日后会有用，同理，负重的动物都会不时发出低沉的呻吟。我们要做的只是放弃这些东西，舍弃一些我们并不需要的金钱，而不是紧紧地抓住不放，总抱着这些东西不愿放弃我们无法享受的奢华。我们不愿舍弃一些家具，而让自己在一个房间与另一个房间奔走。所有这些物质，都牢牢地控制着我们，紧紧地把我们压在地上，无法动弹。当我们与这些物质为伍时，显得亲切与友善。我们的过错，并非在于爱它们。对我们而言，这些物质本身可以成为上帝之爱与关怀的一种征兆，但我们一定不能沉迷其中。

那么，我以一种不世俗的知识，来举一例子。我们必须历经磨难，方能获得知识，而掌握知识可让我们滋生强烈的满足感。倘若获取并传授知识，是我们的一个责任，那我们就必须努力获得。但是，真正带给我们幸福的，却是我们在忠诚而辛苦工作时所得到的，而非我们积累的知识。“知识是有了，但智慧却停滞了。”一位诗人曾这样说。这种神赐的智慧，需要我们孜孜不倦地追求，因为我们想远离这个俗世，隐居他处的话，我们所努力搜集的并非真正实在的东西，无论是知识还是金钱，只需要以耐心、勤勉以及在获取这些品质过程中的谨慎与品格。但是，我们时常会感觉无所事事与无所作为，除非有什么看得见的结果来炫耀一番。也许，当我们慵懒地静坐的时候，在苦楚或脆弱侵袭之际，正是我们心灵迅速成长的时候。

博学之士逝去了，但又有什么损失呢？损失的，并非某个事实或某个真理，而是他们的洞察力，他们所收集的一些事实罢了。任何一条自然法则，都不会因为他们的逝去而消失或更改。我们总是习惯以名声及显赫的地位，衡量事物所具有的价值。但是，人类最简单与最卑微的命运，却与过往最强大的征服者一样，具有同样的威严与重要性。让所有人在上帝面前显得同等重要，并非是我们对彼此的敬仰，而是我们无限地接近、依赖。即便如此，我们也不能在此事上欺骗自己。我们可以确定一点，我们真正希冀的是上帝的平和，而非单纯而高贵的休闲之情。我们所找寻的是人生的简朴，而不是惧怕工作。我们不能以哲学之名，将一些宏大的场景中温和的乐趣过分美化，或以沉思的名义为我们的懒惰开脱。我们必须有意识地戒掉这些习惯，而不是犹豫不决、逡巡不前。我们希冀自己能向往天国的美好，而不是怀揣着追寻就可获得的想法。倘若博学的人与伪君子因其野心或自我找寻而获得奖赏，那么，一颗欲壑难填的心灵，也会有其“奖赏”。这种“奖赏”，无疑是心灵病态的空虚。如果我们因此犯错的话，我们努力假装对这些奖赏毫不在乎，而事实上我们只是害怕与之斗争而已。我们能做什么呢？我们该如何改正这些错误呢？只有一种途径，我们默认这让人遗憾的缺陷，不要尝试将其神化。我们能直面人生阅历，将过往一些斤斤计较与可耻的东西扔掉，让精神重新焕发，怀着谦卑与柔弱的心来到上帝跟前。至少，我们能为感受到这份耻辱而庆幸，用耐心的希望忍受惩罚。上帝并没有遗弃幸福与痛苦，反而给予了我们自身不能实现涤荡心灵罪过的一条必然途径。

即便如此，生命的旅程也绝不是一个充满痛苦、争斗和被动忍受的过程。在日出与日落之间，我们可以享受到精彩与平和的美妙时光。当我们在阴暗处休息时，看到闪烁着生命光芒的溪流，静静而平稳地流向命定的未来。今天，我遇到了一位年老的牧羊人。在一片无垠的草原上，一个日上三竿的午后，他一节一节地移动着树枝编的围栏。

有时候，一种沉重的负担，会降临在我身上，让我安静地期待一个未能实现的目标，同时，笃信理想就在前方等待着我。也许，有一天，我也能无所顾忌，怀着冷静与持久的愿望，像那个年老的牧羊人一样，按照熟悉的套路按部就班地生活。但是，为什么现实中这种和谐的心境会如此模糊与破碎呢？为什么我们应做的事情却迟迟无法完成，而要去做一些我们并不想做的事情呢？这是一个令人深感悲伤的神秘问题。即便在我们最固执的时候，也不可能漫游出我们的意志之外，让自己成为梦想中的人。因此，当光线逐渐黯淡的时候，我静坐着，心头却突然涌现出一股拯救希望的气息。薄暮将至于丛林中，紫丁香袅娜多姿地舒展着身体，散发出芳香，怡人的微风拂拂吹过，越过牧场，撩动树叶。在西边碧绿的深空上，悬挂着眨着眼睛的星星。天地间的每个景致，在此融成了一个妙不可言的梦境！

中国南方电网
CHINA SOUTHERN POWER GRID

南方电网公司第七、八期中青班学员

优秀论文精选

YOUXIULUNWENJINGXUAN

中共中国南方电网有限责任公司党校学员优秀论文精选编委会　组织编写

华南理工大学出版社
SOUTH CHINA UNIVERSITY OF TECHNOLOGY PRESS
·广州·

图书在版编目（CIP）数据

南方电网公司第七、八期中青班学员优秀论文精选 / 中共中国南方电网有限责任公司党校学员优秀论文精选编委会组织编写. —广州：华南理工大学出版社，2019.12

ISBN 978-7-5623-6173-2

Ⅰ. ①南…　Ⅱ. ①中…　Ⅲ. ①电力工业-工业企业管理-中国-文集　Ⅳ①F426.61-53

中国版本图书馆CIP数据核字（2019）第274410号

Nanfang Dianwang Gongsi Di-qi 、Baqi Zhongqingban Xueyuan Youxiu Lunwen Jingxuan

南方电网公司第七、八期中青班学员优秀论文精选

中共中国南方电网有限责任公司党校学员优秀论文精选编委会　组织编写

出 版 人：卢家明

出版发行：华南理工大学出版社

（广州五山华南理工大学17号楼，邮编510640）

http: //www.scutpress.com.cn　E-mail: scutc13@scut.edu.cn

营销部电话：020-87113487　87111048（传真）

责任编辑：欧建岸

策　　划：范亚玲

印 刷 者：虎彩印艺股份有限公司

开　　本：787mm × 1092mm　1/16　印张：17.75　字数：338千

版　　次：2019年12月第1版　2019年12月第1次印刷

印　　数：1~500册

定　　价：70.00元

目录

Contents

第七期　优秀论文精选　001-112

"法治央企"背景下加强电网企业法治文化建设的思考……………………深圳供电局有限公司　苏天诺　/ 002

关于新时代推动安全监察工作高质量发展的思考……………………中国南方电网公司安全监管部　陈　刚　/ 012

贵州电网数据运营研究……………………贵州电网公司　罗念华　/ 021

加强和改进省级电网大集体企业党的建设的思考……………………广西能汇投资有限公司　朱德宗　/ 033

南方电网新动能发展策略研究……………………中国南方电网产业投资部　张明明　/ 040

提升电网企业物流效率的策略研究……………………广东电网物资有限公司　赵　恒　/ 054

完善电网企业审计问责机制的思考……………………中国南方电网有限责任公司审计部　陈　亮　/ 064

新时代下提高电网企业科技创新水平的思考……………………南方电网科学研究院有限责任公司　刘　通　/ 074

"一带一路"背景下央企海外社交媒体传播策略研究……………………中国南方电网传媒有限公司　闫晓光　/ 089

在新的历史起点上开创新时代央企党校工作新局面……………………中共中国南方电网有限责任公司党校　罗　艺　/ 100

第八期　优秀论文精选　113-278

经济新常态背景下企业年金资产配置精益化管理的研究 ……………………………………… 中国南方电网有限责任公司年金中心　蔡锐铭　/ 114
加强国有企业科技成果转化的实践与思考 ……………………………………………… 中国南方电网公司创新管理部　陈柔伊　/ 124
广西电网调峰辅助服务市场建设研究 ………………………………………………… 广西电网公司电力调度控制中心　崔长江　/ 136
南方区域电力市场主要矛盾分析及市场建设建议 …………………………………………… 广州电力交易中心有限责任公司　丁军策　/ 147
"三商"转型背景下调峰调频公司发展方向和业务布局的一些思考 ……………………………… 南方电网调峰调频发电有限公司　郭　凯　/ 163
践行新发展理念推动新区供电高质量发展的思考 ……………………………………… 深圳供电局有限公司深汕特别合作区供电局　何斌斌　/ 176
电力市场在资源配置中的作用探讨——新电改背景下广西电力市场建设研究…………………… 广西电力交易中心有限责任公司　黄冬生　/ 185
新时代开展电网数字化转型建设的思考与举措 ………………………………………… 鼎信信息科技有限责任公司　刘　森　/ 198
优化电力营商环境的实践与思考——以广西电网提升工作为例 ………………………………………………………… 南宁供电局　蒙　恩　/ 210
关于电网企业供应商分类分级管控策略的研究与应用 …………………………………………………… 南方电网物资有限公司　宋义林　/ 224
新时代中央企业媒体融合策略初探——以南方电网公司为例 ………………………………………………… 南方电网传媒有限公司　唐继宜　/ 241
智能技术对变电运维管理的挑战及应对 ……………………………………………………… 超高压输电公司昆明局　杨　涛　/ 257
南方电网国际业务高质量发展的思考 ………………………………………………… 南方电网国际有限责任公司　钟晓涛　/ 267

07

第七期

优秀论文精选

“法治央企”背景下
加强电网企业法治文化建设的思考

■ 深圳供电局有限公司　苏天诺

摘　要：按照国务院国资委提出的“法治央企”建设的要求，从南方电网公司下属电网企业的视角出发，阐述了“法治央企”建设以及法治文化建设的工作背景，提出了企业法治文化建设的评价维度与标准，分析了电网企业法治文化建设的成果与不足，在与国内知名企业法治文化建设情况进行对标分析的基础上，找准电网企业法治文化建设的短板与提升方向，从法治文化意识、能力、行为、宣传四个维度提出了电网企业法治文化建设的对策与建议，为电网企业加强法治文化建设，打造“法治央企”提供了方向和路径。

关键词：法治央企；电网企业；法治文化

引　言

党的十九大把坚持全面依法治国确立为新时代坚持和发展中国特色社会主义的十四条基本方略之一，对深化依法治国实践做出重要部署，开启了全面依法治国新时代。在新形势下，国资委全面落实依法治国战略，明确提出“到2020年，中央企业依法治理能力进一步增强，依法合规经营水平显著提升，依法规范管理能力不断强化，全员法治素质明显提高，企业法治文化更加浓厚，依法治企能力达到国际同行业先进水平，努力成为治理完善、经营合规、管理规范、守法诚信的法治央企”的法治央企建设目标，将培育企业法治文化作为法治央企的建设目标之一，显示出加强企业法治文化建设是全面推进依法治企、打造“法治央企”的必然要求。

十八大以来，南方电网公司一直高度重视法治文化建设，将“知法于心、守法于行”的法治文化理念写入《南网总纲》，将法治文化作为企业文化的专业文化之一，大力推动法治文化实施落地。但是，南方电网公司下属电网企业还未将南方电网公司的法治文化理念与自身业务深度融合，对于法治文化建设缺乏总体规划，法律工作、普法宣传及文化建设三者存在部分交叉或局部脱节的情况，法治文化建设工作承接存在“高层热、中层暖、基层凉”的现象。这些情况已成为制约电网企业实现法治央企目标最突出的短板，电网企业法治文化建设亟须大力推进。

一、企业法治文化的内涵与评价标准

（一）企业法治文化的内涵

企业法治文化是企业文化的重要组成部分，是企业在生产经营实践中逐步形成的，为全体员工所认同并遵守的、带有本组织特点的法治观念、法治理念、法治精神，以及这些理念在生产经营实践、管理制度、员工行为方式与企业对外形象的体现的总和。企业法治文化扎根于企业生产经营活动，反过来又会对企业生产经营活动产生重要的影响，对提升企业综合竞争力和保障企业平稳发展起着不可忽视的作用。

（二）法治文化的评价维度

企业文化可分为精神、制度、物质以及行为四个层次。与企业文化相同，法治文化也具有这四个层次。为了全面评价法治文化建设水平，根据法治文化的四个层次，将法治文化的评价维度划分为法治意识、法治能力、法治行为、法治宣传四个方面，意识是法治文化建设的灵魂，能力是法治文化建设的基础，行为是法治文化建设的实效反映，宣传是法治文化建设的载体，见表1。

表1　法治文化的评价维度

评价维度	内　容
法治意识	法治意识是对法治理念的主观认识，反映了企业员工对法律的基本态度和关注程度
法治能力	法治能力是运用法律思维，做出法律判断和解决法律问题的能力，反映了企业员工的法律知识水平和素质能力
法治行为	法治行为是法治文化落实的具体表现，反映了企业员工在业务过程中执行法律相关制度规范的行为习惯
法治宣传	法治传播是提升法治意识、培养法治能力、培育法治氛围和塑造法治形象的路径和手段，反映了企业宣贯法治文化的实现方式

二、电网企业法治文化建设的现状分析

（一）电网企业法治文化建设的主要进展

1. 法治意识初步形成

在落实南方电网公司法治理念方面，电网企业主动承接南方电网“知法于心、守法于行”的法治文化理念，在所有经营管理活动中强调尊法、学法、行法、用法的工作要求，并在普法宣传、日常法律事务管理、法律风险防控和各项业务制度规范建设等具体工作中积极践行。法治理念得到了各级干部员工的广泛认同，其也愿意在日常工作中具体贯彻执行。在增强员工法律意识方面，近年来，电网企业持续加大依法治企力度，推动规章制度体系、法律风险管理体系、法律工作体系、内部控制体系和“七五”普法等工作有效开展，着力增强全员法治观念。各级人员的法律主动维权意识不断加强，针对欠费、窃电、外力破坏等行为，相关人员配合法律部门主动出击维权，积极维护企业权益。业务人员的法律风险意识也不断增强，逐步由“被动接受”向“主动需求”转变，更多的企业员工愿意优先通过法律部门走法律程序解决法律问题。

2. 法治能力提升明显

近几年，电网企业大力开展法律培训，针对企业领导、关键岗位人员及普通员工不同的法律需求，通过党委中心组学法、业务法律专题讲座等形式，分层分类开展了个性化的法律培训，企业干部员工的法律素质明显提升。

3. 法治行为逐步规范

在规章制度建设方面，电网企业按照南方电网一体化制度要求，形成了制度、细则、业务指导书和作业指导书制度体系，并将法律风险防控的要求融入各制度文件。在法律审查方面，对于国资委提出的规章制度、合同、重大决策三项法律审查百分百的要求，电网企业严格执行。在规章制度执行方面，随着企业一体化制度建设和法律风险管理等工作实施，合同倒签、项目违规开工、采购未招标等过去常见的违规行为在逐步减少，各级员工在业务过程中依规章制度执行的情况有着很大提高。

4. 法治宣传形式多样

电网企业已形成了丰富多样的法治宣传形式，对内为营造积极的法律氛围，传播形式以培训、竞赛等主题活动为主，同时结合电网企业的业务活动编印《法律风险防控手册》《典型案例汇编》等法律书籍供员工学习；对外为培育良好的法治环境，以“12・4”国家宪法日为契机，深入社区、校园、施工现场等社会场所开展用电安全及保护电力设施相关普法活动，扩大普法受众群体。在传播媒介方面，电网企业能够通过企业报刊、宣传栏、LED屏幕等多种媒介，运用海报、

法治宣传片等多种手段宣传法治文化。

（二）电网企业法治文化建设存在的问题

1. 法治文化理念还需进一步落地

南方电网公司的法治文化理念仅作为法治文化建设的整体性要求，未能结合电网企业自身的战略使命要求和经营管理特点完成具体转化。南网电网的下属电网企业，包括城市电网运营商、省域电网运营和交易企业等，考虑到各供电区域经济活动、地域文化的差异，各电网企业对电网建设、生产运维、市场营销等业务活动的法治工作有着不同的要求，法治理念需要更具实际业务的指导性，特别是在国企国资改革、电力体制改革、输配电价改革叠加的大背景下，法治理念需要更具前瞻性和战略支撑意义。

2. 法治监督机制还需完善

部分电网企业还未建立法律责任追究机制，违规成本低，员工法律责任意识不强，业务人员往往将法律部门视为“保护伞”，对法律意见落实不到位，并忽视自身在业务过程的法律能力提升和管理改变，导致法律咨询问题经常重复，部分同类纠纷案件频发。

3. 法治能力建设需要闭环

在开展法律教育培训的过程中，缺乏培训结果的评价和考核等方面的闭环管理，特别是对招投标、用电检查等关键涉法岗位员工，缺乏必备的法律知识技能考核，没有对关键涉法岗位员工的法律素质提出刚性要求。

4. 依法治企水平尚需提升

各电网企业制度体系主要着重于法律行为的规范性要求，缺乏对业务过程法律行为的监督、评价和考核等方面的具体规定，对实际执行情况难以充分保证。规章制度不执行或执行不规范仍是法律问题发生的主要原因，如采购过程招投标程序不规范、基建项目未执行合同变更要求、中止供电未遵循法定通知义务等。同时，合同履行不到位也是各电网企业法律行为方面的突出问题，如未按合同约定付款、未按合同约定行使质量验收责任、未按合同约定变更合同、合同纠纷证据保存不当等。

5. 法治宣传需要合理规划

电网企业法治宣传缺乏系统规划，对法治传播的目的、对象、内容、形式、频次等缺乏统一规划，重形式轻实效，导致宣传效果不佳。其次，对微信等新媒体的利用程度不高，传播的便捷性不够。

三、国内知名企业法治文化建设情况及对标分析

按照法治意识、法治能力、法治行为、法治宣传四个维度，总结华为科技有限公司（以下简称“华为”）、中国移动深圳分公司（以下简称“深圳移动”）、招商局蛇口工业区控股股份有限公司（以下简称“招商蛇口”）三家国内知名企业的法治文化情况，结合电网企业法治文化建设中存在的问题，通过对标分析找出电网企业法治文化建设的短板及提升方向。

（一）国内知名企业的法治文化建设情况及特点

1. *法治意识方面*

华为在国际化“合规经营”方面有着严格要求，同时强调“法律成本”理念，将华为内部的法律服务视为经营成本，法律部门对业务部门的法律服务按标准计价核算，驱动业务部门为控制法律成本，主动遵循合规要求和防控法律风险。因国际化经营的需要，并受到思科、UT斯达康等知识产权纠纷案件的影响，华为高层将法治提升至战略层面，强调经营合规意识和权利保护意识，并通过政策和绩效加以驱动，深入到所有员工自身的意识和日常行为。深圳移动在传统法律服务的基础上，进一步强调参与业务决策，提供“法律参谋”支撑作用，综合考虑法律成本与企业收益，创造商业价值。招商蛇口贯彻“奠法之基、用法之利、树法之位”的理念，强调法律是一切经营管理的基础，在遵循法律的同时，充分利用法律维护公司权益。

2. *法治能力方面*

华为着重于各类案例的培训，一旦发生相关案例，经专业分析后形成课件供全球共享。同时，对于各类培训统一要求对培训人员开展考核，考核结果纳入相关绩效。深圳移动每年制定培训计划，结合当年的法律形势、管理要求和业务需求等，针对不同岗位员工落实相应的培训课程和资格要求，每次培训后进行统一测试，合格后才能结业，否则需再次培训。

3. *法治行为方面*

深圳移动建立了以三项审查、法律风险管理、案件管理、知识产权管理等完善的法律制度以及遵循SOX合规为基础的内部控制，并编制了《内部控制手册》。同时，利用电信企业高度信息化的基础条件，将制度流程、法律风险防控等在信息系统中固化，规范业务过程的法律行为。招商蛇口编制了法律风险防范手册，定期对各业务巡查法律行为的规范性，对执行不规范的行业要求整改，对出现的法律风险事件进行考核追责。

4. *法治宣传方面*

深圳移动主要利用新媒体作为宣传媒介，一是微法律，针对每个法律知识

点，制作5～10 min的小视频，实现日常知识传播；二是普法微信公众号，根据内外部不同受众群体，分别实现对内普法与对外形象宣传。招商蛇口强调以实际案例作为培训和宣传内容，每月编制《最新法律及案例摘要》普法资料。

（二）与国内知名企业法治文化建设的对标分析

通过总结国内三家知名企业法治文化建设的情况与特点，结合电网企业法治文化建设的现状及不足，目前电网企业法治文化建设主要存在以下五方面问题：

1. 缺乏对法治文化理念的内涵和外延的具体诠释，以及对合规保证、诚信经营、商业融合、战略支撑、外部形象、文化价值等方面的明确诉求，也未涉及成本绩效方面的政策导向。

2. 法治文化建设起步较晚，员工的法律意识仍处于被动向主动的转变过程，并由于缺乏责任追究机制，业务人员的法律责任意识不强。

3. 法律教育培训的形式多样，但培训的计划性不强、规划性不足、与实际需求的结合程度不够、培训缺乏评价和考核等硬性要求，特别是关键涉法岗位等缺乏培训上岗资格要求。

4. 法律行为的规范性制度和法律审核相对完整，但缺乏对日常制度执行过程的监督、评价和考核，各项法治行为规范在信息系统中固化程度不足，信息化建设与法律制度要求存在脱节现象。

5. 法治宣传缺乏整体规划，宣传的目的性和计划性不强，宣传内容与受众对象、传播媒介的匹配程度不高，宣传课件设计不灵活，信息化和微信等新媒体利用程度不足。

四、“法治央企”背景下加强电网企业法治文化建设的对策与建议

全面建设法治央企是贯彻落实全面依法治国战略的重要内容，是进一步深化国企改革的必然要求，也是提升企业核心竞争力，做强做优做大中央企业的迫切需要。为落实“法治央企”创建目标，南方电网公司下属各电网企业主动承接南方电网法治理念，健全完善企业规章制度，全面开展法治教育，创新法治宣传形式，在推进依法治企的进程中营造了浓厚的法治文化氛围。与此同时，法治文化理念未能融入企业生产经营活动、问责与考核机制缺位等问题也限制了法治文化建设水平的进一步提升。各电网企业在法治文化建设过程中的实践与探索，以及国内知名企业法治文化建设的经验，为电网企业法治文化建设提供了方向和路径。

（一）贯彻落实法治文化理念，全面引领法治文化建设

法治文化理念是企业法治文化的灵魂，体现了企业法治精神的实质和价值追

求，也反映了企业对法治工作的基本态度和指导原则。法治文化理念深入人心，对于提升法治文化建设的质量至关重要。因此，电网企业需要将法治文化理念融入企业生产经营活动，在贯彻落实“知法于心、守法于行”的法治理念的基础上，结合电网企业的战略目标和实际经营管理特点、电力体制改革以及国企国资改革等环境变化的要求，提炼出法治文化理念背后的具体内涵，并进一步形成指导企业依法依规开展法人治理、改革发展、规划建设、安全生产、市场营销、物资采购、财务资产、人力资源、科技研发、信息技术等各项业务活动的法治文化理念的外延，强调法治理念对法治央企建设、法治文化建设的引领作用。同时，根据法治理念内涵和外延特点，进一步解析法治理念对合规保证、诚信经营、业务融合、战略支撑、外部形象、文化价值等方面以及在各个业务领域的法治诉求，配套相应的法规、案例、制度规范等，形成统一完善的法治文化宣传内容体系，在企业领导、各部门和基层单位逐步宣贯落实。

（二）深化法律风险防控和考核机制，提升法律责任意识

企业作为市场经济的参与主体，具备法律风险防范意识，具有完善的法律风险防控机制，是企业法治能力最直接的体现。电网企业在建立好法律风险防控体系的同时，还要用好法律风险防控体系。一是要推进法律风险防控进岗位，在基建项目、线路改迁、业扩报装、中止供电、供用电合同管理、劳动合同管理等重要流程法律风险岗位防控工作的基础上，结合法律风险信息库和风险评估情况，持续深化法律风险防控，进一步落实企业领导、中层管理人员以及关键少数、关键岗位人员的法律风险责任书，明确岗位法律风险防控要求，并适当向其他重要岗位拓展，逐步形成流程和岗位全覆盖。二是建立法律责任追究机制，按照法律风险防控责任要求，完善法律责任追究机制，追究业务过程不履职、履职不规范以及纠纷案件发生等相关责任，并落实在相关部门（单位）绩效和岗位绩效考核中。对于严重失职导致案件发生和类似案件重复发生等情况，进一步追溯相关管理和监督责任。同时，总结各类反面案例，分析案件原因，提出类似案件的解决和处理方式，形成案例教材，通过巡回讲解、内网专栏等开展宣传。

（三）加强法律分类教育培训，提升全员法律素质能力

法律教育培训是提升企业干部员工法律素质能力的主要途径。在实践过程中，要进一步增强法律教育培训的针对性和实效性，实施精准法治培训，引导全体员工树立尊崇法律、敬畏法律的思想观念，将依法合规理念入脑入心，内化为自身的思维方式。一是建立健全法律知识库，梳理法律法规、纠纷案例、法律标准文本、法律风险信息库、法律知识宣传片等，利用信息平台构建法律知识库，完善学法、用法平台，并将具体法律知识与企业领导、中层管理人员、法律专业

人员、基层员工的法律业务需求结合，分类设计相关知识栏目，提高平台的利用效率。二是科学规划法律培训课程体系，根据企业领导、中层管理人员、关键岗位人员、普通员工等各级人员的普法培训要求，制定普法大纲，规划和开发专业类、管理类等专门的课程体系，分别针对不同层级人员、不同专业领域人员等，形成培训课程分类矩阵，并对每类培训内容制定入门、提升和必修、选修等不同等级的要求，明确必修课时，设定培训合格考核标准等。三是构建法律专家库，在大学、监管机构、大型企业、中介机构等选聘外部法律专家顾问，建立外部专家库，根据专家特长设立相应的培训课程，并按照培训规划实施专门的培训。在企业内部法律专业人员、业务管理人员中选拔法律培训师，根据培训师的法律专长设立专业培训课程，针对关键涉法岗位人员开展课程培训，并实际指导和培训各级员工的实际业务法律知识和实际运用能力。四是建立法律培训考核制度，针对各级人员的实际法律责任等要求，明确必修培训课程和相应的知识、技能合格标准，实行培训后考核评价，将考核结果与岗位绩效或任职资格挂钩，实现培训闭环管理。

（四）强化制度设计和执行过程监督，形成法治行为习惯

制度建设是企业主要的法治行为，也是将法治文化落实到各个业务领域的主要表现。电网企业在依法治企的过程中已建立了比较完善的制度体系，但是在制度设计和执行过程的合法性监督上，还有提升的空间。一是要完善各类制度的审查机制和方法，提高制度审查精细化程度，在现行制度合法性审查的基础上，结合各类业务的法律风险和防控要求等，完善制度的审查机制和方法，明确制度自查、审核、发布等程序规范，同时结合工作实际情况和法律法规变化、风险变化等，分析制度设计的合理性，对影响制度执行的情况进行修订，保证制度设计依法合规，更利于执行。二是开展制度执行过程合规检查和独立评价，针对业务过程制度执行不规范、合同履行不到位等情况，要求相关归口管理部门定期、不定期抽查执行表单记录等，对执行问题报告，并要求及时整改。同时，联合各监督部门对业务活动、合同履行等开展独立评价，检查制度设计和执行缺陷，及时提出整改要求，并将执行情况纳入相关部门考核。

（五）规划实施法治传播方案，打造法治品牌形象

法治文化具有意识形态属性，可以内化为企业员工的个体思想，进而规范其行为。因此电网企业一是需要根据自身法治文化建设情况以及企业人文地域特点，有针对地设计法治文化宣传方案，提出法治文化宣传的最佳策略和手段，宣贯法治理念，提升全员的法治意识和素质能力，并塑造良好的法治品牌形象；二是要利用“互联网+”等手段，设计开发内容更简洁、灵活性更强的微课件等宣传

培训材料，重点通过微信平台进行推送，同时通过提高宣传频次提升传播对象的可接受程度；三是增强法治宣传的针对性与实效性，注重对法律典型事迹进行系列报道，加强正面引导，报道企业法律工作中的先进事迹、生产经营中学法用法的正面典型，营造良好的法治文化氛围；四是建设法治文化宣传长廊，整合各类法治教育、法治宣传、法治活动、法治案例等典型信息，结合品牌形象视听材料等，并利用声、光、电等科技手段，在办公区域等相关场所建设法治文化宣传长廊，建设法治文化对内学习和对外宣传基地，营造现场宣传环境。

参考文献：

[1] 习近平. 决胜全面建成小康社会，夺取新时代中国特色社会主义伟大胜利——在中国共产党第十九次全国代表大会上的报告[M]. 北京：人民出版社，2017.

[2] 中共中央文献研究室. 习近平关于全面依法治国论述摘编[M]. 北京：中央文献出版社，2015.

[3] 中国共产党第十八届中央委员会第四次全体会议文件汇编[Z]. 北京：人民出版社，2014.

[4] 国务院国资委. 关于印发《关于全面推进法治央企建设的意见》的通知（国资发法规〔2015〕166号）[Z].

[5] 严存生. 法治的观念与体制——法治国家与政党政治[M]. 北京：商务印书馆，2013.

[6] 李德顺. 中国特色社会主义法治文化研究[M]. 北京：中国政法大学出版社，2016.

[7] 徐祥民. 文化基础与道路选择——法治国家建设的深层思考[M]. 北京：法律出版社，2004.

[8] 张维. 中国特色社会主义物化法治文化研究——以法院建筑为例[D]. 武汉：华中师范大学，2017.

[9] 刘绍艺. 新形势下我国基层法治文化建设研究[D]. 淄博：山东理工大学，2016.

[10] 唐丽丽. 中国特色社会主义法治文化建设研究[D]. 大庆：东北石油大学，2016.

[11] 方琰. 全面依法治国视域下税务系统推进法治文化建设研究[D]. 苏州：苏州大学.

[12] 刘真真. 社会主义核心价值观与法治文化建设逻辑关系研究[D]. 上海：

上海师范大学，2016.
[13] 李林. 社会主义法治文化概念的几个问题 [J]. 北京联合大学学报（人文社会科学版），2012（2）.
[14] 缪蒂生. 论中国特色社会主义法治文化 [J]. 中共中央党校学报，2009（4）.
[15] 郑成良. 论法律文化的要素与结构 [J]. 社会学研究，1989（2）.
[16] 何勤华. 法律文化史研究（第一卷）[M]. 北京：商务印书馆，2004.

关于新时代推动安全监察工作高质量发展的思考

■ 中国南方电网公司安全监管部　陈　刚

摘　要：进入新时代，南方电网公司新业态、新产业发展带来了新的安全监察需求，传统安全监察工作出现与之不相适应的矛盾，亟须改革与创新。通过对公司各级单位安全监察工作现状调研和近年事故事件、安全监督、隐患排查的数据分析，实事求是地总结存在的主要问题，科学分析问题产生的根本原因，按照注重安全监察实践、抓主要矛盾的思路，充分借鉴十八大以来中央在反腐倡廉、环境保护、监督执纪方面的成功经验，秉承提升党建领安、科技兴安、文化久安的作用，守正出新地提出了“五个建立、一个深化”的“5+1”改革创新建议，为公司的安全生产提供支撑保障。

关键词：安全监察；安全生产；改革；创新

引　言

党的十九大宣示中国特色社会主义进入了新时代[1]。新形势推动公司向能源产业价值链整合商转型发展，以不断满足人民追求美好生活的电力需要。安全生产是公司转型发展的基础保证，近年呈平稳向好发展态势，但仍存在人身伤亡事故未杜绝、人员责任事件多发、设备和工程质量不良等问题，这与公司的转型发展目标形成了矛盾。

认清问题，才能厘清思路。安全监察工作是安全生产的重要组成部分，但又具有自成体系发展的相对独立性，是安全生产平稳向好发展的内生保障。事故事件多发直接反映出安全监察工作对安全生产的支撑保障作用不足，存在提升空间。近年国家出台安全生产改革发展意见，公司也承接制定了举措，但各级单位因认识不深刻、传统的东西惯性大等因素，存在落实不到位、执行打折扣等问题。公司的转型发展要求我们必须解放思想、勇于担当，通过改革创新推动公司安全监察工作高质量发展。

一、安全监察工作面临的新形势

"青山遮不住，毕竟东流去。"历史按照其特有的规律来发展，具有不以人的意志为转移的客观性[2]。认清形势，有针对性地结合实际开展工作，才能把问题解决好。习近平总书记指出，我国社会主要矛盾已发生转化，经济也已由高速增长转向高质量发展，自觉增强"四个意识"，推动各项基础工作高质量发展是新时代的必然要求。

（一）推动安全监察工作高质量发展是落实国家安全生产领域改革发展意见的必然要求。

习近平总书记强调，要坚持总体国家安全观，统筹发展和安全，牢固树立安全发展观。国家生产安全机构改革，取消安全监督管理总局，组建应急管理部。2016年12月，中共中央国务院印发《关于推进安全生产领域改革发展的意见》，要求进一步完善监督管理体制和地方监管执法体制[3]。

本公司是关系国计民生的重要国有骨干企业，与国家安全观的范畴紧密联系，面对"主动承担三大责任，全力做好电力供应"[4]的企业使命，积极改革创新，落实好国家安全生产领域改革发展的决策部署，推动安全监察工作高质量发展是必然要求。

（二）推动安全监察工作高质量发展是本公司建成世界一流企业的必然要求。

进入新时代，本公司处在贯彻新发展理念，将改革向纵深推进，加快转型升级的关键期。人民美好生活的多样化需求、技术进步催生的新消费形态等，所决定的能源、电力供给与社会、市场现实需求的对立统一，就是南方电网面临的主要矛盾[5]。

本公司化解这个主要矛盾，就是要以输配电业务为核心，管制类业务与竞争类业务并重，积极稳健地发展国际业务和产业金融。安全监察工作的建立是基于传统管制类业务需求，对国际业务、竞争性业务的发展提出了新安全监察需求。只有通过改革创新推动高质量发展，才能更好地匹配、服务公司转型发展，将本公司建设成为世界一流企业。

（三）推动安全监察工作高质量发展是本公司安全生产保持稳定向好发展的必然要求。

本公司自成立以来，安全生产工作取得了瞩目的成就，近年电力事故事件数量呈逐年下降态势（图1），"L"形的趋势也显现出电力事件事故当前进入瓶

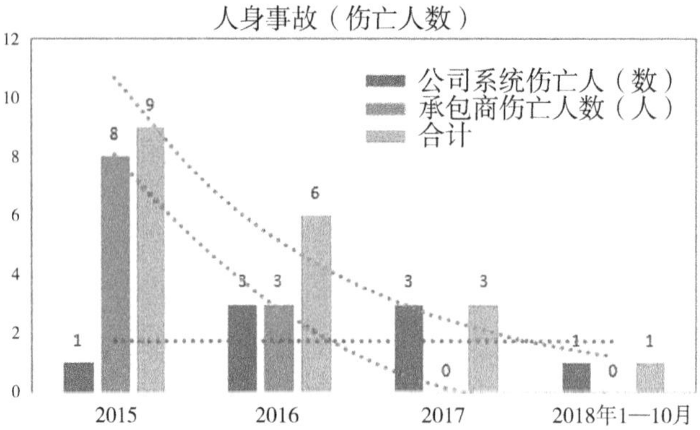

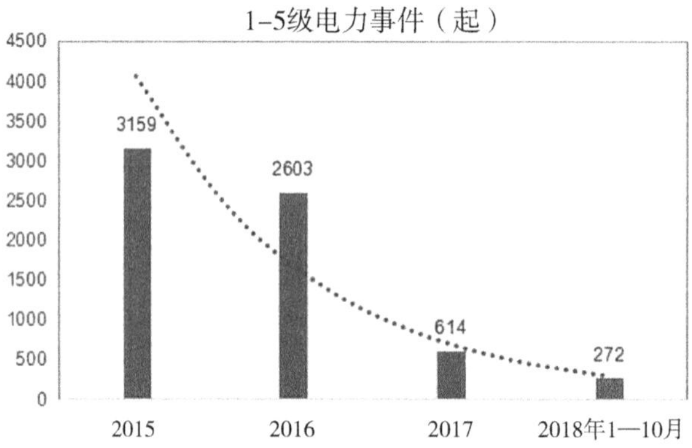

图1　2015年以来电力事故事件数量、趋势

颈、停滞期。

安全生产既是本公司的立业之本，也是践行“人民电业为人民”企业宗旨的基础保证，更是衡量本公司发展质量的关键。推动安全监察工作高质量发展，更好地发挥监督保障作用，是安全生产保持稳定向好发展的必然要求。

二、安全监察工作存在的主要问题

“横看成岭侧成峰，远近高低各不同。”现象是本质的反映，是事物本质的外部表现。要想正确认识安全监察工作存在问题的根本原因，首先必须全面看清其外在表象，认真总结存在的问题，最终才能透过现象认识根本原因。当前安全监察工作存在的主要问题有以下方面：

（一）安全责任制体系不健全、作用不充分。

一是安全职责不全面，如总部、个别单位的管理人员未制定安全职责。二是重要性和意义认识不到位，签订责任书是为了盲目传递责任和应付上级检查。2018年共签订责任书19.7万份，但个别人员根本说不出所签责任书的内容，存在形式主义现象。三是对等性不足，缺乏双方约束机制，一般只规定下级应怎么做、负什么责任，并未规定上级的责任和义务。四是部分责任书的内容不具体，存在照搬照抄现象，缺乏定量指标，无法跟踪考核。五是监督追责不到位，出了事故追究问责时，未对照签订内容去分析责任，使责任书成了一纸空文。

（二）监察体制机制不适应，方法落后。

一是机构人员配备不强，个别县区级单位未设立安全监管部，部分安全督查人员为兼职人员，一定程度上缺乏独立性；一些人员年龄偏大濒于退休，履职能力弱。二是专业技能不强，部分安全监察人员由其他专业转岗而来，缺乏后续的岗位培训和自学积极性，如事故事件调查分析专业，未接受过系统外的专业培训。三是监察力度不强，监管失之于软，对于发现的问题存在听之任之、碍于面子不指出纠正的现象；各单位间的安全监察效能差别较大，部分单位监察次数多，但发现问题少（见表1）。四是隐患排查不彻底，个别隐患于日常排查未能发现，发生事故事件才暴露；个别隐患发现后，也未采取措施管控。五是监察手段不新，互联网技术、信息技术、图像技术、定位技术等新技术没有与安全监察工作深度结合。

表1　2018年9月本公司系统安全监察情况

分子公司	出动人次	检查场次	发现问题	系统内违章	系统内扣分	外包违章	外包扣分
超高压公司	875	313	30	2	2	15	0
双调公司	130	34	109	0	0	0	0
广东电网公司	58164	35108	1459	97	68	1348	1992
广西电网公司	13589	7157	168	15	24	263	676
云南电网公司	13278	11665	4699	390	786	4309	6852
贵州电网公司	6450	2447	801	141	204	660	767
海南电网公司	8138	5156	91	3	26	88	338
广州供电局	4778	3185	607	9	3	598	10
深圳供电局	7326	3289	20	3	4	6	9
合计	112728	68354	7984	660	1117	7287	10644

（三）“四不放过”执行不到位。

一是原因调查不全面，出于逃避责任目的隐瞒实情；个别专业部门因涉及部门利益荣誉，对业内事故调查不积极。二是责任人员处理不严格，部分低等级事件未能处罚或从轻处罚相关责任人。三是责任人和群众受教育不到位，部分事故事件报告未及时组织学习，或学习流于形式无实效。四是整改措施落实监督不严格，部分措施制定缺乏针对性，后期更缺乏对措施执行效果的监察评价，没有实现闭环。五是信息报送不及时，个别单位、人员为逃避事故考核，存在迟报、漏报、缓报、瞒报现象，给公司造成不良影响。

三、安全监察工作存在问题的根源

“莫看江面平如镜，要看水底万丈深。”马克思主义强调要透过现象看本质[6]，只有抓住深藏在现象下面的相对深刻的本质，才能从根本上解决问题。经过深入思考，发现我们的工作在思想认识、改进动力方面还存在不少提升空间：

（一）对国家、公司改革发展的新要求认识不足。

一是对国家电力改革的新要求认识不足。公司对国家层面的改革发展要求制定了相关落实意见，在形式上已经贯彻落实，但在思想意识、具体行动方面还没有充分理解到位、认识到位，触及安全生产的规章制度优化、局部利益等还没有得到根本改进，部分单位存在口头和书面贯彻现象，实际做法依然如故。

二是对公司转型改革的新问题认识不足。公司进入多元化改革的顶层设计关键阶段，迫切需要安全生产在核心竞争力、科技创新能力和高质量发展三个方面有所建树、有所作为。安全监察工作如何依托现代科技手段尽快提升监管效率、保障能力和落地生效，相关改革创新工作迫在眉睫。

（二）对安全监察工作的科学性、先进性需求认识不足。

一是安全监察体制机制的科学性需进一步加强。公司系统绝大多数安全监管部门由管安全生产的负责人分管，客观上造成安监部是生产的安监部，缺乏大安全观念。传统的安全检查分为年度计划性和专项性两种，多年的经验发现其检查深度与专业广度不足。目前人员问责主要集中在事故后的严重问责，缺乏对日常工作小问题的批评问责。公司安全监察体制机制需要通过改革创新提升科学性。

二是安全监察方式方法的先进性需进一步加强。多年来，安全监察方式主要还是以人员现场检查为主，缺乏优秀第三方服务的引入，对安全监察的发展趋势不了解。监察方法对新技术应用研究不多，如“互联网+”、GPS定位等，如何应用有待深入研究。制度创新力度需要加强，部分制度存在与国家新的决策部署、公司机构改革、业务发展实际需求不相匹配的现象，需要及时修订，从制度上给予保障。

三是解决重点难点问题的决心需进一步加强。事故事件调查由于直接涉及人员利益、单位荣誉，内部调查容易出现软、宽的现象。是否可以引入专业机构调查或与系统内单位交叉调查，保证客观性？对于人员问责，目前用到的一般都是行政问责，很少使用非行政问责。是否可借鉴执纪监督的四种形态经验，加强对早期小事问责，让非行政问责成为问责形式的绝大多数？对于存在的将隐瞒事故事件现象直接举报到政府机构的被动局面，是否可以广开举报渠道，依靠群众监督，促进安全生产工作问题的真实反馈？

（三）对“党建+”的作用发挥不充分。

有些生产单位停留在为党建而党建，并不清楚为什么要党建，认为党建工作花费时间成本，对党建工作发挥对安全生产引领作用的认识不到位。如何将严肃的党的纪律与安全生产从严从实的工作纪律相结合，发挥互为促进作用，值得深入探索。个体党员的典型示范作用发挥不充分，没有带头率先垂范，在做表率、树形象上力度不足，甚至有违反安全生产规章制度的行为。“党建+安全生产”的引领作用发挥不充分。

四、推动安全监察工作高质量发展的几点建议

“长风破浪会有时，直挂云帆济沧海。”推动安全监察工作高质量发展，必须坚持以改革创新为驱动，充分借鉴其他领域、行业的成功经验，消化吸收为自身所用。通过对监察体制机制改革、监察手段方法创新，加快与公司新时代转型发展需求的匹配，提出“五个建立、一个深化”的“5+1”改革创新建议。

（一）建立安全监察巡查工作机制。

十八大以来中央巡视工作不断深化，推进全面从严治党成效越来越明显。这个方法值得借鉴，为加强安全生产领域规范化水平，可以建立安全监察巡查工作机制。

一是结合公司实际研究制定安全监察巡查制度，包括牵头部门、巡查范围、对象、周期、问题分析和结果应用等内容。二是编制巡查工作手册，明确巡查内容、工作纪律、巡查方法、巡查技能等，规范人员行为，提高巡查质量。三是修订安全生产问责管理规定，将巡查发现的问题纳入问责范围，根据问题可能造成的影响的严重性，将问题划分为A、B、C、D四类，提高巡查的严肃性和威慑力。四是理论来源于实践并指导实践，可以选择一两个单位先行先试，若确实适用有益，可总结完善后进行推广应用。

（二）建立并应用安全监察执纪“四种形态”。

管党治党重在全面从严，运用监督执纪“四种形态”，抓早抓小、防微杜渐。冰山理论告诉我们，只有把安全生产各环节的“早”“小”都抓好了，才能防范大的事故事件。可以在安全生产的全过程中，结合巡查机制，建立并运用安全监察执纪“四种形态”。

第一种形态是对于轻微违反安全生产规章制度的A类问题，主要采取教育约谈等问责方式，对责任人员起到提醒告诫作用，保护员工工作的积极性，成为常态。第二种形态是对于较严重违反安全生产规章制度或已引发了三级及以下电力事件的B类问题，主要采取通报批评等问责方式，对所有人员起到警示作用，使周围人员广泛受到教育，成为大多数。第三种形态是对于严重违反安全生产规程制度或已引发了一级、二级电力事件的C类问题，主要采取警告、记过问责方式，对安全生产工作起到反省的作用，成为少数。第四种形态是对于性质恶劣且严重违反安全生产规程制度、已经或极有可能直接导致一般及以上事故的D类问题，主要采取记大过、降级问责，甚至解除劳动合同的方式，对安全生产管理不良形势起到扭转的作用，起到对其他人员的震慑作用，成为极少数。

上述“四种形态”执行上真正的困难在于单位负责人是否支持和安全监察人员的意志是否坚强。只有从大局出发，黑得下脸，才能真正落实、发挥作用。

（三）建立第三方安全监察机构协作机制。

中国革命取得胜利，对俄国革命模式的学习借鉴很重要，更重要的是在革命实践中，形成符合中国革命实际的毛泽东思想，指导革命走向最终胜利。安全监察工作是一项传统业务，多年来工作方式方法和理念均没有大的创新变化，需要积极学习借鉴其他单位或机构的先进做法，建立第三方安全监察机构协作机制，实现学习借鉴和成长发展。

第三方的市场化竞争性质，决定了他们具有强烈的积极性，去学习借鉴和应用世界先进安全监察理念方法，具有服务专业性、工作独立性、活动契约性。要做好公司安全监察工作，可以在与第三方共同工作中，例如委托事故调查、境外工程安全监察等，学习先进的理念、方法，借鉴成熟的科技、工具，并同公司的改革发展相结合，弥补国际业务和集体企业的安全监察能力不足，总结出一套更加符合公司转型发展需求的安全监察工作体制机制。

（四）建立安全监察信用积分评价机制。

国家通过建立环保信用评价机制，实现对企业持续改进环保的激励，通过激发内生动力实现守法责任意识的提升，使环保工作成效显著。环保工作与安全监察工作具有客体被动性、监管强制性的共同特点，可以借鉴环保有效经验，建立安全监察信用积分评价机制。

一是制定安全监察信用积分管理办法，实现动态评价，主要内容包括信息收集、分类、评分、等级认定、评价应用等内容。二是信息来源主要指安全大检查、隐患排查、日常安全督查发现的问题和发生的电力事故事件等。三是加强信息化，建立信用管理信息系统，实现动态展示，根据评分将企业划分为安全良好、警示、不良企业三个等级，依次以绿、黄、红牌表示。四是做好信用积分应用，对于评价好的单位，可以在年度考核加分，列为安全免检单位，鼓励其珍惜荣誉，实现自我管理；对于评价差的单位，可以在年度考核扣分，列为安全必查单位，实现有效的帮扶。五是正确认识安全监察信用评价与安风体系评价的关系，安风体系是定期定量评价，动态跟踪评价不足；安全监察信用评价是结合日常实际的动态评价，与安风体系评价互为补充。

（五）建立安全生产举报核查机制。

一切为了群众，一切依靠群众，从群众中来，到群众中去。这是我们党的群众路线，也是革命的制胜法宝[7]。十八大以来，中央反腐败力度加大，群众举报总量大幅攀升，提供了大量有效线索。安全监察工作同样具有强制性的特点，存在主体强制监督和客体逃避监督的矛盾，解决矛盾的一个办法就是建立安全生产举报核查机制。

一是建立安全生产举报核查制度，规定举报方法，明确举报渠道和方式，规范受理管理、处理流程、核查结果反馈和应用等。二是强化分层分级管控，该下级管控的上级不要过度干预，该本级核查的严禁向下级转办。三是拓宽举报渠道，应用好网络、微信、电话、短信、邮件等。四是注重保护实名举报人，对其个人信息要做好保密，对于实名举报的要向举报人反馈核查情况。五是正确认识阵痛期，同反腐败一样，初期安全生产问题会有暴露、增长，但这是客观真实的反映，通过逐步迭代可以减少，实现长治久安。

（六）深化推进党建领安、科技兴安、文化久安。

一是深化推进党建领安，树立党建是“利润”而不是“成本”的理念。要将党建工作全面渗透到安全生产中，实现对政治效益、安全效益的保障，要把党建作为“利润”而不是“成本”[5]。要加强党员队伍建设，充分发挥其示范效应，使党建工作成为促进安全生产工作上台阶的新动力，实现“党建+安全生产”的同步提升。

二是深化推进科技兴安，树立科技创新驱动安全发展的理念。积极推广安全监察科技成果和技术装备。加强外包项目管理，建立资质管理APP，实现对单位、人员资质的快速查证。加强安全教育培训，建立安全警示教育信息系统，运用VR、AR等新技术，强化情景式安全教育。推进安全监察手段的创新，应用微信、GPS定位、图像、网络技术等，提高安全监察的实时性、有效性。

三是深化推进文化久安，营造人人讲安全、事事为安全的氛围。推进公司安全文化“十三五”建设方案的有效落地，开展安全工作严、细、实作风建设。鼓励员工主动增强安全风险防范意识、主动报告、主动排查隐患、主动纠正违章，大力营造习惯性遵章守纪的良好安全文化氛围。

五、结束语

“不期修古，不法常可。”在决胜全面建成小康社会，进而全面建设社会主义现代化强国的新时代，改革创新驱动安全生产高质量发展是公司多元化转型的基础，是贯彻以人民为中心发展理念的具体体现。

鲁迅说：“同是不满于现状，但打破现状的手段却不同：一是革新，一是复古。”[8]革新才是前进出路。安全监察工作为安全生产提供支撑保障，需要积极主动适应新要求，发扬先行敢试的改革创新精神，需要在思想理念、体制机制、方式方法、科技应用等方面积极思考、大胆尝试。文中提出“五个建立、一个深化”的“5+1”改革创新建议，需要在实践中不断扬弃、科学修正，希冀能够有效推动安全监察工作高质量发展。

参考文献：

［1］习近平. 决胜全面建成小康社会　夺取新时代中国特色社会主义伟大胜利——在中国共产党第十九次全国代表大会上的报告［R］. 新华网，2017-10-27.

［2］刘成荫. 习近平新时代中国特色社会主义思想方法论探析［J］. 思想理论教育导刊，2018（10）：49.

［3］中共中央国务院. 关于推进安全生产领域改革发展的意见［Z］. 2016.

［4］南方电网公司. 南网总纲（南方电网党〔2016〕66号）［Z］. 2016.

［5］南方电网公司. 孟振平同志在公司党组理论学习中心组集体学习研讨（扩大）会上的讲话（情况通报〔2018〕第53期）［Z］. 2018.

［6］杨林香. 习近平论述青年责任的三重维度［J］. 福建师范大学学报（哲学社会科学版），2018（06）.

［7］张旭东. 中国共产党的奋斗历程与优良传统［J］. 领导科学论坛. 2017（22）.

［8］鲁迅. 且介亭杂文二集·论新文字［M］. 北京：人民文学出版社，2006.

贵州电网数据运营研究

■ 贵州电网公司　罗念华

摘　要：分析知名企业通过主营业务形成庞大的数据资产，通过运营数据资产深耕主营业务，成功开拓新业务，衍生新业态，创造新价值，形成由终端、平台、应用和数据构成的“泛互联网化范式”的数据运营模式。基于“泛互联网化范式”的研究和实践，分析贵州电网从事数据运营的优势与挑战，围绕终端、平台、应用三个维度提出贵州电网发展数据运营的建议，分析未来有价值的数据运营场景和商业模式。

关键词：数据资产；数据运营；泛互联网化范式

一、引言

近年来，数据成为与人、财、物并重的资产，众多企业或机构依靠运营独有数据资产快速获取客户，增加客户黏性，增强客户体验，创新服务方式，新增服务内容，创新商业模式，创造出惊人的价值。其中谷歌、阿里巴巴、脸书、苹果四大互联网公司获得巨大成功，成为行业典范和研究热点。

发展大数据是党中央和国家的战略部署。2015年8月，国务院〔2015〕50号文印发《促进大数据发展行动纲要》。2015年10月，在党的十八届五中全会上，党中央正式提出“实施国家大数据战略”。2017年12月，中共中央政治局召开大数据的专题学习会议，会上习近平总书记指出：“我们要瞄准世界科技前沿，集中优势资源突破大数据核心技术，加快构建自主可控的大数据产业链、价值链和生态系统。”2018年11月，南方电网孟振平董事长提出“南方电网向能源产业价值链整合商转型，是改革趋势使然，也为国际企业经验所证明”。贵州省是国家大数据综合实验区，贵州电网是贵州企业的排头兵，拥有庞大的数据资产。本文分析研究贵州电网应如何借鉴成功企业数据运营的先进经验，建立自身的数据运营模式，以求对内支撑精益管理和科学决策，对外提供增值服务，创造新的价值。

二、数据运营与泛互联网化范式

（一）数据运营

数据是对管理、业务、用户行为等活动痕迹的记录，具有业务属性、技术属性与价值属性。随着信息科技的进步、互联网的兴起、物联网与智能终端业务的发展，数据的价值属性愈发突出，企业对数据的关注点由管理上升至运营，即如何尽可能挖掘数据的直接价值与衍生价值，通过数据来提供产品和服务，并形成一种全新的商业模式或产业生态。从价值属性分析，数据运营的发展可以分成四个阶段，如图1所示。

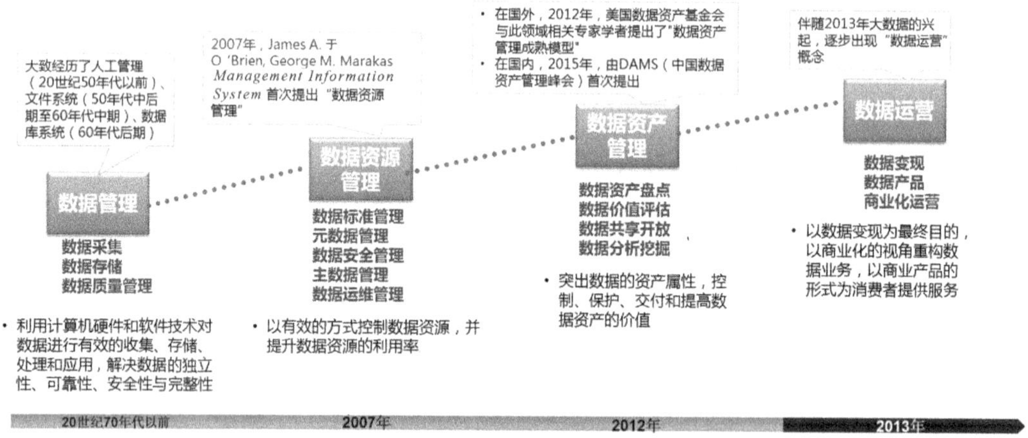

图1 数据运营的发展历程

数据管理与数据资源管理偏重数据自身属性的管理，均致力于寻找、发展、利用各种技术或管理手段，在数据生命周期各阶段建立适当的策略和程序，充分、有效地管理与控制企业各类数据资源，提升数据资源的利用率。

数据资产管理与数据运营则突出数据价值属性，其主要活动均围绕"保护、提高与发挥企业数据资产价值"开展。特别是以数据资产为基础的数据运营，更注重将数据商品化，以商业化的视角重构数据业务。因此，可以说，数据运营是一种以数据资产为基础，以数据增值为最终目的，以数据产品或服务为消费者提供价值的商业活动。

（二）泛互联网化范式

数据运营有没有特定的模式或方法呢？下面通过分析谷歌、阿里巴巴、脸书以及苹果公司的数据运营来研究和探索一些共性的规律。

1. 谷歌

谷歌通过对终端、应用、平台的全面布局，实现了从单一搜索服务到制造+服务的一体化解决方案，大大增强了谷歌产品的用户黏性与排他性，形成良性循环。通过谷歌搜索记录“用户即时意图数据”，对搜索数据进行多维度分析，透析用户行为意图，实现精准营销。利用各类谷歌终端，将Google搜索引擎、YouTube与Android系统收集的海量用户数据与先进的算法相结合，进一步支持Google信息服务的高效性与精确性。随着“Google+”产品的不断丰富，谷歌依托全球数据中心积累了海量用户数据，借以打造包括人工智能和智能应用的生态系统。

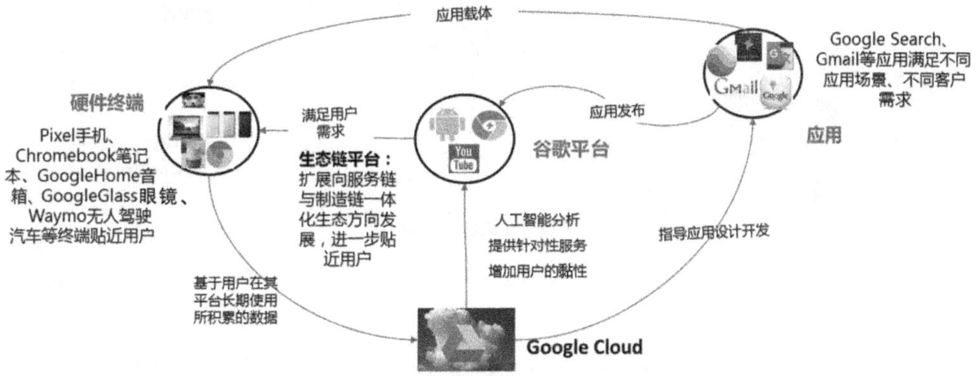

图2 谷歌数据运营模式

2. 阿里巴巴

阿里巴巴利用全域数据驱动业务，让数据发挥更大价值。通过核心电商应用收集各类用户数据，经过阿里数据中台（阿里云）的统一存储和处理，将海量全域数据应用于支付宝、蚂蚁金服、菜鸟等生态业务，形成了“资金流”“信息流”“物流”三流合一产业生态。

图3 阿里巴巴数据运营模式

3. 脸书

脸书基于社交应用积累了全世界最为庞大的人际关系数据，通过对数据的深入挖掘，为广告商提供精准营销服务。同时，提供社交应用开放式接口，并基于Facebook开放云为第三方的社交类应用提供环境、数据、算法等服务，满足不同场景的应用，进一步增加用户黏性。

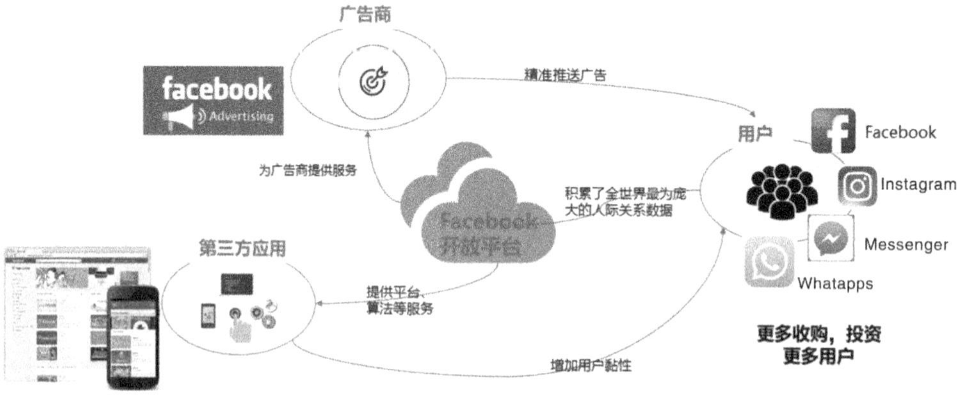

图4　脸书数据运营模式

4. 苹果

基于iPhone终端构建应用商店，使应用软件有了便携的线上发布渠道，使苹果的智能手机能够用于各类生活和工作场景。开发者与苹果公司间关于App的利益共享机制使得App越来越丰富，iPhone手机的用户黏性越来越高。同时，通过iCloud中的用户数据，分析并推出更适合用户的新型应用。

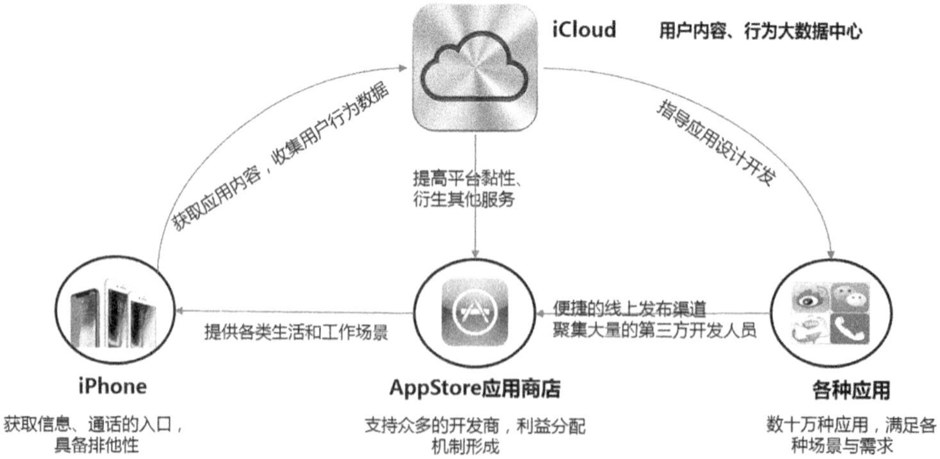

图5　苹果数据运营模式

抽象来看，四家互联网公司数据运营拥有如下共同的特征：

终端：拥有连接用户获取信息的终端。终端可以是硬件、软件或网络服务。例如，谷歌手机、谷歌浏览器、苹果手环、苹果的音视频播放软件皆是终端。

平台：拥有承载多方获利的平台。例如，谷歌安卓系统、阿里巴巴支付宝、脸书社交平台、苹果应用商店。

应用：拥有满足用户刚需的应用。例如，谷歌搜索、谷歌地图、Gmail、阿里巴巴支付宝中的应用、Facebook第三方应用、苹果应用商店中的应用等。

数据：终端、平台、应用在运营过程中形成的数据资产。

上述四者之间相互独立，又高度关联，协同构成一个由终端、平台、应用、数据资产四要素构成的有机统一的商业模式，这就是泛互联网化范式。

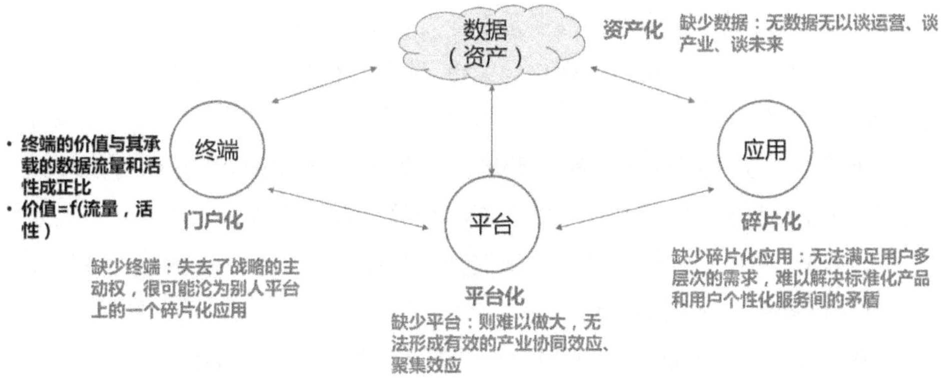

图6 泛互联网化范式

泛互联网化范式中，数据资产是数据运营的基础，终端是数据获取和数据服务的渠道，应用是持续增强用户黏性、数据增值的关键手段，平台是数据存储、加工、交易的载体。终端、平台、应用相互协同，积累数据资产，从而驱动大数据飞轮效应，推动数据资产价值不断释放。因此，泛互联网化范式成为企业开展数据运营的最佳范式。

泛互联网化范式演绎“终端、平台、应用、数据”有机统一，形成不同形式的商业形态，但核心是盈利。根据主要盈利来源的不同，可以归纳成五种模式，分别是强终端模式、强应用模式、强平台模式、强数据模式以及混合模式。例如，苹果公司以苹果手机为其核心盈利点，是典型的强终端模式；谷歌与Facebook主要的利润来源是广告业务，因此是典型的强数据模式；阿里巴巴依靠广告、金融、物流业务获得丰厚的利润，是典型的混合模式。不管哪一种模式，其真正产生价值的是终端或者应用带来的数据流量，是在平台中日积月累形成的数据资产，并通过终端、应用、平台的循环提升，形成数据优势，形成竞争壁垒。

三、贵州电网数据运营的优势与挑战

从数据运营的成功案例与泛互联网化范式来看，贵州电网有望成为贵州能源产业数据的整合者、提供者、挖掘者与交易撮合者，有望在能源产业结构调整、电力市场改革的关键期推动数据成为电网新的价值增长极。在此目标指引下，优势与挑战并存。

（一）具备的优势

1. 在能源产业价值链中处于关键位置。清洁能源和绿色能源的大规模应用是我国经济高质量发展的重要标志，在电动汽车、清洁取暖、港口岸电和家庭电气化等领域，能源供给采用电能替换是产业发展的必然趋势，而在电能供给生态中，电网处于连接电源点和用电客户的关键环节，是电能交互的关键节点，也是数据流动的关键节点。

2. 拥有区域大数据发展红利。贵州作为全国首个国家大数据综合试验区，经过多年努力，大数据发展的政策红利逐步释放，政策扶持、产业环境、人才培养、安全保障不断优化，信息基础设施完善，数据开放共享环境优越，数据价值开发可以获得较多先行先试机遇。

3. 数据交互快速发展。在贵州区域大数据产业日益成熟的背景下，区域内各方对电网数据的交互需求日益旺盛，呈现出要求交互数据种类多、数量大、质量高、速度快的态势。政府方面，贵州电网多次与大数据管理局、公安局、云上贵州、贵阳数据交易所等职能机构共同探索电网数据与政务数据融合发展；合作伙伴方面，售电公司、发电企业、电力设备制造商、综合能源服务商等期望获得电力规划、设备、电量、客户等数据支撑自身业务发展；金融方面，多家银行期望获得用电客户电费缴纳数据支撑客户征信工作；用电客户方面，用户期望获得停电、计量、负荷、电价、电费等数据支撑节能降耗、用电分析等业务场景。

4. 拥有独一无二的数据资产。贵州电网拥有电网规划、运行、检修、电源分布、发电能力、供电能力、设备运行规律、电量交易、电费交易等独有数据种类，且电网自动化程度高，信息化基础好，投运系统多，系统运行时间长，多个业务领域积累近30年数据，形成了庞大的数据资产。

5. 拥有技术和人才基础。贵州电网近十年来承接了南方电网数据方面的多项试点工程，在技术方面，紧跟技术潮流，多次迭代，构建了技术支撑平台；在人才方面，历经磨炼，拥有一支懂技术、懂数据、懂运营的人才队伍，为数据运营奠定了技术和人才储备。

（二）面临的挑战

1. 获取的外部数据不全面。电网外部数据开放共享程度低，获取来自政府机构、上下游产业链合作伙伴方数据的种类少、数量小；获取电网和设备运行环境数据水平低；获取用户行为数据基本处于“零”状态。

2. 数据治理水平不高。在数据资产管理、数据应用管理方面尚未建立完善的制度体系，数据在准确性、一致性、及时性方面尚不能完全支撑高价值应用，缺乏数据质量全过程管控的技术支撑工具，数据认责处于初级水平。

3. 开发的应用不丰富。基于数据开发产品和服务的生态尚未成熟，开发单一数据的分析应用较多，多数据的运营应用和决策应用较少，缺少跨系统、跨业务域的主题应用与辅助决策应用，基于跨界数据的综合应用少，强关联用户的互联网应用不丰富。

四、泛互联网化范式下贵州电网数据运营建议和典型场景分析

贵州电网要成为贵州能源产业数据的整合者、提供者、挖掘者与交易撮合者，就应该充分运用泛互联网化范式，发挥自身优势，积极应对挑战，走适合自己的数据运营之路。

（一）终端、平台、应用的发展建议

1. 终端发展的建议——最大化获取数据

大力发展物联终端和服务终端，通过终端最大化实现各类数据的采集、传输、交互等。

物联终端方面，充分应用物联网、人工智能、边缘计算等技术，在电网内部持续大规模部署物联终端；在电网外部，协同各种组织推动物联终端的普及应用，通过内外结合推进物联终端大众化，推进万物互联，实现各类固定物联终端，如电力设备在线监测终端、智能家居网关、充电桩等物联终端采集的实时准实时数据为己所有、为己所用，实现各类移动物联终端，如智能手机、平板电脑、APP等采集的实时准实时数据为己所有、为己所用，从而大规模、常态化为电网带来更全面、更准确、更及时的数据。

服务终端方面，采用自主研发和外部联合方式，打造多元的服务终端生态，将传统的95598、人工营业厅等自有服务终端扩展到网上营业厅、实体智慧营业厅、第三方移动服务终端（如微信、支付宝、云上贵州等），一方面为用户提供更多样、更优质的服务终端产品，提供更便捷、更个性化的体验，另一方面为电网积累更丰富的用户行为数据。

2. 平台建设的建议——提供数据服务，承载商业模式

着力打造能源互联网数据平台。平台具备技术和商务两大功能，技术功能负责数据的存储、分析与计算，提供精准、可靠的数据服务；商务功能承载商业模式，实现聚集合作伙伴，与价值链上的合作伙伴共享数据，共享利益。

目前贵州电网已经构建了以开源技术为主的技术支撑平台，基本实现了能源互联网数据平台的技术功能，为数据运营提供了基础的技术支撑。但随着数据和应用规模的不断发展，随着新技术理念的演进，未来将强化平台"云化、服务化、开放式、敏捷开发、快速迭代"方面的技术能力，以应对平台面临的技术挑战。同时综合考虑贵州大数据发展环境及企业的行业特性，贵州电网未来需要积极开拓能源互联网数据平台的商务功能，推进平台平滑对接"云上贵州"、大数据交易所等，通过交换或交易获取能源产业外高价值的数据，同步推进能源产业价值链上发电、电网、用户、电建、供应商、石化、燃气等伙伴的数据共享与整合，从而最大化地获取和积累数据，实现能源数据生态圈的"共荣"，推动能源互联网数据平台"互联互通、开放共享、互利共生"。

3. 应用开发的建议——丰富应用，增强用户黏性，加速数据增值

将对内的业务赋能与对外的经营增值作为基本立足点持续优化和新增应用。积极探索数据应用场景、提供标准化的数据服务组件，不断丰富数据应用/服务工具，打造数据产品"深加工"能力，孵化各类创新性应用，不断增强用户黏性，加速数据增值，循环往复促进生态不断优化。

在内部应用方面，注重顶层设计，持续开发各业务领域的专业级应用（营销、资产、物流等业务域），开发跨业务跨部门综合应用，开发跨行业的企业级应用。

在外部应用方面，未来2年内，强化围绕电与合作伙伴增强交互的应用；未来3～5年，强化围绕能源锁定更多商业模式，开发更多个性化、智慧化应用。具体来说，未来将致力于开发各类综合能源服务及其衍生产品的应用，包括节能用电、智能家居、电动汽车、供应链金融等。

（二）数据运营的典型场景和商业模式分析

围绕电网数据资产，结合具体业务的价值定位、增值方式、经营策略、数据价值增长趋势等因素，分析贵州电网数据运营的几种典型场景和商业模式。

1. 居民用户的交互——数据与应用的混合模式

以面向用电客户开放的APP为抓手，如已经投运的用电助手APP，在提升客户服务水平的同时，自动收集用户行为数据，以此产生数字媒体的变现形式，推动电网数据由内增效走向外增值。具体场景如图7所示。

图7　数据运营生态中与居民用户的交互场景

通过APP在满足客户服务需求的同时自动收集更为丰富的用户数据，一方面结合用户已安装应用、社交关系等数据对客户进行标签分类，与广告商合作推送精准营销内容；另一方面基于贵州电网内部数据中心所积累的信息，设计并开发以客户为中心的数据应用，推出可视化、趣味性强的数据应用，如10年电费消费账单、小区用电排名、热水器节能建议等，增强用户黏性，推进生态运转。

2. 配售电公司交互——强数据模式

配售电公司对于贵州电网的数据和应用具有较多且迫切的需求，可将其纳入数据运营生态圈，有条件、有限度、有步骤地对其提供数据服务，以便更好地发挥电网数据生态作用。具体场景如图8所示。

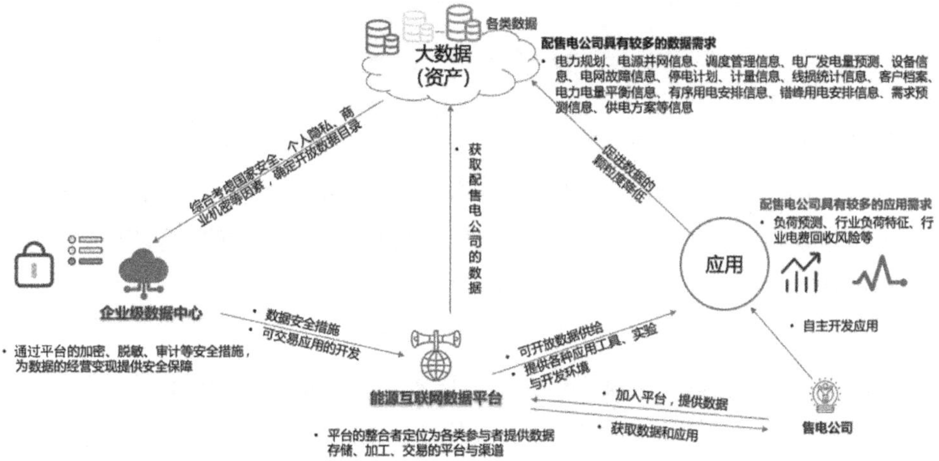

图8　数据运营生态中与配售电公司的交互场景

配售电公司出于开展业务需要，希望获得贵州电网的电力规划、电源并网信息、调度管理信息、电厂发电量预测等信息，获得负荷预测、行业负荷特征、行业电费回收风险等产品应用；贵州电网对于配售电公司的需求，综合考虑国家安全、个人隐私、商业机密等因素，确定开放数据目录，并通过贵州电网内部数据中心完成数据的加密、脱敏及审计等工作之后，以能源互联网数据平台作为唯一出口，对外提供服务，同时整合平台中各类参与者，为其提供数据存储、加工、交易等服务，以此推动电网企业对电力数据进行整合，同时完成电网企业的技术、数据产品及能力的输出。

3. 满足政府需求——数据与平台混合模式

目前政府对贵州电网的数据诉求不断增多，一方面需要支撑电力大数据的应用和产业发展规划、负荷规划、电网数据对外开放等支撑性工作，另一方面希望贵州电网积极参与对外交流合作，在实验室、共性技术、人才培养等方面开展战略性合作。具体场景如图9所示。

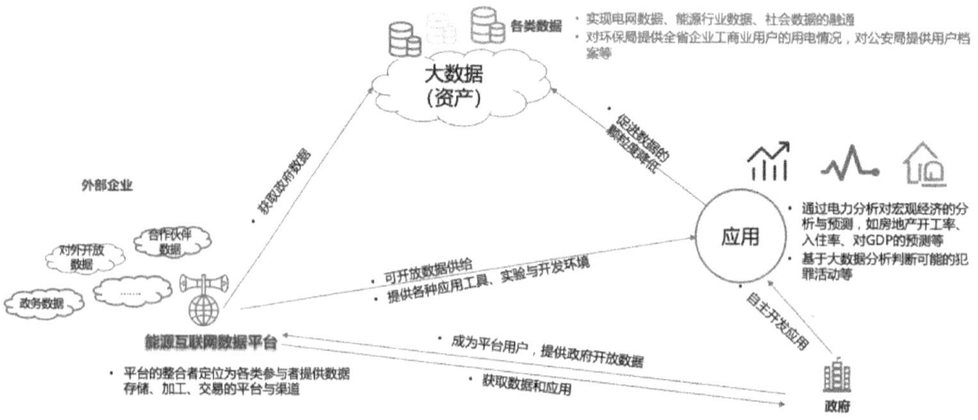

图9 数据运营生态中与政府的交互场景

在贵州电网数据运营生态中，政府可以看作是能源互联网数据平台重要用户，平台为其提供所需的数据与应用，积极履行贵州电网的社会责任。同时积极引入政府开放共享的数据，与电网数据进行融通，促进数据颗粒度不断细化，深入挖掘数据价值，更好地支撑宏观经济分析、政策制定、社会责任的履行等。

4. 跨界互联互通——数据与终端的混合模式

通过构建能源互联网数据平台，拓展服务终端、物联终端合作，全面支持跨界数据、终端的互联互通与应用创新。具体场景如图10所示。

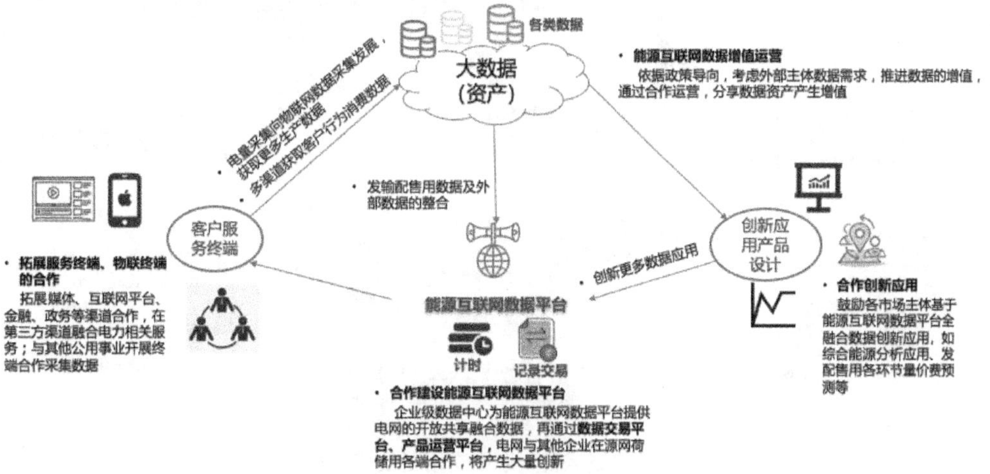

图10　能源互联网数据平台

贵州电网内部数据中心为能源互联网数据平台提供电网的开放共享数据，一方面促进其与石化、燃气、互联网平台、金融等第三方渠道合作，向外提供电力相关数据或服务；另一方面促进其与石化、燃气、互联网平台、金融等跨界终端采集数据的交互与融合，对内输送外来数据或服务，从而积累更为丰富多样的数据。

与此同时，通过多方数据的深度分析挖掘，为各方主体提供应用创新与合作基础，鼓励各方基于能源互联网数据平台开发创新型应用，如综合能源分析应用、发配售用各环节量价费预测等，进一步形成电网数据生态良性发展态势。

5. 空间租赁服务——强平台模式

通过构建能源互联网数据平台，为平台参与者按需提供基础数据、存储空间、开发环境，对生态中企业规模小或数据技术能力弱的潜在合作者（例如一些小的配售电公司、电网竞争性业务公司等）具有较强的吸引力。具体场景如图11所示。

用户通过PC、智能手机、物联网节点等终端向平台申请租赁基础资源申请，平台提供多种产品及服务模式，包括按用户数计费、按容量计费、空间包年包月等服务。通过空间租赁服务，获取更为广泛的数据，分析海量的用户数据特征，多维关联，一方面不断提升丰富自有数据价值；另一方面持续深度学习，不断整合、挖掘、分析用户需求，为用户提供越来越多、越用越准、越用越佳的应用支撑，更好的应用及服务可吸引更多的用户参与到平台运营之中，不断促进整个数据生态的运转，平台自身则通过自动部署、动态伸缩、资源回收等特性，大幅降低运营成本，极大提升用户体验。

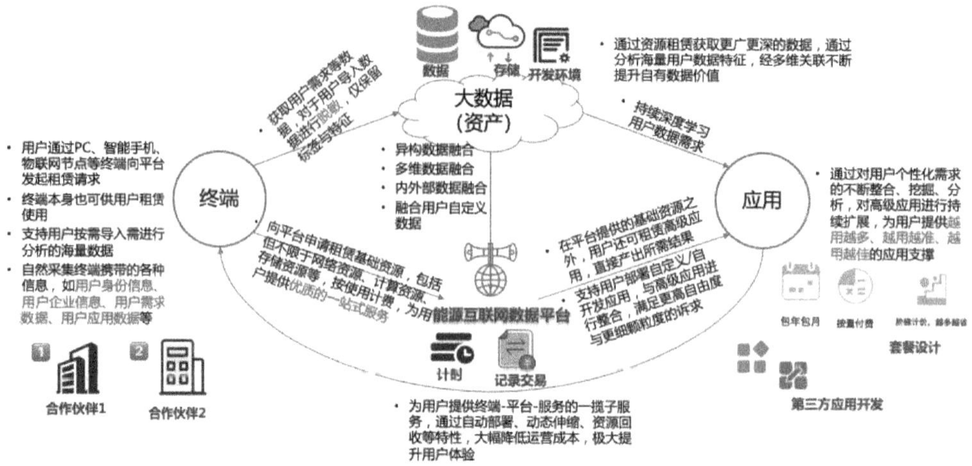

图11　数据运营生态中空间租赁服务场景

五、结束语

时代发展的必然趋势和先驱企业的成功实践共同推动数据运营步入前所未有的时代。贵州电网在贵州能源产业价值链中处于关键位置，拥有区域大数据发展红利，拥有独一无二的数据资产，拥有良好的技术和人才基础，具备从事贵州能源产业数据运营得天独厚的优势。未来，贵州电网将充分运用泛互联网化范式，打造贵州能源产业数据生态，成为贵州能源产业数据的整合者、提供者、挖掘者与交易撮合者，成为贵州区域能源产业价值链整合商，以满足各方的利益诉求。

参考文献：

［1］中华人民共和国国务院. 促进大数据发展行动纲要［Z］. 2015－8.
［2］中华人民共和国国务院办公厅. 关于运用大数据加强对市场主体服务和监管的若干意见［Z］. 2015.
［3］贵州省人民政府. 贵州省大数据产业发展规划纲要［Z］. 2014.
［4］中国南方电网有限责任公司. 中国南方电网有限责任公司数据资产管理行动计划［Z］.
［5］赵国栋.大数据时代的历史机遇——产业变革与数据科学［M］.北京：清华大学出版社，2013：54-58，94，212-214，244.
［6］James A，O’Brien & George M. Marakas. Management Information Systems［M］. 李红、姚忠译. 北京：人民邮电出版社，2007：118.
［7］陈兴跃，刘晓滔. 数字时代的数据资产安全管理［J］. 互联网经济，2017（07）：29.
［8］高伟. 数据资产管理——盘活大数据时代的隐形财富［M］. 北京：机械工业出版社，2016：15-22.

加强和改进省级电网大集体企业党的建设的思考

■ 广西能汇投资有限公司 朱德宗

摘 要：随着国企和电力行业改革的深入，伴随改革逐步发展起来的多种经济成分并存的大集体企业也面临改革转型。如何加强党对大集体企业的全面领导，成为当前要面对的重要课题。文章从省级电网大集体企业的视角，结合南方电网关于加强大集体企业党的建设新要求，全面分析大集体企业党的建设存在的突出问题，提出把握好“三大关系”，从“强组织、稳队伍、激活力、促融合”四个方面加强大集体企业党建工作的思路和举措，为提高大集体企业党建质量，促进党建与改革发展深度融合，推动企业持续健康发展提供有益探索。

关键词：电网；大集体企业；党建

引 言

大集体企业（集体企业、职工持股改革后企业），是伴随国有企业和电力行业改革进程逐步发展起来的多种经济成分并存企业，在安置主业富余人员、推动减员增效、支撑电网安全稳定运行等方面发挥了积极作用。但是，由于企业历史发展原因，对照全面从严治党的要求，大集体企业党的建设与公司党组的要求和主业单位党建工作水平仍然存在较大差距，特别是存在党组织关系未理顺、党建基础薄弱、历史遗留问题多、员工队伍稳定压力大、党建与生产经营融合不到位等问题，迫切需要解决。研究加强大集体企业党的建设工作，将提升南方电网公司党建质量和整体水平，更好地促进公司改革转型发展。

一、加强大集体企业党的建设的重要意义

（一）加强大集体企业党的建设，是推进全面从严治党向基层延伸的必然需要。

坚持和加强党的领导是国有企业的根和魂，是国有企业的独特优势。大集体企业是国有企业改革和电力体制改革过程的产物，加强国有企业党的建设，同样要加强大集体企业党的建设，这是推进全面从严治党向基层延伸的必然需要。

（二）加强大集体企业党的建设，是建设世界一流电网企业、推动公司向能源产业价值链整合商转型的重要保障。

公司的企业愿景是打造安全、可靠、绿色、高效的智能电网，成为具有全球竞争力的世界一流企业和业绩卓越、广受尊敬的能源产业价值链整合商。主业单位以输配电业务为核心，努力提升核心竞争力，使主业更加突出、技术更加领先、管理更加先进、绩效更加优秀。大集体企业作为公司改革转型发展的一支重要力量，通过加强党的建设，可真正发挥党组织“把方向、管大局、保落实”作用，充分发挥大集体企业自身优势，在智能电网、充电桩建设、电动汽车、综合能源服务等方面给予主业更好的支撑和补充。

（三）加强大集体企业党的建设，是维护职工队伍稳定，提升公司党建质量和整体水平的现实要求。

大集体企业由于自身发展历史原因，存在较多历史遗留问题，企业经营压力大，员工队伍稳定问题凸显。南方电网系统大集体企业员工有近10万人（其中广西电网大集体企业有近1.8万人），占南网总员工数近三分之一。这么大一个群体的发展和稳定问题，对电网企业而言是一件绕不过去的难事、大事，是公司必须直面的问题。大集体企业党的建设也将影响和决定电网企业党建质量和整体水平。

二、当前大集体企业党建存在的主要问题及原因

近年来，南方电网公司系统各级党委加强了大集体企业党的建设，但与全面从严治党的要求、公司党的建设总体水平相比，大集体企业党的建设仍然存在较大差距，迫切需要解决。当前，电网系统大集体企业党的建设存在的主要矛盾是传统的国有企业（主业单位）党建管理方式方法与新时期大集体企业改革转型发展要求不相适应的问题。大集体企业成立之初的一个重要职能是安置主业富余人员、减员增效。随着巡视整改的要求，职工持股企业又完成了职工股权清退，股权转为集体所有，大集体企业与国有企业（主业单位）在企业性质、政策支持、企业规模、业务重点、员工素质以及管理方式都有很大区别，如果不主动适应大集体企业的改革发展，照搬照用主业单位党建管理的方式方法来推进大集体企业

党建工作会出现“不匹配”“水土不服”等问题。下面主要以广西电网公司大集体企业为例，以点及面，全面梳理省级电网大集体企业党建存在的突出问题。

（一）广西电网公司大集体企业总体情况

广西电网公司按照总体部署，于2017年6月30日，稳妥有序完成了职工持股企业非公股权清退，按照“省为主体”的原则，以集体企业出资设立有限责任公司形式，建立统一的省级职工持股改革后企业资产运营平台——广西能汇投资有限公司（以下简称能汇公司），并由能汇公司稳妥完成吸纳，广西电网无地市级分平台。广西电网公司现有9家厂办大集体企业，其中南宁电力试验研究工程公司是改革后企业平台能汇公司的母公司，由广西电网公司直接管理；广西河池创志服务管理公司等其他8家体量较小、业务逐渐萎缩的企业由相应的地市供电局管理。9家集体企业基本属于围绕电网产业链经营的企业。能汇公司所属企业178户，公司及所属企业共有员工17367人，党员1488人，其中正式党员1460人，预备党员28人，占公司员工总数的9.97%，男女党员比例分别为72.85%和27.15%。能汇公司及所属企业共有党总支7个，党支部86个，涵盖165户企业，未建立党组织的企业5户，其余企业挂靠主业相关党支部。无党员企业33户，占比为18.5%；单位负责人为非党员的企业65户，占比为36.5%。

（二）存在的主要问题

1. 基层党组织关系尚未理顺。能汇公司党委于2018年6月（即公司成立一年后）才成立，所属企业党组织关系尚未理顺，目前只有7家一级子公司党组织隶属能汇公司党委，其他二、三级子公司党组织关系隶属市（县）供电局党委或当地国资委。这在一定程度上造成了一些基层党组织出现“能汇公司党委没法管、属地供电局党委不愿管、懒得管”的管理真空。党员人数占企业总人数比率低（占比为9.97%），无党员企业比率偏高（占比为18.5%），企业法定代表人为非党员的企业比率偏高（36.5%），少数企业符合设立党组织的条件但未按规定建立党组织。

2. 历史遗留问题多，队伍稳定压力大。能汇公司去年完成了平台搭建，基本完成了非公股权清退的政治任务，平台的建立既碰上了竞争性企业整合发展的历史机遇期，又遇到了许许多多的问题和困难。由于历史的原因，单靠汇合难以解决自身发展中的问题。比如非公股权的清退，大部分企业自有资金无能为力，原因是这些企业在整合前每年职工分红分光吃光，没有积累。目前许多企业是负债经营，盈利能力弱，流动资金短缺，历史遗留包袱重，清退非公股权吸纳资金主要靠能汇公司向银行贷款。去年能汇公司贷款8个亿，今年缺口4个亿，银行贷款造成能汇公司利息财务费用高达5000多万元。今年上半年能汇公司实现收入34.4

亿元，同比增长14.17%，但是利润为-0.62亿元。亏损的主要原因有：上半年项目收入结算滞后；收入成本不匹配；部分单位由于业绩下滑、资金不足影响业务拓展；融资退股产生财务费用大幅增加。随着“四个一批”整合发展工作向纵深推进，多方利益诉求多元化、“子改分”涉及的资产处置、税务、法律纠纷等问题不同程度影响了企业整合工作的实施。面对当前困境，员工对企业发展缺乏信心，队伍稳定压力凸显。

3. 党建工作缺乏活力，党组织和党员作用发挥不明显。部分集体企业对党建工作在思想上重视不够，精力投入不足，党建工作走形式，缺乏活力。有的企业负责人对党建工作的支持力度不够，特别是竞争性企业，认为经营企业的目的主要是获取最大的利润，党建是附带的工作，对党建工作缺乏热情。有的支部组织软弱涣散无作为，有的领导干部作风不严不实，有的党员混同一般员工无先进性可言。

4. 党建与改革发展缺乏融合，存在“两张皮”。党建工作深度、完整性、整体水平都比较欠缺，停留在完成上级下达任务、党建专责整理资料被动应付上级检查的层次，与业务工作相交相融不足，两者掰成两条线、扯作两张皮的现象突出。部分企业不善于找到党建与生产经营改革发展融合的切入点，而是在生产经营改革发展取得一定成绩后套上党建的“帽子”，给生产经营改革发展工作“穿衣戴帽”，牵强融合，没有真正发挥党组织的作用，促进企业改革发展。

（三）主要原因分析

一是大集体企业党建管理的责、权、利不匹配。如能汇公司党委作为集体企业平台公司党委，职责是管理下属各级子、分公司党组织，但是二、三级子公司的党政主要负责人和领导班子成员大部分是由属地市县供电局派出的主业身份干部，虽然按照现行干部管理办法，相关的干部调整和任命由能汇公司负责，但实际上还是以属地市县供电局党委意见为主，能汇公司党委只是名义上“把把关”，二、三级子公司的干部管理权限实际上还是归属地市县供电局。同时，按照上级要求，能汇公司党委要在年底前接收所属各级企业党组织关系，实行“垂直管理”。干部管理权限和党组织关系管理不匹配，这样的管理方式容易造成责、权、利不明确，管理“打折扣”的问题。

二是对大集体企业的定位和认识不明确。一些主业单位和部门没能考虑大集体企业的历史，认为大集体企业（特别是职工持股改革后企业）是巡视整改的产物，主业单位要避免与大集体企业产生过多业务往来，以免日后被巡视和审计认为有“利益输送”嫌疑，片面机械地把大集体企业当作“外单位”，一段时间内，使大集体企业在改革后承接项目明显减少，一些企业经营困难，员工队伍不稳定。同时，大集体企业被要求不能使用南方电网标识，原来工作服上的标识要拆掉或者用布遮挡等。这些看似合理的做法却无形中影响了员工的归属感。

三是大集体企业部分党员干部和员工思想观念转变难。大集体企业由于长期游离于主业规范管理之外，形成了管理松散、标准不高、要求不严等一些不良现象。一些调到改革后企业工作的主业党员，由于工作身份发生变化造成其认为脱离了主业，普遍缺乏自我准确的认同和定位，影响了党员作用的发挥及党规党纪的执行。

三、加强电网大集体企业党建工作的思考与建议

针对存在的突出问题和原因，加强电网大集体企业党的建设工作，一方面要把握好“三大关系”，另一方面要从四个方面下功夫，探索一条适合新时期电网大集体企业的特色党建之路。

（一）把握好“三大关系”

一是党建作为“利润”还是作为“成本”的关系。党建是国有企业和大集体企业不可或缺的“无形资产”。企业追求的是利润最大化，从企业管理角度来说，成本越低，利润就越大。如果我们把企业党建作为“成本”，意味着我们重视的是投入而不是产出，投入可多可少，折射出当前一些“重经营，轻党建”，党建与生产经营“两张皮”的问题；如果把党建作为“利润”，意味着我们重视的是产出（即党建效益），党建工作融入改革发展越紧密，组织和员工的思想和行为就越正向，为企业创造的价值就越高，企业效益就越好。

二是党建与党务的关系。要正确理解“党建”与“党务”的关系。党务工作是党建工作的一部分，加强大集体企业党的建设并不能简单地理解为加强党务工作，而是要全面加强党的政治、思想、组织、作风和制度等建设，提升党建工作质量，促进企业改革转型发展。

三是电网主业单位与大集体企业的关系。电网主业单位是国有企业，“姓党”；大集体企业虽然是非国有竞争型企业，但是也是在南方电网和各省级电网公司党组、党委领导下开展工作，大集体企业是南方电网系统改革发展的一支重要力量，不是“外单位”，大集体企业也“姓党”，必须坚持党对大集体企业的领导。大集体企业党的建设既要向电网主业单位看齐，又不能照搬照抄；主业单位也要指导和支持大集体企业党的建设，共同提高南方电网公司系统党的建设整体质量和水平。

（二）重点从“四个方面”下功夫。

1. 强组织，提升党建工作质量。一是坚持党对大集体企业的领导。要坚持

“两个坚决维护”，增强“四个意识”，坚定“四个自信”，运用习近平总书记新时代中国特色社会主义思想和十九大提出的新发展理念指导公司管理，强化“主业管方向，平台管发展，企业创效益”的管理定位，进一步明晰战略目标及管控界面，按照“四个一批”策略分类盘活、整合发展，打造资源共享、集约管理、服务主业、馈益社会的平台核心价值与能力。二是理顺组织关系。原则上大集体企业所属各级企业党组织关系实行省级大集体平台公司党委“垂直管理”为主、市县供电局党委“协助管理”为辅的管理模式，明确平台公司党委和市县供电局党委的干部管理和党组织管理权责。三是优化党建管理模式和基层组织设置。强化大集体省级平台公司的党建管理与服务功能，采用党建分片协作检查、支部标准化建设验收评比、党委成员党建工作联系点等工作机制，实现公司系统内党建工作全覆盖。根据公司所属企业的机构设置、党员数量及分布情况等特点，结合“四个一批”整合同步对所属基层党组织进行合理新建、撤并、调整，确保支部组织设置的跟进率、覆盖率达到100%，各党支部按时换届率达到100%。

2．稳队伍，增强干部员工的凝聚力和归属感。一是要妥善处理历史遗留问题。坚持问题导向，把握好处理历史遗留问题的窗口期，为大集体企业发展减轻包袱、扫清障碍，坚定广大干部员工改革发展的信心。同时强调“新官要理旧账”，引导干部勇担责，敢担当。二是注重人才培养。积极探索市场化选拔人才，以业绩为导向，建立符合竞争性企业特点的激励机制，留住人才。重点培养“竞争性企业”复合型人才，为推进企业改革转型储备人才。三是加强人文关怀。实施“员工辅导计划”，建设“党员之家”“职工小家”和“青年之家”，领导干部定期与党员员工座谈，真正为员工解难事、办实事，保持队伍稳定，增加干部员工的归属感和忠诚度。

3．激活力，发挥党组织战斗堡垒和党员先锋模范作用。一是创新党建管理。在基层党组织试点开展“轮值党支部执行负责人制”，即由党支部支委或者党员骨干按季度（或月度）轮值担任党支部执行负责人，协助党支部书记开展本季度（或月度）党支部各项工作，激发党员创新活力和责任意识，锻炼培养储备党务人员；基层党组织试行“党员绩效曲线”，按季度统计党员绩效指标，绘制党员与员工绩效曲线，让党员清楚自己所处的位置，鼓励先进，鞭策后进。二是加强大集体企业文化建设。探索与南方电网公司新修订完善的《南网总纲》相承相通的核心价值观管理及具有大集体企业自身特色的企业文化建设，促进公司内部融合与和谐，提升公司美誉度和社会影响力。三是建立干部容错机制。出台容错措施，激励引导干部敢担当勇作为、谋改革促发展。强化企业领导人员日常管理监督，加强全方位管理。突出正向激励，研究制定相关激励办法，树立“有为才有位”的鲜明导向。

4. 促融合，推动企业改革转型发展。一是注重计划的融合。树立党建是最大政绩的理念，加强党建计划管理，将党建工作计划与生产经营改革发展计划融合，同计划，同部署，同考核，避免“两张皮”。二是找准融合的切入点。党组织开展工作要聚焦当前企业改革发展的难点热点问题，聚焦单位的短板。比如当前我们的重点就是如何贯彻落实南网公司11月13日党组理论学习中心组集体学习研讨（扩大）会上孟振平书记、董事长的重要讲话精神，认真思考在电网公司向能源产业价值链整合商转型的大背景下，大集体企业如何适应改革转型，如何推进职工持股改革后企业发展，等等。我们要善于找准切入点，主动作为，运用“书记项目”“董事长（总经理）项目”“先锋三堂”等有效载体，发挥党组织和党员三大作用，引导基层党组织和党员，以项目化攻关的方式思考和解决难题，补齐短板。三是抓示范引领。一方面是抓党政一把手的示范作用。党建工作与改革发展融合得好不好，很大程度上也反映出一个单位一把手政治素质和管理能力。另一方面要善于总结提炼党建工作与改革发展有效融合的典型做法，形成可推广复制的创新成果。通过进一步总结提炼，将成果进行推广，提升大集体企业党建质量和整体水平，真正做到党建与生产经营改革发展工作血肉相连，浑然一体。

大集体企业因改革而生，也因改革而发展。站在新的历史起点，开启新的创业征程，我们要始终坚持党对大集体企业的领导不动摇，全面提升大集体企业党建工作质量，以一流的党建引领和保障一流企业建设，以前所未有的决心和勇气，脚踏实地，砥砺前行，探索出一条适合新时期电网大集体企业改革发展的特色党建之路，纵深推进全面从严管党治企，做到政治上坚定坚强，思路上求新求变，行动上落实落地，为实现企业各项改革发展目标而努力奋斗！

参考文献：

［1］中共中央文献研究室编. 习近平关于全面深化改革论述摘编［M］. 北京：中央文献出版社，2014.

［2］中共中央文献研究室编. 习近平关于全面从严治党论述摘编［M］. 北京：中央文献出版社，2016.

［3］毛泽东. 毛泽东著作选编［M］. 北京：中共中央党校出版社，2002.

［4］新时代国有企业党的建设研究中心. 新时代国有企业党的建设十六讲［M］. 北京：中共中央党校出版社，2018.

［5］本书编写组. 国企改革若干问题研究［M］. 北京：中国经济出版社，2017.

南方电网新动能发展策略研究

■ 中国南方电网产业投资部　张明明

摘　要：党的十九大报告指出，社会新旧动能接续转换，技术驱动的供给侧改革与市场消费驱动的需求侧改革不断深化，对产业发展带来新机遇、提出新挑战。为加快适应电力体制改革、供给侧结构性改革、能源革命及信息革命的新局面，研究明确新兴产业的特色内涵，刻画了新兴产业十大领域和165个行业的全景图；在此基础上，通过科学的分析判定流程，通过战略匹配原则、资源禀赋原则及市场规模原则甄别出12个未来电网公司新动能发展的重点行业；最后，以储能为例，对全产业链发展现状和细分市场以及自身优势进行分析，并提出发展策略建议，为推动公司高质量发展和培育产业新动能建言献策。

关键词：新动能；发展策略；产业链；储能；人工智能

一、引言

党的十九大报告和2018年《政府工作报告》都提出“要深入推进供给侧结构性改革，支持传统产业优化升级，培育发展新兴产业”。战略性新兴产业代表新一轮科技革命和产业变革的方向，是培育发展新动能、获取未来竞争新优势的关键领域，是供给侧结构性改革的重要内容，也是“十三五”规划纲要确定的重点任务。此后，《关于进一步深化电力体制改革的若干意见》的发布标志着新一轮电力改革的正式启动，电网企业成为电改中受到冲击最大的一方。由此，电网企业的财务数据、管理内容甚至盈利模式将发生根本的改变。如何在现有稳定基础上寻求新的发展和突破，将会是电网内外未来高度关注的方向，也是课题研究话题所在。

2018年，南方电网公司提出：“以创新为驱动，以输配电业务为核心，管制类业务与竞争类业务并重，面向两个市场、两种资源，推动质量效率动力变革，加快向能源产业价值链整合商转型”，明确了南方电网积极响应国家战略发展的精神，以及适应新技术、新业态、新模式和推动业务转型升级的决心。由此，南方电网公司应如何围绕“源网荷储”产业价值链进行业务延伸和布局，把握全球新一轮新兴产业革命的重大机遇，已然成为亟须解决和明确的研究方向。

在此背景下，本文将对新兴产业十大领域和165个行业全景进行深入研究，采用科学的方法甄别出储能、机器人、集成电路和养老四个重点行业，进而以储能行业发展为例细致论述，从“面—线—点”进行分析论证，以期推动电网公司培育新动能并向高质量发展转变。

二、新兴产业的概念界定与全景敞视

（一）新兴产业的概念界定

“新兴产业”这一概念最早由Porter（1988）在《竞争战略》[1]一书中提出，其内涵为通过一些因素新形成的或重新形成的产业，这类因素包括技术创新、相对成本关系变动、新的消费需求的出现或其他经济及社会方面的变化致使某种新产品或新服务得以市场化。相较而言，国内与国外对新兴产业的提法不同，国内“新兴产业”一般与“战略性”同时提出，国内的“新兴产业”一般是指“战略性新兴产业”。

2017年，习近平总书记于十九大报告中提出：“我国经济已由高速增长阶段转向高质量发展，正处在转变发展方式、优化经济结构换增长动力的攻关期，建设现代化经济体系是跨越关口的迫切要求和我国发展的战略目标。”随后，国家《“十三五”国家战略性新兴产业发展规划》指出，战略性新兴产业代表新一轮科技革命和产业变革的方向，是培育发展新动能、获取未来竞争新优势的关键领域，具有导向性、全局性、动态性、可持续性特征，并确立了包括新一代信息技术、节能环保、高端装备制造等在内的七大产业。

基于此，在传统动能增长缓慢、出口相关行业生产放缓、基建与地产发展态势下行、供给端收缩力度边际减弱以及各行业利润增速承压的情况下，经济结构性改革及转型必须尽快开展，经济增长由旧动能带动的局面将转变为由新动能带动，即先进制造业、服务市场开放以及消费升级将推动中国经济中长期增长，战略性新兴产业应当定义为国家新旧动能转换中培育发展新动能以获取未来竞争新优势的关键领域。

（二）新兴产业全景图研究

新兴产业全景图研究的新兴产业是在宏观经济社会新旧动能转换时期下，结合国家战略新兴产业指导意见，在供给侧（技术驱动）、需求侧（需求驱动）推动经济增长的引擎行业。由此本文以技术驱动及需求驱动两条主线贯穿全景图的研究并梳理出新兴产业全景图。

一方面，以供给侧技术创新要素为出发点，结合“十三五”国家战略性新兴产业发展规划中提出的推进供给侧结构性改革的要求，以及国家统计局新发的《战略性新兴产业分类》（2018版）明确的研究边界，明晰了技术驱动下的八大供给侧产业领域：节能环保、新一代信息技术、新能源、新材料、新能源汽车、高端装备制造、生物产业、数字创意。另一方面，需求侧角度下国内行业投资环境改善，管制类市场逐步开放。2007年3月国务院印发《国务院关于加快发展服务业的若干意见》文件、2015年发布《关于积极发挥新消费引领作用加快培育形成新供给新动力的指导意见》亦提出“服务市场开放”领域，囊括国家管制类服务行业对社会公众开放的核心行业，以及“市场消费升级领域”，将其划分为居民消费升级以及企业消费升级两部分。

综上所述，从技术驱动的供给侧改革以及需求结构升级驱动的需求侧改革两大驱动要素出发，界定南方电网公司战略性新兴产业研究的十大产业领域：节能环保、新一代信息技术、新能源、新材料、新能源汽车、高端装备制造、生物产业、数字创意、服务市场开放和市场消费升级，并以此十大领域为基础将10个领域延伸拆分成54个产业及进一步细化至165个行业（由于篇幅限制这里不一一列出），形成新兴产业全景图，如图1所示。

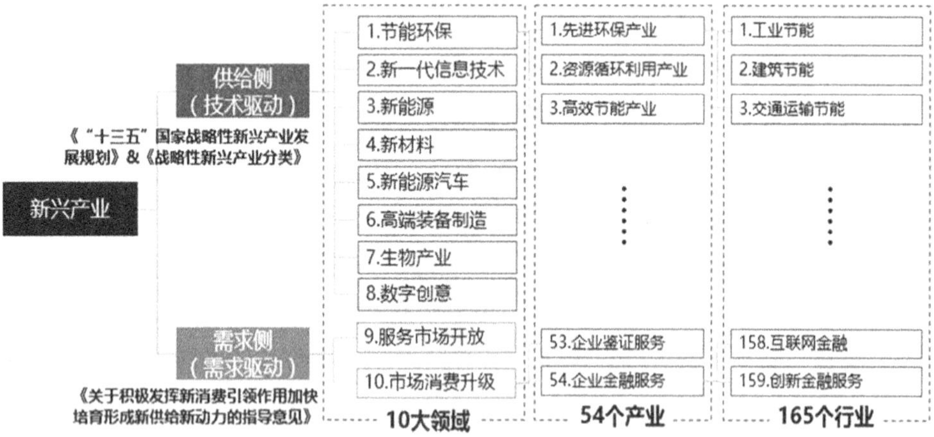

图1　新兴产业全景图

三、新兴产业中重点研究行业的筛选原则与分类

（一）新兴产业重点研究行业筛选规则与过程

制定重点产业筛选原则需要考虑南方电网的具体情况。从内部需求而言，电

力改革和新时代高质量发展要求南方电网大力发展竞争性业务，并在短期内形成利润规模、营业收入规模；从外部因素而言，新兴市场需在短期内具有客观的市场空间和利润空间。在此基础上，制定按照战略匹配、资源禀赋及市场规模三项原则的南方电网新兴产业筛选原则，具体论述如下：

1. 战略匹配原则

企业战略是企业管理的核心，由经营范围、资源配置、竞争优势以及协同作用四大要素构成。南方电网发展新兴产业必须与公司战略方向协同，充分整合资源优势，才能助力企业往能源产业价值链整合商发展。因此，满足战略匹配原则需至少满足“该行业及业务符合电网发展趋势”和“该行业及业务对电网业务具有替代性或可能颠覆电网现有模式或是为电网核心业务拓展延伸”两个条件中的一个。

2. 资源禀赋原则

资源禀赋是公司发展新兴产业的内在条件，能够反映出南方电网公司切入行业的相对优势，按照资源禀赋的属性，有形资源和无形资源两个类别，包括资金、劳动力、资产、技术、行业影响力五个组成部分，满足市场规模原则需同时满足以下5个资源禀赋条件中任意两个或以上的备选行业，才属于资源禀赋相对优势行业。

3. 市场规模原则

南方电网公司发展战略性新兴产业是积极响应国家建立现代化产业体系的号召，也是在面对能源改革、电力改革等一系列大环境转变的背景下，为南方电网公司转型升级提供市场活力。南方电网设立了公司竞争性业务2020年达200亿的营收目标，因此市场规模筛选应当以此为标准，即需至少满足“网外该行业现有市场规模高于1000亿”和“全网范围内各级主体均存在需求”两个条件中的一个。

（二）重点行业筛选过程与结果按照上述筛选原则，将165个备选研究行业进行筛选，逻辑判断过程如图2所示。

首次筛选条件为战略匹配原则及资源禀赋原则，满足战略匹配或资源禀赋任一原则的行业可进入第二次筛选，首次筛选筛除124个行业，剩下41个行业。随后对41个行业进行第二次筛选。第二次筛选的条件是市场规模原则，满足市场规模原则的行业通过该轮筛选，初步选为重点行业。本轮筛选筛除4个行业，剩余8个领域中的37个重点行业，具体如表1所示。

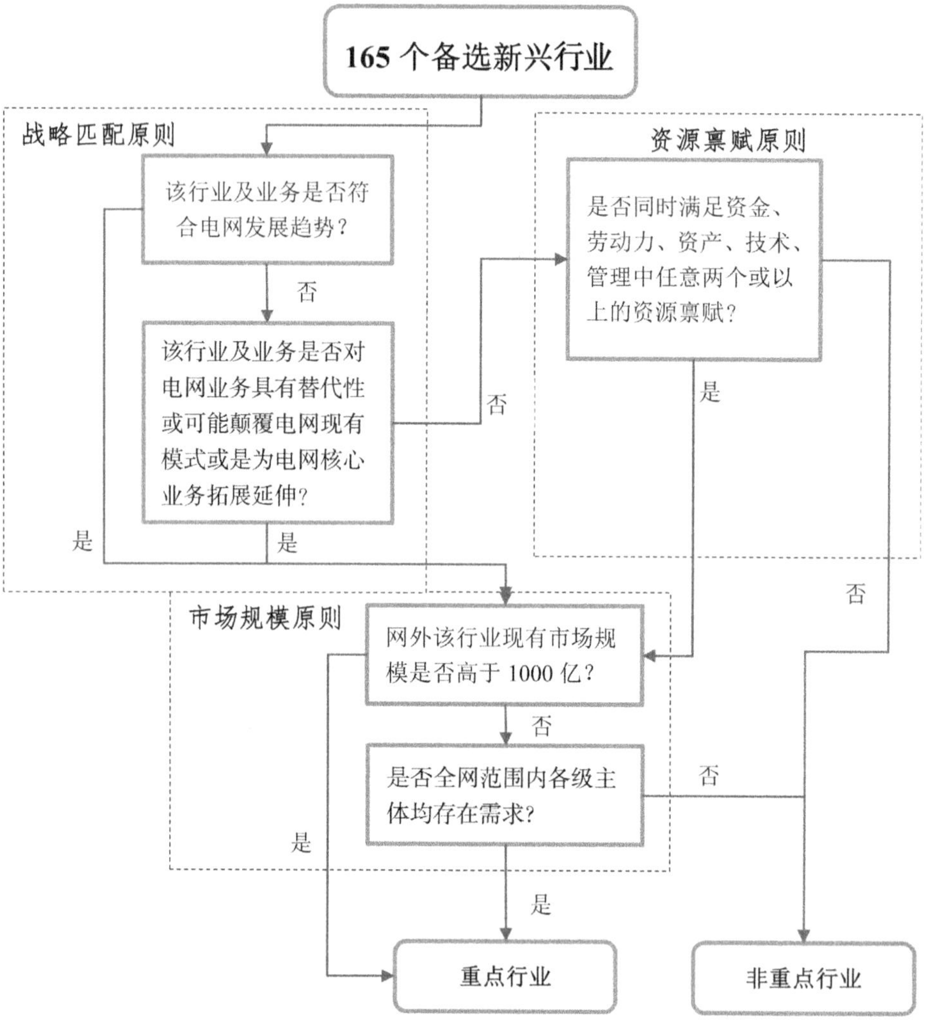

图2 重点行业筛选流程

表1 经筛选出的八大领域37个重点行业一览表

重点领域	重点行业
节能环保领域	工业节能、建筑节能、再生资源回收利用
新一代信息技术领域	有线传输技术、无线传输技术、物联网、大数据及云计算、电力工业互联网、人工智能技术、智能信息获取设备、云储存技术、信息安全技术、区块链、信息传递设备、信息储存设备、集成电路及设备、传感元件、遥测元件、遥感元件
新能源领域	分布式风力发电、分布式光伏发电、智能电网设备及技术、新能源发电侧能效管理系统、储能
新材料领域	石墨烯材料、特种陶瓷制造

续上表

重点领域	重点行业
新能源汽车领域	供能装置制造、新能源汽车充电及维修服务、新能源汽车其他相关服务
高端装备制造领域	机器人及设备、北斗系统应用服务
生物产业领域	无
数字创意领域	无
服务市场开发领域	市场化售电、城市管网建设、通用航空机场建设、培训教育
市场消费升级领域	养老、知识产权及相关服务

（三）重点研究行业的筛选后分类

通过以上战略匹配原则、资源禀赋原则及市场规模原则的初步筛选，可以得到37个重点研究行业。然而，为满足公司初期新兴产业及高端装备制造的产业发展需求，需要进一步选定核心产业并集中资源开展研究。将同时满足战略匹配、资源禀赋和市场潜力三项原则的行业作为优先考虑行业（如图3所示），建议南方电网公司优先开展研究。

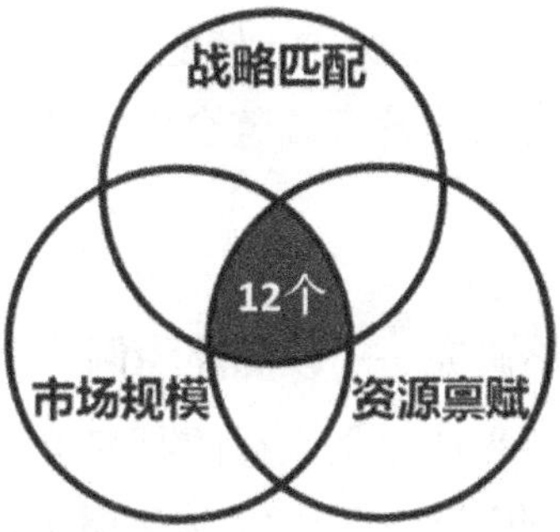

图3　优先考虑行业原则筛选图

经筛选，三个原则均符合的共有12个优先考虑行业[①]，具体如图4所示。这些行业符合南方电网公司战略发展方向，在网内具有一定资源禀赋基础，切入市场难度相对较低，具备一定竞争优势，存在广阔的市场空间，能够支持产业板块做强做大。

① 剩余25个行业为次要考虑的行业，这些行业要么同时满足“战略+市场”原则，要么同时满足“禀赋+市场”原则，限于篇幅在此不对其展开论述。

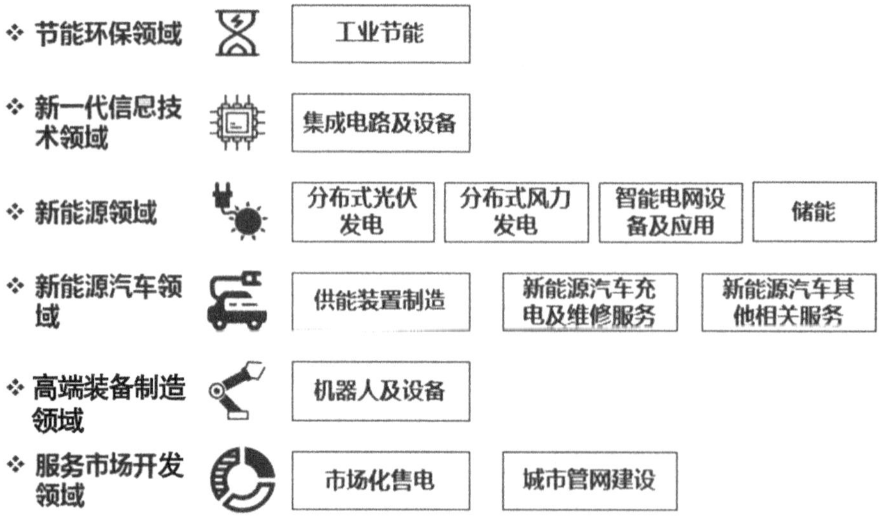

图4 重点行业分类结果——优先考虑产业

（四）重点研究行业小结

首先，考虑到电网公司已有的研究成果，我们发现在12个优先考虑行业中，工业节能、分布式光伏发电、分布式风力发电、市场化售电、供能装置制造、新能源汽车充电及维修服务及其他相关服务、智能电网设备及应用已有成熟的发展策略。其次，结合公司产业发展状况，在储能、机器人及设备、集成电路及设备等业务仍处于探索阶段，急需明确资源整合方式及商业发展计划和进一步研究重点。

四、新兴产业发展策略研究——以储能为例

如何发展电网公司的新兴产业是文章的研究重点。本部分将主要从两个维度对前文筛选出来的4个重点新兴产业的发展策略进行分析：一是重点发展业务的产业链分析，通过分析上下游产业链各个环节的发展现状和前景，首先明确进入产业链的哪个环节；二是对业务开展模式进行分析，结合电网公司的资源和人才优势，进一步明确具体实施方案，提出采取内部整合抑或外部企业兼并收购等模式。

由于篇幅有限，后文将以储能行业为例，详细论述储能行业的发展策略。在对比亚迪、深圳科陆电子科技股份有限公司等储能制造企业调研的基础上，通过政策及市场分析、产业链各环节分析、细分市场/关键产品/服务领域分析，综合评估各行业吸引力以及可进入的产业链环节、细分市场或领域，最后结合公司拥有的资源及能力，对各行业进入策略提出初步建议。

（一）政策及市场分析

本研究的储能指电能的储存。目前电能储存技术主要是机械储能和电化学储能，其主要关注点在能量密度、功率密度、充放电效率、技术成熟度、经济成本、设备寿命等技术需求和特性上。2017年，在经过技术瓶颈突破、各方质疑论证之后，政策支持逐步明朗，市场上企业开始加大力度布局，开拓储能市场。在“十三五”期间，储能产业有望保持健康、可持续的发展态势，突破商业化应用的门槛，实现系统的多重价值，成为支撑能源革命、建设我国低碳绿色生态系统的新生力量。

1. 政策分析

2017年国家发展改革委、国家能源局等五部门联合印发《关于促进储能技术与产业发展的指导意见》[2]为储能行业发展提供基础性政策保障；2017年发布的《完善电力辅助服务补偿（市场）机制工作方案》[3]指导建立发电侧市场机制，为储能系统服务市场发展提供土壤；2018年发布的《广东调频辅助服务市场交易规则（试行）》[4]进一步细化交易细则，明确补偿机制，为商业模式发展提供建设性指导。

进一步地，南方能监局在2017年12月25日出台了《南方区域电化学储能电站并网运行管理及辅助服务管理实施细则（试行）》[5]，对根据电力调度机构指令进入充电状态的储能电站进行0.05万元/兆瓦时充电量的补偿。能调频的电站补偿则与传统发电厂同样享受容量部分5～12元/兆瓦时，电量部分20～80元/兆瓦时的补偿。此外，国家重点研发计划重点专项拨款也大力支持储能行业。

2. 市场分析

近年来，电化学储能技术进步快速，在安全、转换效率、寿命等技术层面均有重大突破。因此以锂离子电池、液流电池为代表的电化学储能是储能产业的发展重点。电化学储能在解决新能源消纳、增强电网稳定性、合理化配电系统利用率过程中提供了更多合理有效的解决方案。

2017年底，我国的电化学储能装机规模达到了389.8 MW，同比增速45%。2018年上半年，新增装机规模100.4 MW，接近2017年全年新增规模121 MW。用户侧及集中式可再生能源并网占比都接近90%。目前，从应用分布上来看，无论是新增装机规模还是已投运装机规模，用户侧以及集中式可再生能源并网占比都接近90%，其他包括辅助侧、电网侧的应用则相对占比较低。总体来说，储能市场发展迅速，未来发展空间巨大。国内电化学储能装机规模发展趋势如图5所示。

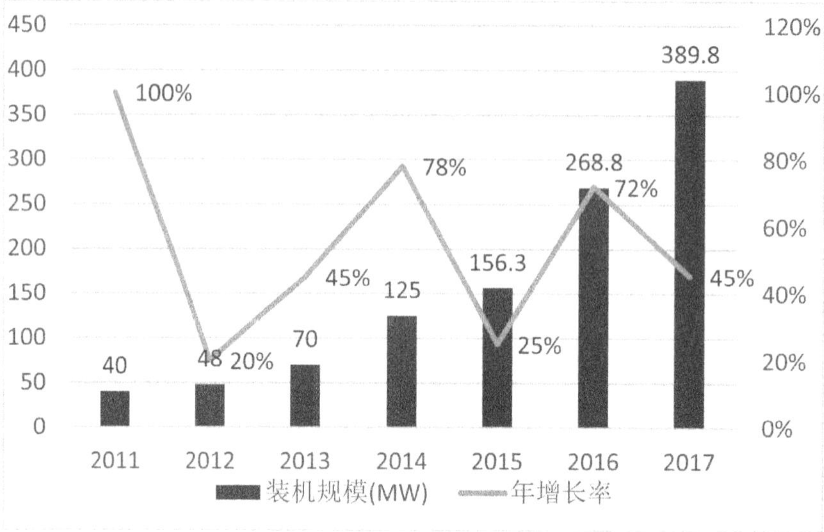

图5　国内电化学储能累计装机规模

资料来源：CSMAR

（二）产业链分析

电化学储能产业链包括电池原材料生产、电池与设备、储能系统集成及服务环节和电池梯次利用和回收环节，其产业链如图6所示。

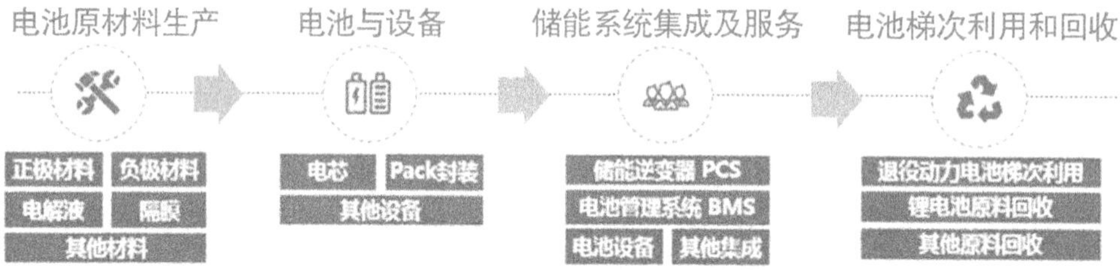

图6　电化学储能产业链

首先，产业链上游是电池原材料以及电池设备供应的两个环节。

一方面，在电池原材料方面，产业具有一定的技术门槛（加工和生产工艺）和资源门槛（金属材料等供应），毛利率为15%～30%。国内目前原材料市场容量大概在590亿元，其中正极材料、负极材料和电解液已经基本实现国产化，国内市场占有率都接近100%，且龙头企业如杉杉能源、天赐材料、深圳贝瑞特等优势较为明显，中小企业数量也较多，竞争程度较大。在隔膜细分市场方面，国内企业主要集中在低端市场，技术虽有所突破但高端市场仍由国外企业占据，因此总体市场占有率偏低，且技术门槛相对较高。此外，电池原材料的生产和加工需要较高的技术支持，金属材料等资源的供应也具有一定门槛，且毛利率较低。

另一方面，在电池设备与供应方面，产业内行业龙头企业数量多，具有一定市场门槛，生产线投建和技术迭代研发投入资金量大，具有一定资金门槛，毛利率约18%。国内销售额达到了2907.16亿元，其中锂电池（自身和模组）占有一半以上市场份额（58%）达到1694.6亿元，与此同时铅酸蓄电池占超过3成的比例（34%）达到978.67亿元，预计在未来销售额将因市场需求的增加而进一步提升。另外，锂电池在储能装机占比高达2/3，远超铅酸蓄电池。目前三星SDI、LG化学、南都电源、雄韬股份、拓邦锂电、振华新能源等电池企业主要布局锂电储能领域，总体龙头效应较为明显，行业集中度较高。到2020年，预测将有16.64GW·h的需求。总体而言，上游产业成熟，门槛较高，原材料环节受电池厂商制约，利润空间不断压缩；电池设备环节竞争激烈，龙头强势，盈利空间有限。该环节切入难度中等，切入价值低，短期内不考虑进入。

其次，产业链中游是储能系统集成及服务环节。储能系统集成及服务主要包括了BMS、PCS等系统和集成设备系统，其中BMS更是预计在2020年将能达到157亿元。目前南都电源和科陆电子作为龙头企业已较为完整地布局用户侧和发电侧的应用。总的来说，随着用户侧应用的成熟，电网侧和发电侧的逐步放开，政策进一步细化落地，储能系统集成及服务需求仍有较大上升空间，增速也将逐步提升。本环节切入难度最低，切入价值最高，是进入储能行业的合适的切入点。

最后，产业链下游是电池的梯次利用和回收环节。目前该环节处于初步发展阶段，已进入回收利用的企业仅宁德时代、天能动力、南都电源等龙头企业。该行业主要问题包括各种电池缺乏统一标准难以形成规模效应、电池资产所有权形式难以明确，拆解安全性风险及电池回购成本高。越来越多企业如原材料企业、电池企业、第三方专业回收企业纷纷布局，但仍未形成成熟的商业模式和经济效益。因此，下游市场由于成本问题，尚未形成经济性。

综上所述，储能全产业链中，中游储能系统集成及服务环节是最合适的切入点，虽然此环节本身市场门槛高，但是南方电网公司内部需求较大，可以直接打破市场壁垒，快速切入储能市场，如图7所示。

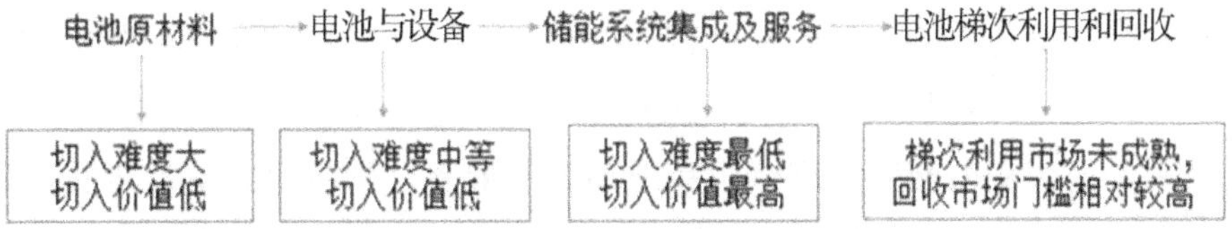

图7　储能产业链市场机遇研判图

（三）细分市场和产品分析

储能系统的应用场景贯穿电力行业的全产业链条，包括发电侧、电网侧和用户侧三大市场。储能行业总体市场规模测算结果如图8所示，接下来将依次进行分析。

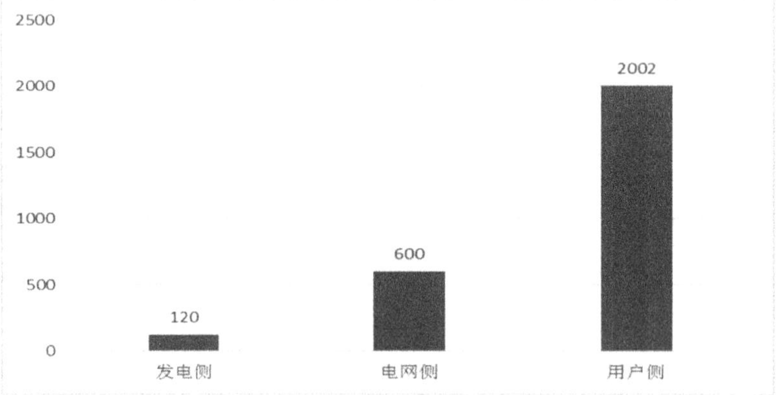

图8 储能行业市场规模测算（单位：亿元）

1. 发电侧市场

一般地，调频需求为总发电装机量的2%。假设未来5年装机增长率与以前一样为8%，则每年新增装机量为1.5亿千瓦，每年新增调频需求为1.5~2 GW。目前一个10 MW储能电力调频项目需投资约3000万元，每年匹配调频需求要求建200个调频项目，市场规模约60亿元，到2020年市场规模为120亿元。目前商业模式为调频市场（广东为例）采用收支平衡方式结算，总费用/补偿收益在多类市场服务缴费者中分摊，收益随着市场竞争和供给饱和不断降低。不建议优先进入。

2. 电网侧市场

电网侧市场主要由集中式可再生能源并网和调峰需求以及电网侧调峰调频调压、黑启动两个细分市场为主。

一方面，在集中式可再生能源并网市场，加装储能系统能够有效解决风电和光伏发电不稳定、弃风弃光率高等问题。集中式可再生能源并网储能系统的资产归属有两个去向，一是作为发电资产，由风力电场或者光伏电站投资建设；二是作为电网输配电资产，由电网企业投资规划建设。按照10%的比例保守估计，2020年，我国集中式可再生能源并网储能市场容量约600亿元。

另一方面，在电网应用细分市场方面，储能系统则可以有效地进行相应的优化和实现智能调度，从而提高输电系统和配电系统的可靠性，同时提高可供用户使用的电能的质量。随着智能电网的普及，大量分布式能源并网的需求，电网企业将需要逐步加大投资力度，根据自身发展规划在成本允许范围内投建更多的项目。

新能源集中式并网储能市场巨大，电网储能为南方电网公司内部需求，建议优先进入，主导开展。

3. 用户侧市场

用户侧市场到2020年市场容量约1950亿元，主要由大用户峰谷价差市场和分布式能源配套市场组成。

一方面，在大用户峰谷价差市场上，按照北京、上海、广东、江苏和海南等峰谷价差超过0.7元的省份，2020年大工业用户用电量1.5亿千瓦时，按照10%的储能配备率，大用户峰谷价差市场约1950亿。市场方面，2017年用户侧储能新增装机量占新增总量的59%，是最大的细分市场，商业模式较成熟；政策方面，《关于创新和完善促进绿色发展价格机制的意见》[6]等政策出台，明确了扩大峰谷电价的发展趋势，进一步为用户侧市场的发展和项目收益率的提高提供支持。

另一方面，在分布式储能系统/微电网方面，到2020年分布式光伏发电投产60 GW·h。预计以新增装机量的20%装机，按10%功率比例配置储能系统，则装机量将达到1.2 GW。若每天充放2 h，对应2.4 GW·h新能源发电储能规模。据测算，平均度电投资额（装机成本）为2156元/（kW·h），到2020年市场规模约51.74亿元。然而分布式光伏“531”政策出台，补贴退坡导致装机增量骤减，该市场处于技术突破，成本突破，再次转型升级的市场探索阶段，短时间内新增装机量有限。目前我国微电网主要以国家示范项目为主，微电网储能应用开展属于起步阶段，市场容量和经济性有待进一步探索。

（四）南方电网公司资源及优势分析

1. 技术人才优势

目前网内已有开展储能业务的主体，拥有储能系统接入和调试的涉电技术和人才储备。其中南方电网公司综合能源、广东电网能源技术公司、广州局南投集团旗下电器公司、深圳综合能源公司均具备了储能行业的基础经验。广东电网能源技术公司以储能技术研发和工程示范性应用为主；南投电器公司以储能应急车、“光储充”一体化解决方案为主。

2. 内部市场与电力数据优势

南方电网公司本身具有内部市场的需求，可充分占据电网侧市场。同时南方电网也可利用电力数据资源，实现精准营销，快速打开用户侧市场。

3. 品牌优势

南方电网公司对外投资储能项目可利用自身品牌效应获取更优质的项目资

源，降低市场进入壁垒，快速进入市场。

（五）发展策略分析

在上述分析基础上，建议南方电网公司采取“投资+运营”模式进入储能产业，市场拓展和业务开展都分两步走，逐步扩大市场，建立生产能力。

在市场拓展策略方面，第一步建议先以内部市场为切入点，利用内部电网需求，帮助扶持电网侧储能市场起步，把握电力用户资源，精准营销。第二步，在形成生产规模效应，掌握核心成熟技术，梳理品牌后，通过营销渠道铺设，逐步进入国网市场。

在业务开展模式方面，第一步利用OEM外包贴牌代工生产方式快速建立储能设备生产力，同时应充分利用网内储能相关的科研力量，建立储能技术团队，负责储能产品的技术把关和储能项目调试的技术指导。第二步，南方电网公司应内化生产能力。储能系统服务的主要龙头企业多为电池厂商，且体量较大，基本是上市公司，毛利率较高，其核心原因是把电池成本内化。电池设备的毛利率一般在15%左右。因此，不具备生产能力的运营服务商需要多承担一部分电池成本。建议南方电网公司通过合资、并购等方式从外部吸收生产力，内化设备成本，提高项目收益率，同时为储能市场的快速开拓提供匹配产能。

（六）深入发展思路——储能与人工智能的融合

在“云、大、物、智、移”等新技术背景下，发展人工智能来配套储能产业发展已经成为亟须考虑的趋势。公司需要集中发展应用于智能电网的巡检类及作业类电力机器人，为电力系统提供集成、销售、安装及调试智能化电力机器人等核心产品，为电力设备提供运维监测，代替人工在高压及超高压的环境下对电力设备实施作业的作业类机器人，以及全天候、全方位、全自主实现设备智能巡检和监控，对环境、外观、分合状态、压力、泄漏电流、噪声等监测数据全覆盖和智能识别的巡检机器人，同时利用先进的人工智能算法，对巡检数据进行对比分析和趋势分析，及时发现电网运行的事故隐患和故障先兆，降低运维人员劳动强度，满足国家电网改造中对电力系统提出的智能化、无人化要求，为智能变电站、配电站提供无人值守方案，实现“输电、变电、配电”各环节的全面智能运维，维护设备安全稳定运行，提升供电效率。电力机器人应用场景及样机如图9所示。

然而，目前的机器人科研力量较分散，无网级单位开展机器人的生产集成或商业化活动。因此，建议以南方电网产业投资集团为牵头主体，整合网内各级机器人科研中心以及研究力量，在产业集团下设机器人项目公司，寻找具有集成及生产能力的公司，组建具有生产销售及应用调试能力的电力机器人实体系统集成

输电 变电 配电

图9 电力机器人应用场景及样机

与服务商。

五、结论与建议

加强学习党的十九大报告精神，深刻理解新一轮工业革命使命，重点发展有潜力的新兴产业；在实践中，全面考虑宏观经济状况和政策、产业发展以及南网自身优劣势，做好以储能为代表的新兴产业重点行业发展工作，推进人工智能与南网业务深度融合，助力公司实现“十三五”目标，这对南方电网乃至整个中国的产业发展都将提出新挑战，也带来新机遇。

“新矛盾标注新时代，新时代激荡新征程。”通过对技术变革和经济转型背景下的以储能为代表的新兴产业进行细致、深入的研究，明确南方电网公司新动能培育发展策略，统筹布局新技术新产业发展，加快适应多元化消费格局，最终助力公司迈上经济和社会新台阶。

参考文献：

[1] Porter，M E. Competitive advantage，agglomeration economies，and regional policy [J]. International regional science review，1996，19（1-2）：85-90.

[2] 国家发展改革委，国家能源局等五部门联合. 关于促进储能技术与产业发展的指导意见 [Z]. 2017-9-22.

[3] 国家能源局. 完善电力辅助服务补偿（市场）机制工作方案 [Z]. 2017.

[4] 南方能源监管局. 广东调频辅助服务市场交易规则（试行）[Z]. 2018.

[5] 南方能源监管局. 南方区域电化学储能电站并网运行管理及辅助服务管理实施细则（试行）[Z]. 2017.

[6] 国家发展改革委. 关于创新和完善促进绿色发展价格机制的意见 [Z]. 2018.

提升电网企业物流效率的策略研究

■ 广东电网物资有限公司　赵　恒

摘　要：电力物资是电网企业的重要物质基础，其物流效率对电网企业生产建设的安全性、可靠性和经营效益好坏有重要影响。十九大提出了高质量发展的要求。南方电网公司提出要以高质量发展推动建设具有全球竞争力的世界一流企业，以制度、技术、管理创新驱动，推动质量、效率、动力变革。本文根据电网企业物流管理的特殊性，针对存在的问题，借鉴国内外先进企业的运作经验，结合实际，引入“智慧物流”理念，应用“双新驱动”方法，提升物流效率，确保了电力物资“可靠、经济、高效”的供应。

关键词：电网企业；物流效率；智慧物流；双新驱动

一、引言

（一）新时代电网企业的发展要求

事物的发展具有普遍性和客观性，事物处在运动、变化和发展的过程中，因此，我们必须坚持用发展的观点看问题。

电力工业是国民经济发展中重要的基础能源产业，关系到国家安全和国民经济命脉。十九大报告提出，“我国经济已由高速增长阶段转向高质量发展阶段，正处在转变发展方式、优化经济结构、转换增长动力的攻关期，必须坚持质量第一、效益优先，以供给侧结构性改革为主线，推动经济发展质量变革、效率变革、动力变革，提高全要素生产率，不断增强我国经济创新力和竞争力”[1]。2017年中央经济工作会议上，提出要“推动经济高质量发展”，同时“深化要素市场化配置改革……包括大力破除无效供给，大力培育新动能，大力降低实体经济成本、降低用能及物流成本等”。2018年南方电网公司提出，要以高质量发展推动建设具有全球竞争力的世界一流企业，支撑建设现代化强国的进程。

（二）电网企业物流管理的重要性

事物的矛盾有主要矛盾和次要矛盾之分，矛盾也有主要方面和次要方面之分。我们在想问题办事情的方法论上也应当相应地有重点与非重点之分，要善于抓重点，集中力量解决主要矛盾和矛盾的主要方面。

为推动南网公司“高质量发展”，其首要前提是建设安全、可靠的智能电网。电力物资为电网建设与安全可靠运行奠定了物质基础。以广东电网为例，物资采购金额占电网建设工程项目总投资比例60%以上。因此，确保电力物资及时、可靠供应，是电网建设生产运行的关键。

物流管理是企业降低产品成本、缩短供货交易时间、提高经济效益、增强企业竞争力的重要途径之一，是企业的“第三利润源泉”[2]。电力物资需求受电网企业内部管理模式等因素的影响，波动较大。这既影响了供应的可靠性，还积压了大量不合理库存，导致物流效率低，占用企业大量资金，增加了企业成本。因此，电网企业的物流管理有极大的优化空间。

二、国内外研究现状

（一）国内外物流发展趋势

随着社会经济与“云、大、物、移、智”等技术的不断发展，社会消费需求总量剧增，并且会呈现在某个时点集中爆发的情况（如阿里巴巴“双十一”仅1天的成交额达到2135亿元）。客户需求模式已从“少品种、大批量、少批次、长周期”转变为“多品种、小批量、多批次、短周期”[3]。企业为满足顾客需求，通过多种储备模式来快速响应市场，但也会造成物流管理成本的不断提高，传统物流的管理模式和技术已不能适应客户新的需求模式和特点。因此，国内外先进企业纷纷引入“智慧物流”理念，实现生产商、批发商、零售商三方相互协作，信息共享，通过集约化高效经营，降低成本，最终对整体市场产生良性影响[4]。

智慧物流利用集成化、智能化、移动化技术，使物流系统具有智能，具有思维、感知、学习、推理判断和自行解决物流过程中某些问题的能力。它包含了智能运输、自动仓储、动态配送及智能信息的获取、加工和处理等多项基本活动[5]。它是企业为适应以互联网为基础的信息化社会而转型的发展方向，具有反应快速、功能集成、管控集约、决策智能等特点。

（二）国内外先进企业物流管理现状

1. 苏宁公司

苏宁公司每年的营业额在1000亿元以上，管理的最小商品单元数量超过4400万种，日均需处理的订单量超过300万件。苏宁运用先进的管理模式和技术，提高物资物流效率，最快可以在30 min内完成整个订单的处理过程，顾客需求配送准点率达到95%以上。

（1）管理模式

采用统一的物资调度指挥平台。对所有仓储资源、配送资源和货品资源进行全程统一高效管理；对储备进行扁平化管理，形成“全国物流中心+区域物流中心+城市分拨中心+城市快递点”的四级物流网络运作模式，消除多层级管理带来的效率低下的问题，破除不同储备中心“孤岛”式管理现象。与上游供应商建立稳定的战略合作伙伴关系。选取质优的48家战略供应商，通过自主研发的供应链管理信息系统打通与各供应商管理系统之间的接口，应用大数据分析等技术合理预测订单量，实现供应链上下游信息资源的共享。

（2）技术应用

打造先进的物流信息系统。苏宁拥有约10000人的研发团队，分布在南京、北京、硅谷共三大研发基地，通过运用大数据、云计算、物流云等先进技术，开发供应链物流管理信息系统乐高平台、全程监控系统天眼平台等，实现供应链全过程数据流的贯通，线上信息的反馈更加及时，线下现场作业的效率更加高效。应用先进的仓储物流设备，采用自动化立体库、Miniload箱式堆垛系统、SCS旋转库、货到人拣选系统等设备系统，有效提升仓储空间利用率及作业效率。

2. 法国电力配网公司

法国电力配网公司设立物流中心负责物流管理。改革前，公司下设100个配送中心，仓库管理层级冗长，缺乏集中统一物流管理权限，各配送中心协同工作效率低下，周转率极低，库存量巨大，成本高昂。为了提高物资流效率，降低成本，法国电力配网公司调整了物流管理策略，库存量在原有基础上下降了80%，2010年物流成本降低了50%。

（1）采用集中化管理模式。建立统一的调配中心，打破了各级配送中心之间的调拨障碍，同时应用信息管理系统将各级配送中心紧密联系在一起，大大提高了工作效率。

（2）压缩储备管理层级。将原设置的100个配送中心储备库优化整合成11个大区配送中心储备库和数十个区小储备库。在管理层级上，将原5层级仓库体系压缩为2级，实现物资管理指令和信息的快速传递。

（3）多样化的储备方式。根据各类物资不同特性采取了自购存储、供应商存储和协议联合存储等多种方式。

（三）借鉴意义

辩证唯物主义认为，矛盾存在于一切事物之中，存在于一切事物发展的始终。矛盾的普遍性即矛盾的共性，矛盾的特殊性即矛盾的个性。矛盾的特殊性是指具体事物在其运动中的矛盾及每一个矛盾的各个方面都有其特点。电网企业可以借鉴国内外先进企业在物流管理方面的普遍先进经验，同时结合电网企业物流管理特性，引入“智慧物流”理念，实施集约化管理模式，建立统一的物资调度平台，适当压缩储备层级；应用“云、大、物、移、智”等先进技术，实现调度平台与物资需求、物资储备信息间的实时交互，提高装备自动化水平及作业效率，提升物流效率。下面将以广东电网公司的物流管理为例进行分析。

三、广东电网物流管理现状

（一）电力物资管理特点

电力物资属于工业用品，与市场上流通的日常商品存在着较大的区别，一般存在着价值高、体积较大、笨重、生产周期长等属性特征，是电网建设、安全可靠运行的物质基础。电力物资需求具有以下特点。

1. 项目特点

物资需求按项目可分为基建、修理、技改、营销、应急抢修等类别。基建、修理、技改项目对物资的需求有一定计划性，但受项目建设流程及进度的影响，导致需求存在波动性或存在集中爆发的可能性。营销项目受用户报装的影响，物资需求随机性高、紧迫性强，会直接影响客户服务满意度及企业形象。应急抢修工程受电网临时性故障及各种灾害大规模受损等影响，物资需求存在紧急程度高的特点。政府和社会对自然灾害、社会公共事件的抢修复电要求越来越高，这对应急物资的供应提出了严峻的挑战。

从物资需求的项目结构上来看，配网项目物资需求占比高：在所有物资需求中，配网项目、储备项目需求最多，达203.7亿元，约占物资总需求的56.8%。

表1　2017年全省物资项目采购数据统计

序号	项目大类	物资采购金额（亿元）	比例
1	主网项目	39.6	11.0%
2	配网项目、储备项目	203.7	56.8%
3	技改修理项目	46.2	12.9%
4	营销项目	24.8	6.9%
5	科技项目	0.2	0.1%
6	信息项目	1.6	0.4%
7	其他项目	42.5	11.9%
8	总计	358.6	

2. 时间特点

电力物资的需求时间发生较为集中。2017年广东电网的投资项目产生约358.5亿元的物资采购金额。经分析，8—12月共5个月的物资需求为241亿元，较为集中，约占总需求的67.2%。这也从侧面反映出电网基建、技改、营销等工程施工期较为集中。

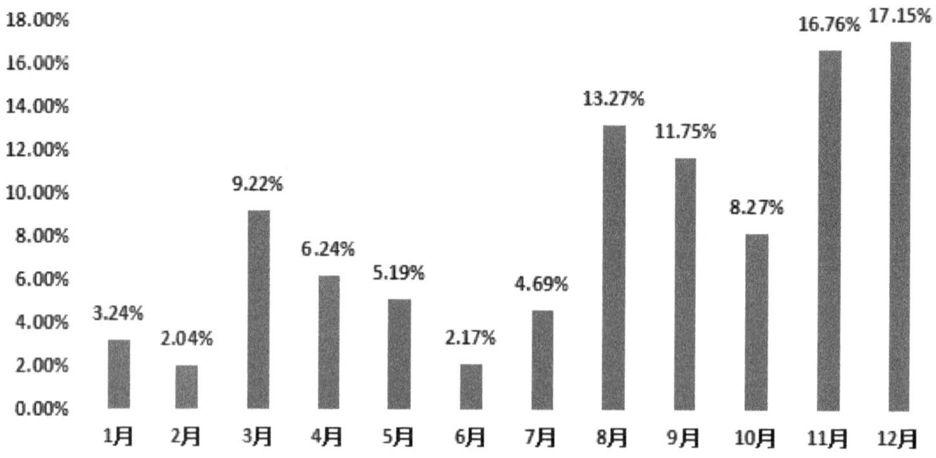

图1 2017年物资需求分布

（二）物流管理现状

1. 管理模式

（1）供给管理模式。电力物资按项目进行管理，形成了需求单位与供应商、不同需求单位与不同专业部门多对多的多点、网状供给模式，如图2所示。需求单位需联系多个供应商落实项目物资供应计划，而供应商也需联系多个需求单位落实项目物资排产计划。而且不同专业间调拨物资需由不同专业管理部门发起，不同项目间调拨物资也需征得不同项目部门的同意。

全省物资供货方式主要采用供应商JIT直送现场和库存储备周转方式供货两种方式。其中，运用JIT模式的物资供给包括主网项目物资和部分配网项目物资等，这部分物资供给占比约71.2%。然而受配网工程建设施工期不定、原材料价格波动等因素影响，导致供应商供给不足，影响物资供应的可靠性，单纯采用JIT模式无法满足配网工程建设对物资的需要，所以广东电网还采用了库存储备周转的方式进行供货，这部分物资供给占比约为28.8%。

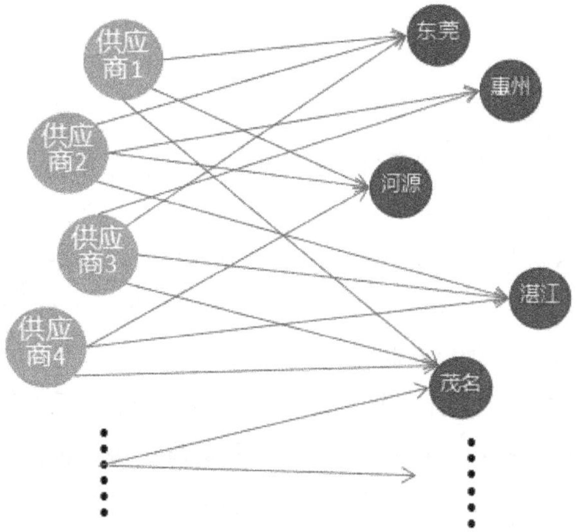

图2　供给模式

（2）储备管理模式

广东电网储备物资是指公司为满足生产、经营、抢险、抢修、业扩配套及配网建设等需要，实行定额存储电力物资[6]模式。2017年全省电力物资储备库存7.4亿元，满足了73.4亿元的物资需求，常规储备物资库存周转率670%。

储备类别。按物资使用情况分为常规储备、战略储备，其中战略储备主要为应急物资（不计入周转率），由省公司统筹管理，主要为全省提供主网故障或是自然灾害情况下的应急物资保障。常规储备主要由各地市局按属地各自管理，分级存储在一、二级仓和急救包内，主要为各地市局本局提供物资供应服务。

储备物资采购。每年各专业部门提出本专业储备物资清单及定额需求，物资部门按要求开展储备物资的补仓采购、验收入库、调拨使用等管理工作。储备物资的采购以自行采购储备为主，少部分物资采用协议储备方式。自购储备以实际订单合同为依据，供应商配合排产、供货积极性较高；协议储备以双方认可的储备协议为依据，不涉及实际订货量，供应商配合程度和主动性不强。

仓库管理。广东电网物资分级存储于52个各级仓库（1个省级仓库，19个一级仓，32个二级仓），由省市各单位各自管理。

2. 物流技术应用

（1）仓储设施配置。全省各级仓库仓储设施配置较为传统，仓储现场作业人工搬运装卸比重大，极少自动化装备。

（2）物流系统应用。全省仓储作业应用的信息系统功能简单，主要是以工单录入及流转为主。

（三）存在的问题

1. 管理模式问题

（1）集约化程度不高

广东电网公司电力物资按项目进行管理，形成了需求单位与供应商、不同需求单位与不同专业部门多对多的多点、网状供给模式，全省缺乏统一的物资调度机制和平台，受不同专业部门、需求单位及项目归属的影响，物资计划、调配、使用存在项目、单位壁垒，信息互通受限，导致全省供需失衡，波动很大。

（2）物资品类标准化程度低

据统计，目前广东电网物资品类有6万多种（物资系统品类库记录62712条），其中有4354个物资品类入库。这些物资的供应商既多且杂，不但不同电力物资品类多、标准多，而且同一品类物资的参数标准也不统一。这样既给电网的生产运营带来麻烦，也给物资采购、合约、履约及仓储配送等业务带来了极大的工作量，造成很高的物流管理成本。

（3）仓储布局不合理

广东电网物资储备主要以地市局为单位，分级存储在一、二级仓和急救包，现阶段电力物资存储点多面广，较为分散，管理成本偏高。2017年广东电网公司平均库存10.4亿元，共产生物流成本约2.95亿元，其中由管理库存带来的管理成本最高，达1.19亿元，占比达40.3%，远高于《中国物流发展报告（2016—2017）》中提到的社会平均水平12.6%，即社会物流总费用中管理成本占比达12.6%[7]。

2. 技术应用问题

（1）仓储现场作业自动化程度不高

由于全省各级仓库仓储设施配置缺乏自动化、智能化设备，现场作业人工搬运装卸比重高，仍需投入大量人员进行现场作业，工作效率低。

（2）物资信息系统功能简单

全省仓储作业应用的物资系统功能侧重于工单录入及流转，储备定额的制定、库存物资的匹配、运输路线的规划等业务主要通过手工表单进行统计数据，凭经验进行测算，功能实现单一、低级，缺乏对总体业务系统及决策分析的支撑，物流决策的科学性、合理性、准确性不高。

四、提升电网企业物流效率的策略研究

实践是认识的来源，是检验认识真理的唯一标准。认识对实践有反作用，对实践有巨大推动作用。马克思主义哲学要求我们遵循科学方法论，用系统的、整体的、普遍联系的观点观察和思考问题，坚持理论和实践相结合的原则，一切从

实际出发，理论联系实际，解决在实际工作中碰到的各种问题。根据新时代的发展背景和要求，借鉴国内外先进经验，结合电网企业本身建设生产运行的实际规律，本文提出提升电力物资物流效率的思路与策略。

（一）总体思路

按照十九大实现高质量发展及国资委“瘦身健体，提质增效”的改革任务的要求，遵循南方电网公司“以制度、技术、管理创新驱动，推动质量、效率、动力变革”的工作思路，围绕保障电网安全稳定运行这一重点工作，引入“智慧物流”理念，以“新模式、新技术”为驱动因素（双新驱动），以提升物流效率为着力点，确保电力物资“可靠、经济、高效”的供应。

（二）具体措施

1. 应用新模式

（1）建立省地一体化、集约化的物资管理机制

以统一的物资管理平台为供需交互中枢，连接内外供需双方，改变多对多模式为多对一模式，如图3所示。建立全省“虚拟仓库”，打破物资管理的项目、单位壁垒，充分发挥平台在统筹调度、运营监控、信息共享等方面的物资流、信息流、价值流“蓄水池”作用，提升物资供应响应速度和服务水平，拉平供需波动。

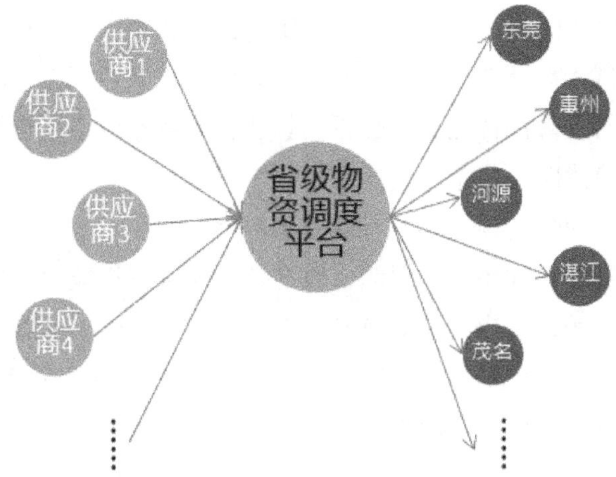

图3　一体化、集约化的物资管理机制示意图

（2）优化储备管理模式

针对储备管理存在的较为分散、布局层级多的问题，根据物资供需情况、项目要求、物资特点、周转频率、物流网络等情况，制定储备策略，统一规划广东

电网全省仓库布点，由现有省地各自负责的“省级仓+一级仓+二级仓+急救包”分散管理模式，向省公司统一部署管理的“1个省级中心库+N个区域周转仓+急救包”集约管理模式转变。

（3）实施“自储备+供应商管理库存VMI”模式

改变传统的自购储备库存管理方式，与供应商建立良好的战略合作伙伴关系，通过实施部分物资由自有仓库储备、部分物资由供应商管理库存（VMI）的策略（即“自储备+供应商管理库存VMI”模式），实行物流信息共享，将供应商库存纳入统筹调配的范围，共同制定总体储备控制目标和相应策略，减少不确定性因素对物资供需平衡的影响，实现物资需求的统一协调，快速反应。

（4）优化物资品类，实施“储备、品控一体化”模式

制定各专业物资的通用标准，减少物资品类，针对不同品类物资按照不同标准制定“分区分仓”的储备策略。将部分通用性强、生产周期长的电网物资从JIT模式转为储备模式，逐步扩大省级储备力度。实施“储备、品控一体化”模式，提高物资供应的质量，为“买好设备”提供高质量的物资保障。

2. 应用新技术

（1）打造智慧物流生态系统信息平台

针对现有物资系统功能单一、低级的问题，引入互联网、大数据、物联网、云计算、人工智能等先进技术，以现有物资信息系统为基础，开发仓储管理系统（WMS）、运输管理系统（TMS）等子系统，打通物资需求、存储、配送的“信息孤岛”，实现线上线下业务移动互联与实时处理、大数据自动跟踪收集分析与云端存储计算、智能算法优化决策分析，打造智慧物流生态系统平台，为物流决策的科学性和准确性提供支持。

（2）应用物联网技术和自动化物流装备技术

针对仓储现场作业效率低的问题，对全省仓库进行智能化改造，推进自动化立体库、自动分拣系统、电子标签拣选（DPS）、无人机、机器人、无线射频技术RFID、GPS等现代物流技术的应用，提高仓储现场作业工作效率。

实施上述措施后，广东电网电力物资物流效率可以大幅提升。2018年，广东电网在江村省级仓库进行了试点，以0.14亿元的常规储备满足了全省1.7亿元的配网项目物资供应，周转率达1239.8%，节约全省库存约1165万元。预计完全实施后，省级物流平台可供全省物资需求从每年2亿元提升到59.1亿元，库存周转率从目前的670%提高到1900%以上，可节约公司库存占用资金5.7亿元，每年至少产生效益1.3亿元，单位储备效益比由15%提升至42%，配网物资供应时间由20天缩短至5天以内。

五、结束语

基于电力物资在电网建设生产运行中所起的关键作用，为确保电力物资高效、可靠、经济的供应，电网企业需要提升物流效率。“云、大、物、移、智”等先进技术的出现为物流管理的提升提供了巨大空间，“智慧物流”的理念也随之而来。但是如果仅仅把注意力放在运用新技术进行设备与系统改造上是远远不够的，还需要同时对企业以“互联网+”为方向进行管理机制与模式的改造，才能为“智慧物流”在企业的落地奠定管理机制与技术基础。因此，本文针对目前电网企业物流管理中存在的问题，通过借鉴国内外先进企业经验，应用新模式、新技术，达到提升物流效率的目的。从前期试点结果来看，措施效果明显。下一步我们将根据实际情况逐步优化和调整策略，以期符合新时代电网企业发展的进一步要求。

参考文献：

[1] 习近平，刘云山，王岐山，等. 党的十九大报告辅导读本［M］. 北京：人民出版社，2017.

[2] 宋华，于亢亢. 物流与供应链管理［M］. 北京：中国人民大学出版社，2017.

[3] 李诗珍，关高峰. 物流与供应链管理［M］. 北京：北京大学出版社，2015.

[4] 张宇. 智慧物流与供应链［M］. 北京：电子工业出版社，2016.

[5] 中国南方电网有限责任公司. 中国南方电网有限责任公司仓储配送管理办法Q/CSG217007-2017［Z］. 2017.

[6] 中国物流与采购联合会，中国物流学会. 中国物流发展报告（2016—2017）［M］. 北京：中国财富出版社，2017.

完善电网企业审计问责机制的思考

■ 中国南方电网有限责任公司审计部　陈　亮

摘　要：审计问责作为一项监督制度安排，是公司法人治理不可或缺的工具。本文介绍了审计问责的含义和体系要素构成，阐述了新时期完善国有企业审计问责机制的重要意义。结合电网企业当前实际，坚持问题导向，分析了问责制度、问责落实、问责覆盖、问责联动、问责文化等审计问责机制方面存在的一些问题，提出了审计问责工作原则，以及加强与改进电网企业审计问责工作的建议。

关键词：电网企业；审计问责机制

近年来，南方电网公司党组高度重视审计监督职能的作用，不断强化审计监督职能，完善审计监督体系，加大审计工作力度，坚决查处各类违规行为，公司审计监督工作取得积极成效，被评为“全国内部审计工作先进单位”。但在基层单位的审计实践中发现，一些违规问题仍未得到彻底根除，其中有的问题涉及较大损失和严重不良影响，未得到追究处理。如何更好地发挥审计工作“控风险、促规范、增效益”的职能作用，有效解决“屡审屡犯”问题，提高审计工作效能，推动遵章守纪企业文化的形成，强化审计问责势在必行。

一、审计问责的含义

（一）审计问责

问责实践源自西方经济学的契约理论、委托代理理论，是指委托人要求代理人就其不当履职行为承担责任。审计问责制，是指通过对组织的财务收支及经济业务进行审计，对发现的违规问题的责任人进行责任追究的制度规范。审计问责制涵盖责任行为的发现、解释、判断、评估、追究等环节。

审计问责的效能取决于问责制度设计的系统性、科学性、完备性、可操作性。对于企业来说，要想实现问责，应具备以下条件：权责要清晰；问责制度要规范；问责标准可量化；行为后果明确；问责文化得到尊崇。问责的最终目的是通过责任追究使责任人对其行为后果承担责任，从而强化责任人的守规、尽责意识和预防观念，促进权责的对等统一，保障企业管理目标的实现。通俗地说，就是通过亡羊补牢，吃一堑长一智。

（二）审计问责体系

审计问责体系构成要素主要包括问责主体、客体、内容、标准、程序和方式等。

1. 审计问责主体

审计问责主体是问责行为的实施人。按照权责对等的原则，在委托代理关系中，委托人授予代理人权力的同时，代理人有责任按照契约履行其责任与义务。但因两者之间存在信息不对称或者不完全代理的情况，代理人在追求效用最大化时，行为结果往往会偏离委托人的目标，造成委托人利益受损。因此，委托人需要对代理人的不当行为进行问责。

2. 审计问责客体

审计问责客体是问责行为的实施对象，是承担责任的一方。审计问责的客体包括组织、人员，既可以是对单位、部门集体的问责，也可以是对责任人的问责。要确保审计问责效果，问责应尽量落实到具体个人，做到责任明确，落实到人。

3. 审计问责内容

审计问责内容是指问责主体对客体进行责任追究的有关事项。审计类型主要包括财务收支审计、经济责任审计、内控制度审计、业务专项审计等，因而审计问责与经济责任、业务管理紧密联系。审计问责的行为主要包括违反规定、未履行或未正确履行职责、损害企业利益、造成其他严重不良后果等。未履行职责，一般包括不作为、拒绝履行职责、拖延履行职责等。未正确履行职责，一般包括未按程序行使职权、超越职权、滥用职权等。

实施问责时，应打破审计“对事不对人”的固有思维，既对“事”又对“人”，即从强化业务管理和落实人员责任两个层面进行问责。

4. 审计问责标准

审计问责标准是界定责任的依据。应结合审计发现问题的性质、成因、危害和影响、重视程度等因素，按照“权责一致”的要求，判断、评估与界定有关责任单位、部门、人员需要承担的责任，区分集体与个人责任，主观与客观责任，直接主管与领导责任。问责标准应规范、明确、可量化，确保客观公正，做到

"制度面前一律平等，一把尺子量到底"。

5. 审计问责程序

审计问责程序包括审计问责工作的启动、核查、决定、申诉、反馈、执行、跟踪等流程。问责启动阶段，问责主体根据审计结果进行责任界定，梳理问责客体应承担责任的性质、类别。问责核查阶段，收集整理与违规责任行为有关的有关证据，确定责任大小及处理建议。问责决定阶段，经问责领导机构审定后做出问责决定。问责申诉阶段，听取问责客体的陈述和申辩，若存在异议的可在规定时间内提出复核申请。问责反馈阶段，问责结果确定后，送达问责客体并在一定范围内通告。问责执行阶段，落实问责决定。问责跟踪阶段，关注执行结果，必要时开展后续审计。

6. 审计问责方式

审计问责方式包括经济、行政、党纪处罚等多种类型。按照核实认定的责任，采取经济处罚、组织处理、禁入限制、纪律处分等问责方式，涉嫌犯罪的移送国家监察机关或司法机关处理。其中：经济处罚包括扣减绩效薪酬等；组织处理包括批评教育、通报批评、诫勉、停职、降职、责令辞职、免职等；禁入限制是指在规定年限内不得担任相应岗位职务；纪律处分是指由企业内设纪检监察机构查处；移送国家监察机关或司法机关处理是指依据国家有关法律法规，对涉嫌犯罪人员，移送国家监察机关或司法机关查处。以上处理方式可单独使用，也可合并使用。

二、新时期完善国有企业审计问责机制的重要意义

2018年5月23日，习近平总书记在中央审计委员会第一次会议上强调，审计工作应做到应审尽审、凡审必严、严肃问责，努力构建集中统一、全面覆盖、权威高效的审计监督体系，更好地发挥审计在党和国家监督体系中的重要作用。认真贯彻中央精神，电网企业应深刻认识新时期加强审计问责工作的重要意义，积极推进审计问责机制建设。

（一）完善审计问责机制是健全国有企业法人治理结构的客观需要。

公司治理的核心是建立企业内部制衡机制，解决委托代理关系问题。审计是公司治理的重要组成部分，作为一种制度安排，对企业内部不同委托代理层次的经济活动进行监督和约束。公司治理与审计体系相辅相成，互为依托。一方面，有效的审计体系促进公司治理健全完善；另一方面，完善的公司治理促进审计体系的有效运转。审计问责是实现企业内部制衡机制的有力手段。通过审计问责，推动企业建立权责清晰、制约有效的经营管理责任体系，进而健全法人治理

结构。

（二）完善审计问责机制是推动国有企业高质量发展的有效途径。

新时代对国有企业高质量发展、做强做优做大提出了要求。审计工作的目标是增加企业价值、促进企业发展。通过查处企业发展质量不高、效率低下、动力不足的问题，深入分析问题的规律性，从体制、机制、制度层面提出建议，有利于促进企业高质量发展。审计问责是提高国有企业管理水平的有效途径，通过完善审计问责机制，发挥约束作用，推动企业质量变革、效率变革、动力变革。

（三）完善审计问责机制是强化国有企业党风廉政建设与反腐败斗争的必然要求。

有权必有责，有责要担当。动员千遍不如问责一次，只有坚持严肃问责，才能确保党员干部队伍清正廉洁。当前，全面从严治党、从严治企任务依然艰巨。必须贯彻落实习近平总书记对国有企业领导人员“对党忠诚、勇于创新、治企有方、兴企有为、清正廉洁”的要求，完善审计问责机制，对企业各层级违规行为进行责任追究，发挥震慑作用。同时，鼓励和引导各级党员干部担当作为，促进各级领导干部严以修身、严以用权、严于律己，防止腐败问题滋生蔓延。

（四）完善审计问责机制是强化国有企业审计整改落实的制度保障。

审计整改落实是审计工作成效的重要体现。目前虽然很多国有企业强化审计整改跟踪督促，对促进整改落实发挥了一些作用，但由于缺乏考核问责，导致执行效果不够明显，“屡审屡犯”的现象仍然较普遍存在，削弱了审计工作的有效性。通过完善审计问责机制，加大责任追究力度，发挥警示作用，力求最终实现以问责促整改、以整改促管理，确保审计成果的有效运用与转化。

三、电网企业审计问责工作存在的主要问题及原因分析

近年来，基层供电企业不断加大审计问责力度，在夯实审计成果、规范管理行为、防范经营风险方面取得了一定的成效。但在问责制度建设和实际工作中仍面临很多矛盾和问题，基层供电企业普遍反映审计问责工作涉及面广、政策性强、追责难度大。总结归纳相关情况，主要有五个方面问题。

（一）审计问责制度不健全

审计问责制度不健全容易造成问责不实、问责不公、问责不全等问题，给基层供电企业审计问责制的推行带来较大困难。审计问责制度不健全有两种表现：一是未建立审计问责制度，审计问责的随意性大，人为主观判断占主导因素，问责行为缺乏制度依据；二是虽然建立了审计问责制度，但制度本身存在缺陷。主要体现在以下方面：

1. 问责主体不明确

问责主体不明确是目前基层供电企业审计问责实践较为突出的问题。有的单位审计问责制度未明确审计问责的主体，在对有关问题具体实施问责时，由单位党委会议临时研究决定由审计部门还是纪检监察部门抑或组织人事部门负责问责，不利于问责行为的规范化，也未充分发挥各方面监督主体的合力作用。

2. 问责客体不清晰

有的基层供电企业审计问责制度规定的问责对象仅是单位、部门，在问责实践中也是主要问责单位、部门，很少针对责任人。这容易导致问责客体模糊化，责任界定不清晰，不利于责任的追究落实，即所谓的“集体负责就是集体不负责”。实际上，任何事都是人行为的结果，这种“重集体轻个人”的问责方式也弱化了审计效果。

3. 问责标准不统一

不同的基层供电企业，甚至同一省公司所属的不同基层供电企业，由于执行的审计问责标准各不相同，即使是同一性质、金额的问题，处理结果也大相径庭。例如，对某工程违规分包的问题，某地市局给予相关责任人行政记过处分、扣除当年绩效奖金的处理，而同属一省公司的另一地市局仅以批评教育的方式进行问责了事。处罚过重，既不能保证客观公正，又背离了“惩前毖后、治病救人”的初衷，挫伤了责任人干事创业的积极性；处罚过轻，会让责任人觉得“犯了错也没多大事”，不仅起不到惩戒和警示作用，某种意义上还纵容助长了歪风邪气，使审计问责流于形式。

4. 责任类型难界定

2014年颁发的《党政主要领导干部和国有企业领导人员经济责任审计规定实施细则》规定，审计部门应当按照权责一致原则，认定领导干部履行经济责任过程应当承担的直接责任、主管责任和领导责任，并提出责任追究建议。

在基层供电企业审计问责实践中，审计问题的责任界定需要区分集体与个人责任，主观与客观责任，直接、主管与领导责任。一方面，区分原则是什么，缺乏明确的标准。另一方面，由于领导干部职责分工、相关问题的产生过程及背景、实际决策过程的不同，责任界限不好掌握。如，某地市供电局某项工程应招标未招标。如果该局工程业务负责人不分管招标业务，审计据此认定其仅负有领导责任，就不一定准确。如果该业务是该负责人指使实施的，就不能将其界定为领导责任，而应界定为直接责任。

5. 问责制度的可操作性不强

一些基层供电企业的审计问责制度可操作性不强。一是制度规定过于原则笼统，颗粒度较粗，问责标准大而化之，不够细化，制度措辞不严密，存在歧义，导致问责对象钻制度漏洞或混淆概念，逃避追责。二是制度规定仅是定性描述，缺少定量标准，给定责问责造成模糊地带。三是未明确审计问责工作程序，对违规问题如何进行分类处置、组织开展核查、追究处理责任人，相关人员提出申诉的如何复核，没有明确的问责流程和措施。

6. 同级问责难落实

电网企业审计形式主要以“上审下”为主，“同级审”开展相对较少。一些基层供电企业的审计问责制度设计主要考虑对下级单位、部门、人员的问责，未将同级问责纳入制度范畴。有的违规问题表面发生在基层，但向上追溯，根子却在上级主管部门，而该上级主管部门与审计部门位属同级。若要追究该主管部门的责任，在问责制度上缺乏依据。

（二）审计管理体制的局限性制约审计问责落实

长期以来，电网企业审计工作实行双重领导的管理体制。基层供电企业审计部门作为所在单位的内设部门，主要接受所在单位的领导，同时接受上级审计部门的指导。基层单位审计部门负责人由所在单位聘任，同时征求上级审计部门的意见。这种管理体制造成审计问责主要以所在单位的意见为准。由于我国历史长期以来形成的职务权力纵向授予关系的影响，问责下级就意味着上级在干部任用、生产经营管控方面存在失误或失职，必然导致下级有责上级不想问、不愿问、不敢问的现象，甚至有意包庇护短的情况发生，审计管理体制的局限性不利于审计问责工作的开展。

另一方面，审计部门的独立性不强。国家审计署2018年1月颁布的《关于内部审计工作的规定》第五条明确规定：“内部审计机构和内部审计人员不得参与可能影响独立、客观履行审计职责的工作。”但在一些基层供电企业，审计部门经常被安排参与生产经营业务流程，如被通知参加某项业务决策会议，事前不提供业务有关资料数据并给予充分的时间理解消化，仅在会议上仓促表态。由于信息不对称，审计部门往往被当作“挡箭牌”“背书人”。既要当运动员，又要当裁判员，给日后开展业务审计及审计问责造成困扰。

（三）审计问责不均衡

审计问责的依据是审计项目发现的问题。因此，审计对象被问责的可能性大小与审计部门审计项目安排密切相关，容易导致审计问责不均衡现象。审计部门对一个单位的审计频次高，容易导致查出的问题多，该单位被问责的可能性大；反之，如果一个单位长年未接受审计，该单位被问责的可能性小，但并不意味着该单位经营管理好，不存在问题。

造成这种问责不均衡的原因主要有两个方面：一是受制于审计资源有限。许多基层供电企业的审计人力资源不足，难以实现对所属单位、部门的审计全覆盖。二是受制于审计关注度。在审计资源有限的情况下，基层供电企业审计部门往往将资产规模、售电量大的主业单位作为重点审计对象，审计项目开展的频次高；反之，辅业单位和资产规模、售电量小的主业单位接受审计的频次低。这样的审计问责客观上对接受审计多的单位而言有失公平，也容易使相关单位产生抵触情绪。

（四）审计问责未形成联动机制

电网企业的内部监督包括审计监督、纪检监察、法律监督、业务部门自我稽核等监督，发挥着各自的作用。但目前各项监督工作基本按照自身业务模式开展，缺乏统筹协调，横向协同不足，未形成联动机制和监督合力。一是导致重复监督，浪费监督资源，也给被检查单位造成较大的配合负担。二是导致多头问责。比如审计部门依据查出的问题问责相关单位、人员。如果纪检监察部门查出同样的问题，在统筹协调不够的情况下，责任人可能要接受来自两个部门的重复问责。

（五）审计问责文化缺失

企业文化是企业在长期经营发展中形成的价值取向、行为理念、传统习惯、群体意识。个别基层供电企业审计问责文化缺失的集中表现就是所谓的“责任冷漠症”：一是企业干部员工不习惯在被监督状态下开展工作，对审计监督工作存在排斥心理；二是审计问责会影响单位、部门、个人的考核评价，严重的还会受到行政处分和经济处罚，干部员工自然对审计问责存在抵触情绪，主观上漠视和逃避责任与义务。

造成上述现象的原因主要有两方面。一是基层供电企业审计工作存在“重查轻改少问责”的现象。审计部门将主要精力放在了查问题上，对问题整改督促不够，更是很少实施问责。干部员工长期适应了这种“查而不究”的审计状态，这在一定程度上制约了审计问责制度的有效落实。二是有的基层审计人员存在“好人主义”思想倾向，不敢坚持原则，审计问责工作避重就轻，怀有畏难情绪，影响了问责的严肃性和公正性。

四、完善电网企业审计问责机制的建议

习近平总书记强调，要整合问责制度，健全问责机制，坚持有责必问、问责必严，实现问责内容、对象、事项、主体、程序、方式的制度化、程序化。当前，完善电网企业审计问责机制，应明确审计问责工作原则，并坚持问题导向，

着力解决电网企业审计问责工作存在的问题。

（一）审计问责工作原则

审计问责工作应遵循“依法依规问责、客观公正定责、分级分层追责、惩治教育和制度建设相结合”的原则，相互衔接、有机统一。

（1）坚持依法依规问责。审计问责应以审计发现的问题事实为基础，依据国家法律法规、规章制度和企业内部管理规定，对违规行为责任人严肃问责。

（2）坚持客观公正定责。按照权责一致的要求，贯彻落实“三个区分开来”导向，结合企业实际情况，调查核实违规行为情况，既考虑质的不同也考虑量的标准，认定相关人员责任。

（3）坚持分级分层追责。按照企业资本纽带关系和干部管理权限，分级组织开展责任追究工作，形成分级分层、有效衔接、上下贯通的责任追究工作体系。

（4）坚持惩治教育和制度建设相结合。在严肃问责的同时，加大突出问题通报力度，发挥警示和震慑作用，促进企业不断完善规章制度，提高经营管理水平。

（二）加强与改进电网企业审计问责工作的建议

1. 建立健全审计问责制度

审计问责工作应做到制度先行。电网企业应制定具有行业特点的审计问责制度，对审计问责的标准、程序、方式等做出明确具体的规定，使审计问责有章可循。

（1）明确问责主体。电网企业应明确审计问责的主体部门及其职责权限，结合实际，应成立由单位负责人、审计、纪检监察、组织人事等部门组成的问责工作领导小组，负责实施问责，加强沟通协调。

（2）明确问责客体。审计问责不仅是对单位、部门的问责，更重要的是对责任人的问责。只有改变审计对事不对人的惯常认识，对问题有关责任人履行岗位职责的行为进行问责，触及“乌纱帽”和切身利益，使其在行使权力的同时承担应负的责任，确保权责一致，才能真正对手中的权力产生敬畏之心，树立底线思维，强化法纪意识。上级充分授权，将同级问责纳入审计问责制度范畴。

（3）规范问责标准

电网企业审计问责工作要认真贯彻落实党的十九大关于建立容错纠错机制的精神，把违规经营投资和正常生产经营区分开来，建立有关容错机制。在审计实践中，要贯彻“三个区分开”的原则，平衡好审计问责和保护员工积极性之间的关系，避免“过度问责”现象的发生。

审计问责应该贯穿审计的全过程。一是对不配合、抗拒审计的行为进行问责。二是对“屡审屡犯”的单位进行问责。三是对造成企业不良后果的行为进行问责。

（4）清晰责任类型

按照“实质重于形式”的原则界定责任类型。一是加强原因分析，深入分析问题产生的原因是主观过错抑或客观原因，是不作为抑或执行偏差。二是明确责任，通过查阅资料、问询人员，划清直接、主管或领导责任。

（5）增强问责制度的可操作性

一是细化审计问责制度条款，严密制度措辞，避免不必要的歧义，确保问责公平公正。二是制定并执行审计问责的量化标准。三是严格审计问责程序，规范审计问责工作的启动、核查、决定、申诉、反馈、执行、跟踪等流程。四是加强审计问责后续效果的跟踪，及时总结问责的实际效果。

2. 完善审计管理体制

一是完善电网企业审计管理体制，形成新的审计监督格局，增强审计部门权威性，保障审计问责机制有效运转，保证对下级或同级审计均能顺利实施。二是增强内部审计机构设置的科学性，提高审计部门的独立性，保证审计工作质量。

3. 扩大审计覆盖面

一是实行审计项目全覆盖，增加审计人员配备，提升审计人员素质，提高审计效率。二是加强对被审计单位的符合性测试和实质性测试，周密安排审计项目。三是实行重点单位轮审制度，定期循环，增强审计监督和问责的均衡性。

4. 加强审计问责联动

加强审计、内部控制、纪检监察等监督资源优化协作，形成监督合力，发挥协同运作、资源信息共享、职能互补的优势，提升监督质量与效率。增大审计问题通报力度，推进民主监督，促进审计问责有效落实。

5. 培育问责文化

问责文化是审计问责制的灵魂，关系到审计问责制能否有效落实和发挥作用。一是加大宣传和沟通力度，把问责文化内化于员工心中，为审计问责的开展创造良好环境。二是企业重视和支持审计问责，为审计问责制的推行奠定基础。三是企业各级部门和人员应牢固树立责任意识和安全防范意识，培育企业各级领导人员在监督下行使权力的良好习惯，避免或减少因工作失误造成问责行为的发生。

参考文献：

[1] 时现. 最新发布的《审计署关于内部审计工作的规定》的特点分析——基于

修订前后比较的视角［J］. 中国内部审计，2018（03）.
［2］李蕾. 我国审计问责制刍议［J］. 教育文汇，2008（02）.
［3］中国内部审计协会. 内部审计在治理、风险和控制中的作用［M］. 北京：北京西苑出版社，2008.
［4］张文秀，郑石桥. 国家治理、问责机制和国家审计［J］. 审计文摘，2012（12）.
［5］王仁贵. 审计风暴背后的制度建设［J］. 审计文摘，2014（01）.
［6］邹东方. 内部审计视角下的国有企业经济责任审计［J］. 中国审计，2015（14）.

新时代下提高电网企业科技创新水平的思考

■ 南方电网科学研究院有限责任公司　刘　通

摘　要：中国进入新时代，科学技术从来没有像今天这样深刻影响着国家前途命运和人民生活福祉。属于技术密集型的电网企业是电力科技创新的“国家队”，只有提高科技创新水平，才能引领世界能源革命，贯彻国家创新驱动发展战略，推动企业高质量发展。电网企业尽管已取得了电网建设长足进步和电力科技不菲成绩，但仍然存在资金投入特别是基础研发投入较低、管理体制机制不完善、人才培养环境和评价方法待改进、科技成果转化效率低等问题，科技创新水平同实现“两个一百年”奋斗目标的要求还很不适应。基于对现有问题的分析，提出加大投入、优化体制机制、提高规划能力、加强科研主体建设及人才发展力度、坚持自主创新与联合研发相结合、建立科技成果转化路径六个方面的思考及建议，旨在提高电网企业科技创新水平，在新时代下展现新担当、成就新作为，实现企业高质量发展。

关键词：新时代；电网企业；科技创新

引　言

新时代下，以习近平总书记为核心的党中央高度重视科技创新工作，将科技创新作为提高社会生产力和综合国力的战略支撑[1]，提出实施创新驱动发展战略，强调“科学技术从来没有像今天这样深刻影响着国家前途命运，从来没有像今天这样深刻影响着人民生活福祉”[2]。随着中美贸易战打响，中兴应声倒下，中国企业核心技术“卡脖子”问题已在国际竞争中充分暴露。国内方面，多年来形成的劳动密集型、低附加值的传统产业体系已不适应中国经济转型，需要用技术创新驱动经济高质量发展。为此，习近平总书记在2018年7月13日中央财经委员会第二次会议上指出，“我国科技发展水平特别是关键核心技术创新能力同国际先进水平相比还有很大差距，同实现‘两个一百年’奋斗目标的要求还很不适应”[3]。2018年8月8日，国家科技领导小组成立，为新时代、新形势下深入实施国家创新驱动发展战略强化顶层设计[4]。

电网企业是技术密集型企业，进入21世纪前长期依赖国外技术和装备，但从1989年全套设备都从国外引入的葛洲坝至上海±500千伏直流输电工程以来[5]，我国电力部门和电网企业奋起直追，投入了巨大的科技研发资源，迅速取得了一系列的突破，电网建设速度和资产规模已领先世界。但是，新时代下，一方面还有变压器套管、换流阀核心器件、高压电缆料等的核心技术尚未掌握，依赖性强；另一方面，基础性、前沿引领性的研究不足导致无法科学研判电网科技发展趋势，尚未实现企业创新发展，在国际上尚未由“跟跑”“并跑”转为“领跑”。本文基于习近平总书记科技创新思想，阐述了新时代下提高电网企业科技创新水平的重要意义，通过对电网企业科技创新现状及问题的分析，思考并提出了新时代下提高电网企业科技创新水平的建议。

一、新时代下提高电网企业科技创新水平的重要意义

（一）提高科技创新水平是引领世界能源革命的必要前提

为了应对世界生态环境恶化和气候变暖的态势，促进世界经济可持续发展，以化石能源为主的世界能源体系正在发生巨变，传统能源开发和利用方式面临挑战，新一轮世界能源革命已蔚然兴起。电力已逐渐成为各类能源的转化载体和消费载体，是能源革命的焦点。

从世界能源革命的三大主要特征看，均渗透着科技创新要素。一是绿色、低碳，要求大量采用风电、光伏、潮汐等清洁能源形式，生产和消费过程没有碳排放、没有污染，使人与自然环境更加和谐[6]。据全球风能理事会（GWEC）2016年的统计，中国海上风电装机量占全球装机量的11%，落后于英国的36%和德国的29%[7]。尽管我国拥有长达1.8万公里的海岸线和300多万平方公里的可利用海域，海上风能资源丰富，但是深海远海风电资源由于大容量风机制造、漂浮式基座设计、风电接入与控制等关键技术欠缺，导致这一清洁能源开发深度受限。二是取之不尽、用之不竭，要求构建安全可靠的全球或区域间形式多样、灵活互补的智能电网，满足人类任何时间、任何地点的能源需求。世界上较为发达的国家已经构建了多电压等级、大容量、安全可控的现代电网，但电网形态、拓扑结构、送电方式等的变革创新一直未停止。科学技术的水平是推动实现这一目标的核心动力。三是成本低廉，要求采用新能源大量替代传统化石能源后，电力生产

成本趋近于零，让全世界都能享受到清洁能源带来的美好生活。这一目标更需要通过技术进步带来单位造价的持续下降。

十九大报告指出，新时代是我国日益走近世界舞台中央、不断为人类做出更大贡献的时代[8]。类似于各国电网公司的角色，我国电网企业作为智能电网建设主体和能源产业链带动者，代表了我国电网科技创新的最高水平，在世界能源革命中体现着中国形象。所以，电网企业必须直面外部挑战，通过大力提升科技创新水平来掌握“国之重器”，在优势领域实现从“引进来”到“走出去”的突破，主导国际标准制定，获得国际话语权，全力以赴在世界能源革命中占得先机。尽管“形势逼人、挑战逼人、使命逼人”[2]，但我国电网企业要坚定不移地打好科技攻坚战，这对实现国家“一带一路”战略、保证国家能源安全具有重要意义。

（二）提高科技创新水平是践行国家创新驱动发展战略的紧迫要求

2016年5月19日，中共中央、国务院印发了《国家创新驱动发展战略纲要》，要求把创新驱动发展作为国家优先战略，以科技创新为核心带动全面创新，以高效率的创新体系支撑高水平的创新型国家建设，实现生产力由传统的“要素驱动”“投资规模驱动”走向“创新驱动”，推动经济社会发展动力根本转换[9]。

电力工业是关乎国计民生的公共服务基础产业，在习近平总书记“四个革命、一个合作”战略思想下，科技创新起着支撑我国能源技术革命、电力行业发展、经济高质量发展的重要作用[10]。电网技术革新引发巨大发展动能，电网发展借助科技的力量，在向着智能化、数字化、绿色、低碳发展的同时，驱动着我国能源产业链的全面发展，例如柔性直流、分布式微电网、电动汽车、海上风电等新技术在电网中融合应用，催生了高端电力装备、电动汽车充电设施、风力发电机等新制造业的崛起，为建设创新型国家贡献电网智慧和电网力量，更为我国经济的供给侧结构性改革和新动能培育提供了新的空间，能够加快建立以企业为主体、以市场为导向、产学研深度融合的技术创新体系[8]。

电网企业一直以来都是国有企业的骨干力量，是名副其实的电力科技创新主力军和“国家队”，拥有“中央研究院”和各省公司电力科学研究院等众多科研单位。所以，电网企业应当责无旁贷地研究并掌握电力科技核心技术，通过科技创新让电网“聪明”起来，在新时代下推动国家不断增强经济创新力。2017年，国家电网公司和南方电网公司联合获得的国家科学技术进步奖特等奖“特高压±800千伏直流输电工程”[11]正是基于多年的科研攻关，建立了远距离、大容量输电通道，将能源丰富地区的电力输送到经济较发达的负荷中心，以科技创新驱动国家发展。

因此，电网企业应针对新形势，快速提升科技创新水平。只有让输电更高效，才能撑得起国家经济发展；只有让供电更可靠，才能对得起人民群众的期待；只有让发电更清洁，才能守得住绿水青山。

（三）提高科技创新水平是推动电网企业高质量发展的关键一招

由于电力这一产品在生产技术上的复杂性、生产设备上的先进性，电网企业属于技术密集型企业，没有科技创新水平的提高，企业发展将举步维艰。特别是新时代下，对电网企业而言，高质量发展就是创新驱动发展。

首先，我国两大电网企业负责全国电网的建设和运营。随着电网规模不断扩大、结构日趋复杂，一些输电安全风险日益凸显，负荷高度密集地区短路电流超标、直流输电系统引起次同步振荡等技术难题威胁电网安全稳定运行，需要企业下大气力开展这些眼前问题的科学技术攻关，提升电网企业驾驭现代复杂大电网的能力。其次，新一轮电力体制改革正在深刻改变电网企业盈利模式和电力生产组织方式，分布式能源、多能互补等新业态兴起。电网企业必须通过科技创新，不断运用大数据、物联网、人工智能等新技术武装自己，特别是打造客户服务的互联网智能化信息平台，完成企业转型发展的迫切任务。最后，电网企业在输配电业务这一主业的基础上，正在拓展综合能源服务，向能源产业价值链整合商转型。对于大规模储能、电动汽车充电、分布式微电网、售电增值服务等新兴业务领域，都必须依赖强大的科技创新能力。只有进一步加快科技创新步伐，才能为电网企业的产业发展布局提供强大动力。

新时代下，国家能源战略规划和系列科技创新支持政策的出台正在不断优化社会创新环境，给电网企业健康发展创造了前所未有的条件。应该说，科技创新是电网企业未来可持续发展的强大内生动力，是建设具有全球竞争力的国际一流企业的重要保障，是新时代下高质量发展的关键一招。

二、电网企业科技创新的现状

（一）电网科技创新取得了丰硕成绩

电网科技创新与我国电网建设密不可分，科技创新推动电网高速建设发展，电网建设倒逼科技创新持续突破新技术。首先，我国特高压输电技术已处于国际领先地位，掌握了±800千伏特高压直流输电和1000千伏特高压交流输电关键技术，国家电网公司正在建设的昌吉—古泉±1100千伏特高压直流输电线路工程，将进一步应用特高压直流分层接入等新技术，继续引领世界大电网技术发展[12]。其次，我国还研发了世界首台机械式高压直流断路器、柔直换流阀等核心装备，在柔性输电技术方面取得了长足进步。此外，在可再生能源主动配电网、电网控制和新能源接纳、电动汽车与电网互动技术领域，我国电网均已走在世界前列。

2017年，电力行业科技项目获得了包括国家科学技术进步奖特等奖的国家科学技术奖共20项。根据国家知识产权局统计，国家电网公司发明专利授权数3622件，超过华为、中石油等企业，位居第一，并且有2项专利获得金奖[13]。南方电网公司牵头承担了国家重大项目27项，专利拥有数已达10834件，牵头制定国际标准4项，负责或参编国家、行业标准225项，共获得省部级及以上科技奖励238项。

此外，我国电网科技正在融入世界，全球能源互联网合作组织会员数量增长至五大洲22个国家和地区的265家[12]。电网企业积极主导和参与各类国际组织技术交流活动，对国际能源电力事务的影响力和话语权不断增强，仅2017年就出口超过52亿美元的电力设备及技术，电力合作已成为“一带一路”合作的新亮点。

（二）电网企业科技创新工作获得前所未有的重视

科技部和国资委于2018年初联合发文，要求中央企业建立要素集聚、特色鲜明、活力迸发的创新体系，在重点产业领域建成拥有国际影响力、竞争力的创新型中央企业，推动我国经济高质量发展，为我国建成创新型国家与现代化经济体系提供强有力的支撑[14]。

无论国家电网公司还是南方电网公司，都在总部及各级单位设立了负责科技创新工作的科技管理部门，并且在科技资源、科技人才等方面逐年加大投入。除了中国电力科学研究院、南方电网科学研究院、全球能源互联网研究院等核心科研机构，每个省公司都已将原试验研究所更名为省级电力科学研究院，转型为省公司级的科研主体。

南方电网公司于2018年成立了科技创新体制机制改革专题小组，提出了推进科技创新发展的“20条”举措[15]，一方面在总部及分省公司层面设立科技创新中心，增强科技创新管理和服务能力，另一方面增设科技成果转化处，加大科研成果与企业高质量发展的深度融合。此外，还将科技创新首次纳入分子公司年度经营业绩考核，强化“指挥棒”作用。

电网企业的科技人才及其工作环境也在逐年改善，两大电网公司现共拥有9名院士，并基本形成了技术专家培养梯队。南方电网公司党组于2018年7月印发了《关于南网科研院人才发展体制机制改革先行先试的指导意见》，旨在突破科技人才发展体制机制，显著提高人才队伍竞争力。

（三）电网企业科技创新既面临机遇又面对挑战

从机遇方面分析，一是全球能源革命推动了电网科技创新进入高度活跃期，新能源应用技术正以前所未有的速度对传统能源技术进行替代，并对世界能源格局与经济发展产生深远的影响，世界主要国家均把能源电力技术视为新一轮科技和产业革命突破口，纷纷制定各种政策措施抢占发展制高点，增强国家竞争力并保持领先地位[16]。二是党的十九大报告强调加快建设创新型国家，全面增强科技创新能力。在2016年发布《国家创新驱动发展战略纲要》后，国务院、国资委先后出台了一系列加大科技创新力度的重要政策，社会创新环境不断优化，更加有利于电网企业形成以创新为发展根本驱动力的新局面，激发电网企业科技创新活力，促进电网企业转型升级和高质量发展。三是在习总书记提出“四个革命、一个合作”战略思想后，我国电力行业正在大力推进和深化供给侧结构性改革，积极开展“清洁能源替代”和“电能替代”，引导转变能源生产和消费方式，为电力供应拓展新需求，激发了电网企业在电网智能化、电网绿色低碳发展、信息与能源深度融合等方面的巨大创新潜能。

从挑战方面梳理，一是新一轮电力体制改革使得电网企业的收入模式从发售电价差转变到准许成本加合理收益，监管机构加强了对输配电成本的监管，这一政策的调整对公司的成本管控提出了更高要求，对科技创新投入的审查将会相应收紧。二是国家“大众创业、万众创新”的系列优惠和支持政策出台，综合能源运营商、售电商、负荷集成商、虚拟电厂运营商等一系列新型市场主体的出现，将激发对电力行业人才的旺盛需求，电网企业科技人才可能会受到这一政策红利的激励而出现自主创业的新热潮，导致电网企业科技创新能力下降。三是高新企业不断崛起并进入电网科技研发领域，相比电网企业而言，具有市场需求洞察力强、产品及服务迭代快速、科研模式、融资渠道以及激励方式多样的优势。特别是在微电网、储能以及新能源等前沿领域有较强科研实力的高新企业，将成为传统电网企业掌握核心技术的挑战者。

三、电网企业科技创新主要问题分析

（一）科技创新资金投入不足，特别是基础性研发投入比例较低

科技创新资金是研发质量的基本保障，任何技术密集型企业都需要通过充足的科技资金投入，为自身创造源源不断的发展活力。但是，我国电网科技创新资金仍投入不足，倾向于将大量经费投入到电网基建、设备改造、运行维护、市场营销等基础业务板块上，导致企业科技创新能力的“先天性贫血”，难以支撑电网企业的创新发展。2013年至2018年中，南方电网公司累计研发投入232亿元，研发投入强度1.07%。这一投入强度不仅远不及国际一流企业（表1），在国内企业中投入经费也与华为等企业存在较大差距（表2）。

表1 2017年全球公司研发投入排名（前10名）[17]

排名	公司	国家	研发投入（亿欧元）	研发投入强度（%）
1	大众	德国	137	6.3
2	ALPHABET谷歌	美国	129	15
3	微软	美国	124	14.5
4	三星	韩国	122	7.7
5	英特尔	美国	121	21.5
6	华为	中国	104	19.2
7	苹果	美国	95	4.7
8	罗氏	瑞士	92	19.6
9	强生	美国	86	12.7
10	诺华	瑞士	85	18.2

表2 2017年全球公司研发投入排名（国内前10名）[17]

中国排名	世界排名	公司名称	研发投入（亿欧元）	研发投入强度（%）	利润率（%）	销售收入（亿欧元）
1	6	华为	103.63	19.2	11.6	539
2	58	阿里巴巴	23.29	10.8	30.4	216
3	70	中兴	18.61	13.5	0.5	138
4	85	腾讯	16.17	7.8	38.4	207
5	90	中国石油	15.33	0.7	4.2	2207
6	97	中国建筑	14.46	1.1	6.0	1280
7	100	中国中铁	14.22	1.6	3.3	864
8	103	百度	13.89	14.4	14.2	96
9	111	中国中车	13.22	4.3	8.4	306
10	115	中国铁建	12.89	1.5	3.5	844

此外，中国企业在基础性研究方面还同发达国家有很大差距（表3）。尽管基础研究是技术进步的“先行官”，但是由于电网企业将绝大部分科研经费投入到解决电网安全生产、工程建设等应用型研究中，对输变电材料、功率半导体器件、传感器等基础研发的投入比例较低，导致电网企业难以产生引领性原创成果，破旧立新、颠覆引领能力不足，难以推动当今能源电力技术革命潮流。

表3 部分国家企业研发投入比例（%）

	中国	美国	日本	英国	法国	韩国
基础研究	0.1	4.4	6.8	5.1	5.4	13.1
应用研究	3.1	16.0	18.8	41.7	42.6	17.1
试验发展	96.8	79.6	74.4	53.2	52.0	69.8

（二）科技创新管理体制机制不适应新时代新要求

电网企业是中央企业，也是电力科技创新的“国家队”，虽然拥有行业优势和资源优势，但是对颠覆性创新和革命性技术的反应迟钝，容易患上安于现状、抱残守缺的“大企业病”，导致在建设科技创新体制机制过程中倾向保守，为企业通过技术创新转型升级设置了阻碍，主要存在如下不适应新时代新要求的体制机制问题：

（1）科技规划能力不足，难以做到“科技引领，规划先行”。电网企业的科技研发应紧密围绕能源电力科技领域，在发电、输电、变电、配电、用电等能源产业价值链上寻找研发方向。客观方面，在能源革命的引领下，电力科技日新月异，人工智能等新技术不断与电力工业融合，研发方向必须能够迅速适应科技发展，对科技规划的及时性和灵活性提出了更高要求。主观方面，科技规划的制定过程未能经过深入充分的调研，特别是与企业战略、市场环境结合不够，导致核心研究方向不稳定，每年都变，年年修编。

（2）科技管理上追求短平快。绝大多数科技项目要求在2年或3年完成验收，有的在立项当年就要求出成果。这种急功近利的项目管理方式导致科研人员没有充足的时间和精力投入，加之科技管理制度中规定的中期审查、项目督导及各类流程表单，几乎让人无法沉下心来做研究。特别对于生产任务较重的省级电科院、地市供电局修试所等单位，只能将大部分项目经费外委，长期以来形成了找“外援”、走“捷径”的习惯，非常不利于科研单位的成长发展，也难以真正掌握关键核心技术。

（3）科技项目聚焦度不够。大量项目由各省级单位自行策划，“撒胡椒面”现象普遍，对同一技术问题的研究存在不同单位重复立项的情况，未能统筹整合资源开展核心技术联合攻关，导致科技项目做不深、做不透，难以做出突破性成果，同时也造成了科技资源的浪费。

（4）缺少符合科学研究规律的容错机制。科技创新从来都是九死一生，但是现阶段科技项目通常一开始就要求确定详细的技术路线和定量的交付成果，实施过程按部就班地完成任务，变更调整流程复杂、难以实施。这种类似基建工程的管理模式导致科技研发成果的创新价值大打折扣。

（三）科技人才吸引力不强，培养环境和评价方法有待改善

科研人才都需要在一个技术岗位上开展多年研究，不断积累沉淀，但有了较多的科研成果时年龄和机遇已经失去了制度规定的晋升机会，导致懂技术又踏实的技术人才很难在现有体制内脱颖而出。另外，电网企业聚焦输配电和市场营销等主业，存在将科技创新当作可有可无、锦上添花的思想，导致下属科研单位中很多科研人才失去干事创业的热情，人才流失现象在电网企业呈现上升趋势，三四十岁青年科技骨干人才稳定性堪忧，流失普遍，严重制约了人才的进步和企业的高质量发展。

另一方面，电网企业科技人才的评价标准比较单一，考核、晋升以及荣誉奖励主要以专利、论文、国家/省部级课题、技术标准制定等量化指标为基础。这一评价机制难以评估产业化开发和成果转化工作，很难在职称评定、学术成就和职业发展上全面考量，制约了科研人员在工程技术、产业化研发等方面的投入，也同时限制了科技人才向企业合理流动，难以形成合理的科技创新人才结构。

（四）科技成果转化效率低，未实现与企业发展的深度融合

电网企业在科技成果市场化培育制度上存在缺陷，认识上存在“发表了论文、申请到专利就大功告成”的不足，科技对经济社会发展的支撑能力和贡献率远低于发达国家水平，已成为我国这个经济大块头的“阿喀琉斯之踵”[1]。一方面，电网企业由于规模大和体制性桎梏，对高新技术的市场需求反应慢，研发投入不及时，成果评估和积极效益论证时间过长，在实施科技成果转化上不具备优势。无论国家电网公司还是南方电网公司，科研成果转化管理制度都规定了年度转化需求提交、形式审查、价值评估、转化对象洽谈、转化协议审批等必要环节，尽管严格避免了国有资产流失，但也同时严重影响了科研成果的转化效率。另一方面，电网企业的科技研发往往与市场脱节，创新成果与市场对接不畅，科技成果容易偏离市场需求，商业化尝试较少，缺乏市场转化的驱动力，支持成果转化应用的风险管控、资本运作、激励等配套机制不完善，阻碍了科技成果向企业驱动力的高效转化。

此外，尽管国资委2016年印发了《关于做好中央科技型企业股权和分红激励工作的通知》，2017年印发了《中央科技型企业实施分红激励工作指引》，2018年又印发了《国务院国资委关于进一步做好中央科技型企业股权和分红激励工作的通知》，但是电网企业的科研单位在具体操作层面仍然存在疑惑和顾虑，处于岗位分红激励和项目分红激励的探索阶段，还未尝试股权分红，科研人员的科技成果转化奖励激励相比华为、腾讯等企业还有较大差距，导致科技创新的原动力

不足。

四、新时代下提高电网企业科技创新水平的建议

新时代赋予了科技创新更为重要的意义。电网企业肩负着创新驱动和高质量发展的新使命，需要坚持问题导向，找准痛点，大力提升科技创新水平。为此，提出以下六个方面的思考及建议：

（一）加大电网科技创新资金投入

首先，持续加大科技研发投入。“巧妇难为无米之炊”，资金保障是做好科技创新的前提条件。我国电网企业要想赶超国际先进电网企业，实现创新驱动和高质量发展，必须加大电网科技研发资金投入和研发强度。应当按照国家和电网企业科技创新战略中关于研发投入的目标要求，对标国内外先进电网企业的研发经费投入水平，建立稳步增长的长效机制，并结合科技研发和技术创新平台进行建设布局，在企业投资计划和预算编制中优先考虑安排科技项目经费，确保不同技术领域、不同层级科研主体的科技创新工作能够顺利开展、高质量完成。

其次，加大基础性研发经费的分配比例。2018年12月6日，李克强总理在主持国家科技领导小组的第一次会议时强调，“基础研究是科学体系的源头，要对基础研究加大长期稳定支持，引导企业和社会增加投入，突出‘硬科技’研究，努力取得更多原创成果”[18]。电网企业应当学习国际一流电力企业，从传统的试验开发型、集成应用型科技创新模式中走出来，增加基础性、颠覆引领性技术的研发资金分配比例，真正掌握影响电网新业态、产品产业化、重大科技示范工程的关键核心技术，着力实现前瞻性基础研究、引领性原创成果重大突破[19]。应当夯实电网科技的“地基”，从高压电缆试验能力转向电缆绝缘材料研制能力，从直流工程集成能力转向换流阀设计制造能力，吸取中兴被核心芯片卡住脖子的教训。

最后，拓宽科技资金筹措渠道。研究建立科技投入资金的多渠道筹措机制，积极参加国家科技计划及重点科技专项的申报实施，争取国家财政、专项基金资助。充分利用国有资本经营预算对科技创新所需资本性支出的支持，合理利用国家关于研发费用视同利润和税前加计扣除等相关鼓励政策。

（二）优化科技创新管理体制机制

第一，优化科技创新管理制度。认真贯彻落实党中央和国务院对科技领域“放、管、服”改革要求，优化电网企业科技管理体系，搭建开放式、协同式创新平台，完善内部工作机制。按照能放尽放的原则制定科技管理制度，赋予各级科研单位更大的自主权，给科研人员“松绑”，同时激发科研人员的责任感。建

立分层分级的科技项目管理体系。电网企业总部重点抓好国家级、省部级、企业重点科技项目的决策、实施和成果管理，其他科技项目由分公司、子公司负责全过程管理。

第二，建立精简高效的科技项目管理方式。强化科技规划对项目立项的指导作用，增加申报准备时间，精简申报要求及材料，实行“里程碑”式简化管理。运用科技管理信息系统实现科技项目高效管理的“数字化转型”，利用信息化手段推行“材料一次报送”，实现一表多用。避免重复多头检查，最大限度降低监督检查对科研活动的干扰，同时赋予项目负责人更大技术决策权，在申报指标不降低、研究方向不变化的前提下，可自主调整技术路线及研发方案。让项目实施单位拥有更多研发经费自主权，允许非核心预算科目间调剂，优化采购流程，将财务验收和技术验收合并，科技管理部门依据任务书组织一次性综合评审。

第三，完善科技创新考核评价机制。以科技创新质量、贡献、绩效为导向，将科技创新纳入省级公司年度经营业绩考核，主要考核科技项目投入、重大项目实施、科技成果转化应用等指标，进一步强化考核“指挥棒”作用[20]。加强科技项目评价制度建设，明确科技项目评价的作用，制定科学合理的评价方法及流程；健全科技项目评价专家制度，持续优化专家库及其选择机制，提高专家评价的公正性和质量；引入第三方专业评价机构，保证评价结果的独立性和可信度；探索建立项目后评价机制，考量项目成果被电网生产运营业务采纳程度，评估知识产权运营效益、科技成果应用成效等。

此外，科学研究的本质是探索未知的技术领域，具有不可知性、不确定性。因此，还应在科技管理体系中设计容错机制，避免类似基建工程项目的管理模式，鼓励科研人员勇于破旧立新，充分激发其原始创新活力，保护其创新主观能动性。

（三）提高电网科技创新规划能力

首先，电网企业应进一步提升科技发展规划的重要性，将规划研究制定与企业发展战略紧密结合。科技创新规划是电网企业科技创新工作的纲领性文件，是科技研发工作的阶段性指南，是年度科技项目策划立项工作的宏观指引。企业内部应当组建一支稳定的电网科技规划研究团队，持续跟踪研究国际能源电力科技发展动态，深入解读国家能源局、科技部等政府部门的宏观政策和最新科技方向，只有找准定位，站在国家经济转型和高质量发展的角度，站在满足人民群众美好用电需求的立场，才能正确瞄准科技创新方向，精准施策，制定具有国际视野、凸显中国特色的科学发展规划。

其次，在规划研究制定过程中，一方面要发挥好院士、“千人计划”专家、企业内各领域技术专家的作用，紧跟电网科技前沿；另一方面，邀请基建、物资、安全生产、运行调度等部门资深管理人员参与，让科技研发成果符合企业发展要求，避免科技创新与企业发展“两张皮”现象。

（四）加强科技创新主体建设和人才发展支持力度

首先，加强科技创新主体建设。健全科技创新组织架构，确保省级公司专职科技管理部门、基层单位专职科技管理人员设置合理，确立从电网企业总部到基层科技管理部门在创新链条的职责定位。充实科技创新主体人员配置，继续发挥网级科研单位作为中央研究院的龙头作用，逐步推进中央研究院与省级创新主体的梯次化、差异化发展，发挥协同创新效应，提升整体创新效益。

其次，推进科技创新人才队伍建设。抓好科技人才的引、培、用、留工作，重点完善科技人才引进选拔和培育激励机制，为院士、“千人计划”专家等高级人才提供潜心研究的机制环境，并配备专业化团队；为青年科技骨干人才创造更好的工作生活条件，提供良好的事业发展通道和有效的激励机制；为名校优秀毕业生配备一对一导师，搭台子、压担子，在重大科研攻关任务中培养有信仰、有追求、想干事、会创新的年轻人才梯队。完善市场化、国际化的人才资源配置机制，加大海外高层次人才引进力度，为电网企业不遗余力地吸引国际化人才。探索柔性引才用才新方式，以项目合作、技术咨询等业务为纽带，实现“不求所有、但为所用”。

（五）坚持自主创新与联合研发相结合

运用矛盾论分析，自主创新是现阶段科技创新工作这一矛盾的主要方面，需要重点对待，联合研发是矛盾的次要方面。从辩证法分析，自主创新和联合研发不可偏废，应当相辅相成、相得益彰。

首先，应当坚定不移地走中国特色自主创新道路。我国电网科技尚未掌握的核心技术还很多，但不能陷入全面自主创新竞争的陷阱，应当结合我国电网建设发展实际，在继续巩固特高压直流设计集成等优势技术领域的基础上，优先突破“卡脖子”技术，通过集中资源攻克核心技术。同时，还要研发我们自己的非对称性“撒手锏”[21]，掌握能源产业价值链中必需的独有技术，与美国等西方国家在高技术产业链中做到你中有我、我中有你，把创新发展主动权牢牢掌握在自己手中。

另一方面，应当充分借助联合研发的优势。在科学技术高度发展、交叉融合的新时代下，绝不能关起门来搞研究，埋头苦干、“两耳不闻窗外事”的做法已不可取，只有聚四海之气、借八方之力，加强联合攻关、优势互补，才能实现高端技术的迅速突破。对于电网企业，一是应坚持与高校的联合研发，继续运用好高校的基础理论研究优势和多年理论及实验实践的积淀；二是应加强与企业的合作，让科技成果与电力产业深度融合，实现科技创新的产学研良性循环；三是应强化国际交流合作，融入全球创新网络，将先进技术“为我所用”，提高我国电网企业的整体创新能力。

（六）建立规范高效的科技成果转化路径

首先，制定科学高效的科技成果转化制度。促进创新链与产业链精确对接，消除科技创新的“孤岛现象”，加快科研成果从样品到产品再到商品的转化，打通电网企业科技成果向产业公司的产品转化路径，明确样品研发、成果遴选、产品制造、商品销售等相关管理流程及工作要求，明确科技成果转化投入产出计算标准，最终为电网企业生产运营和业务拓展源源不断地创造效益和价值。

第二，打造科技成果转化孵化平台。在网、省两级积极成立科技产品开发公司，承接科技成果的商品化业务，负责组织实施科技成果新产品的生产和销售，打通科技成果发展为新产业的“最后一公里”。建立“菜单式”科技成果与新技术推广应用目录，成立混合所有制模式和高度市场化运作的科技孵化器公司，设立科技产业投资专项基金，发挥金融对科技成果转化的助推作用。

第三，落实科技成果奖励激励政策。依据《中华人民共和国促进科技成果转化法》和相关政策标准，针对科技成果转让（许可）、作价投资、自行或合作实施等不同方式，出台电网企业奖励激励制度，对完成、转化科技成果做出重要贡献的人员给予奖励报酬，且不收工资总额限制，充分调动科研人员成果转化的热情。

第四，科技成果转化还需要电网企业内部的跨部门协同推进。物资管理部门应加大科技成果新产品采购支持力度，明确科技成果新产品市场准入门槛，通过降低市场业绩条件、评估后直接纳入采购目录等方式，为科技成果转化“亮绿灯”。安全生产部门应落实《国家能源局关于促进能源领域首台（套）重大技术装备示范应用的通知》，建立科技成果新产品应用容错机制，对于试点、示范应用的科技成果造成的非计划停运可不纳入事故事件统计。

五、结束语

新时代下，我国科技创新开启新征程，焕发新气象，电网企业必须怀着“亦余心之所善兮，虽九死其犹未悔”的豪情，大力提高科技创新水平，加快提升创新驱动能力，展现新担当，成就新作为，实现企业的高质量发展，为“两个一百年”奋斗目标贡献电网智慧和力量。

参考文献：

［1］中共中央文献研究室. 习近平关于科技创新论述摘编［M］. 北京：中共文献出版社，2016.

［2］习近平. 在中国科学院第十九次院士大会、中国工程院第十四次院士大会上的讲话［R］. 2018-5.

［3］习近平. 提高关键核心技术创新能力　为我国发展提供有力科技保障［N］. 人民日报，2018-7-14.

［4］中华人民共和国国务院办公厅. 关于成立国家科技领导小组的通知（国办发〔2018〕73号）［Z］. 2018-7-28.

［5］吴元熙. 葛洲坝—上海高压直流输电系统简介［J］. 华东电力，1996（7）.

［6］莫神星. 应对气候变化下发展低碳能源科技的路径［J］. 中国能源，2018（3）.

［7］欧洲风能协会. 欧洲海上风电产业统计报告2016［R］. 2017.

［8］习近平. 决胜全面建成小康社会　夺取新时代中国特色社会主义伟大胜利［R］. 北京：中国共产党第十九次全国代表大会，2017-10.

［9］中共中央，国务院. 国家创新驱动发展战略纲要［Z］. 2016.

［10］刘龙海，等. 能源革命——领悟“四个革命”与“一个合作”［J］. 燃气轮机技术，2016（1）.

［11］宋新立，等. 创新·发展——电力科技40年［J］. 国家电网报，2018（8）.

［12］中国电力企业联合会. 2017年中国电力发展情况综述［J］. 电器工业，2018（7）.

［13］国家知识产权局. 2017年中国专利调查报告［R］. 2018.

［14］科技部、国资委. 关于进一步推进中央企业创新发展的意见（国科发资〔2018〕19号）［Z］. 2018.

［15］中国南方电网有限责任公司. 关于印发进一步推进公司科技创新发展的工作措施的通知［Z］. 2018.

［16］国家能源局. 能源技术创新“十三五”规划［Z］. 2016.

［17］欧盟委员会. 2017年全球企业研发投资排行榜报告［Z］. 2017.

［18］深化改革更大激发社会创造力　更好发挥科技创新对发展的支撑引领作用［N］. 人民日报，2018-12.

［19］中华人民共和国国务院. 关于全面加强基础科学研究的若干意见（国发〔2018〕4号）［Z］. 2018-1.

[20] 中华人民共和国国务院. 关于优化科研管理提升科研绩效若干措施的通知[J]. 中华人民共和国国务院公报，2018.
[21] 习近平. 在网络安全和信息化工作座谈会上讲话[R]. 2016-4-19.

“一带一路”背景下央企海外社交媒体传播策略研究

■ 中国南方电网传媒有限公司　闫晓光

摘　要：“一带一路”建设的深入推进和国务院国资委对中央企业建设具有全球竞争力的世界一流企业的目标要求，均对中央企业面向海外的品牌建设和形象传播提出了更高的要求。本文结合海外品牌建设对央企“走出去”步伐的重要意义和当前全球范围内以社交媒体为主平台的传播趋势，通过实例分析和探讨中央企业在海外社交媒体建设中的发展现状、经验和不足，据此从加强策略研究、开展分众传播、淡化政治色彩、扩充媒体矩阵、培育专业团队、加强数据研判等方面，对“一带一路”背景下开展中央企业海外社交媒体建设提出对策和建议。

关键词：一带一路；中央企业；海外社交媒体；品牌

引　言

中央企业在“一带一路”建设中发挥“主力军”作用。截至2017年底，央企境外单位达10791家，分布在185个国家和地区，境外资产总额超过7万亿元。除经营业绩取得突出成就外，在建设过程中，中央企业还始终严格依法诚信经营，注重生态环境保护，积极投身公益事业，在改善当地民生、推动协调发展、促进文化交流等方面发挥了积极作用。但中央企业在投身“一带一路”建设的过程中，全球品牌美誉度并没有随之增加。全球知名品牌咨询机构Interbrand“2018全球最佳品牌榜单”中，苹果连续六年蝉联冠军，紧紧跟随的是谷歌、亚马孙及微软等硅谷明星企业。中国品牌中只有来自深圳的华为凭借75.78亿美元的品牌价值排名相比去年提升2位，位列第68位，而且还是榜单中的唯一中国品牌，比2017年的两家中国企业还减少了一家。品牌是企业开拓海外市场的敲门砖和护城河，央企品牌还是国家形象的重要载体。在当前移动互联的技术环境下，信息传播已进入社交媒体时代，传播方式和信息载体正在发生巨大变化，中央企业能否适应好社交媒体传播规律，建设和运营好自主、可控、及时、有效的央企海外社交媒体，讲好央企故事、传播国家形象，是服务好“一带一路”建设，加快建成具有全球竞争力的世界一流企业的迫切需要。

一、“一带一路”背景下加强央企海外社交媒体建设的意义

（一）海外社交媒体是央企适应移动时代传播趋势的必然选择

社交媒体指互联网上基于用户关系的内容生产与信息交换渠道，一般都可以通过手机浏览、留言、转发。如今，随着移动通信已普遍进入4G时代，以移动端为主要载体的社交媒体已经像吃饭、睡觉一样成为人们生活中不可或缺的部分。以国内为例，目前国人常用的社交媒体主要包括微信、微博、QQ以及近年新兴的抖音、快手等短视频平台。据Mary Meeker的2017年互联网趋势报告显示，我国国内用户每天在使用手机等移动终端上的时间已达31亿小时。社交媒体不仅取代了传统媒体成为最主要的新闻信息供应商，还在发挥其社交特性，制造着一个又一个的热门讨论话题，一些话题由于参与性广泛和影响力巨大，还可以对政治、经济等各方面施加着舆论影响。

正如我国国内的微信、微博占据了国人的大部分时间，在美国据美国知名市场研究公司eMarketer测算，2017年全球约有24.4亿人经常使用社交网络，占全球总人口的三分之一，占网民人数的71.0%。Facebook是全世界最受欢迎的社交媒体，2017年有近15亿人登录，占社交网络用户的60.8%；另外，全球超过2.6亿人定期使用Twitter。Facebook相当于微信，Twitter相当于微博，用这个类比就可以比较轻松地理解这两个最主要的海外社交媒体，而其他如Youtube等视频平台，也都能在国内找到相应的同类型的如快手、抖音等社交媒体。从个人互动到企业品牌传播再到国家发声，社交媒体已成为占据人们时间最长、覆盖面最广、舆论引导力最强的媒体平台。正如国内的企业纷纷开通微信、微博等自媒体一样，世界级的企业如可口可乐、苹果等也均开通了海外社交媒体，用于自身的品牌传播。海外社交媒体是央企适应移动时代传播趋势，建设自身品牌声誉的必然选择。

（二）用好海外社交媒体是建设世界一流企业品牌的重要手段

国务院国资委主任肖亚庆在2018年十三届全国人大一次会议记者会上表示，深化国有企业改革，根本的目的是培育具有全球竞争力的世界一流企业。我国必须加快形成一批在国际资源配置中能够占据主导地位的领军企业，培育一批引领

全球行业技术发展的领军企业，培育一批在全球产业发展中具有话语权和影响力的领军企业，从而培育具有全球竞争力的世界一流企业。

一流的企业需要一流的品牌，具有全球竞争力的企业需要具有全球竞争力的世界一流品牌。随着经济全球化进程，拥有国际知名品牌已经成为企业引领全球资源配置、主导国际标准制定、开拓国际市场的重要手段。正如约翰·斯图亚特在桂格燕麦公司任CEO期间说："如果公司拆分，我愿意给你厂房、设备等有形资产，而我只需要品牌和商标，但相信我一定比你经营得更好。"因此，打造中央企业的国际品牌十分重要。品牌的关键在于传播，传播效果的关键在于渠道。长期以来，央企在国际化拓展的过程中，所运用的传播方式和传播效果单一、有限，仍然较多地选择传统媒体投放的方式，但相比于国内媒体对中央企业的强关注度，国外的报刊电视等传统媒体受意识形态、民族文化、受众群体等因素影响，对中国企业的正面信息一般采取视而不见的态度，反而各种偏见性负面报道频频见诸报端。自己的故事要靠自己来讲，自己的品牌也要靠自己塑造。海外社交媒体因为其开放性，央企可自主注册和运营，受外部限制最小，是央企在海外所能掌握的自主性较强的传播渠道，也是开展品牌传播的必然选择。

（三）用好海外社交媒体是及时应对舆情维护品牌安全的必然选择

中国企业在进军海外市场的同时，也会因政治、经济、环境等各方面的原因而遭遇各种舆情风险。据海外网的一项统计显示，2017年上半年，海外媒体报道中央企业相关信息总量超过两万条，受众覆盖全世界。从海外媒体聚焦的舆情事件发生区域来看，中央企业海外舆情事件所涉及区域集中在西欧、东欧、东南亚、西亚、非洲等地区。从报道热度较高的111起舆情事件来看，央企对外合作项目类的舆情事件最多，其次是收购合并类和产品业务类事件。面对舆情，目前公认的最好的处理方式就是第一时间发声，或以正视听终止谣言，或诚恳道歉避免舆情蔓延。国外尤其是西方的报刊、电视等媒体平台受政治、经济等因素影响，不可能为中国企业站台背书，且受审核流程、版面限制、广告销售等因素，传统媒体从采访到发布少则几天多则几个月；社交媒体则可即时发出。应对负面舆情，企业必须建立起自己的快速发声渠道，社交媒体作为互联网媒体的高级形式，提供了一个自主的迅速发声平台，企业可以随时对外发布权威信息，以确保自身的品牌安全。

（四）用好海外社交媒体也是提升中国形象的使命要求

习近平总书记强调，做好新形势下宣传思想工作，必须自觉承担起举旗帜、聚民心、育新人、兴文化、展形象的使命任务。展形象，就是要推进国际传播能力建设，讲好中国故事，传播好中国声音，向世界展现真实、立体、全面的中国，提高国家文化软实力和中华文化影响力。据环球网的一项统计显示（图1），33.6%的受访者表示其了解与中国相关的信息的来源是社交媒体，紧随其后的了解方式为门户网站、电视台频道和与朋友交谈。

近年来，中国在利用海外社交媒体上也有了较好的尝试和成果，主要集中体现在中央媒体的海外传播上。比如《人民日报》Twitter账号“People's Daily, China”的粉丝达261万，新华社Twitter账号“China Xinhua News”的粉丝有695万。也策划了不少有中国文化特征的传播热点，比如，一部以中国功夫为元素的动画片，却很好地解释了中国经济为何调低增速预期，什么是中国想要追求的高质量发展。中央媒体的成功探索，固然与国家加大海外形象传播的投入力度和中央媒体自身拥有大量顶尖的传播人才有关，但也证明了社交媒体的传播有效性。据美国皮尤研究中心发布的一份最新调查显示，虽然在总体水平上不喜欢中国的美国民众人数超过了喜欢中国的人数，但如果按年龄段进一步分析可以发现，在30岁以下的年轻人当中，喜欢中国的占大多数。斯托克斯说：“中国采用的宣传策略对年轻人的效果要远大于中老年人，因为年长的人不倾向于使用Facebook等海外社交媒体。”

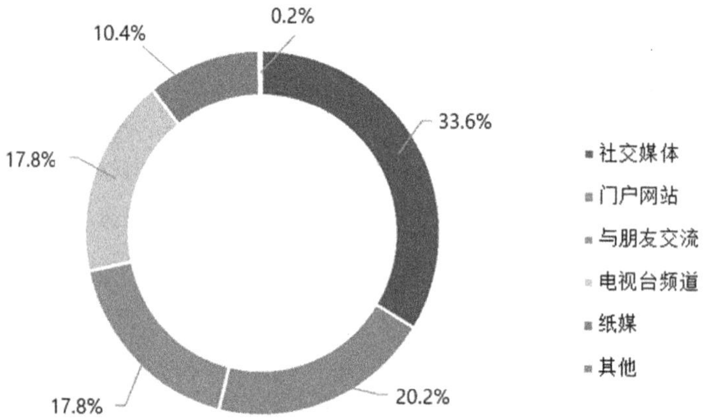

图1

企业是国民经济的基本组成元素，跨国企业则更是国家形象的代言人。中国人所熟悉的美国的苹果、微软、波音、福特公司，法国的香槟、空中客车，德国的奔驰、宝马、西门子等，日本的松下、索尼等，无疑是在传递着其国家形象，并且十分善于通过社交媒体的方式，通过小视频、热门话题等方式持续地在世界各国的民众中传播，提升品牌声望。中央企业同样扮演着国家形象的传播者角色，并且具有传播触角广、公众联系紧、政治色彩弱等天然优势。中央企业也都拥有自己的名片，如特高压、高铁、航天技术等等，将越来越多的中国制造名片通过有效的海外社交媒体传播，上升为国家形象名片，努力传播中国的国家形象，这既是中央企业的优势也是中央企业义不容辞的使命担当。

二、“一带一路”背景下中央企业海外社交媒体建设的现状分析

中央企业在海外社交媒体传播上，不少企业已经勇敢地迈出了第一步，开展了卓有成效的海外品牌传播工作。这些中央企业的探索实践，在机制、人才、经验上形成了宝贵经验。但从总体来看，央企海外社交媒体的运营理念、能力、效果都面临着局限和瓶颈，需要研究和突破。

（一）中央企业海外社交媒体建设的主要进展

从平台上看，据统计，2018年1月至6月，国资委监管的96家中央企业中，有13家央企坚持运营Facebook账号；10家央企通过Twitter持续更新推文；同时更新Facebook与Twitter账号的央企有7家。

从行业分类看，96家央企中，制造业、能源、采矿等行业的央企开通海外社交媒体账号较多，初步具有海外传播意识。

如图2所示，以Facebook或Twitter为例，2018年上半年，电力行业、金属行业、电信业、轨道交通业、能源业、航空运输业、航运业与核工业类央企运营账号的持续性较好。其中，电信业和航空运输业有两三　　家央企都在持续管理社交媒体账号，且运营方式均较为成熟。

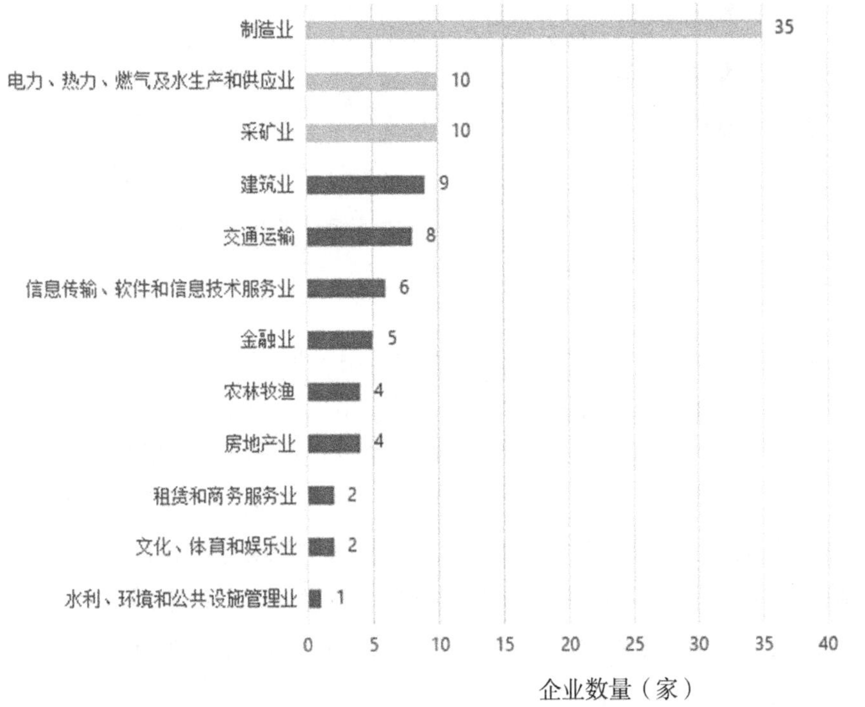

图2

从区域分布看，国资委监管的96家央企中，79家总部设在北京；而2018年上半年持续运营Facebook或Twitter的13家央企，9家总部设在北京，其他4家总部分别设在上海、广州和深圳。总体而言，总部位于北上广的央企较早开通海外社交媒体账号，并能保证持续运营。

从内容发布偏好上看，央企Facebook账号发布内容主要涉及业务介绍、业务扩展、活动与会展、员工日常、公益活动、企业信息、企业关怀、节日庆贺、对外宣传九大主题。抽样数据显示（图3），央企海外社交媒体运营人员发布涉及企业业务介绍类型的推文565条，约占样本总数的33.4%，大部分账号已有主动在海外社交媒体平台推介自身的意识；同时，注重释放企业声音，业务拓展、企业关怀类信息的比重亦较高。

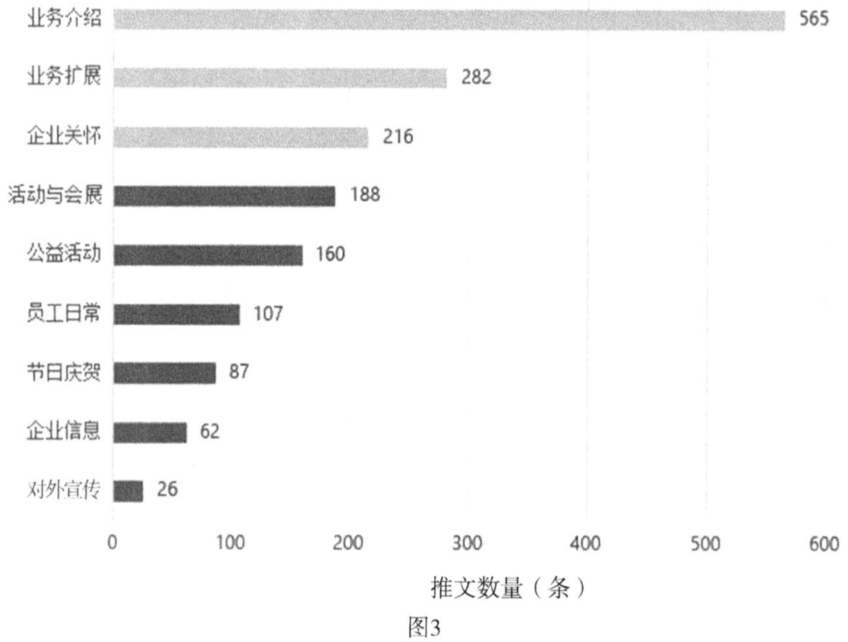

图3

例如中国东方航空集团有限公司与中国南方航空集团有限公司会发布高清机型图片；中国铝业集团有限公司会针对近期国际形势影响，分析全球铝业市场行情；中国联合网络通信集团有限公司会在其主页介绍大数据与5G技术发展。此外，已有央企在发布形式上一改海外传播“自说自话”的通病，选择让海外受众听得懂的方式进行内容发布。例如，中国中车集团有限公司的Facebook账户与其他制造业央企账号不同，摈弃了晦涩难懂的技术介绍，侧重国际交流活动的展示、高清活动视频，给网民较好的浏览体验；同时，注重发布员工工作日常的图片，贴近生活，提升与网民的共鸣。又如，中国石油化工集团公司的Facebook账户发布内容围绕突出企业社会责任展开，在其主页上以图文形式介绍诸如中国石油化工集团公司主办的“情暖驿站”“光明列车”等公益活动，发布“碧水青天”的环保宣传视频等，宣传企业价值理念等。同时，其在主页上介绍企业重大项目的进展与员工的日常生活。中国石油化工集团公司Facebook主页用全方面的帖文内容、多元化的发帖方式吸引了用户持续关注。

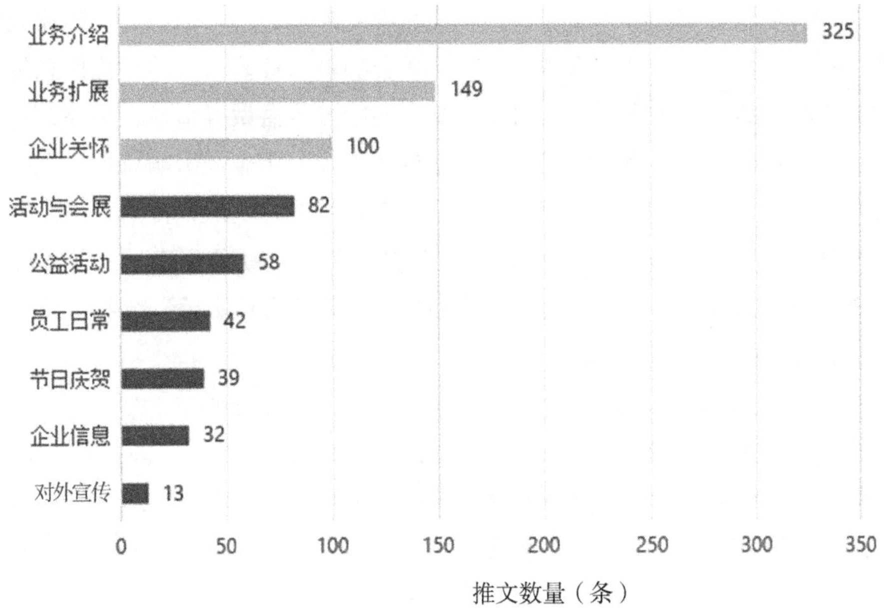

图4

央企Twitter账号方面，央企账号内容发布围绕业务介绍、业务拓展、企业关怀等主题，不同的央企也会针对企业属性与服务领域发布相关内容。比如中国航空集团有限公司会在其主页发布优惠信息与航线扩展的介绍，中国石油化工集团公司会在其主页上与网友分享公益活动的具体内容。

总体而言，电信行业Twitter运营特色较为突出，中国电信集团有限公司与中国联合网络通信集团有限公司在其主页发布的服务内容和科技成果类帖文引起网民大量关注；中国石油化工集团公司在Twitter主页帖文管理上更为成熟，帖文覆盖面较广，除了介绍企业业务发展之外，还涉及企业举办或参与的一些活动，尤其是慈善活动。此外，中国航空集团有限公司在运营Twitter账户时，除了注重发布宣传信息外，还有别于其他航空公司，其发布帖文的频率较高，并经常推荐旅游咨询、旅行注意事项、机票优惠信息等实用信息。

（二）中央企业海外社交媒体建设中存在的问题

传播效果是检验传播能力的标准。据环球网在2018年的一项随机问卷调查显示，有超过九成的受访者表示更熟悉外企或民企的海外社交媒体，仅有一成的受访者表示关注过央企的海外社交媒体推送。这说明，部分央企虽然具有相应的海外传播意识，但如何实现传播以及有效传播是目前亟待破解的瓶颈。

1. 账号认证情况参差不齐，央企海外传播缺乏辨识度

品牌辨识度对企业文化与品牌宣传起着重要作用。当前，央企在海外品牌宣介方面也有诸多尝试。整体而言，央企在品牌对外宣介过程中，忽视整体规划与包装，缺乏因地制策，过于重视一些具体投资项目的宣传以及碎片化信息传递，企业文化与产品宣介过于宽泛，对目标受众的精准传播做得不足；另外，各央企之间的差异化传播不显著，同质化品牌信息传播较为明显，影响海外受众的关注与辨识。在新兴的国际新媒体舆论场，一些央企虽然有主动宣传的意识，但不善于用海外熟悉的传播方式，加上语言、文化、宗教、习俗等障碍，导致境外网民对央企的认知度不高，许多境外媒体和网民带着“有色眼镜”继续看待我国央企，影响我国企业的国际形象。

2. 发布内容及形式同质化较强，跟进国际热点能力待提升

近年来，随着我国经济由高速增长阶段转向高质量发展阶段、综合国力显著增强、国际话语权逐渐提升，向世界发出中国声音也逐步由传统意义上的“宣传”向“转播”转型。目前，央企海外社交媒体运营内容类型较为单一，内容发布主题多集中在业务介绍和拓展，海外受众兴趣度较高的内容占比极低，在一定程度上造成账号粉丝黏性较差、活跃度较低等问题。此外，创造热点的“成本”一般来说高于“蹭热点”。目前除了中国航空集团有限公司、中国石油化工集团公司等的海外社交媒体账号外，央企海外社交媒体跟进热点话题能力较弱，相当于错失利用低成本制造海外传播效果的便利途径。

3. 央企海外社交媒体账号运营情况参差不齐，缺乏考评机制

目前，央企海外社交媒体运营能力与国内其他民营企业相比也存在一定差距。以民营企业为例，联想、小米、vivo等纷纷布局国际市场，并借助海外社交媒体塑造品牌形象。vivo品牌“vivoMobileInt”拥有2000多万粉丝，联想集团账号“Lenovo”也有600多万粉丝。这些民企账号的活跃度较高，内容多元，用户黏性较强。这主要是因为民企账号的制度建设较为完善，多数企业制定了考核指标，对运营效果提出明确要求等。这些成熟的做法值得央企借鉴。

4. 运营团队专业化程度低，央企海外传播停滞在“入耳”阶段

专业团队在策划创意、内容生产、传播资源整合三个环节必不可少。从目

前央企海外社交媒体运作规律看，运营缺乏体系、内容趋同化等问题，多指向自身缺乏熟悉海外社交媒体专业素养的运营人才，大部分委托第三方机构代为运营，或自身运营人员缺乏国际化视野，运营管理模式模糊、不熟悉海外受众真正需求，而第三方机构对每个央企缺乏深入的了解和素材掌握，种种原因导致央企海外传播停滞在“入耳”的表层阶段，仍然很难与欧美地区发达国家的大企业相抗衡。

三、中央企业海外社交媒体建设的对策与建议

（一）根据中央总体部署和国际舆论环境灵活调整海外传播策略

国际舆论格局随各国经济、政治、军事等格局和合作与竞争关系的变化而持续，央企作为国家形象传播体系的一部分，应深入学习贯彻中央及国务院国资委的有关对外宣传的总体精神、要求和部署，因时而动、因势而行，准确把握主要矛盾，提高大局意识，随时调整海外传播的策略。当前，国际舆论环境主要聚焦在中美贸易战。特别是美国特朗普政府掀起的“美国优先”政策，并主动挑起中美贸易战，将对我国企业“走出去”产生一定程度的影响。在新的国际形势和国内环境中，我国央企一方面需要保持定力，继续加强对外合作，积极拓展国际市场资源；另一方面应充分重视“舆论因素”在国际关系博弈中的重要分量，加强海外舆论引导，提高舆论传播效度。一方面通过人性化和贴近公众的新媒体传播，强化我国企业自觉遵守国际规则的形象，努力改变西方反华势力利用舆论对我国企业形象的抹黑；另一方面也要注意方式方法，在客观理性、低调务实的传播中，真正实现对外讲好中国故事。

（二）针对特定区域受众，有针对性地开展分众精准传播

海外传播的辐射范围同时随着互联网的瞬间传播而覆盖世界各个国家，面对的群体也有外国人、外国政府、外国媒体及海外华人、留学生等。做好央企海外社交媒体，要针对不同的国家、行业，不同受众生活的文化、焦点、社会心理、个性心理以及需求状况等方面，细分发布内容，开展分众传播。应以服务企业“走出去”为导向，开展精准传播，避免大而泛的无效传播。每一次发布，首先要明确传播的目标区域和群体，有针对性地开展精准传播。其次要注意防范该传播在非目标区域和群体中，可能引发的负面舆情。比如，南方电网公司目前在越南、老挝等东南亚国家相继开展了大型工程建设，在当地及时开展有关工程建设的高标准、高质量、民生改善、社会责任等信息的传播，对于塑造南方电网的良好形象和继续巩固和拓展东南亚市场，推动电网互联互通，具有重要意义。因此，在开展海外社交媒体传播时，应重点针对这一区域开展传播，传播的内容和

方式应符合该区域的文化和沟通方式，并对当地的相关海外舆情有充分掌握和研判。但由于社交媒体的无界性，相关传播内容同时也可以传播到世界其他区域，因此，也要注意研判相关信息的发布是否会被其他国家尤其是掌握舆论话语权的西方媒体所利用，炒作中国阴谋论、威胁论等。

（三）内容上弱化国家色彩　强调本土化服务属性

企业作为经济单元，在传播中要聚焦于优质企业所应具有的经济性特征，如遵法守纪、创新驱动、增加就业、注重环境、服务民众、公益慈善等，淡化政治色彩和国家背景。尤其是中央企业直接由国家出资所有，在国外的舆论环境中，容易受到政治因素的影响而被误解、怀疑、抨击。反观目前的一些跨国企业，它们在海外社交媒体运营上都在竭力淡化国别，更加突出其对所在国民众的服务。比如，麦当劳、肯德基通过其社交媒体推广其照顾中国人饮食习惯的膳食产品，强调其目的是让中国人更健康。今年7月8日，著名体育品牌耐克公司在我国发布了一个广告视频，并通过社交媒体广为传播。该视频的主题是“全凭我敢”，由中国的一些知名足球界人士出演，描述了一个存在于未来幻想中却能让中国球迷为之激情澎湃的场景，那就是在2033年，中国足球成为世界强队，中国成为世界足球强国。中国球迷当然愿意在社交媒体中分享这个视频，其品牌传播的目的得以实现。因此，中央企业在海外传播的过程中，也应淡化国家色彩和政治属性，强化以客户为中心的企业属性，着重传播对所在国、所在地区的服务意愿和服务能力，更好地融入当地。这样容易被当地人所接受，从而实现品牌传播的目的。

（四）扩充央企海外社交媒体矩阵，助力央企声音出海

海外社交媒体是具有无门槛、平民化特性等特点的传播媒介平台，用户虽可以不受时间、地点、内容等方面限制自由分享信息，但在一定程度上也存在发声共鸣小的弊端。因此，可以从下面两个方面加强矩阵构建，提高声量。一是央企和央企之间可以在传播中围绕同一主题共同策划、联动传播，如围绕春节、元宵节等国外民众更加感兴趣的中国传统文化热点，开展一些软性的能够与国外网友产生话题互动性的策划，通过满足国外民众的好奇心来提高传播活跃度，在传播中国传统文化的过程中增加企业品牌的知名度和亲和度。二是考虑到央企在海外社交媒体开设子公司账号数量呈现两极分化，也存在部分央企总部账号活跃度、影响力均远低于子公司账号的现象，且总部和分子公司账号并未产生团结协作矩阵联动的合力，因此可视企业自身状况，由专业运营团队评估决定央企社交媒体全渠道布局还是单一渠道发力，可以采用“统一管理、集群布点、协同发力”的运营方式。

（五）培育懂传播懂业务的专业人才队伍，构建上下协同的运营机制

专业的运营团队是有效提升央企海外传播效果的核心资源，需要具备稳定的人员安排、科学的运营方案、较强的创新能力、完善的质控机制，同时还需具备成功有效的运营经验及独到的运营管理方向。由于央企的海外布点多、传播需求相差大，运营团队不能仅仅局限在公司总部层面设立一个采编团队，需要将触角延伸到海外一线，在央企的海外业务团队中指派有特长有担当的专兼职海外社交媒体运营人员，相当于驻地记者，开展素材搜集、舆情搜集、选题搜集等工作。也就是说，央企的业务开拓到哪里，传播人才配备就应该延伸到哪里。在机制建设上，以有利于上下协同为方向，建立科学的考评激励机制，并定期在相关渠道公布，为日后运营提供完备的人才基础。

（六）建立海外社交媒体传播大数据库，提高科学性和前瞻性

关于央企海外传播效果的研究不应仅限于非常规性评估，应该提前建设支持动态数据监测、历史数据落地、海外舆情监测等功能兼备的央企海外传播大数据库，包括特征指标、可量化数据等，形成大数据池和重点案例库，为相关企业传播策略的研究和制定提供有效参考。要通过技术手段，提高海外舆情监测、研判和应对的能力，加强国外企业海外舆情应对研究，积极组织开展舆情应急演练，在海外危机发生前进行预见性的疏导，发生后进行有效性的应对，确保央企品牌安全。

参考文献：

［1］国务院国资委. 关于加强央企品牌建设的指导意见. 国资发综合［2013］266号［Z］.

［2］环球网. 中央企业海外社交媒体传播效果报告［R］. 2018.

［3］韦笑，潘攀. 海外社交媒体的中国报道分析［J］. 传媒，2018（19）.

［4］张敏，宣长春，林升栋. 中国制造在海外社交媒体上的形象研究——基于Twitter上的数据［J］. 现代传播（中国传媒大学学报），2016（05）.

［5］曾四海. 推进对外传播体系建设讲好石化故事［J］. 中国石化，2018（10）.

［6］叶蓁蓁. 触摸世界的心跳——如何进行有效的海外传播［J］. 传媒，2018（05）.

［7］2017年度中国机构海外传播十大杰出案例［J］. 传媒，2018（05）.

［8］陈正辉. 新全球化视野下中国国家形象的传播思考［J］. 现代传播（中国传媒大学学报），2017（08）.

在新的历史起点上 开创新时代央企党校工作新局面

■ 中共中国南方电网有限责任公司党校　罗　艺

摘　要：在中央企业全面深化改革和提高党的建设质量大背景下，央企党校应充分发挥好“三个阵地、一个熔炉”和党建智库等作用，培养一支与企业发展要求相适应的忠诚、干净、勇于担当的高素质专业化的党员干部队伍。本文从落实中央部署、实现企业高质量发展需要和党校自身发展需求等方面阐述了加强和改进央企党校工作的意义，并总结工作中面临的问题，从坚持党校姓党，央企培训体制机制改革，自身建设和探索党建智库工作等角度，提出了开创新时代央企党校工作新局面的思路和建议。

关键词：央企党校；实践；面临问题；体系建设

引　言

2018年，习近平总书记在庆祝改革开放40周年大会上发表了重要讲话，向全党全国各族人民发出新时代改革开放再出发动员令。新时代和新形势赋予了央企党校新使命和新任务。如何进一步加强和改进党校工作，提升教学、教研和资政能力，更好地服务企业深化改革高质量发展和提高党的建设质量，是需要解放思想、实事求是地深入研究和系统解决的重大问题。本文结合南方电网公司党校工作的实践探索，分析开展工作过程中面临的问题，列举了一些新时代加强和改进央企党校工作的思路和建议，以期为广大同行提供参考。

一、以高度的时代感和使命感认识新时代加强和改进央企党校工作的重要意义

毛泽东同志在党的七大召开前夕，专门两次到中央党校发表讲话，他指出，办党校的目的就是要使我们党在思想上组织上纯洁，集中统一、思想和行动一致是我们党战胜一切困难，并不断创造奇迹的根本之道。今天，以习近平总书记为核心的党中央团结带领全党全军全国各族人民比历史上任何时期都更接近中华民族伟大复兴的目标。习近平总书记在全国党校工作会议上指出，党校事业是党的事业的重要组成部分，党校是我们党教育培训党员领导干部的主渠道，新形势下，党校工作只能加强，不能削弱。如何保证中央企业广大干部员工在新一轮改革开放中始终坚持党的领导，保持集中统一、思想和行动一致，央企党校应该不辱使命，不负重托，发挥好应有的作用。

（一）新时代加强和改进党校工作是中央企业坚决贯彻落实党中央决策部署的需要

党的十九大以来，党中央陆续召开了全国组织工作会议和全国宣传思想工作会议，审议印发了《中国共产党支部工作条例（试行）》（以下简称“条例”）和《2018—2022年全国干部教育培训规划》（以下简称“规划”）。组织工作会议明确提出新时代党的组织路线：全面贯彻新时代中国特色社会主义思想，以组织体系建设为重点，着力培养忠诚干净担当的高素质干部，着力集聚爱国奉献的各方面优秀人才，坚持德才兼备、以德为先、任人唯贤，为坚持和加强党的全面领导、坚持和发展中国特色社会主义提供坚强组织保证。宣传工作会议提出举旗帜聚民心育新人兴文化展形象要求。《条例》要求党支部书记培训纳入党员、干部教育培训规划，对新任党支部书记应当进行任职培训，分层分类开展党支部书记全员轮训。《规划》明确指出，干部教育培训是干部队伍建设的先导性、基础性、战略性工程，在进行伟大斗争、建设伟大工程、推进伟大事业、实现伟大梦想中具有不可替代的重要地位和作用。面对新形势和新任务，央企党校在企业贯彻系列会议精神和落实《条例》《规划》中承担着重要且不可替代的作用。

（二）新时代加强和改进党校工作是中央企业深化改革和提高党的建设质量的要求

习近平总书记在全国国有企业党建工作会议上讲到，国有企业是中国特色社会主义的重要物质基础和政治基础，是我们党执政兴国的重要支柱和依靠力量。强调国有企业必须坚持两个“一以贯之”，深化改革必须坚持“三个有利于”，提出国有企业党建工作“四个坚持”总要求，并将建设中国特色现代国有企业制度的重大时代课题交给广大央企干部员工。在全国组织工作会议上，习近平总书

记进一步强调，提高党的建设质量，是党的十九大总结实践经验、顺应新时代党的建设总要求提出的重大课题。提高党的建设质量，既要坚持和发扬我们党加强自身建设形成的优良传统和成功经验，又要根据党的建设面临的新情况新问题大力推进改革创新，用新的思路、举措、办法解决新的矛盾和问题。面对复杂多变的国际形势和艰巨繁重的国内改革发展任务，关键在党，关键在人。新时代央企党校必须按照中央深化国企改革和提升党的建设质量要求，结合企业实际，为企业深化改革提供坚实的智力支持和人才保障，用具体实践从体制机制层面上探索如“企业党的建设与改革发展深度融合”和“全面提高新时代国有企业党的建设质量”等新课题。

（三）新时代加强和改进党校工作是央企党校系统自身发展的需求

央企党校成立的时间各有先后，多数是建立在企业培训中心或所属职业教育机构的基础之上，组织架构也各有不同，但一套人马几块牌子，合署办公是比较常见的模式。党的十八大前，多数央企党校在承担培训轮训各级党员领导干部及后备干部、培养理论干部工作当中，并未切实发挥好“三个阵地、一个熔炉”的作用，培训工作重心基本还放在完成企业干部综合能力素质提升上。党校干部员工干事创业的动力并未得到有效激发，员工从专业岗位调整到党校工作后都有被边缘化的感觉。进入新时代后，中央企业基本都建立了自己的党校，普遍都能够严格按照党校的属性回归本源，其中还有25家党校获批纳入中央党校国资委分校管理，课程师资的权威性得到了质的提升。站在新一轮改革开放的历史起点，央企党校迎来了新的历史发展机遇，应该严格按照中央对党校工作的要求，全面提升教学、教研和资政等方面能力，在企业全面提高党的建设质量探索中发挥更大作用，以有为换有位，实现自身发展目标。

二、新时代央企党校工作实践探索与发展面临问题

（一）南方电网公司党校工作的实践探索

中国南方电网有限责任公司是由中央管理的国有特大型企业。南网电网公司党校成立于2011年4月，与干部学院和培训中心合署办公，获纳入中央党校国资委分校管理。2018年6月，南方电网公司为提升党的建设质量，成立了新时代国有企业党的建设研究中心，主要承担研究、资政和教学三大职责。研究中心办公室设在党校，同时承担公司党建思想政治工作、研究会秘书处职能。党的十八大以来，南网党校严格按照中央对党校工作的要求，全面落实公司党组有关工作部署，服务公司高素质专业化的党员干部队伍建设，在理想信念教育，互联网学习、领导力研究和党建智库等方面进行了一些有益的探索。

1. 致力于发挥央企党校“三个阵地、一个熔炉”作用探索。认真贯彻落实中央关于干部教育培训的新精神新要求，把干部教育培训作为贯彻落实公司党组加强和改进党的建设工作的重要手段，在各重点班次中突出主业主课，将学习贯彻习近平新时代中国特色社会主义思想贯穿培训始终，形成一批干部教育培训精品班次。其中包括举办了七期中青年干部培训班和四期优秀年轻干部培训班，举办了公司系统学习贯彻习近平总书记系列重要讲话轮训、十八届六中全会精神轮训、十九大精神轮训和基层党组织书记轮训等一系列轮训班。每期培训班上均结合公司改革发展和工作实践设置研讨课题，以问题为导向，引导广大党员干部养成用马克思主义世界观和方法论去认识问题、分析问题、解决问题的思维模式，获评为“中央党校2012—2014年度教学管理先进集体”。

2. 致力于提升央企党校党建教研能力探索。整合南方电网公司所覆盖五省区红色教育资源，自主创新“在历史的发生地讲历史、以党史讲党建”的教学方式，采用“项目组织型”的合作方式，联合有关省（区）市党校，在央企中率先打造了以“不忘初心、牢记使命”为主题的理想信念教育体验式培训项目，形成“五省六线”教学格局，构建公司干部教育培训载体和党校教学现场，并入选中组部“党的十八大以来干部教育培训工作特色做法100例”；荣获第四届全国基层党建创新实践最佳案例称号。累计举办系统内外理想信念教育培训班111期、培训5601人次，形成具有南网特色的党性教育和理想信念教育培训品牌。配合中央党校将南方电网公司党建实践案例“从体制机制上保证国有企业党委（党组）发挥领导作用”纳入其主体班次课程体系进行经验推广。积极组织开展《新时代国有企业党的建设十六讲》编写工作。该书坚持以习近平新时代中国特色社会主义思想为指导，聚焦国企党建中的重点、热点和难点问题，以期为广大国企党员干部答疑解惑。目前该书已由中央党校出版社正式出版发行并投入教学使用，及时适应了提升国有企业党的建设质量工作现实需要，得到了广泛好评。

3. 致力于发展央企党校互联网学习和领导力研究探索。以互联网思维构建“乐学南网”学习品牌，首创学习、认证、社交三个中心为一体的网络学习模式。坚持以问题为导向，通过网上党校落地公司党组加强党员教育的要求，服务党校主业主课，在公司范围内形成大规模、开放式、可持续的互联网学习文化。移动学习用户覆盖全网20.3万员工，学习人次突破660万。近期，互联网学习实践成果屡获殊荣，在央企和行业中均得到高度认可，荣获2018年中国企业高管培训发展联盟“中央企业人才培养特色实践奖”等30余个奖项，并获国家专利1项、著作权2项。创建南网领导力实验室，致力于个人领导力提升，形成一套功能完善的干部人才测评系统，在央企中率先开展了领导干部心理健康及心理素质测评。同步搭建组织领导力测评模型，对组织领导力数据诊断分析，有效实现数据赋能。完成领导力发展体系等多个研究课题，获得国家软件著作权2项。

4．致力于搭建具有南网特色的央企党校培训体系探索。开展党校课程体系建设，研究建立高潜人才培养“春笋计划”，组织开发自主品牌课程、教学案例和教材，其中《管理者情商培养与提升》课程荣获中国企业高管培训发展联盟颁发的“央企名师名课”奖。建立了含有9000多名内训师、特聘教授、客座教授在内的师资库，启动党校内部讲师培养“星火计划”，计划用两三年的时间培养一批能上课、上好课的党校讲师。加强公司内部培训资源整合，提升培训工作系统性，2015年成立南网党校和培训中心教学管理委员会，并下设了教学科研、党建智库、培训管理、网络培训、人才评价等五个专业委员会，倡导“项目组织型+行动学习”理念，通过联合各分子公司培训中心的力量，不断推进实体化运作，共享培训资源，共同研究解决问题。今年初以“新时代、新思想、新作为”为主题，举办了公司第一届培训与发展年会，共享人才发展创新成果，有效增强了培训战线的向心力和凝聚力。

（二）新时代央企党校发展面临问题

面临新形势、新任务和新挑战，央企党校发展在一定范围和程度还面临着一些需要实事求是地深入研究、系统解决的问题。主要表现在：

1．对央企党校工作重要性认识不足。改革开放到党的十八大之前，多数企业干部员工都把工作重心放在了“坚持以经济建设为中心，坚持改革开放”这一个基本点上，坚持四项基本原则被不同程度地忽视。在国有企业法人治理结构探索过程中，相关政策法规既没有规定党组织地位也没有明确党组织作用，企业各级党组织缺位问题严重。大部分企业都以生产经营指标的落实为重，主要负责人一般是行政一把手，党建一把手的工作得不到足够重视，在开展企业党的建设工作过程中难免存在弱化、淡化、虚化和边缘化等问题。业绩压力和工作思维惯性等因素使大部分党员和领导干部还没有站在更高的高度、更长远的维度来认识和思考党校工作，不重视党校工作的现象普遍存在，存在“问起来重要、做起来次要、忙起来不要”的问题，甚至有些同志认为企业没有党校也照样可以发展。

2．央企党校职能定位不够精确。企业的生产经营现状和主要负责人对党校工作的认知不同，很大程度影响了央企党校的运作模式和作用发挥，部分央企党校目前还只是单纯的培训实施机构。党校工作是企业党建工作的重要组成部分，需要放到践行新时代党的组织路线和提高企业党建的工作质量的大局当中去统筹考虑，需要在《规划》提出的“围绕建立源头培养、跟踪培养、全程培养的素质培养体系深化干部教育培训改革”发挥中流砥柱作用。要真正提升服务企业改革发展大局能力，必须紧密围绕企业党组（委）的中心工作，需要及时、准确了解中心工作，分析并把握中心工作。多数央企党校与企业相关职能部门之间还未能建立通畅高效的横向协调机制，由此容易造成党员干部培训、党建研究和资政工作与企业实际需求脱节，制约了党校发挥应有作用的时效性和针对性。

3. 央企党校体系设计缺乏系统性。中央企业各业务线一般实行条块垂直管理，工作要求明确，规章制度上下统一，并组织专门考核。央企党校工作经常涉及各部门和单位，但缺乏明确规定和要求。央企党校需要承接各职能部门培训任务进行横向协调；与下属公司党校之间基本属于较为松散的业务指导关系，多数时候“各自为战、标准各异”；同时总部相关职能部门也可以直接联系下属公司党校安排工作，相互间权责较为混乱。企业开展大规模分层分类的轮训工作时，由于课程、师资和教学管理要求的不同，难免造成教学质量不统一，越往基层培训效果越差的现象。缺乏统一平台，不少优秀课程、课件和师资不能及时共享，容易造成课件重复开发、师资课酬无法统一的现象。甚至企业内部不同层级党校对同一个中央精神，同一个公司战略部署的宣贯出现各说各话的情况，完全背离了培训和轮训初衷。

4. 央企党校普遍面临工学矛盾问题，约束激励机制尚未健全。中央企业正处于深化改革谋求高质量发展的战略机遇期，干部员工普遍肩负繁重工作任务，央企党校工作开展面临着不同程度的“工学矛盾”。首先是央企党校办学办班没有统一的硬性规定和安排，一般由相关职能部门决定培训计划，计划执行度弹性较大。其次，各单位党委更愿意选派“走得开”的干部到党校参加培训，特别是参加长期主体班次的学员实际情况也各有不同，企业投入较大“成本”的培训，“产出”未必能达到预期，造成培训上的形式主义和浪费。最后，干部提拔任用与党校培训存在脱节现象，造成非良性循环。

5. 央企党校人才队伍建设难度较大，干部交流途径不多。央企党校人员多数由原培训中心或职业教育学校人员构成，新调入人员也多是从事与企业密切相关的专业技术工作，党校专兼职师资力量均显缺乏，尤其是专职党建教学、教研人员匮乏，针对企业在实际工作中所面临的深化改革，建设中国特色现代国有企业制度等重大理论和现实问题，没有能够及时解读中央的最新精神，开展马克思主义中国化最新成果的理论宣传。面对拥有多元化知识结构且实践经验丰富的学员，很多教学和教务管理人员较难胜任。受多种因素影响，央企党校基本呈现行政人员多、后勤人员多，教学、教研人员少，缺乏新鲜血液，干事创业热情不高的现象。一方面，由于受企业既定编制和薪酬制度等体制机制因素的影响，教学和教研所需专业背景好、经历丰富的优秀人才无法进入党校。另一方面，党校干部员工很少有机会交流到外单位挂职或工作，多数人都有干到退休的想法，不利于党校干部的成长，也影响到党校长远发展。

三、新时代加强和改进央企党校工作的思考

站在新一轮改革开放的历史起点，中央企业深化改革正处于攻坚期和深水区，面对国内外复杂多变的环境，形势严峻，任务艰巨。全国国有企业党建工作会议以后，特别是党的十九大以来，多数中央企业已不同程度地解决了党的领导、党的建设弱化、淡化、虚化、边缘化等问题，现阶段的主要任务是如何在此基础上努力提高企业党的建设工作质量的问题。新一轮改革发展想要取得突破，就必须充分发挥好央企各级党组织掌大局、促落实和战斗堡垒的作用。

在新中国成立70周年，历史性实现全面小康社会，建党100周年这段时间，央企党校伴随着企业共同面临着重要的发展窗口期和改革机遇。新时代央企党校必须把为企业培养好忠诚、干净、勇于担当的高素质专业化干部队伍，深入开展企业党的建设与改革发展有机融合、建立中国特色现代国有企业制度等重大理论和现实问题的研究，全面提高企业党的建设质量，为企业改革发展保驾护航。央企党校人应积极响应习近平总书记改革开放再出发的号召，让“解放思想、实事求是，团结一致向前看”的精神在实践中发出更耀眼的光芒，共同开创党校工作新局面。

（一）坚持党校姓党，彰显央企姓党

新时代中央企业党的建设当中政治建设处于首要位置，就是要坚决贯彻落实习近平总书记重要指示精神，贯彻落实党的路线方针政策和中央决策部署，以实际行动践行“两个坚决维护”。央企党校要以政治建设为统领，打造为党统一思想的坚强阵地。

1. 始终抓牢学习习近平新时代中国特色社会主义思想教学主线，在学懂、弄通、做实上下功夫

（1）在学懂上下功夫。将习近平新时代中国特色社会主义思想作为教学的中心内容，不断优化教学设计，完善课程体系，提升学习教育的深度和广度，帮助学员从全局上理解习近平新时代中国特色社会主义思想的科学体系和精神实质。

（2）在弄通上下功夫。结合各种主题教育活动，开发学习贯彻习近平新时代中国特色社会主义思想的教学案例，综合运用研究式教学、体验式教学、情景式教学等多种形式，引导学员结合不同领域的重大理论和现实问题进一步思考，从学懂深入到弄通。

（3）在做实上下功夫。将学习培训与实际工作相结合，在学中做、在做中

学，安排行动学习、“两带来”问题解决等教学环节，引导学员自觉用习近平新时代中国特色社会主义思想指导实践、解决问题。

2. 在企业深化改革高质量发展进程中凝聚起时代力量

（1）凝聚起坚定信念再出发的时代力量。习近平总书记强调“革命理想高于天，共产主义远大理想和中国特色社会主义共同理想，是中国共产党人的精神支柱和政治灵魂”。党校作为传播党的理论的主阵地，必须承担好给党员干部立根固本的任务，发挥好改革开放再出发的思想引领作用。

（2）凝聚起拥护核心的时代力量。通过《习近平的七年知青岁月》引导党员干部领悟习总书记平易近人、一心一意为人民服务的品格魅力，从习总书记以身许党的伟大使命和担当中领悟他的崇高志向；通过十八大以来党和国家取得的举世瞩目的成就讲述，引导党员干部从习近平总书记在历史关头“挽救了党、挽救了军队”来领悟他的宏韬伟略。

（3）凝聚起忠诚于党的时代力量。党校因党而立，因党而兴，因党而强。不管企业形势如何变化，党校都必须坚持党校姓党的根本原则，守护好党校的“魂”，为党而训、为党发声是党校的根本职责所在。党校不是一般的学校，一定要突出政治教育功能，理直气壮地引导党员干部增强“四个意识”、坚定“四个自信”，实实在在地做到“两个坚决维护”。

（二）系统谋划新时代央企党校体系建设工作

《2018—2022年全国干部教育培训规划》提出了五个主要目标，其中一个是：干部教育培训体系改革更加深化，干部素质培养的系统性、持续性、针对性、有效性不断增强，具有先进培训理念、科学内容系统、健全组织架构、高效运行机制的新时代中国特色社会主义干部教育培训体系不断完善。

1. 加强顶层设计，以构建与企业人才战略相匹配的组织架构为目标，深化新时代中央企业培训体制机制改革。各中央企业内部干部教育培训体系根据实际情况各有不同，但在人才发展和战略支撑等方面做得好的企业在体制机制建设上一般呈现出三个共同点：

（1）高层协调，校委会决策。严格按照《中国共产党党校工作条例》中“党校实行校务委员会领导体制（以下简称校委会），校委会全面领导学校工作，委员由同级党委任命”要求设立央企党校校委会，校委会主任由公司高层担任，总部相关职能部门负责人和各分子公司党委（组）书记任委员，每年定期召开校委会会议审议企业人才培养工作报告，审批集团重大培养方案、培训规划和年度培训计划等重大事项。

（2）职责明确，界面清晰。央企党校和组织或人力资源部门之间职责划分明确，党校作为企业培训管理的职能部门负责“育”，对下属各单位的培训工作进行垂直管理，兼具培训实施功能；组织或人力资源部门对人才“选、用、留”等环节负责，对党校提出培养方面的具体需求。

（3）整合资源，管理一体化。企业党校作为培训管理归口部门，负责统筹管理企业全部培训资源，制定全员能力培养要求，审核各分子公司培训计划、预算。分子公司重点培训项目方案须经企业党校审批，确保企业内部知识体系和话语体系一致，确保企业重大战略部署和文化理念横向到边纵向到底。

2. 构建新时代中央企业党员教育培训体系，实现党员教育全覆盖。大部分中央企业原有的党员干部教育培训体系已不能满足近期中央印发的《中国共产党支部工作条例（试行）》相关要求，为更好提高企业党的建设质量，应根据即将出台的《2019—2023年全国党员教育培训工作规划》，构建与新形势、新要求和新任务相适应的新时代中央企业党员教育培训体系，结合企业实际制定党员教育培训规划。

（1）明确党员教育培训对象。根据不同层次党委书记（党委专职副书记、党委委员）、党支部书记（党小组长）、党支部委员、党务工作者、普通党员（预备党员）和发展对象的不同特点，以适当方式分层分类开展党员教育培训，搭建各层级党员的课程体系和学习地图，提高党员教育培训的针对性和有效性。

（2）梳理党员教育培训内容。加强马克思列宁主义、毛泽东思想和邓小平理论等党的基本理论教育培训；突出强化习近平新时代中国特色社会主义思想教育培训；强化党章和党性党风党纪教育培训；围绕中央重大决策部署、重要会议和重大活动及时开展党的路线方针政策和形势任务教育培训；围绕党务工作基本知识、党支部相关知识和日常实务等内容加强党务知识和党务实操培训；围绕企业生产经营工作，结合不同层级党员履行岗位职责的需要，有针对性地开展经济、政治、文化等各方面的基础性知识培训。

（3）丰富党员教育培训形式。坚持集中培训与经常性教育相结合学习习近平新时代中国特色社会主义思想；围绕新思想、新要求、新任务和党的建设实操等内容，采用行动学习、案例教学、情景模拟和结构化研讨等方式开展面授培训；基础类、通用类知识采用网络培训形式开展线上教学，定期开展党的基本理论和党章党纪等方面的测评，巩固培训内容，掌握培训效果；党史和党性修养等内容培训与理想信念体验式现场教学相结合开展培训。

3. 构建新时代国有企业人才培养体系，大力培养优秀年轻干部。人才培养体系是指在一定的现代教育理论、教育思想指导下，按照特定的培养目标和人才规格以相对稳定的教学内容和课程体系、管理制度和评估方式实施人才教育的过程总和。党的十九大对深化国资国企改革，培育具有全球竞争力的世界一流企业做出了重要部署。中央企业要实现争创一流的战略目标，关键在人，关键在干部，归根到底在于培养造就一批又一批数量相当、素质过硬的优秀年轻干部接续奋斗。央企党校应贯彻落实全国组织工作会议精神和中央《关于适应新时代要求大力发现培养选拔优秀年轻干部的意见》，构建与企业战略发展要求相适应的人才培养体系。

以南方电网公司党校为例：为落实公司党组大力发现培养选拔优秀年轻干部战略部署，按照整体素质更加优秀、总体数量更加充足、年龄结构和专业结构更加合理的总体目标，重点落实新入企员工“选种育苗”、优秀年轻干部“战略储备”和中青年干部“战略提升”三大工程，经多方调研和反复斟酌，提出了“春笋计划”人才培养体系构想。

（1）人才培养定位。“春笋计划”主要任务为通过测评和严格选拔，寻找和培养公司各层级当中具备较高潜质的人员，为公司培养高素质专业化优秀年轻干部。

（2）人才培养体系框架。从职级上看分为班员，班站长、专助职责，正、副科级干部，正、副处级干部，正、副厅级干部等9个层级。从纵向上看，基层管理者和骨干员工侧重于岗位胜任力提升；中层管理干部侧重于管理技能的提升与改善；高层领导侧重于领导力、影响力的提升和塑造。从横向上看，同一职级划分为新晋期、提升期和实践期。新晋期重在适岗培训，使之转换角色、调整心态，快速适应新岗位工作；提升期重在系统培养，针对具备较高潜质人员进行知识结构完善和各项能力综合提升；实践期重在专业实践，轮岗历练和工作任务的落实等。

（3）人才培养体系配套项目。初级培训项目培养对象为班员中具备较高潜质的人员，项目由公司总部统一指导，各分子公司负责设计学习地图、配置培训课程、选择培训形式和具体运营实施；中级培训项目培养对象为班站长，专、助责人员中具备较高潜质的人员，项目由公司总部统一指导，各分子公司负责设计学习地图、配置培训课程、选择培训形式和具体运营实施。中高级培训项目培养对象为科级干部中具备较高潜质的人员，项目以现有优秀年轻干部培训班为基础，由公司总部负责统一规划和实施；高级培训项目培养对象为处级干部中具备较高潜质的人员，项目以现有中青年干部培训班为基础进行局部调整，由公司总部直接调训或增加学员选拔环节。

（三）打铁必须自身硬，进一步加强新时代央企党校自身建设

因为姓党，党校不是一般的学校，央企党校在企业内也不是一般的单位。央

企党校工作是企业党建工作的重要组成部分，是集中展现党风政风的重要窗口，它既反映了企业“关键少数”教育培训成效，也反映了党的建设与企业发展相融合的理论研究和实践水平。央企党校的各项工作理应走在时代前列，在企业内起到引领示范作用。

1. 加强和改进作风建设是做好新时代央企党校工作的根本保证。习近平总书记在全国党校工作会议上强调，各级党校要坚持把从严治党和从严治校方针结合起来，坚持严以治校、严以治教、严以治学，要坚持高标准办学，把质量立校作为党校工作的重要抓手。央企党校的自身建设必须符合全面从严治党的最高标准，管好学员队伍和员工队伍两个主体，抓好“教”与“学”两个环节，通过加强和改进作风建设，严肃校规校纪、端正教风学风，把高标准作风建设落实到党校各种工作当中。

2. 不断完善央企党校人才培养机制。开展央企党校工作不单要彰显“党性”，还要还原“企性”，确保各项工作不脱离企业实际，这对党校人才培养工作提出了挑战。外部引进和自主培养的优秀党建研究人员因为对企业情况不了解无法施展拳脚，实践经验丰富的企业骨干普遍不愿意到党校开展工作。一方面，央企党校必须结合企业实际积极创造条件，加快教学、教研人员的知识更新，另一方面，企业也应提供相应平台，让党校参与到企业改革发展重大课题当中，让党校员工深入企业生产经营最前沿，耐心打造、细心雕琢一支“上接天线、下接地气”的党校人才队伍。

3. 不断完善央企党校功能。根据党校工作的特殊性，通过理念、工作方法的创新，拓展党校平台作用，可以更好地为企业改革发展与党的建设服务。党校是锻炼干部、考察干部的平台，领导干部上讲台就是自我锻炼和提升的过程，领导干部在培训班特别是长期培训当中展现出来的往往是最真实的个人作风和各项能力素质；党校是企业改革发展创新成果的孵化器，在长期班过程中还可以通过学习引导学员组成团队对企业改革发展热点、难点问题进行深入研究，形成解决方案；党校是企业领导、职能部门的调研基地，在要解决时间紧任务重的问题时党校广大的学员是最好的调查访谈对象；党校是扩大对外交流的平台，党校经常与国家级干部院校、重点高校和研究机构进行交流合作，对企业宣传起到了积极的作用。

（四）提升资政能力，探索新时代国企党建智库工作

央企党校党建研究水平各异，党建研究工作一般因教学需要、企业党建课题需要而展开。当前，伴随着中央企业改革发展的不断深入，党的建设要求不断提高，党校针对企业改革发展过程中遇到的重大理论和现实问题必须进行及时的研

究并提出有价值的对策和建议，发挥好党建智库的作用。

1. 明确定位目标。《中共中央关于加强和改进新形势下党校工作的意见》要求中共中央党校与省委党校应该深入思考与研究聚焦党、党委、政府决策以及社会热点等，并及时向中央与党委如实反映思想理论研究、发展动态，提出有意义、有价值的建议。作为央企党校则需要贯彻“明企业之实情，解企业发展之惑”的定位，从企业内外、从不同层面把握企业动态，针对企业在经营发展和党的建设工作中暴露出的问题，开展有目的性、有针对性的研究。

2. 深入调查研究，提升成果质量。习近平总书记指出，智库建设要把重点放在提高研究质量、推动内容创新上。央企党校要坚持问题导向，弘扬理论联系实际精神，深入基层、深入第一线实事求是地系统开展调查研究，力求调研成果针对性强、操作性强，切实发挥企业党建智库的功能与价值。

3. 结合实际建立协作机制。根据实际情况认清党校智库工作发展的现状，积极与同自身发展相匹配的高校、政府党校和企业党校建立良好的协作沟通机制，寻求协同发展，发挥企业内部基层党组织深入基层、了解实情的优势，形成强强联合。

4. 增强工作时效性。增加服务大局的主动性和敏锐性，聚焦企业改革发展热点、难点问题，紧紧围绕企业工作重心，一旦中央或企业党组（党委）发出重要部署，就要第一时间进行研究，并发出声音，付诸行动，讲清楚重要部署的时代背景、战略意图和目标要求，为企业深化改革发展统一思想贡献力量。

参考文献：

［1］习近平总书记在庆祝改革开放40周年大会上的讲话

［2］习近平总书记在全国组织工作会议上的讲话

［3］习近平总书记在全国宣传工作会议上的讲话

［4］习近平总书记在全国宣传工作会议上的讲话

［5］习近平总书记在国有企业党建工作会议上的讲话

［6］习近平总书记在全国党校工作会议上的讲话

［7］2018—2022年全国干部教育培训规划

［8］中国共产党支部工作条例（试行）

［9］中国共产党党校工作条例

［10］毛泽东. 毛泽东著作选编［M］. 北京：中央党校出版社，2002.

［11］中共中央关于加强和改进新形势下党校工作的意见

［12］中央党校采访实录编辑室著. 习近平的七年知青岁月［M］. 北京：中共

中央党校出版社，2017.
［13］习近平. 决胜全面建成小康社会　夺取新时代中国特色社会主义伟大胜利［R］. 北京：中国共产党第十九次全国代表大会，2017.
［14］史正江. 党建实导（上）［M］. 北京：中央党校出版社，2018.
［15］史正江. 新时代国有企业党的建设十六讲［M］. 北京：中央党校出版社，2018.
［16］肖建军. 论新时代国企党校的高质量发展［J］. 北京石油管理干部学院学报，2018（08）.
［17］史柏生. 建设新时代央企一流党校［N］. 学习时报，2018-10-19.
［18］黄相怀. 找准党校智库建设的着力点［N］. 经济日报，2017-06-12.

08 第八期

优秀论文精选

经济新常态背景下企业年金资产配置精益化管理的研究

■ 中国南方电网有限责任公司年金中心　蔡锐铭

摘　要："老有所养"是党的十九大传递出的亲民而又温暖的声音。企业年金作为我国养老保险制度的"第二支柱"，在国家养老保障体系不断发展中将发挥越来越重要的作用。企业年金属于长期资金，投资运营遵循"安全性、流动性、长期性"的原则，在历年的市场投资实践中主要配置收益稳定类资产作为安全垫，再辅以配置低比例的市场波动类资产博取超额收益。在新常态背景下我国经济发展处于速度变化、结构优化、动力转换、风险缓释放的关键期，由此也使国内金融市场波动加大，市场资产荒程度加剧，企业年金投资的主要矛盾转化为企业年金追求绝对安全、稳健收益与金融资产波动加大、市场资产荒之间的矛盾。在经济新常态背景下，如何加强对企业年金资产配置的精益化管理，降低基金净值波动，提高整体收益率是当前市场企业年金投资急需解决的难题。

关键词：经济新常态；企业年金；资产配置；精益化

一、中国经济新常态与市场影响

（一）经济新常态定义

"新"就是"有异于旧质"；"常态"就是时常发生的状态。新常态就是不同以往的、相对稳定的状态。这是一种趋势性、不可逆的发展状态，意味着中国经济已进入一个与过去30多年高速增长期不同的新阶段。

（二）经济新常态基本特点

习近平总书记在主旨演讲中指出："中国经济发展进入新常态，正从高速增长转向中高速增长，从规模速度型粗放增长转向质量效率型集约增长，从要素投资驱动转向创新驱动。”

（1）速度——从高速增长转为中高速增长。目前，我国GDP规模已达到90万亿人民币，成为全球第二大经济体，经济增速逐步减缓进入了“6时代”。经济增长速度的变化，反映了经济增长的客观规律，体现了我国摒弃唯GDP论的政绩观。

（2）结构——经济结构不断优化升级。我国经济乃至全球经济都受到经济周期的影响，全球经济增长乏力，国际市场需求疲软，再加上我国劳动力成本上升，宏观杠杆率高企，我国经济过去高投入、高消耗、偏重数量扩张的高歌猛进方式已难以为继。

（3）动力——从要素驱动、投资驱动转向服务业发展及创新驱动。过去我国推动经济的增长主要依靠增加资本、劳动力和土地等生产要素的投入；然而未来真正主导经济增长的推动力在于提高生产要素配置的效率或者加快科技创新力度。从要素驱动向创新驱动的转变是生产力发展的必然趋势。

（三）经济新常态对资本市场的影响

经济新常态下，国家致力于发展多层次股票市场，规范发展债券市场，培育私募市场，提高证券期货服务业竞争力等政策措施。2014年5月，国务院发布了《进一步促进资本市场健康发展的若干意见》。该《意见》的提出主要为了顺应当前我国居民多元化投资和企业多样化融资的大趋势，健全多层次资本市场体系，丰富金融工具和产品供给，提高证券期货经营机构的服务能力和水平，从而健全促进社会储蓄高效转化为投资的机制，扩大直接融资，优化融资结构，防范和分散金融风险。

二、企业年金资产配置的范围

企业年金的投资运营遵循人社部制定的各项企业年金法规政策，如人社部11号令《企业年金基金管理办法》、人社部23号文《关于扩大企业年金基金投资范围的通知》等。企业年金配置的资产按照波动风险高低可细分为权益类资产、市值计价（波动）类固收资产、成本计价（稳定）类固收资产、货币类资产四类。其中，货币类资产主要用于满足流动性需求的过渡性投资，另外三类是企业年金配置的主要资产，按照一般的投资比例可以“金字塔式”（图1）的形式呈现。

（1）稳定类固收资产，是企业年金投资比例最高的金融资产，在企业年金投资中发挥收益稳定器的作用。该类资产持有期限长，收益率固定，安全性相对较高，流动性较差，且按照成本法估值不受市场波动影响，可以通过稳定的收益为企业年金累积安全垫。

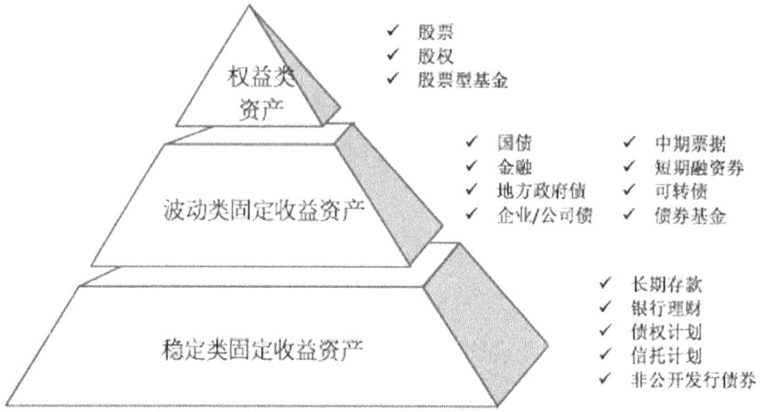

图1 资产配置金字塔

（2）波动类固收资产，是企业年金投资比例次高的金融资产，在企业年金投资中发挥灵活的交易配置作用。该类资产以公允价值估值，短期内净值会有波动，但若持有直到期又会回归原有价值，流动性较好，进可攻退可守较为灵活，一定程度上可以为企业年金增厚投资收益。

（三）权益类资产，是企业年金投资比例最低的金融资产，在企业年金投资中发挥锦上添花的作用。该类资产以公允价值估值，根据历史统计数据，短期持有风险较大，但长期来看整体收益却又优于固收类资产，流动性强，是企业年金超额收益的主要来源。

除上述资产外，企业年金资产配置中还有货币类资产，比如货币基金、货币型养老金产品等，该类金融资产流动性最强，收益相对偏低，一些等待机会的过渡性资金主要投资该类资产。

三、企业年金资产配置管理的必要性

资产配置，是指根据投资需求将投资资金在不同资产类别之间进行分配，对各类基金投资的收益和风险均起到决定性作用。国际上众多研究表明，基金投资收益的变化中大约90%可以归因于资产配置。相较于一般投资基金，企业年金的资产特性更决定了其加强资产配置尤为重要。

（1）经济周期性要求企业年金进行资产配置管理。经济运行中衰退、复苏、过热、滞涨四个阶段周而复始，每个阶段大类资产市场表现不尽一样，比如衰退期：股票差，商品差，债券较好；复苏期：股票较好，商品差，债券较好；过热期：商品最好，股票较差，债券最差；滞胀期：现金为王。以上规律需要投资者对当前的经济周期阶段进行判断，并以此制定相应的大类资产配置，实现投资收益最大化。

（2）企业年金的资金性质要求进行资产配置管理。企业年金是企业员工退休后的补充养老保障，职工个人尤其是临近退休人员对基金资产的短期波动十分敏感，作为企业年金受托人承受着较大的投资业绩压力。我国企业年金市场经过十几年的发展已经走向成熟与稳定，尤其是企业年金投资管理人已经深刻理解企业年金跟保险基金、公募基金等具有很大的差异。企业年金最显著的特点就是稳健投资，本金的绝对安全是条高压线，通过配置较高比例的收益稳定类资产，累积较厚的安全垫，同时控制好市场波动类资产净值回撤，做到长期实现保值增值，短期避免净值大幅波动或者出现亏损。

四、新常态背景下企业年金资产配置管理面临挑战

（一）优质收益稳定类资产稀缺，出现僧多粥少局面

（1）国家推行去杠杆，优质资产不断减少。我国过去债务拉动型的经济增长模式导致目前社会宏观杠杆率超过了250%，存在较大的经济泡沫风险。2018年以来国家重点推行（结构性）去杠杆，地方政府融资平台、企业、金融平台等受到极大影响，导致市场优质资产不断减少，给企业年金配置收益稳定类资产造成了巨大的压力。一是信托、债权计划等通道被监管严堵，各个通道业务只减不增，同时该类资产的通道费上涨幅度较快，侵蚀了实际收益率；二是由于银行资本充足率考核的限制，具有大型银行担保的债权计划项目几乎没有新增；三是央企是国家去杠杆的重点对象，受制于企业负债率的考核，央企发行债权计划融资的规模也在不断减小。

（2）职业年金入市，削弱了企业年金获取优质资产的竞争力。新常态下，我国养老保障体系加快推进改革的步伐，2015年1月14日，国务院印发了《关于机关事业单位工作人员养老保险制度改革的决定》明确提出在机关事业单位建立职业年金制度。职业年金于2019年大规模入市，初步入市规模达8000亿元，以后每年新增约2000亿元。职业年金的投资范围与企业年金相同，投资管理团队也相同，但由于职业年金政治层级高、资金量大，投资管理人更为重视，势必与企业年金在投资资源上产生竞争，削弱企业年金在市场中获取优质资源的能力。

（二）股票市场波动加大，难以获取超额收益

我国股票市场的发展尚不成熟，股市大跌大涨成为常态。2014年经济进入新常态以来，股票市场波动程度更是有所加剧，期间甚至出现了“史诗级”的股灾。如2015—2016年期间，A股经历了不到一年的时间从2000点左右升到巅峰时期的5178点，紧接着用了仅仅8个月的时间暴跌到2638点，出现了多次“千股跌停”

以及熔断的“奇观”，股灾无情地消灭了中国一大批中产阶级，2019年中A股上证综指依然徘徊在2800点左右。极端的市场波动给企业年金投资权益资产带来极大的挑战，2015年股灾、2016年初股市熔断，各投管人单季业绩均出现亏损，仅有少部分投管人保持正收益。

（三）债市刚兑打破，踩雷风险加大

一直以来，我国的债券投资者始终保持“刚性兑付”的信仰，即投资者购买政府债、信用债后，享受的是相对较高的利率，却不用承担其背后的风险，即使部分企业资金流出现问题，也可以通过借新还旧的方式进行兑付。而随着国内经济下行压力增加，市场融资渠道受阻，像煤炭、钢铁、地产、餐饮等周期性行业均受到了较大的冲击，“刚性兑付”的信仰被无情打破。如2018年债券市场共新增违约发行人43家，首次违约的发行人涉及的待偿付债券余额共1412.68亿元，远高于往年任何一年的数量。覆巢之下，岂有完卵。企业年金投资也难以独善其身，在债券市场上踩雷事件时有发生，严重影响企业年金基金净值。

（四）经济处于下行周期，市场利率不断下滑

新常态下，我国经济处于下行周期，央行于2014年11月开始降息降准，无风险利率持续走低，目前1年期的定期存款利率低至1.5%，10年度国债收益率最低触及2.6%，以余额宝为代表的货币型基金7日年化收益率最低跌破2.3%。虽然央行持续向市场注入流动性，但是宽货币向宽信用传导渠道不畅通，银行资产端增速放缓、实体经济有效需求不足，导致银行负债端对于吸纳高成本资金较为谨慎。目前大型银行5年期以上的协议存款报价利率约4.5%，未来几年央行宽货币政策叠加市场有效需求不足，存款利率很有可能继续向下。

五、新常态背景下企业年金配置精益化管理实践

习近平总书记说过：“变革创新是推动人类社会向前发展的根本动力。谁排斥变革，谁拒绝创新，谁就会落后于时代，谁就会被历史淘汰。”我国经济进入了新常态，国家投资环境、投资基础也随之发生了深刻的变化，如果投资者的投资思维继续因循守旧、止步不前，那么投资思路将会越走越窄。企业年金作为养老保障体系的“第二支柱”，是满足人民对美好生活向往的需要，因此企业年金资产配置管理也需要变革精神、创新意识。

（一）对投资管理人进行差异化管理，发挥各自比较优势

目前企业年金市场共有22家投资管理人，其中基金公司11家、保险公司7家、证券公司2家，养老金管理公司2家，而市场上企业年金计划几乎都是采用“一刀切”的粗放型模式对投资管理人进行考核管理，并未能真正发挥各家投资管理人

的比较优势。在经济新常态背景下，粗放式、标准化的投资管理模式已经不适应企业年金投资管理运作要求，需要对投资管理人进行差异化、精益化管理，更好地发挥各自的资源优势与专业优势。事实上，经过数十载的市场投资运作，各家投资管理人的投资风格和资源优势逐渐显现。总的来说，投资管理人可以分为交易型和配置型两种：

（1）交易型投资管理人，特别是在市场上长期排名靠前的，应适当扩大其资产管理规模，同时放宽权益类资产投资仓位，充分发挥其市场上择时择股的优势，努力为企业年金创造更多的超额收益。

（2）配置型投资管理人，特别是保险集团，应充分发挥其内部资源优势，集团资源整合能力，以资产追加的激励方式，鼓励其多创新合适的收益稳定类投资品种，拓宽企业年金投资渠道，增厚企业年金收益安全垫。

（二）创新企业年金投资品种，拓宽投资渠道

根据人社部企业年金管理相关规定，企业年金投资范围相对有限，叠加市场资产荒，目前企业年金面临较大的资产配置压力，创新企业年金投资工具十分紧迫。根据企业年金市场投资实践，企业年金投资创新品种主要有以下几种模式：

1. 创新协议存款模式

目前大型国有银行、全国股份制银行协议存款报价利率很低，甚至没有吸储的需求，而中小银行的协议存款报价利率比大型国有银行、全国股份制银行高出80BP左右，利率优势较为明显，但不足之处是投资风险相对较大。例如近期区域性股份制商业银行包商银行就出现了信用风险，不符合企业年金绝对安全的投资理念。为了获得中小银行较高的投资收益率，同时又确保投资风险可控，可以对协议存款模式进行创新，主要有以下两种模式：

（1）大型银行担保模式的协议存款。是指资金方与中小银行双方自主协商约定，中小银行利用大型国有银行或全国股份制银行提供的担保增信融入资金，并在约定时间返还本金和支付利息，同时解除担保的一种存款业务。

（2）债券质押型协议存款。是指资金方与中小银行双方自主协商约定，由中小银行将自持的债券作为质押物出质给资金方，作为增信融入资金，并在约定时间返还本金和支付利息，同时解除债券质押登记的一种存款业务。

以上创新投资工具有以下特点：一是资产清晰，增信方式合法合规。银行存款属银行表内资产，存款双方签订银行存款合同，同时银行出具存单，资产清晰。存款银行以其自有的债券提供质押担保或者利用大型国有银行或全国股份制银行提供担保，符合有关法律法规、监管规定。二是安全性较高。必须选择具备

一定资产规模、外部评级高的存款银行，该类银行对当地有重要影响的，发生兑付违约风险较低；另外，拥有增信保证，相当于多了一层本息兑付保障。三是收益率较高。与大型银行相比，中小银行吸收存款的成本一直较高。就目前的情况看，中小银行存款（扣除增信费用后）较大型银行存款还要高20～60BP，优势较为明显。四是估值稳定，无市值波动。银行存款以成本计价，定期付息，到期还本，收益稳定，无市值波动，存续期间都能提供稳定的投资收益现金流，符合企业年金稳健投资的风格。

2. 供应链金融投资模式

目前成立企业年金计划且规模较大的主要集中在大型国企或央企，比如石油化工、煤炭、电力、有色金属、钢铁、机械和水泥等行业，而这些都是供应链金融发展较好的行业。在以供应商、生产商、分销商、零售商和消费者组成的供应链中，如果这些企业之间的资金流和物流之间的流动存在一些时差，或者交货后资金延期支付的应收账款，或者交货之前就要求支付的预付账款（图2），这种矛盾会让中小企业一方面努力争取核心企业的业务，另一方面又存在比较大的资金融通困难，比如需要现金发工资、缴税等，所以在核心企业延期支付或要求提前预付的过程中就需要融资。

图2 供应链体系

鉴于此，企业年金可以选择与核心企业开展合作，以应收账款、预付账款等作为投资标的的保理产品，由投资管理人设计包装成符合企业年金投资的品种，这样既为企业年金投资拓展新渠道，同时也能支持国家实体经济的发展。

3. 股权投资模式

习近平总书记所作的党的十九大报告指出，必须以供给侧结构性改革为主线，推动经济发展质量变革、效率变革、动力变革，提高全要素生产率。合理降低国有企业杠杆率是供给侧结构性改革的重要途径之一，也是防范化解金融风险的重要内容。国家推进去杠杆过程中，债权债务类资产明显减少，但市场上债转股、股权融资等投资产品不断丰富起来。上帝在关上一扇门的同时会打开一扇窗。企业年金可以尝试在该领域有所作为，虽然人社部尚未全面放开一级市场的股权投资，但实际上在2014年人社部专门出台了64号允许企业年金进行股权投资试点，其中中石化销售公司股权项目成为首批试点项目，64号文件对于年金参与股权投资的投资方式、投资比例、估值核算、转让与退出机制进行了规定，为企业年金参与股权投资、债转股等模式奠定了基础。

（三）资产配置精益化管理，提高整体投资收益

新常态背景下，以往粗放式的投资资产管理模式已不能满足当前投资环境的需求，必须充分掌握各类资产特性，落实资产配置精益化管理新思路。

1．稳定类固收资产。在市场上深度挖掘稳定类固收资产，补足企业年金计划层面收益安全垫。一是不局限于企业年金计划现有的标准投管人，将资产配置的视野放宽至全市场有资质的产品发行人、投管人，广泛甄选合适资产，利用好资金分配的指挥棒，鼓励全市场投管人积极申报优质资产，必要时与资产方沟通定制符合企业年金要求的投资产品，对通过审定的项目予以专项资金配置。二是市场上优质资产虽然不断减少，但是市场上之前发行的存量的具有大型/全国股份制银行担保的债权计划仍有尚未到期的项目，可以与投管人深度合作，实时沟通，进一步挖掘市场上该类优质项目，一旦有其他渠道转出立即进行承接。

2．波动类固收资产。新常态下，市场出现的债券违约潮，企业年金绝对安全的投资理念对于该类信用违约事件零容忍，不仅仅因为该类事件的发生会对企业年金净值产生较大的影响，更因为处理该类事件往往会走上法律诉讼的途径，会对企业年金市场以及各方当事人产生较大的负面影响。鉴于此，企业年金可以转为投资规模较大的债券型养老金产品，并定期穿透其底层资产甄别分析是否持有信用风险较大的个券。极端情况下，即使底层资产个别债券出现信用风险也不会对净值造成较大影响，而且不会丧失流动性，可以随时赎回持有份额。

3．权益类资产。不搞“一刀切”的投资管理模式，根据历史数据建立符合企业年金投资风格的市场操作纪律。一是差异化设置投管人权益仓位上限。在控制计划整体仓位的基础上，综合评价历史业绩、投资风格、投资经理等因素，对擅长权益投资的部分投管人提高投资比例上限，充分发挥投管人专业优势。二是建立个股保盈机制。国内股市主要以震荡市为主，短期内股票涨幅越大，回调压力也越大，风险也越高，按照企业年金稳健投资的风格，没有必要参与分最后一杯羹。根据沪深300股票历史数据测算，大部分蓝筹股持续上涨达到30%左右会出现一定的调整压力，极少蓝筹股可以持续上涨超过60%，因此可以考虑在该位置适当降低个股仓位，控制投资收益波动风险。三是建立权益仓位控制机制。企业年金需要在计划层面总体把控权益仓位情况，没有只涨不跌的市场，也没有只跌不涨的市场，根据该特点采用逆向思维的操作方式，首先每年根据市场情况确定上证指数中枢点位以及对应的基准仓位，然后根据上证指数的升降情况对权益

仓位进行调整。举个例子：2019年上证指数中枢点位2900点，对应的基准仓位为8%；当上证指数上涨200点，权益仓位减少2%；上证指数下跌200点，权益仓位增加2%。

4. 货币类资产。按照人社部的规定企业年金投资货币市场工具的比例不低于5%，因此企业年金部分投资资金需要做流动性管理。由于货币市场工具一般收益低、风险小、流动性好，经常会被企业年金管理相关方忽视。事实上，如果企业年金流动性资金可以充分利用，集小胜为大胜，同样可以产生不小的回报。这就需要企业年金管理相关方实时关注市场上收益率较高的货币型资产。例如目前市场上货币类资产主要有现金资产、货币基金、货币型养老金产品等，其中货币型养老金产品由于底层资产投资策略的差异性，收益率相对较高。因此，企业年金做流动性管理时可以优先选择货币型养老金产品。

六、结束语

我国越来越重视企业年金这个第二养老支柱的发展，2018年人社部36号令将“自愿建立”修订为“自主建立”，并且将企业部分的缴费比例从5%提高至8%，企业职工参与范围不断扩大，缴费金额也不断增多，企业职工越来越关心自身权益资产的保值增值情况。面对当前金融市场不确定因素的增多，企业年金资产配置精益化管理是大势所趋，但必须提出的是，精益化管理并不是一蹴而就的，而是根据投资环境的变化不断创新优化的过程，同时也需要企业年金投资管理相关方相互理解、通力合作。只有抓好做实企业年金投资管理工作，对企业年金资产配置进行精益化管理，才能确保职工群众退休养老保障金保值增值，不断满足人民群众对美好退休生活的向往。

参考文献：

［1］刘昕，韩铁梅. 我国企业年金投资管理存在的问题及其对策研究［J］.时代金融，2018（08）：172，175.

［2］杨晓光，陈毅，辛亚松. 企业年金资产配置管理探析［J］.新金融，2017（11）：51-56.

［3］孟雪珂，许世谦. 资产荒背景下对投资者资产配置的思考［J］.吉林农业科技学院学报，2017，26（01）：29-31.

［4］何启志. 经济新常态下的多层次资本市场建设［J］.财贸研究，2016，27（04）：95-100.

［5］邱峰.聚焦“资产荒”：困局与破解之道［J］.北方金融，2016（02）：15-20.

[6] 温建宁. 立足经济新常态 发展稳健的资本市场 [N]. 证券时报，2015-09-17 (A03).
[7] 杨秀玲.新常态下我国企业年金的发展机遇与挑战 [J].产业与科技论坛，2015，14 (12)：9-11.

加强国有企业科技成果转化的实践与思考

■ 中国南方电网公司创新管理部　陈柔伊

摘　要：科技成果转化是困扰我国科技创新的关键难题。国有企业作为国民经济基础与企业创新的龙头，长期致力于推动国民经济支柱领域的科技成果向现实生产力转化。本文对国有企业实施科技成果转化的重要意义进行系统阐述，以航天科工集团和南方电网公司为例，分析和探讨了国有企业在科技成果转化探索中取得的阶段性进展及存在的问题。据此，从构建孵育转化完整链条、建设线上与线下平台、推动配套政策落地、激发员工积极性与创造性、发挥金融对科技的助推作用和建立评估考核体系等六个方面，提出了加强国有企业科技成果转化的对策和建议。

关键词：国有企业；科技成果转化；实践；思考

引　言

科技成果转化，指为提高生产力水平而对科技成果所进行的后续试验、开发、应用、推广直至形成新技术、新工艺、新材料、新产品，发展新产业等活动。科技成果转化是困扰我国科技创新的关键难题。有关数据显示，我国科技成果转化率不足10%，远低于发达国家40%的水平。从科技进步贡献率来看，2018年我国为58.5%，与发达国家约70%的水平差距较大。

党的十八大提出实施创新驱动发展战略，促进科技成果转化成为推动战略落地的重要任务之一。党的十九大报告强调，“深化科技体制改革，建立以企业为主体、市场为导向、产学研深度融合的技术创新体系，加强对中小企业创新的支持，促进科技成果转化”。这些年，各级政府及社会力量响应中央号召，大胆探索创新试验区。其中，企业的主体地位和主导作用表现明显。以技术交易合同额为例，2017年企业法人成交额为11875.28亿元，占全国技术合同成交总额的88.46%；吸纳技术成交额为10312.70亿元，占全国技术合同成交总额的76.82%。

国有企业作为国民经济基础与企业创新的龙头，在科技创新实践中发挥了至关重要的作用。通过破除制约科技成果转化的制度藩篱，汇聚企业内外部创新创业资源，推动国民经济支柱领域的科技成果向现实生产力转化，更好地打造发展新动能。取得成绩的同时，也遇到了科技成果转化体系不健全、配套政策落实不到位、激励效果不明显、评估考核水平偏低等问题，亟待进一步深化改革，提升国有企业科技成果转化的效率和效益，强有力支撑高质量发展。

一、国有企业实施科技成果转化的重要意义

（一）科技成果转化是科技供给侧改革的必然要求

近年来，我国经济和科技均发展迅速，但是科技进步与经济发展之间的供需矛盾依然存在。造成这一矛盾的主要原因，是科技成果向现实生产力转化力度不足，渠道不顺畅。2018年，我国全年境内外专利申请432.3万件，比上年增长16.9% 。其中，PCT专利申请受理量为5.5万件，居全球第二位。然而，据《中国科技成果转化2018年度报告（高等院校与科研院所篇）》的数据显示，转化率相较于申请量明显偏低、沉睡专利数量较多，专利寿命明显低于国际先进企业水平，维持在六年以上的发明专利不到30%。为此，需要借鉴国家供给侧改革的思路，对科技供给进行结构性调整，尤其在补短板方面狠下功夫，彻底解决科技与经济“两张皮”的问题。

科技进步与经济发展的关系，具化到企业这一微观经济主体，表现为科技创新与企业发展之间的关系。科技进步与企业发展的供需矛盾，表现为科技供给与产品迭代、服务升级等企业发展需求之间的矛盾。这一矛盾在体量庞大、运转缓慢且现代企业制度尚未完善的大型国有企业表现尤为突出。科技成果在企业落不下、用不好、推不开、转化难，以致不少好技术、新成果“束之高阁”，科技创新卡在转化为价值的“最后一环”。要有效解决矛盾，必须推进企业内部科技供给改革，破除僵化的体制机制，大力促进科技应用于生产实践，转化为生产力，并生产扩大创造经济效益。

（二）科技成果转化是国有企业动力变革的重要推手

我国经济发展进入新时代，基本特征就是由高速增长阶段转向高质量发展阶段。作为中国特色社会主义的重要物质基础和政治基础，国有企业能否实现高质量发展对我国构建新的经济体系具有重要影响。国有企业高质量发展的核心是推

动企业发展的动力变革、效率变革和质量变革。

其中，动力变革指国有企业的发展动力从主要依靠资源和低成本劳动力等要素投入向创新驱动转变。国有企业特别是大型国企具有投资聚集、资源富集、人力密集的特点，不少国企长期处于投资和要素拉动、劳动密集型的发展模式。运营成本高，整体效率偏低，劳动生产率偏低，利润创造能力不足成为近年来国有企业面临的发展困境。为了破除这一困境，国有企业必须转变发展方式，向创新要效率，向创新要效益。转型途中关键的“最后一公里”是科技成果转化。该转化效果的好坏很大程度上决定了科技创新活动的成败，也决定了科技支撑企业发展的成效与价值。因此，国有企业要高质量发展，必须促进科技成果转化，将科技成果转化作为国有企业动力变革的重要推手。

（三）科技成果转化是做优做强国有企业的重要力量

在2017年《财富》世界500强榜单中，如不统计台湾地区上榜企业，中国共有109家企业上榜，80%以上为地方国企或央企。然而，这109家上榜企业的平均总资产收益率（ROA）仅为1.65%，还有10家企业盈利为负。美国企业的平均总资产收益率为4.79%，是中国企业的2.9倍。从这一数据对比来看，国有企业“大而不强”的现状并没有得到根本的改善。

随着第四次工业革命的纵深推进，科技创新对于企业在激烈市场竞争中发挥的作用日益显著，已成为企业能否做优做强的决定性因素之一。硝烟弥漫的中美贸易摩擦过程中，中兴公司的“无芯”事件、华为公司面临的“极限施压”和从容姿态，无不彰显了科技创新在企业生存和发展中不可替代的力量。国有企业要想在未来的竞争中处于不败之地，不再陷入“中兴困境”，就必须依靠科技创新，将科技成果转化为企业发展的动能，强有力支撑企业做优做强。

（四）科技成果转化是集聚盘活企业资源的重要途径

国内科技成果的孵育转化，正从资源构成单一、服务模式简单、注重公益性的发展阶段，快速进入到资源多元富集、服务体系健全、注重规模和盈利能力的新阶段。在这一阶段中，核心孵化资源的重要性提升到前所未有的高度。以腾讯众创空间、优客工场为例，均以互联网思维为纽带，充分利用自有行业专家、用户群体资源和社会闲散资源，迅速获得资本青睐，壮大成果孵化规模。此外，随着“互联网+”“大数据”等新兴概念向各行业蔓延，企业拥有的行业大数据成为可迅速增值的宝贵资产。以电力行业为例，专家预测，每当数据利用率调高10%，便可使电网提高20%~49%的利润。

国有企业在行业领域通常处于龙头或主导地位，拥有人才、资本资产、知识产权、用户群体、行业数据、实验平台和试用场所等丰富资源。一方面，国有企业可以通过构建科技成果转化的网络渠道和线下孵化载体，统筹企业内部资源，积极撬动外部资源，将企业资源转化为经济价值。另一方面，科技成果转化进入“资源为王”的时代，国有企业的品牌优势和丰富资源又反哺科技成果转化，使极度依赖资源保障的现代孵化模式更易实践。

二、国有企业科技成果转化探索与存在的问题

（一）国有企业科技成果转化探索

1. 中国航天科工集团有限公司

中国航天科工集团有限公司（以下简称“航天科工”）是中央直接管理的国有特大型高科技企业，是进入国家首批双创示范基地的唯一中央企业。航天科工的科技成果转化实践体现为三方面：

（1）面向企业内部员工构建“三期三池”孵育模式。在创意培育期，航天科工内部个人或团队提出创意，经遴选评价进入专有云创意池，经创意培育成为种子项目。在创新产品孵化期，种子项目经遴选进入产品池，正式进入产品或服务开发阶段，组建技术研发团队，形成产品技术方案、经营和销售计划。在创业产业加速期，优秀产品池项目进入产业加速池，拓展生产能力或服务能力，获得资金、场地、后勤、技术、生态圈等支持。

（2）面向外部建设国内首家工业互联网云平台——航天云网。该平台提供融资、场地、管理、运营、第三方资源等一系列服务。目前平台注册企业超过160万户，集聚1.3万件专利、3.5万份标准、126个工业软件、3000余项可供外部“双创”团队无偿使用的能力。2017年业务需求总额4000亿元，实现利润12亿元。

（3）构建有利于科技成果孵育转化的企业运行管理体系。一是创新人事管理机制。实行工作地点弹性制、“核心+弹性”工作时间制，便于员工进行为期2年的在岗创业；建立回岗保障制度，破除企业员工自主创业、企业内部再创业的制度障碍。二是创新双创利益共享机制。将知识产权列为职务发明，科技成果转让收入扣除前期投入成本后，科研团队享有剩余部分的50%。规定项目团队原单位享有优先收购权和新设公司优先控股权。三是完善“创新特区”机制。在不触碰保密、安全、财务制度等“红线”的前提下，尽可能为双创团队开展活动提供支持。实施骨干人员持股、高端人才特殊薪酬、投资审批权限适度下放等政策。四是设立专有云双创基金。在创意阶段，所属各单位投入不得少于本单位自筹研发经费总额的1%；在种子阶段，每年投入不得少于自主创新经费总额的2%；在产品阶段，设立准初期规模为1亿元的公益专项基金。五是拓展社会化双创投融资支持方式。创新众筹投融资模式，与天使基金、风险投资等专业投融资机构开展合

作。推进银行机构的双创支持政策落地，帮助项目进行大额融资。联合央企组建联盟基金，并对接国家和地方政府双创活动财政资金支持政策，为项目积极争取资金支持。六是深化企业双创资源开放与对外交流。完善各级各类重点实验室、工程技术中心等创新资源的社会化开放共享机制，有序推进重大科研生产试验设施等通用性资源向社会开放。

2. 南方电网公司

南方电网公司是一家为广东、广西、云南、贵州、海南五省区和港澳地区提供电力供应的中央企业。科技成果转化是公司科技创新绩效提升的主要制约因素。2015年以来，公司专利数量虽然以年均不低于30%的速率增长，但成功实施许可、转让的不足2%。

为了走出这一“创新困境”，近两年，南方电网公司就促进科技成果转化工作进行了积极探索，取得了一定效果。2018年，公司累计实现专利许可279件，智能巡检机器人、智能预警安全头盔、计量安全芯片等一批优秀科技成果成功量产转化，实现收益1.2亿元。185项科技项目成果和93项职创成果在分子公司大范围推广应用。“输电两栖带电作业机器人”荣获中央企业熠星创新创意大赛一等奖，正与机器人民企共商合作实施转化。

得益于公司推行的系列改革措施，科技成果转化的成效初步显现，包含如下四个方面：

（1）建设全网统一的双创线上平台。由公司下属产业投资公司负责建设和运营，面向公司所属成员企业及社会提供信息归集管理和专业化服务，构建集资源对接、合作洽谈、估值交易、转化服务、流程管理为一体的开放式“互联网+”双创平台。

（2）打造科技成果商品化平台。在公司下属产业投资公司设立科技创新孵化事业部，负责组织实施科技成果新产品的生产和销售。在广东电网公司成立广东南方能源科技孵化器有限公司，实现了智能充电桩、输变电站噪声治理等成果的产品化转化。深圳供电局成立深圳电网能源科技有限公司，为员工开展岗位创新提供优质平台。这两家孵化器公司均采用混合所有制模式，实现高度市场化运作，面向全网和外部项目提供孵化服务。

（3）完善科技成果转化配套机制。

一是建立科技成果转化制度。制定公司科技成果转化管理办法，明确样品研发、成果遴选、产品化、商品化等相关管理流程及工作要求，明确科技成果转化投入产出计算标准，畅通公司科技成果向所属产业公司转化的路径。

二是制定适合孵化器公司运作的用工政策。以科技孵化器公司为“试验田”，制定有利于人才“双向流动”的灵活用工机制，充分激发员工创业的内生动力。公司科研机构离岗创业人员进入孵化企业，保留其与原单位的人事关系，工资、福利待遇由孵化企业发放，五险一金等由人事关系所在单位代缴，离岗创业期满后（1~3年），解除与原单位劳动合同或返回原单位工作。

三是完善科技成果转化激励机制。落实《国有科技型企业股权和分红激励暂行办法》，对于国有科技型成员企业，经公司审批后实施分红激励，所需资金在工资总额预算中单列，不纳入本单位工资总额基数。对于非国有科技型成员企业，按照不低于《中华人民共和国促进科技成果转化法》规定的激励标准，对完成、转化科技成果做出重要贡献的人员给予奖励和报酬。在工资总额预算中提取0.5%作为大众创新奖励专项资金，奖励和报酬在该专项资金列支。

四是完善科技成果转化支持政策。公司科技项目急需的设备和耗材采购，建立特事特办、随到随办的采购机制，除法定必须招标的项目外，可采用非招标采购方式。将公司系统全资竞争性业务公司生产的科技成果新产品纳入直签合同的范围。明确首次进入公司系统试点应用的公司科技成果新产品，三年内采购不受市场业绩条件限制。对于首次试点应用的科技成果新产品，除国家行业主管部门规定外，三年内发生的自身损坏及自身非计划停运可不按事故事件进行统计，且科技成果新产品载体本身价值损失不计入相关事故事件直接经济损失范围。

（4）充分发挥公司产业投资基金作用。依托公司产业投资基金，优选创新创业项目进行投资，发挥金融对科技成果转化的助推作用，同时通过科技成果转化促进金融业务发展，加大基金投资回报与收益，形成金融业务与科技创新互助共赢的良好发展局面。

（二）国有企业科技成果转化存在的问题

1. 相关政策有待进一步落实和明确

十八大以来，我国加大了科技成果转化相关法律制度建设，但在具体实施层面还存在一定瓶颈。对于新技术产品的采购，已出台首台套重大装备采购、政府首购和订购等支持政策，但此类政策是否适用于国有企业未有明确，国有企业在采购制度优化时政策依据不足。现行党政领导干部管理规定，具有副处以上党政领导职务的干部不能从事经营性活动或拥有企业股权，这在一定程度上限制了领导干部推动科技成果转化的积极性。2019年新修订的《事业单位国有资产管理暂行办法》规定，事业单位将其持有的科技成果转让、许可或者作价投资给国有全资企业的，可以不进行资产评估；向非国有全资企业转化的，由单位自主决定是否进行资产评估。一方面，如不进行资产评估，需要进一步研究挂牌交易底价的确定原则；另一方面，自主定价高低与国有资产流失的界限未有明确界定，实施人员在实操中仍存在顾虑。

2. 激励措施的有效性仍有待提升

《国有科技型企业股权和分红激励暂行办法》规定，只有国有科技型企业的科技成果转化激励经费支出，才能在工资总额预算中单列。然而大部分国有企业处在国民经济命脉的传统行业领域，符合条件的企业较少。以南方电网公司为例，当前符合条件的仅有南网科研院、云电同方两家成员企业。其他下属公司虽然不满足国有科技型企业条件，但有大量科研人员和生产人员在结合岗位实践开展创新，产出直接面向应用的丰富科技成果。此类企业的科技成果转化激励费用只能在已核定的工资总额预算内列支，在一定程度上制约了其开展科技成果转化激励的积极性。此外，股权激励在国有企业鲜有成功实施的案例。一方面，《国有控股混合所有制企业开展员工持股试点的指导意见》对试点企业设置了条件，如主业处于充分竞争行业和领域的商业类企业、营业收入和利润90%以上来源于所在企业集团外部市场，能够满足所有条件的企业不多。另一方面，股权激励过程中如何把控以员工持股名义瓜分国有资产、资产定价不透明、利益输送等风险，也成为股权激励实施积极性不高的主要因素。

3. 符合科技成果孵化特征的机制不健全

科技创新从形成创意到完成产品化，一般需要历经创意提出、策划立项、样机研发、二次开发、中试验证、形成产品的过程。期间，科技成果历经多次迭代，技术成熟度逐步提升。为规避投资失误、投资浪费等风险，国有企业通常在全过程设置了严密的审批环节，忽略了以市场为导向的研发“窗口期”短、更新速率快的特点。缺乏持续评估和跟投机制，存在仅以样机研发项目定成败的现象，忽略成果需要多次迭代才趋近成熟的规律，导致中试成熟期的关键环节投入缺位。

4. 科技成果转化评估考核困难

评估考核指标反映科技创新绩效导向。目前国有企业普遍缺乏一套科学合理的科技成果转化评价指标体系。以南方电网公司为例，科技成果转化分为五种情况：一是形成新的规范、标准、技术反措；二是技术转让或许可实施实现收益；三是科技成果转化成产品，创新价值直接体现为新产品利润；四是科技成果直接应用于直流输电、智能变电站等工程建设；五是科技成果转化为技术服务、调试、咨询的解决方案。当前国内比较流行的“科技成果转化率”“技术合同交易额”“新产品利润率”只表征了一个侧面，难以完整准确地对大型企业的科技成果转化情况进行评估考核。企业科技成果转化评估考核导向不明，会导致好成果被搁置，投资资金入门难，甚至自主创新成果被外部投资方以极低价格买断，或者合作创新的科技成果变成了外部合作方的独家新产品。

三、关于加强国有企业科技成果转化的几点思考

（一）构建科技成果转化完整链条

构建科技成果转化链条是国有企业科技成果转化顶层设计的重要任务。航天科工将内部科技成果转化划分为“三期三池”，南方电网公司按照科技成果孵育、产品化/服务化、产业化三个阶段分别搭建载体，配套资金，落实资源。

遵循技术成熟发展规律，借鉴已有实践经验，国有企业科技成果转化体系可按“3+1”模式考虑。一是构建成果孵育体系。建立“创意池”，完善遴选标准，组建专业团队，健全产学研用合作机制，完善需求与研发对接机制、投资快速决策机制、简洁高效研发实施机制。二是构建成果中试成熟体系。建立“产品池”，将技术成果的孵化和应用纳入企业投资和各类基金支持范围，搭建集二次开发、测试验证及中试熟化的企业孵化平台，促使科技成果由样品向产品转变。三是构建科技成果商品化体系。建立“加速池”，依托科技成果转化中心、科技企业孵化器等载体，畅通内外部投融资渠道，通过组建混合所有制科技公司、成果许可使用等多种形式实施成果产业化，培育国有企业新的利润增长点。四是建立完善的孵化服务体系，并将服务贯穿科技成果转化链条始终。通过人才引进、与外部专业咨询服务机构合作等方式，提供法务、财务等基础服务，逐步提升创业指导、投融资、市场开拓、外包加工、资讯发布、知识产权等专业化服务能力。

（二）依托线上与线下平台构建生态圈

总结航天科工、南方电网公司的实践启示，建设线上与线下平台是共有特征。“互联网+”时代下，资源获取渠道大幅拓展，获取速度飞速提升，为线上平台建设夯实了技术基础。在功能定位上，“互联网+”线上平台面向公司内外部初创企业或团队提供科技成果孵化、技术中介、技术交易、科技金融、产业资源等服务，实现信息互通、资源共享、能力协同、开放合作。在运营模式上，打造产业价值链整合型服务平台，开展“互联网+”线上平台实体化、商业化运营。充分利用国有企业品牌价值、技术先进性、资本运作能力等优势，充分把握长三角区域一体化、粤港澳大湾区等政策红利，最大程度引导创新要素向多业务、全链条、全周期渗透，推动内外部创新资源高效配置和共享。

统筹规划与发展布局线下平台。对内统筹归集科技创新主体、产业单位、科技产业园区、科技孵化器、众创空间、劳模工作室、重点实验室、投融资机构等资源，打破内部资源跨单位使用壁垒，完善共建、共享、共用机制；对外推动国

有企业与科研院所、高等院校、创新创业服务机构、产业链上下游企业、中小微企业等积极合作。将设备仪器、试验测试场所面向社会免费或低价开放，依托各类孵化平台提供社会化服务，采用建立创新联合体、战略合作伙伴关系、混合所有制企业、股权投资、知识产权转让许可等方式，实现社会各类经济主体携手共进、互惠互利、共融发展。

对于各类线下平台，择优遴选入驻线上平台，以线上服务促进线下资源共享，以线下资源共享提升线上服务，以上下联动构建资源集聚、共享开放、共赢发展的生态圈。

（三）推动科技成果转化配套政策落地

科技成果转化工作是一项系统工程，表现为企业技术创新和非技术创新要素的组合和有机统一。航天科工、南方电网公司在实践探索时，都把非技术创新要素的配套机制改革作为促进科技成果转化的重要抓手。

非技术创新要素包括市场、成本、安全、资产、组织、平台、人才等。与之相关的体制机制改革涉及企业战略、组织架构、流程设计与再造、投资、物资、人力资源、安全、资产管理与绩效考核等各个层面。国有企业需在认真研读国家现有法律法规及政策的基础上，加快建立企业科技成果转化制度，明确各流程节点的管理要求，以及技术成熟度评估、投入原则、定价原则、交易规则、净收入测算标准等关键原则标准，并结合企业实际出台非技术创新要素的配套支持政策，打破制约国有企业科技成果转化的桎梏，打通科技成果转化全路径。

针对少量政策在操作层面不明晰的情况，可积极与国家有关部委和地方政府汇报请示沟通，在实践中摸索政策落地的途径，保持“底线思维”，先行先试，提出积极政策建议。例如，采购机制方面，进一步完善新技术产品采购政策，在符合《中华人民共和国招标投标法》的前提下，鼓励国有企业探索以非招标采购方式对首台套重大装备进行订购，降低新技术产品采购的历史业绩门槛，合理界定新技术产品采购决策与利益输送、国有资产流失之间的关系。安全责任方面，建立符合新技术产品应用特点的安全责任机制，在不造成重大影响的前提下，适当考虑新技术应用的免责或少责机制。技术交易定价方面，改变无形资产评估作为技术交易前置条件的现状，探索以可核清的成本作为底价挂牌甚至无底价挂牌交易，进一步规范交易市场规则，让市场的“手”决定交易价格。横向协同方面，加强财务、科技、物资、纪检监察、审计等政策协调一致性，充分发挥各层级部际联席制度作用，避免资源“碎片化”。

（四）充分激发员工的积极性与创造性

习近平总书记指出：“人是科技创新最关键的因素。创新的事业呼唤创新的人才。”国有企业的创新事业能否吸引和留住人才，取决于员工的付出能否获得合理的回报，以及遭遇失败时会否面临过度追责的风险。

为了激发员工的积极性与创造性，航天科工允许成果产业化收益的50%归双创团队享有；南方电网公司提取工资总额预算的0.5%作为大众创新奖励专项资金，并给予新技术产品应用合理的安全责任减免。借鉴这些成功经验，国有企业在科技成果转化过程中，需建立长效激励机制和容错机制。对于激励机制，进一步放宽科技成果转化报酬在工资总额预算中单列的限制条件，细化股权激励操作细则，重点处理好生产销售企业与科研单位之间，科研单位与科研团队之间，科研团队与个人之间的利益分配关系。对于容错机制，重点区分个人主观因素与技术成熟程度客观因素造成的安全责任，界定成果转化股权分红、收益分配与利益输送、贪污、受贿、私分科研经费的界限，界定科技创新探索失败、合理损耗与骗取科研立项、虚增科研经费投入的界限，并将有关条款明确写入安监、资产评估、审计、监察等相关制度政策，使创新获得生根发芽的土壤，结出累累硕果。

（五）充分发挥金融对科技的助推作用

《中共中央、国务院关于深化体制机制改革加快实施创新驱动发展战略的若干意见》提出：“发挥金融创新对技术创新的助推作用，培育壮大创业投资和资本市场，提高信贷支持创新的灵活性和便利性，形成各类金融工具协同支持创新发展的良好局面。”国有企业的科技成果转化实践也体现了对该任务的落实。航天科工建立专有云专项基金，同时积极拓展社会化投融资渠道。南方电网公司充分发挥产业投资基金的作用，积极支持科技成果转化。

为了推动科技金融融合，助推科技成果转化，国有企业可设立创投基金用于扶持优秀转化项目实现产品化、企业化，并通过入股新的科技公司获得股权溢价收益。拓展社会化的投融资渠道，与天使基金、风险投资等金融公司展开合作，对接国家和地方政府双创相关财政资金支持政策，积极助力初创科技公司在科创板上市。

（六）建立科技成果转化评估考核体系

科技成果转化评估与考核，是强化企业所属成员企业科技成果转化意识、确立科技创新价值导向、提高科技创新绩效的重要手段。然而，科技成果转化评估难、考核指标体系设计难也是国有企业在实践中碰到的共性问题。

基于已有的实践经验以及存在的制约因素，国有企业科技成果转化评估考核需重点关注四方面：一是区分不同阶段成果的评估标准。科技创新从关键技术研究到应用转化、生产实践，历时很长，通常由多个项目联合分期完成。在设计成果评估标准时，要对不同阶段的项目进行分类，不能“一刀切”地全部用科技成果是否转化为现实生产力来评判。二是区别对集团所属成员企业的评估考核标准。国有大型企业从事的业务通常不是单一的，具有覆盖面较广、产业链条较长的特点，下属成员企业可能类型不同、领域不同，所处行业也不同。针对不同性质的企业，设定差异化评估考核标准，使科研单位、生产单位、产业单位在科技成果转化链条中各司其职。三是建立复合评估指标体系。国有大型企业的科技成果转化通常有多种形式，单一指标难以系统地评估科技成果转化的绩效，因此需建立复合的指标评估体系，并按照企业特征和轻重缓急设置不同的权重。四是滚动修订科技成果评估考核指标。目前并不存在普遍适用的科技成果评估考核体系，需要企业在实践中不断加深认识，不断改进完善评价方法，促进评估考核水平持续提升，使科技成果转化成为支撑企业高质量发展的强大动力。

参考文献：

[1] 中共中央文献研究室. 习近平关于科技创新论述摘编[M]. 北京：中央文献出版社，2016.

[2] 习近平. 决胜全面建成小康社会 夺取新时代中国特色社会主义伟大胜利[R]. 北京：中国共产党第十九次全国代表大会，2017-10-18.

[3] 2017年全国技术市场交易简报[OL]. 国家科技部网站.

[4] 中国2018年国民经济和社会发展统计公报[OL]. 国家统计局网站.

[5] 中国科技成果管理研究会，国家科技评估中心，中国科学技术信息研究所. 中国科技成果转化2018年度报告（高等院校与科研院所篇）[R]. 2018.

[6] 全国人民代表大会常务委员会. 中华人民共和国促进科技成果转化法. 2015.

[7] 中国航天科工集团. 中国航天科工双创示范基地建设工作方案.

[8] 财政部，科技部，国务院国资委. 国有科技型企业股权和分红激励暂行办法，财资〔2016〕4号.

[9] 国资委. 国有控股混合所有制企业开展员工持股试点的指导意见，国资发改革〔2016〕133号.

[10] 中共中央，国务院. 关于深化体制机制改革加快实施创新驱动发展战略的若干意见，中发〔2015〕8号.

[11] 裘颖. 加快推进国有企业科技成果转化的对策建议[J]. 现代国企研究，2018（20）：63-64.

[12] 张忠伦，臧曙光，刘天旭，等. 国有企业科研创新成果转化困境和对策研

究［J］. 中国建材，2018（4）：118-120.
［13］罗超，岳巧，刘立伟，等. 国有企业科技成果转化的机制体制分析及对策研究［J］. 中国造船，2014（55）：510-515.
［14］沈伟，刘立伟. 国有大型企业集团对成员企业科技成果转化率评估考核的研究与实践［J］. 科技管理研究，2017（14）：77-84.

广西电网调峰辅助服务市场建设研究

■ 广西电网公司电力调度控制中心 崔长江

摘 要：随着清洁能源占比不断提高及火电机组供热改造、负荷峰谷差逐年增大等因素影响，广西电网全额消纳清洁能源日趋困难，特别是在台风、持续强降雨等天气情况下，存在较大的调峰缺口。在电力体制改革的背景下，研究电网调峰辅助服务的市场机制，是落实国家绿色发展理念的需要，为市场化消纳清洁能源提供解决方案，能够有力促进广西电网的清洁能源消纳，有利于各种电源之间的协调发展。本文通过分析广西电网调峰存在的问题及其背后的原因，提出了广西调峰辅助服务交易体系，构建了以系统调峰贡献度、实时分摊、发电侧平衡调峰费用等为基本原则的运作机制。

关键字：调峰；辅助服务；市场建设

一、建设调峰辅助服务市场的重要意义

（一）落实中央战略部署的需要

1. 建设生态文明、打赢污染防治攻坚战的重要举措

党的十九大报告指出，我国社会的主要矛盾已经转化为人民日益增长的美好生活需要和不平衡不充分的发展之间的矛盾，做出“加快生态文明体制改革，建设美丽中国”的战略决策[1]，坚决打赢污染防治攻坚战，解决环境问题，满足人民日益增长的优美生态环境的需要。推进绿色发展，壮大清洁能源产业，是电力行业贯彻落实中央战略部署的重要举措，是当前和未来一个时期的重要任务。

长期以来，广西电网因地制宜，主动发挥区位优势，积极落实国家能源政策，打好蓝天保卫战。截至2018年，纳入广西电网电力电量平衡的清洁能源发电装机容量1767万千瓦，占总装机容量的52%。近三年消纳清洁能源2098亿千瓦时，占比高达59.1%，仅2018年就减少碳排放2589万吨，减少二氧化硫排放1.86

万吨。但主要清洁能源（水电、风电、光伏）发电具有时空分布不均匀，波动性和随机性的特点。若无一定规模的、可靠的调峰电源配合，清洁能源将难以全额消纳，化石能源机组仍将继续多发，节能减排效果将大打折扣。建设以市场手段调动调峰资源积极性的调峰辅助服务机制，可为清洁能源提供友好的系统运行环境，也是生态文明体制改革的重要举措。

2. 维护国家能源安全、推动能源高质量发展的重要举措

能源安全，事关国家安危，事关中华民族的伟大复兴。从能源供应角度考虑，我国一次能源相对匮乏，石油、天然气等不可再生能源对外依存度居高不下，能源供应在当今复杂的国际环境下存在安全隐患。从能源消费角度考虑，能源消费不能以污染环境、破坏生态为代价，要实现可持续发展。水电、风电、光伏等清洁能源属于可再生能源，无污染零排放，大规模利用不仅可以减少化石能源消耗、保护生态环境，而且可以减轻我国能源对外依存度，保障我国能源体系安全。因此建设调峰辅助服务市场促进能源可持续发展是保障国家能源安全的重要举措。

3. 促进电力行业协调发展、优化能源结构的重要举措

我国经济社会发展已进入新常态。一方面，我国经济由高速增长阶段转向高质量发展阶段，电能消费需求放缓，广西电网总电量的增长空间已经不大。另一方面，清洁能源仍然在大量投产，仅广西电网规划新增风电、光伏容量分别达380、104万千瓦。然而，广西电网的基荷运行需要火电保障，枯水期也主要依靠火电保证电网的电力供应，火电运行的稳定性使其在电网运行中仍然具有不可替代的作用，火电发电空间的挤压与清洁能源的高速增长构成了发电侧的结构性矛盾。由于当前火电仅能通过电量盈利，所以想方设法提高最低保障电量，以此来保证自己的发电空间，但这势必影响清洁能源的消纳，也增加了碳排放量。建设调峰辅助服务市场，为火电提供了另一种盈利模式，即主动停机为清洁能源“让路”也能盈利，这就缓解了电网调峰矛盾，解决了清洁能源消纳问题，最终也能促进发电侧能源结构的优化。

（二）电力体制改革的需要

1. 还原调峰辅助服务的市场属性

目前广西电力市场仅开展了中长期电量交易，未能体现电能的时间和空间价值。电力体制改革要求建立以中长期交易规避风险，以现货市场发现价格，交易品种齐全、功能完善的电力市场。调峰作为辅助服务最常用的一种，一直以来没有体现出它的价值。建立调峰辅助服务市场，充分发挥市场在资源配置中的决定作用，调动市场各方的积极性，解决清洁能源与传统电源之间的利益补偿问

题、清洁能源送端与受端省（区）之间的利益平衡问题，促进清洁能源持续健康发展。

2. 完善电力市场交易机制

在广西电力市场，中长期市场化电量占绝大部分，但是广西电网的电源结构、清洁能源的不确定性决定了这种单一市场品种会导致交易违约风险的增加。建设调峰辅助服务市场是对中长期交易的补充，发电企业经过盈亏测算可通过调峰辅助服务市场转移发电空间。以2018年为例，燃煤火电企业全年签约电量499.6亿千瓦时，实际发电量483.4亿千瓦时，签约电量与实际发电量之比为103.4%，签约电量超过了实际发电量。虽然通过水火置换交易转移了部分火电签约电量，但是总体来看交易品种单一且签约电量过大还是带来一定的交易风险，同时单纯的中长期交易无法反映出电力的时间和空间价值。广西电网辅助服务市场的建设有助于提供多元化的交易品种，更能反映电力的价值，是对广西现有电力市场交易机制的完善。

3. “两个细则”的市场化探索

“两个细则”关于辅助服务补偿的机制在相当长的时间内发挥了积极作用，在一定程度上体现了辅助服务的价值。随着电源结构的多样化，清洁能源的占比不断提高，火电企业出现长时间的亏损运行，原有的管理机制逐渐暴露出局限性。一是“两个细则”补偿价格固定，未体现机组成本差异，发电企业没有积极性，不愿提供调峰辅助服务，更不愿进行灵活性改造。二是补偿费用按照月度上网电量分摊，未体现各发电企业对调峰资源的实际使用量，也未体现辅助服务的时空特性。三是发电企业是被动地、强制地接受调用，没有体现主观意愿。近年来广西火电机组以各种理由提高最低保障电量，以期达到多发电、少调峰甚至不调峰的目的，造成系统调峰容量逐年下降。调峰辅助服务市场的建设，是对“两个细则”的市场化探索，以调峰辅助服务为切入点，逐步丰富辅助服务市场的交易品种，最终实现既保证电网安全稳定运行，又体现辅助服务的商品属性。

（三）践行新时代南网总纲的需要

新时代南网总纲[2]是全体南网人必须内化于心、外化于行的价值公约，要在日常工作中自觉践行。

1. 国家队定位，要求我们坚决贯彻党中央决策部署

国有企业是贯彻新发展理念的重要力量。公司要坚决贯彻落实党中央关于国家能源政策的要求，服务国家战略大局，坚决当好新发展理念的实践者和国家战略的贯彻者。广西属于西部地区，经济欠发达，煤炭、石油对外依存度较高，发展水、核、风等清洁能源，长远来看是支撑广西经济发展的重要举措。同时，

通过辅助服务市场、电能量现货市场等电力市场体系的建设，能够促进广西能源产业资源的优化配置，促进电力行业高质量发展，从而进一步惠及整个广西经济社会。

2. 平台型企业，要求我们以市场化平台推动能源革命

公司要主导构建开放、协同、高效的能源商业体系，培育发展、不断壮大以公司为核心的能源生态系统。孟董事长要求，“通过我们的不懈努力，使公司成为新发展理念的实践者、国家战略的贯彻者、能源革命的推动者、电力市场的建设者、国企改革的先行者”。要当好电力市场的建设者，在电力市场改革进程中应积极探索市场规律，积极丰富交易品种，逐步建立健全市场交易体系。调峰辅助服务市场是解决广西电网调峰、清洁能源消纳等问题的重要举措，也是下阶段开展电能量现货市场建设的重要探索。

3. 价值链整合者，要求我们做好电源与用户的“桥梁”

公司要努力占据能源价值链高端位置，在对供给侧与需求侧、技术与市场的整合中实现价值最大化。电网一端连着电源企业，另一端连着千万用户，电力市场的建设使电网不再是传统的物理概念，而是一种价值链的联系。电厂与电厂之间、电厂与用户之间、用户与用户之间通过市场化平台进行电力商品的交换。广西电网调峰辅助服务市场的建设，还原了调峰辅助服务的市场属性，为电网互联的各方建立了价值联系。

二、现阶段面临的主要问题

为构建清洁低碳、安全高效的能源体系，要立足当前，着眼未来，重点解决清洁能源消纳问题，调动火电企业参与调峰积极性，还要兼顾营商环境优化问题。

（二）各类电源之间争夺发电空间的矛盾

1. 燃煤火电厂盈利模式需要转变

广西缺煤少油乏气，一次能源匮乏，近年广西发电标煤到厂价750～950元/吨，生产成本偏高。同时，由于广西能源消费增长放缓，而其他清洁能源发电装机逐年增加，导致火电机组发电利用小时数连年下降，从2015年3132小时下降到2017年的2015小时，2018年火电利用小时数虽有所提高，但从长远趋势来看，仍不容乐观。火电企业迫切需要发掘新的盈利点，达到少发电也可盈利的目标。

2. 清洁能源之间的量价矛盾

调峰辅助服务市场的规则设计，要符合国家相关战略、政策要求，才能解决好核、风、光、水等清洁能源的量价矛盾。水电对系统调峰有正向作用，且上

网电价较低，承担了广西公益用户电价的交叉补贴。核电在运行中较少参与系统调峰，但是市场竞争力很强，同时核电技术也是我国大力发展的关键技术，关系国家能源安全、国防安全。光伏的运行特性与系统负荷的峰谷特性基本一致，目前未参与市场，部分光伏还承担着扶贫任务，需要全额消纳。风电的逆调峰特性强，且占比较高，是解决清洁能源之间量价矛盾要考虑的重要因素。

3. 亟须用市场手段化解燃煤火电与清洁能源的矛盾

研究火电调峰的合理补偿及水电、风电等清洁能源“保量不保价”的机制，努力缓解水、火、核、风电矛盾，形成火电调峰补偿的持续长效机制。燃煤火电企业通过提供辅助服务找到新的盈利点，清洁能源在提高占有率、提升发电量的同时，根据调峰规则和国家相关政策支付适当的补偿费用，使各类能源和谐发展。

（二）调峰辅助服务市场与其他交易品种的关系

电力系统运行是一个复杂的系统性工程，随着电力市场交易品种的日益丰富，调峰辅助服务市场建设时，要充分考虑与其他交易品种的关系。

1. 调峰市场与中长期市场的衔接

以中长期电能量交易为主的广西电力市场，已不足以精准地反映电力的时空价值、市场供需关系。中长期合同基于全接线运行方式、年度发受电量和各类发电量预测开展安全校核，在实际执行时会出现因断面受限、清洁能源消纳造成局部时段系统无法执行交易电量的情况。随着中长期交易规模的逐步扩大，清洁能源发电量的不确定性和火电市场化电量与保障出力不匹配，给市场化合同履约与调度运行带来极大的挑战。促进清洁能源消纳，是建设调峰辅助服务市场其中一个主要目标，清洁能源的消纳可能会造成中长期市场电量无法履约，因此要统筹考虑中长期市场的偏差处理机制。

2. 调峰市场与调频市场的衔接

调峰与调频是电力系统实时运行过程中最常调用的辅助服务，用以保证电力平衡和系统频率满足要求，对电力系统安全稳定运行有重要意义。目前广西主力调频电厂为大中型水电厂，有偿调峰电厂为燃煤火电厂，双方在实际运行中有较强的互补性。在调峰辅助服务市场完成、积累一定的辅助服务市场运行经验后，可按照电网公司统一部署，开展调频辅助服务市场交易。调峰市场与调频市场解决的主要矛盾不同，但相互有关联有影响，在调峰市场建设过程中要考虑规则与调频市场的衔接。

3. 调峰市场与电能量现货市场的衔接

现阶段以广东起步的南方区域电能量现货市场中，暂未实施调峰辅助服务相关交易。根据广西目前的市场建设进度，现货市场不可能马上实施，针对广西清洁能源消纳问题，建设调峰辅助服务市场就格外急迫。在开展现货市场交易后，低谷调峰问题就转化为在现货条件下发电企业减少电量的问题，未来调峰辅助服务市场将是现货市场的一部分，是对现货市场良好的补充。

（三）用户侧分担辅助服务补偿费用的分析

1. 广西用户电价情况

广西电价存在交叉补贴，一般工商业用电价格明显高于居民用电价格，工商业电价较高，是交叉补贴的承担者；居民和农业电价相对较低，是接受交叉补贴的对象，难以通过提升电价的方式补偿发电侧产生的辅助服务成本。2018年广西一般工商业平均电价为0.7365元/千瓦时，居民生活用电为0.5283元/千瓦时。2019年政府工作报告中提出一般工商业电价再降10%，用户分担辅助服务费用的承受能力有限。

2. 实时电价的必要性

用户的负荷特性造成了电网的峰谷差，仅依靠发电侧进行调整，社会的总成本没有实现最优。但考虑到广西用户对电价相对敏感，分摊承受能力有限，在“降成本”的大背景下，需要更加灵活的市场化机制来合理引导用户的需求。未来现货市场的运行，用户的实时电价必将到来。将用户纳入辅助服务市场参与调峰费用分摊或奖励，允许电价在适当范围波动，用实时电价鼓励用户在低谷时段多用电降低峰谷差，从而减少发电侧的调峰成本，通过调峰辅助服务市场的建设，实现电网调峰全社会成本的最优。

三、建设调峰辅助服务市场推动能源结构高质量发展

调峰辅助服务市场建设要坚持“去产能、降成本、补短板”原则，发挥市场在资源配置中的决定性作用，是深化供给侧改革，增强市场管理能力，还原电力商品属性，体现市场供给关系，推动能源产业链升级，不断向高质量发展的重要抓手。

（一）调峰辅助服务市场定位

电能量市场反映能耗成本，是经济问题。目前广西电力市场建立了以年度双边协商、增量交易等为主，以月度集中竞争交易、发（用）电权转让交易为辅的中长期电量交易体系，火电全电量、核电70%以上电量参与市场，竞争充分，极大促进了实体经济的发展。但中长期交易不含电力曲线，扭曲了实时电力平衡特性，无法体现时间价值，形成的合同是机械执行的电量交易，火电企业以多发电为盈利模式，发电调控日益困难。

辅助服务交易是保证电网安全和电能质量的需要，是解决电力系统安全问题的途径。调峰辅助服务市场是现货交易的组成部分，根据电网运行需要实时交易，更能体现时间价值，调峰辅助服务市场不是交易电能量，而是交易为保证电网安全运行和电能质量所必需的服务。建设调峰辅助服务市场的目的是为了能够有效提高电网安全有序运行水平，促进清洁能源消纳，更好地调动火电企业提供调峰辅助服务的积极性。

（二）基本原则

广西电网调峰辅助服务市场以国家电力体制改革相关文件为基础，以发挥市场在资源配置中的决定性作用为手段，规范广西电网调峰辅助服务市场交易管理。总体原则如下：

（1）坚持电网“安全第一”原则。电网安全稳定运行是一切的基础，电网联网的各方都必须遵守电力系统运行的相关标准和规定，任何电力交易都要服从电网安全稳定运行这一原则。

（2）坚持节能减排原则。全力支持清洁能源消纳，在确保电网安全的前提下，力求使广西电网的碳总排放量降至最低。通过市场引导促进节能减排，推动发电企业发展方式转变和能源结构优化，提高发展质量和效率，提高清洁能源发电在电力供应中的比例。

（3）坚持“三公”原则。调度机构和交易机构是市场的运营组织者，在运营市场的过程中要坚持公平、公正、公开，在满足电网安全约束的条件下，严格按照市场规则调用调峰机组。

（4）坚持发电侧平衡调峰成本。2019年政府工作报告要求，一般工商业电价再降10%。在优化营商环境、发电产能相对过剩的大背景下，用户侧电价暂时不参与分摊。因此，按照收支平衡的原则重构辅助服务分担机制，适应电网调峰调频辅助服务新要求，按照“谁受益、谁承担”的原则[3]，先建立发电侧分担机制，再逐步过渡到用户参与的分担机制。

（5）坚持“补偿成本+合理收益”的原则。调峰辅助服务市场提供方补偿标准按照提供辅助服务而增加的能耗成本和因参与调峰损失的机会成本进行补偿，激励和确保调峰机组有足够的收益。

（三）市场运营规则

1. 市场成员

广西电网调峰辅助服务市场成员包括调度机构、交易机构、电网企业、市场主体。市场主体分为调峰辅助服务提供方（主要为燃煤火电机组）与补偿费用缴纳方参与交易。在起步阶段，考虑到技术条件的限制，市场主体为省级及以上电力调度机构调管的发电企业。调度机构负责安全校核、交易出清，交易机构负责注册管理。

2. 交易品种

调峰辅助服务交易分为启停调峰和深度调峰两种，采用“单边竞价、按需调用”的交易模式，通过交易平台申报相关有偿调峰辅助服务价格，运营机构可视市场情况对调峰补偿报价设置价格限制。

（1）启停调峰。启停调峰是指发电机组由于调峰需要而停运（由于电厂自身原因停机除外）并在规定时间内再次启动本机组或本厂内其他机组的调峰方式。发电机组停机时间大于等于8小时、小于等于72小时。启停调峰补偿考虑停机时长按次计算。被调用机组停机时长在标准时长以内时，按单次启停调峰报价补偿；超过标准时长的部分额外按热备用价格补偿。

（2）深度调峰。深度调峰是指燃煤火电机组在50%负荷率以下运行、核电机组在最小调峰基准负荷率以下运行的调峰模式。燃煤火电可按运行负荷率分为多档；核电机组按运行负荷率在基本调峰基准和50%分为一档。深度调峰补偿按机组各档未发电量进行补偿，各档的调峰补偿之和为深度调峰总补偿。

3. 市场出清

广西调峰辅助服务市场采用PAB模式按96点出清。将燃煤火电申报的辅助服务价格按升序排序，调度机构滚动计算调峰缺口，在满足电网安全稳定运行、电力电量平衡、机组升降速率、调峰持续时间等约束条件下，以调峰费用最低为原则调用调峰资源，形成交易结果，出清价为各自的报价。

出清方式一般有MCP和PAB两种模式，通过模拟推演分析，各有利弊。广西调峰辅助服务市场暂按PAB模式出清，下一步将根据实际运行情况进一步分析两者的优劣，探索符合广西调峰辅助服务市场的出清方式。

4. 市场组织流程

市场组织流程分成交易申报、日前出清、交易执行（实时调用）和交易结算四个阶段，详见图1。

（1）交易申报阶段。调度机构会同交易机构通过交易系统等途径发布交易日（D日）的负荷预测概况、调峰预测需求量等相关信息，服务提供方申报价格。

（2）日前出清阶段。调度机构完成D日调峰辅助服务交易预出清。出清前可修正D日负荷预测及调峰需求，经安全校核后完成日前预出清与计划曲线编制。

（3）交易执行阶段。日内执行过程，调度机构根据日前预出清结果对中标机组实时出清及执行调用。

（4）交易结算。结算采用日结月清模式，调度机构将（D日）向交易机构出

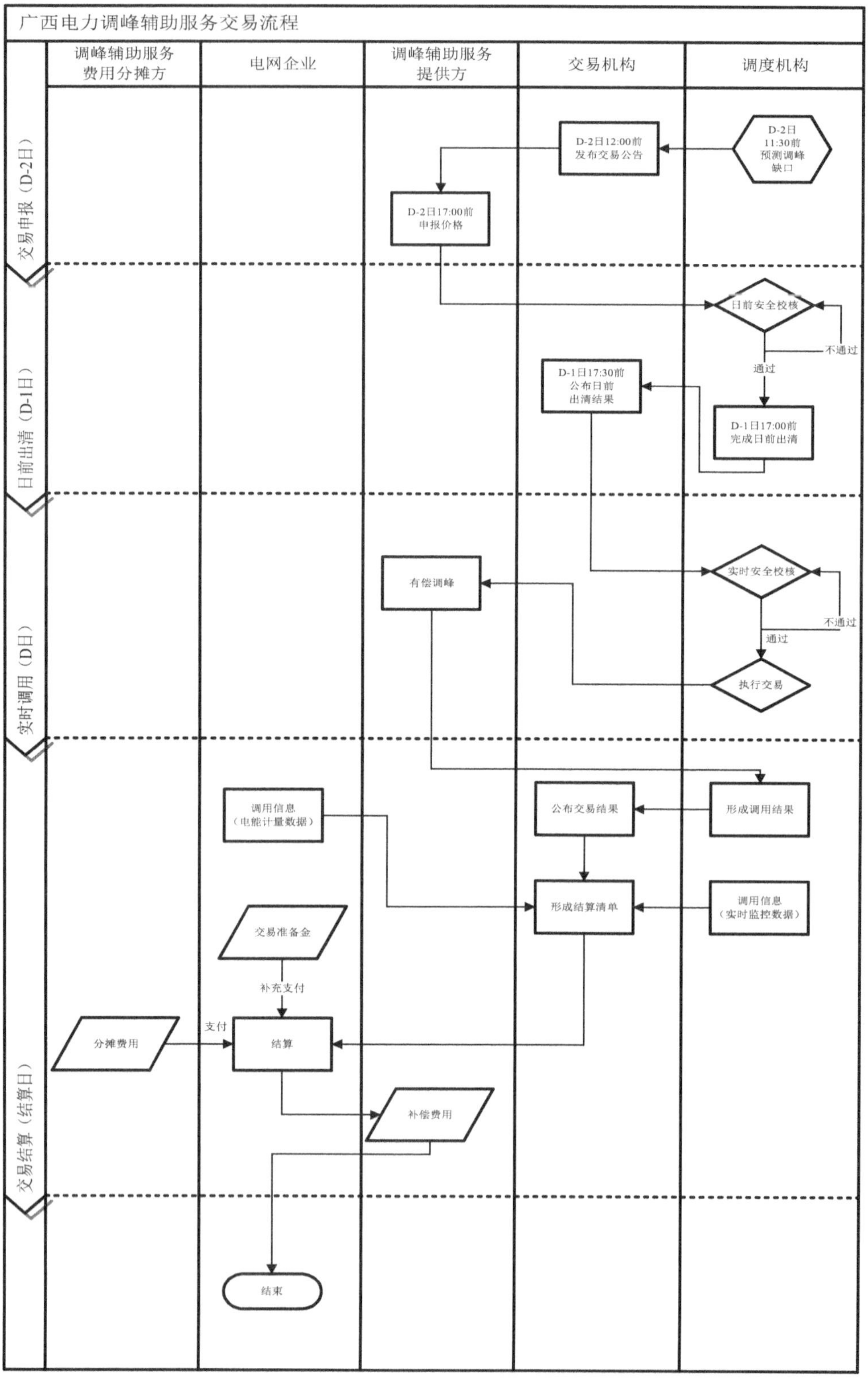

图1　广西电力调峰辅助服务交易流程

具调用情况，交易机构根据调用情况出具结算依据，电网企业负责结算。

5. 计量结算

调峰辅助服务交易费用实行专项管理，收支平衡。广西调峰辅助服务市场每15min出清一次，根据实际调用情况计算补偿费用，再按时段电量比例分摊给所有电厂，日结月清。

签有中长期市场电量的用户及参与调峰的发电企业，其已签订的电量、电价不受调峰辅助服务交易影响，双方仍按照实际发用电量和签订的价格结算。但因电厂参与调峰市场，可能造成月结月清的中长期市场电量无法当月完成时，将按年结年清方式结算。若年度仍无法完成，则由交易机构纳入年度统一清算。

6. 费用分摊

（1）参与分摊的发电企业。广西作为西电东送的受端省份，西电、云电等区外电占比较高，而且80%以上电量集中在汛期，加剧了调峰的难度。云电采用的是网对网送电方式，追溯电源比较困难，因此暂未将云电纳入分摊企业。市场初期分摊企业为纳入广西电力电量平衡的省级及以上调度机构调管的电源和西电。

（2）分摊方法。所有发电企业都应要求提供调峰空间，分摊调峰费用。调峰辅助服务费用全额分摊给发电企业，分摊费用由调峰总费用、电量占比和修正系数决定。修正系数反映电源对系统调峰的影响程度，在电网负荷低谷期间多发满发的反调峰电源要给予一定的惩罚，反调峰机组要多分摊，体现了保量不保价。交易初期，为实现市场平稳，修正系数按照一次能源种类先按年度计算，后续逐步向季度、月度为周期计算，最终实现一厂一日一系数。

（四）用户参与机制

用户用电的随机性是系统产生调峰需求的主要原因之一，通过市场激励用户参与系统调峰是一种比发电侧调峰更有效、更经济的手段，能够缓解发电侧的调峰压力和经济压力。因此条件成熟时应将发电侧调峰补偿费用适当传导给用户侧。用户侧按一定比例承担发电侧调峰费用，根据用户用电曲线与系统负荷曲线关系计算用户峰、谷时段用电量，当用户的峰、谷时段用电量比值大于系统负荷峰、谷时段发电量比值时，说明用户谷段用电较少，则分摊费用较低，甚至给予一定的电价奖励；反之，则分摊费用较高，谷段电价升高，达到以经济手段激励用户改变用电习惯，参与系统调峰的目的。

（五）测算分析

结合广西市场实际情况，测算了调峰辅助服务补偿规模、各能源分摊费用、分摊承受能力和火电盈亏平衡点等市场运行指标。

从调峰总费用看，按照市场化补偿标准，调峰交易规模在0.9亿～2.5亿元，约占总购电成本的0.2%~0.6%，比两个细则提高15%~20%。

从各类能源分摊来看，水电的分摊金额与两个细则持平，风电因反调峰特性，分摊金额增幅较大，火电企业收益增长超过10%。

从分摊承受能力来看，极端情况下，按火电机组全部启停8小时，平均单位电量需承担补偿分摊金额为0.1614元，与区内最低上网电价基本持平。

从火电调峰盈亏平衡点来看，按照两个细则，火电应承担的分摊费用在0.00187元/千瓦时~0.00702元/千瓦时之间，可推算火电企业的盈亏平衡点为运行负荷率在48%~44%之间。因启停调峰补偿力度较大，发电企业比常规发电盈利空间大，而深度调峰补偿力度较小，盈利空间有限。火电深调时，实现盈利条件较为宽松，且深调程度越深，盈利越大。

下一步将根据市场模拟运行情况，增加分析内容，更加准确地反映市场运行情况。

结束语

建立调峰辅助服务市场促进清洁能源消纳，推动能源结构高质量发展，意义重大，不仅是落实党的十九大报告“加快生态文明体制改革，建设美丽中国”的战略部署，而且还体现了公司“国家队地位、平台型企业、价值链整合者”的企业定位，培育发展、不断壮大以公司为核心的能源生态系统，努力占据能源价值链的高端位置。但市场建设的本质是在遵循物理规律前提下的经济利益再次分配，是人和人之间思想的博弈，主观意识较强，相较研究物理规律更复杂，因此市场建设不可能一蹴而就，要循序渐进，逐渐培育市场意识，不断完善市场，才能充分发挥市场在资源配置中的决定性作用。

参考文献：

［1］习近平. 决胜全面建成小康社会　夺取新时代中国特色社会主义伟大胜利.［R］. 北京：中国共产党第十九次全国代表大会. 2017-10-18.

［2］中国南方电网. 新时代南网总纲（2019年版）［Z］. 2019.

［3］中共中央，国务院. 关于进一步深化电力体制改革的若干意见（中发［2015］9号）［Z］. 2015.

南方区域电力市场主要矛盾分析及市场建设建议

■ 广州电力交易中心有限责任公司　丁军策

摘　要：2015年以来，南方电网公司认真贯彻落实中央深化电力体制改革总体部署，组建了广州电力交易中心及五省区电力交易中心，大力推动跨区跨省电力市场和各省级电力市场建设，初步形成了“两级市场、协同运作”的南方区域电力市场体系。在电力市场里，为了获得更多的利益，发电企业、电网企业、售电公司及电力用户在交易过程中通常存在各种矛盾。而在南方区域内，电力行业在从计划管理体制向市场管理体制过渡的过程中，各类矛盾将变得更加复杂、多变。本文根据近年来南方区域电力市场发展情况，分析市场内各交易主体之间的主要矛盾，并重点研究跨区跨省市场里对省间交易有较大影响的几类特殊矛盾，分析其中的主要矛盾和次要矛盾。最后，结合实际情况提出缓解区域市场主要矛盾的解决措施，并进一步提出南方区域电力市场建设发展的策略建议。

关键词：区域电力市场；电力市场主要矛盾；市场建设策略

一、南方区域电力市场的基本情况

（一）国家相关政策

2015年3月15日，中共中央、国务院印发《关于进一步深化电力体制改革的若干意见》（简称“9号文”），正式启动新一轮电力体制改革。同年11月，国家发改委、能源局印发六份电力体制改革配套文件（发改经体〔2015〕2752号），包括《关于推进输配电价改革的实施意见》《关于推进电力市场建设的实施意见》《关于电力交易机构组建和规范运行的实施意见》《关于有序放开发用电计划的实施意见》《关于推进售电侧改革的实施意见》等文件，对“9号文”有关内容进行了细化。

根据“9号文”及配套文件，本次电力体制改革的总体目标是加快构建有效竞争的市场结构和市场体系，形成主要由市场决定能源价格的机制，转变政府对能源的监管方式，建立健全电力行业“有法可依、政企分开、主体规范、交易公平、价格合理、监管有效”的市场体制，努力降低电力成本，理顺价格形成机制，逐步打破垄断，有序放开竞争性业务，实现供应多元化，调整产业结构，提升技术水平，控制能源消费总量，提高能源利用效率，提升安全可靠性，促进公平竞争，促进节能环保。

本次改革的重点和路径是“三放开、一独立、三加强”，即按照管住中间、放开两头的体制架构，有序放开输配以外的竞争性环节电价，有序向社会资本开放配售电业务，有序放开公益性和调节性以外的发用电计划；推进交易机构相对独立，规范运行；继续深化对区域电网建设和适合我国国情的输配体制研究；进一步强化政府监管，进一步强化电力统筹规划，进一步强化电力安全高效运行和可靠供应。

根据电力体制改革目标要求，“9号文”提出了七大方面的二十八项改革重点任务，其中涉及电力市场的共有5个重点任务：任务1，有序推进电价改革，理顺电价形成机制；任务2，推进电力交易体制改革，完善市场化交易机制；任务3，建立相对独立的交易机构，形成公平规范的市场交易平台；任务4，推进发用电计划改革，更多发挥市场机制的作用；任务5，稳步推进售电侧改革，有序向社会资本放开售电业务。

（二）南方区域电力市场建设情况

南方电网公司作为国家电力体制改革试验田，认真贯彻落实中央深化电力体制改革总体部署，全力支持、主动配合国家推进南方五省区的输配电价改革、电力市场化改革、售电侧改革等各项工作。主动配合做好广东售电侧改革试点和广西、云南、贵州电力体制改革综合试点，分别组建了广州电力交易中心和5个省级电力交易中心，推进跨区跨省电力市场和省内电力市场建设工作。相关电力市场建设情况如下：

（1）率先开展输配电价改革。输配电价改革是电力市场交易的一个必要条件。南网公司主动配合国家发改委选择深圳开展试点，在全国范围率先建立“准许成本加合理收益”输配电价机制。2015年1月1日起深圳新机制正式实施，运行总体平稳。同时，积极配合国家发改委和五省区政府推进输配电价成本核算和定价机制，2016年国家发改委批复云南、贵州电网首个监管周期2016-2018年输配电价，随后2017-2018年广西、广东、海南首个监管周期的输配电价也一一批复，为南方区域开展电力交易奠定了基础。

（2）加快组建电力交易机构。根据“9号文”及其配套文件有关精神，南方区域依托电网公司在2016年开始先后组建了广州电力交易中心和广东、广西、昆明、贵州、海南5个省级电力交易中心，其中广州电力交易中心负责开展跨区跨省电力交易及市场建设工作，5个省级电力交易中心负责开展各省省内电力交易和市场建设工作。与国网成立的交易机构有所区别的是，南方区域各交易机构都是采用股份制公司形式进行组建（国网目前多数采用全资子公司模式），更符合国家有关部委及社会各界对交易机构组织模式的期望。目前，南方区域及省级交易机构独立、规范运行，为南方区域电力市场的建设和发展创造了良好条件。

（3）建立并完善交易机制。结合南方五省区能源结构特点和电力市场建设规律，构建“两级市场、协同运作”的市场体系，并在此基础上会同相关政府部门分别编制并印发了省间市场和省内市场电力交易规则，确保电力交易科学、规范开展。其中，省间电力市场建立了“协议+市场”的跨省区交易模式，全力做好西电东送和清洁能源消纳工作，印发了《南方区域跨区跨省电力中长期交易规则（暂行）》，实现了中长期交易周期的全覆盖；省内电力市场建立了“年度交易为主，月度交易为辅”的交易模式，各省结合本省电力体制改革推进要求和发用电特点制订了各省电力市场化交易实施方案，并根据每年交易需求逐步完善。

（4）稳步推进售电侧改革。本轮电力体制改革的一大亮点就是售电侧改革，其核心是电力用户能够自由选择售电主体购买电力，推进的主要措施是培育并引入竞争性售电主体、推动电力用户进入市场。广东作为本轮电改中首个售电侧改革试点，2016年在国内率先允许售电公司作为市场主体参与交易，逐批推动电力用户进入市场。云南、贵州、广西也于2017年逐步放开售电侧，积极组织电力直接交易。同时，市场主体培育也取得明显成效，截至2018年底，南方区域共有已注册售电侧市场主体20438家，其中电力用户19770家、售电公司668家；已开展市场化交易的售电主体共17176家，其中电力用户16892家、售电公司284家。

（5）推进发用电计划改革，更多发挥市场机制作用。南方电网公司2017年出台了《关于落实有序放开发用电计划的工作建议》，明确从完善系统运行管理、完善西部清洁能源消纳机制、建设南方区域统一电力现货市场等七方面，支持推动有序放开发用电计划实施。南方五省区结合省内电力市场建设进展、清洁能源比例等情况，细化制订本省优先发电、用电计划，明确每年参加市场化交易的发电企业范围和交易规模，逐年扩大发用电计划。规范和完善市场交易机制，推动发电企业通过市场化方式形成交易价格和发电计划，有序放开跨省跨区送受电计划，推进优先发电计划指标有条件地市场化转让。截至2018年底，南方区域已注册的发电企业有619家，已开展市场化交易发电企业有604家。

（6）积极开展电力交易，促进清洁能源充分消纳。针对近年来西部富余水电消纳困难的问题，积极开展跨省跨区市场化交易，通过组织增量挂牌交易、云贵水火置换交易等方式消纳西部富余水电。规范省内市场化交易，灵活组织年度及月度双边交易、挂牌交易、合同转让等电力交易，优化省内发电资源配置，有效降低用户用电成本。截至2018年底，南方五省区省内市场化交易电量3380.1亿千瓦时，同比增长26.1%，为用电企业节约用电成本285亿元（表1）。

表1 2018年南方五省省内市场化交易情况表

	市场化电量（亿千瓦时）	用户侧降价幅度（元/千瓦时）	节约用电成本（亿元）
广东	1572.1	0.066	103.8
广西	505.4	0.090	45.5
云南	850	0.116	98.6
贵州	450.6	0.083	37.4
海南	2.0	0.030	0.06
合计	3380.1	0.084	285.3

（7）加快推动现货市场建设。南方电网公司高度重视电力现货市场建设工作，2017年成立了南方区域电力现货市场建设领导小组，编制并印发了《南方区域电力现货市场建设工作方案》，编制了国内首个现货市场条件下的电力市场运营基本规则及配套实施细则（征求意见稿），加快电力现货市场技术支持系统建设和配套系统升级改造工作。2018年8月31日，在国家发改委的主持下，正式启动南方（以广东起步）电力现货市场模拟试运行，标志着我国电力市场化改革迈出了关键一步。截至2019年6月，南方（以广东起步）电力现货市场已开展多轮交易模拟和试结算工作，基本具备正式试运行条件。

（三）市场主体构成

南方五省区电力市场主要分为跨区跨省电力市场和省级电力市场两部分。其中，跨区跨省电力市场是资源配置型市场，其主要任务是落实国家西电东送战略，落实国家指令性计划和政府间框架协议，开展跨区跨省市场化交易，促进省间余缺调剂和清洁能源消纳，更大范围内优化资源配置；省级电力市场是电力平衡型市场，其主要任务是开展省内中长期及现货交易，优化省内资源配置，服务实体经济。下面为了表述方便，跨区跨省电力市场简称区域市场，各省级电力市场简称省级市场。根据电力市场实际运行情况，南方区域市场主体主要包括各类发电企业、省级电网公司、超高压公司、地方供电企业（含地方电网、趸售县、高新产业园区和经济技术开发区等）、售电企业和电力用户等。有关情况具体如下：

（1）发电企业。发电企业是电力市场中十分重要的市场主体，作为电力交易的主要交易方，发电企业负责生产和出售电能，自主分析、确定交易策略并参加交易，并执行交易结果和调度计划。目前，参与区域和省级市场交易的发电企业主要以水电、火电为主，其中广东、海南省内市场参加交易的发电企业均为火电（包括煤电和气电），广西、贵州省内市场主要为煤电及部分水电，云南省内市场主要为水电；跨区跨省电力市场则主要以水电交易为主，少量煤电交易为辅。

（2）电力用户。电力用户是市场中购电侧的主要交易方，负责购买和使用电能，自主分析、确定交易策略并参加交易，并执行交易结果和调度计划。截至2018年底，南方区域已注册电力用户共有19 770家，占全部用电侧主体的97%。目前，电力用户主要为各省政府许可准入并具有一定规模的大工业用户、工商业用户以及各类产业园区用户，一般工商业用户（云南除外）尚不能参与交易，居民用户以及公益性的用户等作为优先购电用户也不参与交易。

（3）售电公司。售电公司是近年来购电侧发展最快的交易方，也是本轮电力体制改革的一大亮点。售电公司需要自主分析、确定交易策略并参加交易，一方面要在批发市场中向发电企业购买电能，另一方面又要在零售市场中将电能售卖给电力用户。到目前为止，售电公司经历了一个从无到有快速发展壮大的过程。据统计，2018年底南方区域售电公司已达668家，已开展交易的公司达284家。售电公司从组建单位上可分为发电企业成立的售电公司、电网企业成立的售电公司、用电企业成立的售电公司以及社会资本成立的售电公司，从规模上分为注册资金2千万元～1亿元的公司（可从事年售电量6亿～30亿千瓦时业务）、注册资金1亿～2亿元的公司（可从事年售电量30亿～60亿千瓦时业务）以及注册资金2亿元以上的公司（不限制售电量规模）。

（4）电网公司。根据“9号文”有关改革目标，在电力市场中电网公司的定位和业务主要是“从事电网投资运行、电力传输配送，负责电网系统安全，保障电网公平无歧视开放，按国家规定履行电力普遍服务义务”，并且不再进行电力统购统销，即不再作为电力交易的购电方或售电方。但在电力体制改革的初期阶段，即在发用电计划逐步放开的阶段，电网公司除了提供输电服务以外，还需要提供保底供电服务，对未进入市场的用电企业提供供电服务，对于优先发电的发电企业进行统一购电。另外，在跨区跨省电力交易中，省级电网一般还作为购买电能或售卖电能的主要交易方。因此，在南方区域电力市场中，电网公司扮演的角色最多，包括购电方、输电方和售电方三种。此外，南方区域电力市场中，除了南方电网下属的各省级电网公司、超高压公司以外，还有地方电网公司及近年新成立的增量配网公司等地方供电企业，其履行的职能与电网公司基本相同。

（5）交易机构及调度机构。交易、调度机构是电力市场的运营管理机构，不是市场主体。其中，交易机构主要为市场主体提供电力交易服务，负责市场交易组织、交易平台建设及管理、交易结算等业务；调度机构主要为市场主体提供调度服务，负责实时平衡和系统安全，开展安全校核、执行交易计划、形成并执行调度计划等。针对南方区域两级市场结构，交易机构也分为广州电力交易中心和五个省级电力交易中心，分别负责跨区跨省电力交易和各省内电力交易。同样，调度机构也分为南网总调和五省中调，分别负责跨区跨省电力调度和省内220kV及以上电网的电力调度。

二、电力市场主要矛盾分析

（一）各市场主体面临的主要矛盾

1. 发电企业面临的主要矛盾

本轮电改中，发电企业是利益调整变化最大的主体之一，放开发电侧也是体制改革的一项重点任务。在这次电改以前，发电侧传统管理模式是计划电量、政府定价模式，电厂生产经营的一个主要任务是协调政府相关部门及电网公司提高发电计划、降低燃料成本，最大限度提高利润水平。电改后，进入市场的发电企业只保留一定量的优先发电计划（或基数电量），剩余电量均需要通过市场竞争获得，利润水平较改革前明显下降。在电力交易过程中，相关电厂既要千方百计提高交易电量规模，又要尽量争取合适的交易价格，同时还要充分评估其他发电企业的竞争策略。因此，在电力市场中发电企业与交易对手方（电力用户及售电公司）的主要矛盾体现为如何通过博弈获得更多的交易电量和更好的交易价格。为了在电力市场赚取较好的价格，在缺乏监管的情况下部分大型发电集团易通过横向串谋、合谋等方式共同拉高市场价格。2016年4月，国电山西分公司等火电企业及山西省电力行业协会共计25个当事人因在交易中实施价格垄断，被山西省价格监督检查与反垄断局下发了《行政处罚事先告知书》，拟对当事人进行共计逾1.3亿元罚款。山西省所有发电企业几乎都卷入了这宗反垄断案件（2016年初，山西电力行业协会组织的座谈会上，9家发电集团和15家独立电厂签下了一份行业“公约”，约定2016年第二批直供电交易报价较标杆电价降幅不高于0.02元/千瓦时）。此外，部分交易品种（如发电合同转让交易）的交易双方均为发电企业，其主要矛盾体现在双方在合同转让交易中的电量、电价博弈，以及与市场中其他同类发电企业的竞争过程。

2. 电力用户面临的主要矛盾

电力用户是本轮电改的主要受益者之一。电改前，电力用户的目录电价由各省政府价格主管部门批复确定；电改后，进入市场的电力用户通过市场竞争获得交易电量、电价。在国家部委以及地方政府的推动下，电力用户特别是部分高载能用户实际用电价格与目录电价相比均有大幅降价。降价主要来源两方面，一方面是发电企业交易时提供的降价红利，另一方面是电网公司在输配电价核定后形成的输配电价降价红利。以2018年为例，南方五省区省内市场化交易电量3380亿千瓦时，为用电企业节约用电成本285亿元，用户侧平均每度电降幅为8.4分。从用电侧角度来看，在保障良好的电能质量基础上，用户的主要诉求是最大限度降低用电价格，特别在一些用电成本占产品总成本比重较大的高耗能、高载能行业（如钢铁、电解铝等行业）。因此，电力用户与交易对手方（发电企业）的主要矛盾体现为如何通过博弈获得更好的交易价格。

3. 售电公司面临的主要矛盾

售电公司是本轮电改中新诞生并快速发展的重要交易方，也是电改的主要受益者之一。售电公司在电力市场的主要业务有：一是作为购电方在批发市场中通过交易向发电企业买电；二是作为售电方在零售市场中将购买的电能零售给电力用户。因此，售电公司主要盈利模式是通过批发市场购电与零售市场售电之间的价差获得。除此以外，售电公司还可以通过给用户提供综合能源服务、用能诊断等辅助业务获得额外效益。根据对部分广东售电公司调研情况，目前售电公司的主要业务收入仍是通过购售价差电费获得。但受市场降价幅度低于预期以及代理用户期望过高、偏差考核日趋严格等因素影响，较多售电公司经营压力较大。此外，获得足够代理用户的能力也是售电公司扩大经营规模、摊薄经营成本的一个重要手段。

因此，售电公司面临的主要矛盾有两个：一是如何通过交易从发电企业购得更加优惠的需求电量；二是如何通过有竞争力的售电套餐拉拢足够的电力用户，并保障购电、售电电量基本相同，即如何通过电价优惠吸引用户，但又不能导致亏损。根据售电公司组建类别以及市场实际运行情况看，有发电企业背景的售电公司第一个矛盾不突出，主要矛盾集中在代理用户方面；而有大用户背景的售电公司则第二个矛盾不突出，主要矛盾集中在从发电企业购电方面；有电网公司背景的售电公司则可依靠电网公司的信誉和用户资源去拉拢用户，但较前两类售电公司优势不明显；而其他民营售电公司则需独立面对这两方面矛盾，存在较大生存压力。

4. 电网企业面临的主要矛盾

电网公司是本轮电改中被改革的主要对象之一。电改以前，电网公司主要通过获得购售差价牟利。电改后，针对已进入市场的发电、用电企业，电网公司只能通过收取输配电费获得收益；针对其他未进入市场的企业（包括优先发电企业和优先用电企业），电网公司仍可扮演保底购电方或售电方角色，并收取购售差价。考虑各省政府在核定省内输配电价过程中，都不同程度促使各省电网企业进行一定让利，因此电网企业在电力体制改革过程中一方面要落实央企责任，积极支持电力市场建设；另一方面要配合政府部门测算合理的输配电价，有序放开发用电计划，优先收购低价电源，努力完成国资委的利润考核目标。基于上述分析，电网公司主要面临两方面矛盾：一是政府对降低输配电价的诉求与增加电网投资建设的矛盾；二是统购统销电量逐年缩减与国企利润逐年增长目标的矛盾。

5. 其他矛盾分析

（1）市场主体与交易机构的矛盾。交易机构是负责电力市场运营管理的主要机构，并不参与市场内的交易竞争，因此与各市场主体不存在利益关系。但交易机构是对交易主体进行交易服务的机构，需要组织各市场主体完成交易注册、交易组织、交易结算、信息披露等业务，而市场主体也需要根据交易机构披露的各类信息及市场上获得的信息制定交易策略，以便获得更多的市场收益。因此，市场主体对交易机构提供的各类服务有较高的期望要求，如希望交易机构提供更加详尽的交易信息，包括电网供需详细情况、设备检修及通道能力、供需双方可交易能力等；希望交易机构提供更多的交易品种、更高的交易频次，更早的交易结果和结算单等。由于我国电力市场建设仍处于起步阶段，各交易中心在组建初期只能提供相对简单的交易服务，无法及时满足各市场主体差异化的交易诉求。因此，目前各市场主体与交易机构的矛盾主要体现在市场主体不断增长的差异化交易诉求与交易机构提供的交易服务不充分、不及时的矛盾。

（2）市场主体与调度机构的矛盾。调度机构同样也是负责电力市场运营管理的机构之一，主要负责电网安全校核、执行交易计划、披露相关调度生产信息等，与各市场主体不存在利益关系。但由于调度机构在执行交易计划过程中，要综合考虑电网安全、清洁能源消纳以及电网供需变化等因素，导致部分发电计划执行存在或多或少的偏差，进而影响了发电企业的利益。根据部分发电企业的调研情况，发电企业对调度机构（包括南网总调和相关中调）的主要意见有如下几个：一是交易计划执行偏差大；二是电网安全校核及交易约束信息不透明；三是调度信息披露不及时，内容不详细。因此，市场主体与调度机构的矛盾主要体现在市场主体要求调度服务更加公平、公正、公开的需求与调度机构提供的服务不充分、不透明的矛盾。

（二）南方区域电力市场的矛盾分析

上文主要分析了一般的电力市场存在的主要矛盾。对于区域电力市场，上述矛盾依然存在。但是区域市场也有自己的特殊性，以南方区域电力市场为例，区域市场开展的交易均为跨区跨省的电力交易，交易主体主要为东部、西部大型发电企业、东西部省级电网公司，而电力用户及售电公司尚不能参加跨省区交易，交易、调度机构主要为广州电力交易中心和南网总调。由于西电东送交易对电能送出省和受入省的能源生产和消费、供需平衡影响都非常大，进而对相关省区市场价格也产生一定影响，因此在区域市场中各省政府的干预力度也非常大，市场主体在博弈过程中不但要考虑自身的经济利益，还要考虑政府方面的意见、省间市场对省内市场的影响等多种因素，这也导致南方区域市场的矛盾更加复杂。下面对南方区域电力市场的主要矛盾进行分析：

1. 东部与西部的矛盾分析

南方电网东西跨度近2000公里，覆盖广东、广西、云南、贵州、海南五个省区。通过实施西电东送战略，将云贵等西部省区水能和煤炭资源转化为大量电能并输送给以广东为主的东部负荷中心，促进东西部地区经济共同发展、合作共赢。但近年来随着全网负荷增长趋缓，各省发电侧均出现严重过剩后，东部省区与西部省区作为西电东送的买方和卖方，相互之间的矛盾冲突日益增多。其中，广东、广西认为西电东送电量特别是计划外增送电量严重挤压了省内发电空间，导致省内机组发电小时数持续下降，发电企业利润大幅下滑；而且市场化以来，省内发电价格已明显下降，但西电中仅有少量市场化电量价格有所下降，购买西电并不“划算”。以云南为主的西部省区则认为外送的电力主要是清洁能源，为东部地区节能减排做出重要贡献，这部分效益尚无价格进行反映，而且清洁能源消纳是国家政策要求，东部省区提出降价的诉求难以接受。因此，东部与西部的矛盾表面上是双方对西电东送电量和价格上的分歧，而实质上是“省为实体”的行政管理体制下省与省之间缺乏有效的协调机制，各省出于自身利益考虑时所必然形成的省间利益分配矛盾。

2. 发电侧与购电侧的矛盾分析

在南方区域市场，发电侧主体有两类，一类是如三峡、溪洛渡等点对网送电电厂以及可参与跨省区交易的电厂；另一类是政府授权代表省内众多西电东送电厂的省级电网公司（如云南、贵州电网公司）。购电侧主体主要为政府授权的省级电网公司（如广东、广西电网公司）。因此，发电侧与购电侧的矛盾可简单归纳为点对网交易的矛盾和网对网交易的矛盾，而矛盾的焦点是交易的电量和价格。考虑到参与交易的省级电网公司所代表的利益实际为对应省政府的利益，相应交易协商工作都是在双方政府的直接或间接参与下完成的，因此发电侧与购电侧的矛盾实质上仍是东部和西部的省间利益分配矛盾，只有部分可自主参加交易的电厂面对的矛盾才属于常规的购售电矛盾。

3. 清洁能源与化石能源的矛盾分析

南方电网清洁能源比重较大，远高于全国平均水平。2018年南方电网全网非化石能源发电量占比达51.5%，特别是西电东送电量中清洁能源占比高达86.1%。近年来，西部省区受发电侧严重过剩、负荷增长缓慢、来水好于预期等因素影响，富余水电消纳问题十分突出，省内水火发电矛盾也十分尖锐。为了减少弃水损失，充分发挥南方电网大平台作用，南方电网积极组织云南富余水电计划外大幅增送广东、广西，2018年超年度计划增送西电224亿千瓦时，这在一定程度上挤压了广东、广西传统火电发电空间。同时，由于缺乏良好的利益补偿机制，造成东部火电对配合消纳西部水电意见较大。

4. 省间市场与省内市场的矛盾分析

尽管在南方区域内省间与省内市场是按照“两级市场、协同运作”的模式开展交易，两者在市场定位、交易规则、交易时序等方面有明显的不同，但由于发电侧最根本的主体仍为发电企业，因此两个市场实际上是紧密联系、相互影响的。以云南500kV发电企业为例，在开展次月交易时，它需要综合预测次月省内交易电量和价格、省间交易电量和价格、电厂可发能力等信息，然后制定参加次月省内和省间交易的最优交易策略。原则上哪个市场价格高，它就会优先参加哪个市场。此外，各省政府对省间与省内市场的诉求也不同，西部省区希望省间市场价格要高于省内，通过这种方式对省内市场中降价的发电企业进行补贴；而东部省区希望省间市场价格低于省内，通过购入低价西电促进降低省内市场价格，释放改革红利。因此，省间市场与省内市场的矛盾既有东西部政府间的博弈，也有市场主体间的相互博弈。

5. 其他相关问题

（1）部分省输电价格偏高的问题。为解决云南弃水问题，近年来跨区跨省交易以开展云南增送广东交易为主。但从交易价格来看，输电价格所占比重偏大，以2018年7月某次云南送广东挂牌交易为例，云南电厂上网电价为0.159元/千瓦时，落地广东侧电价为0.348元/千瓦时，输电环节电价约为0.189元/千瓦时，占落地电价的54%。而输电电价中，云南为了进行省内输电交叉补贴，以500kV输电费的名义拿走了0.0915元/千瓦时，超高压公司只赚得0.0975元/千瓦时。相比而言，云南500kV输电费大幅高于其他省区，并造成跨省交易价格扭曲、云南水电枯期缺乏价格竞争力等一系列问题。

（2）省间壁垒问题。省间壁垒依然是阻碍跨区跨省交易的重点问题之一。送受端、东西部矛盾突出，利益诉求难以统一，在国家层面也缺乏统筹协调。各省区政府更多考虑本地经济发展等自身利益，参与跨省跨区电力交易的意愿不强，不支持甚至采取行政手段阻挠本省市场主体进入跨省跨区电力交易市场，市场配置资源的决定性作用难以发挥。例如，对于有利于云南水电消纳的省间水火电量置换方案，各省区出于地方保护主义，方案每年进行协调落实的难度都很大。此外，广东售电公司及大用户迟迟不能进入省间市场交易，也是地方政府人为设置障碍所致。

（3）政府干预市场的问题。尽管电力体制改革的一个重要目标是坚持市场化改革，使市场在资源优化配置中起决定性作用，但由于能源行业是国民经济中的基础行业，特别是在西部贫困省区电力行业往往是省内经济支柱产业，相关省政府部门在计划管理体制下已形成密切关注、长期管理调控省内电力行业及上下游产业发展的习惯。电改后，部分地方政府出于发展本地经济、减少外来电对本地电力产业及市场的影响，常常出手干预市场运作，特别是对跨区跨省交易干预较多，在电厂及用户市场准入、交易价格及电量上设置很多壁垒，严重影响区域市场运行效果。

（4）现货市场建设对各省市场的影响问题。电力现货市场建设是一个复杂的系统工程，对电网安全稳定运行、电力市场化改革、市场主体利益等各方面都影响很大。现货市场下，受电力供需、电网阻塞等因素影响电力价格波动幅度大，发现电力价格的作用更加明显。南方（以广东起步）电力现货市场是国家发改委、国家能源局批复的8个试点之一，建设的路径是先启动广东现货市场建设，然后稳妥推进南方区域其他省区和跨区跨省现货市场建设，最终建立南方区域统一的现货市场体系。统一的现货市场能够有效打破省间壁垒，同时各省电力市场的价格差异性将通过市场调节逐步缩小，这也必然对各省现有电力市场的发展造成深远影响。

（5）交易与调度协调衔接问题。良好的电力市场运行需要交易机构与调度机构紧密配合、有序衔接。交易机构需要及时组织各类交易满足电力生产运行需要，同时调度机构需要严格执行交易结果，公平、公正地保障各方利益。但在南方区域市场推进的起步阶段，广州电力交易中心与南网总调的工作协调和衔接有所不足，一方面是广州电力交易中心开展的年度、月度及月内临时交易周期较长，频次偏少，难以满足电网复杂多变的实际送受电需求；另一方面南网总调在执行计划过程中更强调清洁能源消纳等需求，对执行交易计划的严肃性意识不足，经常出现月度计划执行结果偏差较大并导致难以结算的问题。

（三）区域市场的主要矛盾浅析

综合上述各种矛盾，可以将南方区域市场的主要矛盾归为三大类：一是独立的市场主体在相互交易过程中产生的矛盾，如水电与火电的矛盾、西部电厂与广东、广西电网公司的矛盾；二是东西部政府在西电东送过程中进行利益博弈产生的矛盾，如省间壁垒的问题、政府干预的问题等；三是市场建设过程中，由于体制机制不协调、不配套、缺乏衔接产生的矛盾，如省间市场与省内市场之间的矛盾、现货市场对中长期市场的冲击问题、省间输电价不合理、不优化等问题。这三类矛盾相互影响、共同作用，在一定程度上阻碍了南方区域市场的建设和快速发展。

从影响的重要程度来看，第一类矛盾（即市场主体之间的矛盾）是国内外所有电力市场的共性问题，贯穿于电力市场发展的始终，因此属于根本性矛盾。但由于目前南方区域市场中电厂与电厂之间、电厂与用户或售电公司之间的直接交易比重较小，因此这类矛盾是属于重要而不紧急的矛盾，属于次要矛盾。第二类矛盾（即各省政府之间利益博弈的矛盾）是我国电力市场所特有的问题，它的本质是“省为实体”的行政管理体制下省与省之间的利益分配问题。本轮电力体制改革的一大特点就是自下而上推进改革，各省政府是推动改革的主要力量，特别在跨区跨省交易问题上，各省政府往往处于主导和支配地位，各发电企业、电力用户（含售电公司）以及电网公司都只能遵从政府的意见和安排，因此第二类矛盾是目前南方区域市场的主要矛盾，而省间利益分配问题就是这个矛盾的核心。第三类矛盾（即体制机制问题）是电力市场发展过程中不断出现和变化的问题，在不同时期某些问题会比较突出，如电力市场建设初期调度与交易的矛盾会较多，现货交易初期部分发电主体与用电主体之间的矛盾会比较突出，但随着电力市场体系逐步建立、交易规则逐步完善，各市场主体、交易及调度机构市场意识的逐步改变，这类矛盾将会逐步缓解或解决。

三、缓解南方区域电力市场矛盾的主要措施和市场建设建议

根据上述南方区域电力市场各类矛盾的分析，结合矛盾论分析方法，在制订各项解决措施时，首先应重点解决主要矛盾，即重点解决或缓解各省政府之间利益冲突和矛盾，逐步消除省间壁垒，为跨区跨省交易创造良好条件。其次要逐步解决次要矛盾，即逐步解决交易体制机制不配套、不合理的矛盾，缓解市场主体之间的利益冲突，保障跨区跨省交易更加科学、顺畅，满足市场主体不断增长的

交易需求。

（一）缓解省间利益分配矛盾的主要措施

（1）国家层面应加强顶层设计，积极统筹协调南方区域电力市场建设。区域电力市场建设不仅仅是电力市场技术方面的问题，背后更涉及各省利益的协调和分配。本轮电改在体制机制上缺乏对区域电力市场的顶层设计，缺乏强有力的机构推进区域电力市场建设，而仅由省与省之间去协调区域市场问题则很难解决。建议国家有关部门加强对区域市场的顶层设计，牵头从上而下推动南方区域市场建设，加大力度协调各方利益，建立包括国家部委、有关省政府主管部门、电网公司、市场运营机构和市场主体共同参与的市场建设组织机构和工作协调机制，共同推进市场建设和发展。

（2）坚持市场化改革基本方向，完善省间交易协商机制。一是充分发挥市场在资源配置中的决定性作用，构建科学合理的跨区跨省交易机制，通过交易机制合理分配东西部利益。二是减少政府对市场的直接或间接行政干预，尽量避免目前省间市场中出现的“一事一议、一事一协调”的问题，引导相关政府部门将重心落在完善跨区跨省交易规则、加强跨区跨省交易监管等工作上，必要时可通过授权市场管委会研究和处理具体交易事务。三是相关交易、调度机构要加强与各省政府主管部门的沟通和汇报，及时将市场运行中出现的重点问题和处理意见汇报给相关部门，争取政府的理解和支持。

（3）推动各省逐步消除省间壁垒，鼓励市场主体进入省间市场。落实国家电力市场化改革精神，国家电力改革主管部门和电力市场监管部门加强与地方政府的沟通和监督指导，约束省级政府地方保护行为，逐步取消各省对市场主体参与跨区跨省交易的限制。积极推动东部电力用户及售电公司、西部发电企业等市场主体进入跨区跨省市场，自主参加交易，形成一个具有网对网、点对网、点对点多种主体、多种交易形式的跨省区市场交易体系。

（二）缓解市场主体之间矛盾的主要措施

（1）做好清洁能源消纳与电力市场的衔接。结合清洁能源发电波动性大、不确定性高的特点，研究适应清洁能源消纳的市场交易机制，灵活反映清洁能源增发或减发需求，合理制定清洁能源对其他受影响电源的交易补偿机制，缓和水火矛盾，确保清洁能源能够完全通过市场手段解决消纳问题。

（2）丰富交易品种，完善交易服务，缓解交易主体之间的矛盾。交易机构应及时根据市场上发电主体、电网企业以及售电公司、电力用户的各类交易诉求，研究并开发科学、有效的交易品种，缩短交易周期，做好交易组织、出清及结算等工作，提高交易主体的满意度，缓解交易矛盾。

（三）完善市场体制机制的主要措施

（1）完善区域市场体系架构，加强省间市场与省内市场的有序衔接。一是科学评估省间市场对省内市场交易电量和交易价格的影响，完善两级市场交易体系，逐步扩大市场主体在两个市场的参与度，促使两个市场在发展中逐步融合。二是建立省间市场与省内市场的协调机制，定期会商市场运行情况，协调处理跨市场的交易问题。三是加强技术支持系统建设，构建南方区域统一交易平台，通过系统打通省间与省内市场交易数据，规范交易品种，方便市场主体参加交易。

（2）加强交易机构与调度机构的协调和衔接。进一步规范交易机构与调度机构在电力市场中的业务关系，厘清交易计划与调度计划的相互关系，加强交易机构与调度机构在市场交易、生产运行中的信息沟通和业务协作，确保交易计划有效执行，减少市场主体对交易、调度机构的意见和看法。

（3）统筹推进电力现货市场建设，做好与现有市场的衔接。南方（以广东起步）电力现货市场是目前国内建设速度最快的试点之一，应及时总结广东试运行期间的经验和教训，完善交易规则和配套支持系统，做好广东现货市场与中长期市场以及西电东送的衔接，逐步扩大现货市场试点范围，发挥市场在更大范围内对电力资源的优化配置作用，促进清洁能源跨省区消纳和西电东送的可持续发展。

（4）加强市场配套建设，优化市场运营环境。一是研究优化跨省区输配电价体系，建议采取两部制电价或省间输电价省内分摊等方式降低省间输电价水平，促进大规模跨省区交易开展。二是加强电力市场信息披露工作管理，制定信息披露管理办法，及时披露市场所需各类交易信息，做好交易服务工作。三是加强电力市场监管和信用体系建设，强化电力市场监管工作的顶层设计，加强相关法律法规的修订工作，建立市场信用管理体系，对市场主体加强市场风险教育，树立风险意识，保障电力市场科学、规范运作。

（四）市场建设的发展策略建议

结合上述分析，广州电力交易中心在推进南方区域电力市场建设过程中，近期应重点推动解决省与省之间的利益矛盾，逐步减少省间壁垒，推动更多的市场主体进入区域市场，加大市场主体之间自主开展电力直接交易的比重，进而逐步削弱政府干预市场的影响，通过市场实现资源大范围优化配置。具体的市场建设发展策略建议如下：

（1）加强向国家发改委、能源局等主管部门的沟通汇报，详细说明目前跨区跨省交易的实际情况和困难，争取获得国家主管部门的明确回复意见，降低或取消各省政府设置的省间壁垒，允许部分或全部市场主体直接进入区域市场进行交易。

（2）加强与各省政府的沟通协调，做好与南网公司、各市场主体的汇报和交流，争取各方的理解和支持，以平稳起步、逐年增加的方式推进各省市场主体进入区域市场。

（3）完善跨区跨省交易规则，统筹清洁能源消纳、落实优先发用电计划及现货市场建设等多目标关系，科学处理多市场主体同台竞价交易、电网企业与其他主体交易关系等问题，形成一套目标清晰、统筹有序、交易顺畅的两级市场交易体系。

（4）做好跨区跨省交易工作，重点推动跨省区直接交易以及发电合同转让交易顺利开展，及时组织各市场主体参加年度、月度、周及D-3日交易，逐年扩大市场主体范围和交易规模，加强与南网总调的协调力度，做好交易计划的执行和结算工作，保障各个交易品种以及交易全过程满足市场主体的需求。

（5）积极配合现货试点建设。充分利用国家部委、地方政府、南方公司及调度机构对南方区域现货市场建设高度重视的有利条件，将区域现货市场作为打破省间壁垒的突破口，加快推动市场主体进入市场，促进省间市场价格与省内市场价格逐步接轨，创造良好的区域统一市场环境。

（6）配合相关部门做好市场配套建设。目前重点应解决省间输电价偏高的问题，促进跨省区交易进一步开展。

（7）加强南方区域统一交易平台的建设。以交易平台为技术手段，规范五省区交易数据和交易流程，实现区域市场的模型统一、数据共享，支撑省间及省内交易业务的高效流转。

参考文献：

［1］中共中央，国务院. 关于进一步深化电力体制改革的若干意见（中发［2015］9号）［Z］. 2015.

［2］国家发展改革委，国家能源局. 关于印发电力体制改革配套文件的通知（发改经体［2015］2752号）［Z］. 2015.

［3］国家发展改革委办公厅，国家能源局综合司. 关于开展电力现货市场建设试点工作的通知（发改办能源〔2017〕1453号）［Z］. 2017.

［4］国家发改委，国家能源局. 关于北京、广州电力交易中心组建方案的复函（发改经体［2016］414号）［Z］. 2016.

［5］梁志飞，陈玮，张志翔，等. 南方区域电力现货市场建设模式及路径探讨［J］. 电力系统自动化，2017，41（24）.

[6] 丁军策，陈紫颖，陈玮，等. 2017年南方区域跨省区发电合同转让交易设计思路、运行情况及改进意见[C]. 中国电机工程学会电力市场专业委员会2018年会暨全国电力交易机构联盟论坛论文集[Z]. 2018.
[7] Daniel S.Kirschen. 电力系统经济学原理[M]. 朱治中，译. 北京：中国电力出版社，2007.

“三商”转型背景下调峰调频公司发展方向和业务布局的一些思考

■ 南方电网调峰调频发电有限公司　郭　凯

摘　要：结合南方电网公司向“三商”转型的要求和发展思路，对调峰调频公司转型发展面临的问题进行了研究，报告了调峰调频公司的发展现状，对其优势、劣势、机遇与挑战进行了分析，提出了调峰调频公司市场化转型发展思路的一些思考和建议，即以市场为引导，针对性落实向“三商”转型的战略取向，分别从服务智能电网建设、提升产业价值链整合能力和培育产业生态等三个方向提出发展方向和业务布局，以提升企业盈利能力。强调了转型发展应坚持央企姓党、高质量发展等原则，理直气壮做强做优做大国有企业。

关键词：“三商”转型；调峰调频公司；转型发展；业务布局

1　引言

习近平总书记在党的十九大报告中指出：“我国社会主要矛盾已经转化为人民日益增长的美好生活需要和不平衡不充分的发展之间的矛盾”，“着力解决好发展不平衡不充分问题，大力提升发展质量和效益。”当前，我国经济已由高速增长转向高质量发展阶段，能源行业尤其是电力行业改革加速，电力市场更加开放，主体更加多元，竞争更加激烈，商业模式更加多样，市场形势、产业形态、竞争环境等都发生了深刻变化[1]。

面对复杂多变的形势和环境，南方电网公司党组贯彻习近平总书记新时代中国特色社会主义思想，落实党中央关于国有企业改革的部署，准确把握高质量发展要求，找准定位，坚定不移推进企业改革发展，提出了建设成为具有全球竞争力的世界一流企业的战略目标，明确了向智能电网运营商、能源产业价值链整合商、能源生态系统服务商转型的战略取向，制定了竞争策略和业务布局。公司改革已全面展开。

随着电力辅助服务市场建设的不断推进，以及南方电网公司业务布局的调整，作为其全资子公司的调峰调频公司，企业定位由管制类业务转向新兴业务板块，将直接面临激烈的市场竞争。为抓住机遇，迎接挑战，更好地落实南方电网公司向“三商”转型，理直气壮做强做优做大国有企业，调峰调频公司在向市场化转型的过程中，深入思考研究企业的发展方向和业务布局具有积极的意义。

2 “三商”转型的要求及发展思路的变化

2.1 南方电网公司“三商”转型的总体要求

孟振平董事长在南方电网公司2019年工作会议中明确[2]，南方电网公司的战略取向是“推动公司向智能电网运营商、能源产业价值链整合商、能源生态系统服务商转型”。同时，也明确了向“三商”转型的总体要求和竞争策略，简要总结就是：

（1）向智能电网运营商转型。以数字化、智能化、物联网等技术推动传统电网改造升级，通过能量流、业务流、信息流、价值流融会贯通，实现电力资源优化配置和高效利用。

（2）向能源产业价值链整合商转型。整合产业资源，建立协同高效的产业体系；以输配电业务为核心，向产业链上游和下游延伸，培育新动能、新业态，实现价值最大化。

（3）向能源生态系统服务商转型。构建涵盖政府、供应商、服务商、客户等利益相关方的多层次多样化平台，构建开放、共享、和谐的能源生态系统。

2.2 向“三商”转型带来发展方式的转变

从企业经营的角度看“三商”转型，实际上是将企业盈利的关注点由提供产品和服务，转向关注产业链价值整合和生态系统的构建。这是一种更高维度的发展思路的转变，它表明南方电网公司的竞争重点将从产业链单一的某个环节转向全产业链环节和产业生态系统构建的竞争。

企业的发展来源于盈利，盈利来源于价值创造。从产业链价值创造的角度来分析企业经营[3]，能够很容易看出一个企业的盈利能力。在电力产业链中，“输配售”环节处于产业链中段，根据产业经济学中的微笑曲线理论[4]（图1），产业链上游和下游的附加值要远高于中间环节，而南方电网公司主营业务大部分处于行业价值链的中低端，产业附加值较低。

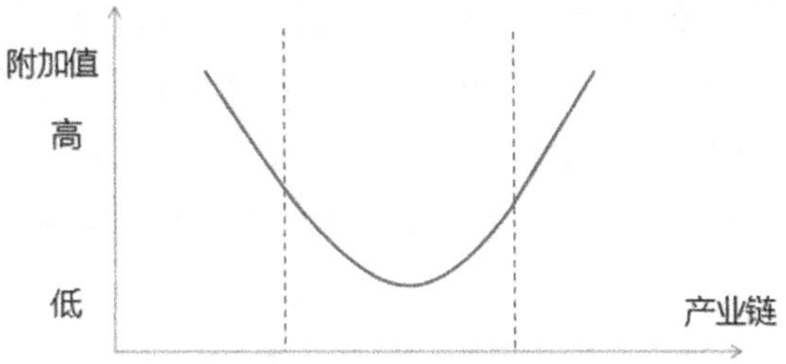

图1　微笑曲线理论

为了谋求企业的高质量发展，赢得发展空间，南方电网公司将企业经营的重点从产业链的中间环节转向全产业链的整合上，提升自身的价值创造能力。通过产业价值链的整合，形成在产业价值链中的优势地位，并以此为基础，打造开放合作、互利共生的平台，构建产业生态系统，成为核心企业，进而主导能源生态系统的发展。

因此，从价值链的角度看，南方电网公司向"三商"转型就是以价值创造为目标，通过提升产业价值链整合能力形成核心竞争力，提高价值创造能力；通过构建产业生态，培育市场，提高可持续发展能力，其本质是在市场化经营中，形成更高维度的竞争优势。

2.3　调整思路和布局是调峰调频公司转型发展的关键

新一轮的电力体制改革不断推进，电力辅助服务逐步实现市场化竞争，辅助服务盈利模式发生转变，带来多元的市场主体[5, 6, 7]，调峰调频公司作为电力辅助服务供应商将直面市场竞争。同时，南方电网公司调整业务布局，调峰调频公司由管制类业务调整为新兴业务，自主经营、自负盈亏，企业的发展由过去的"干多干少一个样"转变为"依靠服务竞争，依靠利润生存"，向市场化转型已是必然选择。

作为南网的全资子公司，调峰调频公司在南方电网公司向"三商"转型的机遇下，如何尽快适应市场化转型，在南方电网整体的能源生态系统中找到自己的位置，发挥功能，及时调整发展思路和方向，制订有针对性的产业布局规划，迅速建立起新的、更高层级的竞争优势，实现转型升级，这是事关企业发展的全局问题和关键问题。

3　调峰调频公司企业发展的SWOT分析

3.1　发展现状

调峰调频公司主营业务是建设运营调峰电源，提供电网调峰、调频、调相、备用等辅助服务，主要以水电调峰为主，正在介入气电调峰板块，并同步开展了电池储能建设、运营、服务研究。其所辖投运电站7座，总装机容量980万千瓦，其中常规调峰水电站2座——天水桥二级（6×22万千瓦）、鲁布革水力发电厂（4×15万千瓦），处在西电东送重要节点；抽水蓄能电站5座——广州（8×30万千瓦）、惠州（8×30万千瓦）、清远（4×32万千瓦）、深圳（4×30万千瓦）、海南琼中（3×20万千瓦）抽水蓄能电站；在建抽水蓄能电站2座，包括梅州（4×30万千瓦）、阳江（3×40万千瓦）抽水蓄能电站。正在建设的海南文昌燃气调峰电站（2×46万千瓦，F级），拥有国内首个兆瓦级电池储能站——深圳宝清电池储能站，目前已投运6MW。

3.2 优势分析

（1）抽水蓄能业务领先。目前基本形成了科学有序、梯队完备的抽水蓄能电站发展格局。

（2）电网侧辅助服务能力优秀。安全生产绩效考核成绩优秀，安全风险管控能力增强，在南方电网区域内电网侧调峰辅助服务水平处于行业领先地位。

（3）管理资源优势。长期建设、运营调峰电源，拥有完善的电站建设运营管理模式、设备检修管理规范和人才队伍积累。

3.3 劣势分析

1. 主营业务单一，主要以水电调峰服务为主，收入依赖省级电网公司支付能力，并受气候影响较大，盈利能力不稳定（图2），较不利于企业的市场化发展。

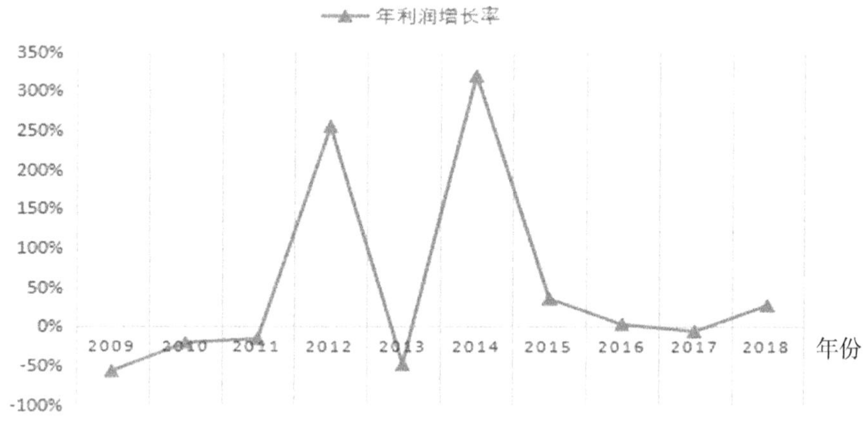

图2 调峰调频公司2009–2018年利润增长率情况

2. 市场竞争意识不足，日常运维主要以接受电网调度为主，传统惯性大。

3. 对电力辅助服务市场重视不够，服务电价机制、盈利模式和经营模式缺乏系统研究。

4. 气电和新型储能业务进展较慢。

3.4 发展的机遇

1. 智能电网建设和分布式能源、新能源的发展扩大了电力辅助服务市场需求，调峰调频业务多元化迎来新机遇。

2. 南方电网公司加快能源产业价值链整合，更加重视电力产业链上下游价值中高端拓展，在资源整合、培育新业态方面力度加大，调峰调频公司的发展布局空间更广。

3. 南方电网公司更加关注能源产业生态系统的建设，市场环境将更加开放、共享，为调峰调频公司参与电力辅助服务市场建设，拓展盈利点提供机遇。

3.5 面临的挑战

1. 市场竞争加剧。随着市场化改革的深入推进，调峰调频公司提供电力辅助服务能力和盈利能力均要接受市场竞争的考验，市场竞争主体和企业发展影响因素增多，检验经营水平。

2. 电力辅助服务市场机制仍在探索和试点，调度机制、价格形成、交易品种、结算规则等方式多样，市场发展存在多种方向和可能性，不确定性影响发展方向的选择。

3. 新型储能技术发展较快，日趋成熟，成本不断降低，经济性逐渐显现，新型储能大规模应用将会对电力辅助服务市场带来革命性影响。

4 “三商”转型机遇下对调峰调频公司发展方向和业务布局的一些思考

4.1 确立发展方向

在市场化原则下，盈利是企业实现价值的根本目的，企业只有盈利才能生存与发展。南方电网公司向“三商”转型，将产品、服务战略上升为平台战略、生态构建，从更高的维度来构建企业的市场竞争能力。调峰调频公司服务这一战略转型，应立足于自身实际，抓住市场改革的有利时机，从能源产业价值链和生态系统中的定位去考量，将自身的竞争优势由单一的电力辅助服务，逐步扩大到产业价值链整合和产业生态系统平台服务中去，形成核心竞争力。基于上述考虑，调峰调频公司的发展方向和业务布局可从三个方向展开：

（1）以增效为中心，提升电网辅助服务能力。调峰调频公司作为目前南方电网唯一的调峰调频专业化子公司，具备市场竞争的先发优势，应抓住根本服务智能电网建设，保持现有市场份额。

（2）以发展为中心，在调峰、储能领域布局新产业，占据项目资源拓展空间，通过规模化提升产业链整合能力，提高市场份额。

（3）以盈利为中心，积极参与电力辅助市场建设，搭建平台，培育产业生态，保持行业领导者地位，扩大市场空间，互惠共赢。

4.2　以增效为中心提升调峰辅助服务能力，服务智能电网建设

为电网提供优质的调峰调频服务能力，一直以来都是调峰调频公司的核心竞争力，包括积累的调峰调频电源建设、运营、检修的技术、方法、管理体系和专业化的人才队伍。南方电网公司建设“安全、可靠、绿色、高效”的智能电网，对电力辅助服务提出了更高的要求。与此同时，电力辅助服务市场竞争日趋激烈，提质增效将是企业谋求发展的基础。为增强调峰调频服务能力，保持自身核心竞争力，调峰调频公司在改革发展中应坚持高质量发展要求，不断提升生产效率、管理效率，激发新活力，实现质量变革、效率变革和动力变革。

孟振平董事长指出：“坚持走集约化、专业化、市场化、国际化、数字化之路，推动高质量发展。”为落实这一战略路径，调峰调频公司高质量发展可从三个方向寻求效益：一是通过“集约化、专业化”资源整合，提升生产和管理效率；二是通过“数字化”实施智能电站改造，更好地服务智能电网；三是通过“市场化”检验，服务“一带一路”建设，参与国际业务，找到新的盈利增长点。

4.2.1　实施集约化、专业化的优势资源整合

分散建设、分散生产已经成为调峰调频公司发展的短板，“集中建设管理、集中生产运行”才是正确的方向。目前，调峰调频公司已经成功建设抽水蓄能电站5座，安全运行电厂7座，积累了大量优质高效的电源建设、运营、检修的技术、方法、管理体系和专业化的人才队伍，但总体资源分散，管理方法不完全统一，资源优势并没有得到体现，且随着业务的发展，管理和人力资源的结构性问题越发凸显。实施人财物在更高水平上深度集约是提升效益的最优选择，应坚持因地制宜、分类管控，推进科学集约、流程优化、合理授权，提高专业化管理水平和快速响应市场需求能力，最大限度发挥规模效应，为管理输出、技术输出打好基础。

（1）提升电源项目建设能力。推行“集中建设管理”模式，集中建设管理优势资源，成立工程建设管理分公司以适应多项目管理需要。在核心资源集约化、业务管理专业化的基础上，应重点构建运转高效的项目管理体系，有效提升管理效率和质量，打造一流的工程建设管理能力。

（2）提升调峰电厂的安全生产运行能力。以蓄能电厂“集中检修、运维合一”和“信通集中运维”为基础，推行至常规水电厂。探索实施“集中运行”，成立运行中心，完成全公司范围内生产能力的集约化改造。以专业化为目标，开

展业务流程的规范化、标准化、模块化改造，提升管理和技术能力，形成品牌效应。

（3）积累燃气电站、储能站的运维管理经验。燃气电站和新型储能站将成为调峰调频公司效益增长新的两极，可在集中建设、集中生产运行的实践中积累经验，尽快形成机制，服务产业布局的发展。

4.2.2　推进数字化智能电站建设

智能电网发展对水电站运行可靠性、源网协调能力及智能决策能力提出全新的要求，传统水电站自动化技术越来越难以满足上述要求。对传统水电站进行技术改造，打造安全、可靠、绿色、高效的智能水电站，能降低设备和系统对人的依赖程度，减少业务处理和流转损耗，提高工作效率，实现减员增效，提升调峰调频公司所辖电站的调峰调频能力和服务质量。更重要的是，通过提供优质的服务，主动融入南方电网的智能电网建设，对电网形成友好互动机制，能够牢牢占据南方区域调峰辅助服务市场的份额，保持企业发展优势和竞争力。

（1）实施常规电站机组技术改造。对运行年限较长故障率高、效率低的老旧设备，按照国产化、同型化、标准化开展技术改造，提升设备可靠性。

（2）实现生产控制智能化。采用智能传感器、智能设备、智能测控装置等进行改造，推进电站自动化技术的整体升级，实现设备智能化。

（3）实现业务管理智能化。利用“云、大、物、移、智”等技术，对电站各类数据实施数字化集成，达到“电力流、信息流、业务流”的高度一体化融合，搭建生产数据中心和一体化管控平台，与智能电网控制系统对接，实现智能管理。

4.2.3　拓展国际业务

国际业务是南方电网公司明确的四大业务之一，是深度参与“一带一路”建设的重要战略安排。尤其是深耕东南亚国家电力能源合作等方面，水电开发将是国际业务的重要组成部分。调峰调频公司有丰富的水电运营经验和专业化的人才队伍，在完成优势资源整合后，完全有能力参与国际业务的电源建设和运营管理工作。

目前，调峰调频公司已经拥有老挝南塔河1号水电站运维管理和技术服务的实践经验，通过梳理境外业务的管理界面和机制，进一步健全和完善境外项目的管理机制。后续可主动加强与南网国际公司、云南国际公司的合作，抱团出海，逐步提升公司参与国际水电业务开发的层次和水平。在国际业务板块实现技术输出和管理输出，找到新的利润增长点。

4.3 以发展为中心“三轮驱动”产业布局，提升产业价值链资源整合能力

南方电网公司向能源产业价值链整合商转型，即要向电力产业链上游和下游延伸，占据价值链的中高端。基于这一转型，调峰调频公司要成为电力辅助服务领域的龙头企业，应主动向产业链上游侧电源端发展，主导布局做大体量，拓宽发展空间，增强产业链资源的配置能力。

习近平总书记多次指出，发展是党执政兴国的第一要务，是解决我国一切问题的基础和关键，强调“发展是基础，经济不发展，一切都无从谈起”。对企业来说，情况更是如此，发展才有出路，才有希望，才有地位。作为竞争性企业，应该在巩固常规调峰调频水电站市场竞争力的基础上，突破传统抽水蓄能业务的发展瓶颈，拓展布局燃气调峰电站和新型储能业务，分类实施差异化发展，通过布局占据项目资源，争取先发优势，增强话语权，形成水电、气电、电池储能“三轮驱动”的发展格局。

4.3.1 主导布局抽水蓄能业务

目前抽水蓄能仍是高效、经济、可靠的大容量调峰调频手段，是技术最成熟、应用最广泛的储能技术。孟振平董事长在南网公司工作会议上指出，项目资源具有唯一性、稀缺性，也是竞争的。谁掌握了资源，谁就有了发展的基础。抽水蓄能业务是调峰调频公司的传统优势主营业务，在完成电厂智能化改造，深入挖潜提升服务能力之后，掌控优质站址资源，形成规模化运作是有效增长点，能够争取市场竞争的主动权。因此，主导开展规划布局抽水蓄能电站已成为发展的重点。

（1）确定布局方向。南方电网拥有西电东送多条超高压输电通道，需在受端地区布局大型快速灵活性电源。另外，由于抽水蓄能需要建造水库和水坝，其应用受地理条件的限制，抽水蓄能电站的规划布局更应偏向于电网侧需求。

（2）确定规划时序。根据南方电网中长期电力系统需求预测，为积极消纳西电，适应海上风电、沿海核电的快速发展，抽水蓄能仍有较大的发展空间，在受端电网的广东和广西发展较为合理。至2030年，广东在现有投运及在建电站的基础上，新增装机480万～720万千瓦；广西新增装机240万～360万千瓦（包括南宁抽水蓄能电站）。[8]

4.3.2 延伸布局气电业务

调峰调频公司布局燃气调峰电站可基于如下三点考虑：其一，燃气调峰电站具有发电效率高、调峰性能优异的特点，在支撑电网吸纳新能源、节能减排等方面具有明显的优势，且其选址灵活，可与抽水蓄能电站互为补充，能提高调峰辅助服务市场的份额。其二，近年南方电网启动广东重要城市“保底电网”建设，

气电具备有效的“黑启动”和“孤网”运行能力，已作为建设保底电源推荐方案，能够在辅助服务市场获得额外收益。其三，通过气电项目能够延伸电力产业链，进入油气产业链，为能源价值链的整合提供更多的机会。因此，在电力辅助市场放开的背景下，布局气电业务是调峰调频公司提升核心竞争力的必然选择。

（1）完成行业突破。高质量建设好调峰调频公司首个气电项目——海南文昌气电项目，积累建设、运行经验，根据海南电力系统发展情况再规划新建1～2座燃气调峰电站。

（2）发展保底电源建设业务。根据广东保底电网规划，在珠海地区、深汕特别合作区、佛山中心城区或顺德区、东莞中心城区等区域，建设具备黑启动功能的燃气机组[9]。在发展保底电源建设中寻求机遇，发展更多的气电项目，形成规模效应。

（3）延伸电力产业链。以建设燃气调峰电厂为契机，与上游气源企业开展合作，发挥各自优势，参与LNG上游贸易和输气管道、码头等建设，拓宽业务范围，稳定气源供应，形成利益共同体，提升气电业务盈利能力。

4.3.3 战略布局新型储能业务

新型储能主要是电池储能。电池储能具有能量密度高、综合效率高、建设周期短、容量和功率规模使用范围广等优点[10]。近年来电池技术、大容量集成技术不断进步，电池储能的成本降至0.45～3元每千瓦时[11]，仍在不断下降。另一方面，2017年五部委发布了《关于促进我国储能技术与产业发展的指导意见》。它是第一个国家级储能产业政策，明确了未来十年中国储能产业的发展扶持，为储能产业提供了良好的政策环境。可以预测，经济性指标得到突破后，电池储能技术全面商业化，大规模储能和分布式储能技术将逐步成为核心储能技术，其应用项目将重构现有的电力辅助市场格局，极大地冲击了抽水蓄能业务。因此，新型储能业务应作为战略布局展开实施，其成败关系调峰调频公司未来的生存与发展。

作为南方电网唯一同时具有电池储能规划设计、项目建设、实际运营经验的主体，调峰调频公司深圳宝清电池储能站已顺利开展8年，具有大容量电池储能系统建设基础，积累了大型电池储能电站运维经验，同时背靠南方电网，具备客户、集成、品牌优势。根据“支持电源侧，主动发展电网侧，引导用户侧”的储能发展策略，调峰调频公司可按照“集成、建设、运营、聚合”开展储能产业链价值整合，为转型电力辅助服务平台型企业打基础。

（1）掌握储能集成应用核心技术。储能集成应用技术是储能商业化的关键环节。在前期积累的基础上，调峰调频公司可继续加大技术研发力度，掌握核心自主知识产权，成为行业设计和技术规范的制定者和引导者，为发展提供先进的储能服务方案，增强储能运维、检测等专业服务的能力。

（2）培育电源侧、电网侧项目市场。储能价值链的核心在于将储能系统集成应用技术转化为储能服务，拓展市场形成商业盈利模式，在完善技术的过程中积累市场份额，建成一批不同技术类型、不同应用场景、集中或分散布置的试点示范项目，例如东莞松木山变电站10～20MW·h储能项目、港区变电站8～16MW·h储能项目、大岭山变电站10～20MW·h储能项目、广东地区10～5MW·h火电联合调频项目。

（3）实施产业链整合。在发展应用市场的基础上，通过资本输出向上游电池硬件厂商延伸，以掌握核心技术，提升议价能力；向下游逐步拓展用户侧储能业务，补全服务版图，实现“设计、建设、运营、维护”全业务覆盖，提升整体盈利能力。

4.4 以盈利为中心构建电力辅助服务平台，培育产业生态

南方电网公司向能源生态系统服务商转型，实质是以自身为中心，打造开放型平台，在整合产业价值链的基础上，由提供电力产品转向提供服务，吸引各方开放合作、互利共生，主导能源生态系统的发展。按照当前电力改革方向，电力辅助服务变为竞争性市场，但同时，交易平台未完善，交易机制未形成，电力辅助市场的发展存在多种方向和可能性。调峰调频公司为了保持盈利，赢得发展空间，除了提升价值链整合能力外，还应抓住时机，主动参与电力辅助服务交易市场平台的建设，参与主导市场交易规则的制定，先于市场建立大储能管理智能平台，借助金融放大发展能力，这样才能保持电力调峰辅助服务领域的主导地位。

4.4.1 参与电力辅助服务交易市场建设

建设电力辅助服务交易市场已经是大势所趋，其所涉及的备用、调峰、调压等电力辅助交易，均为调峰调频公司的主营范围。目前，电力辅助服务市场建设已经在全国14个地区启动，建立了基本的规则体系，全国电力辅助服务的市场化机制正在形成[12]。南方区域的电力辅助市场以广东为起步试点[5]，已于2018年9月开始试运行，下一步将逐步把广西、贵州、海南、云南电网的调管机组纳入，建设一个以南方电网、中东部电网为整体的调频控制区。

抓住机遇，主导辅助服务市场政策制定。由于电力现货市场机制目前仍处于试点运行阶段，电力价格的市场机制尚未成熟，辅助市场的价格机制仍处于摸索研究阶段，电力辅助服务的分类、提供方式、交易规则、支付和结算方式等都还没有进行系统的分析论证，电力辅助市场尚无成熟的适合南方区域的规则。调峰调频公司应抓住这一有利时机，积极开展与南方区域电力交易平台的合作，主动

参与辅助服务政策的研究制定，主导推动形成有利于辅助服务健康可持续发展的市场规则和电价政策，实现行业发展和公司发展的双重利益主张，增强发展引领能力。

4.4.2 建立大储能管理智能平台

构建产业生态系统的基础是搭建平台。调峰调频公司利用自身南方电网调峰调频市场主力军的先发优势，搭建涵盖水电、气电、电池储能等各类储能资源的大储能管理智能平台，提供电力辅助服务的综合解决方案，撮合交易沉淀供需用户关系，整合内外部资源扩大影响，进而主导储能产业生态的发展趋势，形成互惠盈利的商业模式，是较优的发展路径。

（1）整合供需关系。从拓展、沉淀供需关系两方着手，向上游整合常规水电、抽水蓄能、燃气调峰电站、电池储能站等各类储能资源，建构广义储能站；向下游整合发电侧、电网侧、用户侧用户，形成用户大数据库。研究提供混合储能系统的协调优化服务方式，实现服务体验改善和交易频度提升。

（2）以信息流建构数据网络。借助背靠电网的优势，与电力交易平台协同，以信息流为核心，搭建数字化、智能化的物联网，构建涵盖政府、供应商、服务商、客户等利益相关方，实现流量获取和增殖，提升网络价值。

（3）搭建大储能管理智能平台。以智能化的数据网络建立储能管理智能平台，集智能管理、数据收集与分析、交易撮合、服务共享于一体，提供电力辅助服务的综合解决方案。围绕顾客、价值、利润三大要素，不断推进商业模式创新，在为客户创造价值的同时，实现平台价值。

（4）推动产业生态建立。以电力辅助服务产业链为基础，凝聚产业链外部上下游企业，形成产业联盟，积极与金融机构、互联网企业等开展跨行业合作，分享产业金融和共享服务支撑体系发展成果，通过跨行业深度融合带来的优势和影响力获取互惠溢价，形成以调峰调频公司为核心企业的“绿色、开放、共享”的储能产业生态系统。

4.4.3 推动产融结合实现跨越发展

产融结合是指产业资本与金融资本之间通过股权融合及业务合作等各种形式的结合与互动，本质上是企业通过在产与融之间的全局性高效资源配置，进而获得产业链上下游、业务、效益等多方面的协同提升效应，是产业经济发展到一定阶段的必然选择。从国际国内经验看，只要风险控制得当，产融结合是企业实现跨越式发展、迅速做大做强的一个重要途径[13]。调峰调频公司实施产融结合，能够拓宽融资渠道，保障发展资金需求，利于产业生态的建立，同时能够降低资产负债率，合理控制风险。

（1）推进股权结构优化。根据业务布局和项目发展需要，有针对性地引入利益相关方，拓宽发展空间。例如考虑在新建抽水蓄能项目引入地方政府投资，提高地方政府的支持力度；引入资本控股等金融业务公司和综合能源等新兴公司，达到资源共享、互利合作的目的。

（2）推进混合所有制改革。引进社会资本，提高经营能力，同时转变企业形态能吸收借鉴外部股东的优秀经营管理经验，完善企业制度，助推市场化经营机制改革。

（3）适时推进资产证券化。南方电网公司支持子公司实施资产证券化。调峰调频公司可根据自身需要，研究推进资产证券化，盘活已有电站项目资源资产，拓宽融资渠道。

5 转型发展中应坚持的几个原则

（1）坚持“央企姓党”。国有企业是中国特色社会主义的重要物质基础和政治基础，坚持党的领导、加强党的建设是国有企业的根和魂。政治属性是根本属性。国有企业在改革发展中，强调经济属性，更应坚守政治属性。调峰调频公司向市场化转型的过程中，应该坚持以习近平新时代中国特色社会主义经济思想为指导，牢牢把握“央企姓党”的根本属性，以此为中心完善现代企业制度，成为“六个力量”，做优做强做大，实现国有资产保值增值。

（2）坚持高质量发展。党的十九大报告做出了“我国经济已由高速增长阶段转向高质量发展阶段”的重大判断，高质量发展是国民经济系统从量到质的根本性演进，也是企业走向可持续发展的关键。坚持高质量发展，更加关注企业自身的结构问题，聚集核心竞争力，突出强项和优势，弥补弱项和短板，提高全要素生产率。

（3）坚持创新驱动。创新是引领发展的第一动力，是建设现代化经济体系的战略支撑。调峰调频公司要创建世界一流企业，就应实施创新驱动发展战略，科技、管理、商业模式等多方面创新积累，实现从要素驱动向创新驱动转变，以动力变革促进质量变革、效率变革。

（4）更加强调市场作用。企业的发展必然要经历市场的检验。调峰调频公司的改革是为了谋求发展，应该尊重市场经济规律，坚持效益为先，既学习市场，完善体制机制，又融入市场，参与竞争，激发企业活力。

参考文献：

［1］王鹏，曹雨洁．2018年电力市场化改革的回顾与展望［J］．中国电力企业

管理，2019（13）：54–57.

［2］孟振平．在公司第三届职工代表大会第二次会议暨2019年工作会议上的讲话［Z］．2019.

［3］刘天，谢炜．企业价值创造模式研究［J］．财会通讯，2015（26）.

［4］孙德升，刘峰，陈志．中国制造业转型升级与新微笑曲线理论［J］．科技进步与对策，2017，34（15）：49–54.

［5］陈晔，陈雨果，刘文涛，等．南方（以广东起步）电力辅助服务市场发展展望［J］．南方电网技术，2018，12（12）：55–63.

［6］王玉萍，刘磊，李小璐，等．调峰辅助服务费用分摊机制［J］．广东电力，2019，2（32）：1–7.

［7］庞鹏．电力市场化改革背景下电力需求响应机制与支撑技术［J］．广东电力，2016，29（1）：70–78.

［8］调峰调频发电公司计划发展部．南方电网区域中长期抽水蓄能电站规划选点报告［R］．广州，2018.

［9］南方电网调峰调频发电有限公司，中国能源建设集团广东省电力设计研究院有限公司．广东重要城市保底电源规划研究［R］．广州，2018.

［10］文贤馗，张世海，邓彤天，等．大容量电力储能调峰调频性能综述［J］．发电技术，2018，39（6）：487–492.

［11］易江腾，陈浩，郭庆红．大容量电池储能技术及其电网应用前景［J］．大众用电，2018，32（08）：3–5.

［12］王鹏，韩志辉．电力辅助服务建设的渐进模式——中国电力辅助服务市场化二十年的历史经验［J］．中国电力企业管理，2018（28）：12–15.

［13］蔡安辉，葛小雷，于红卫，等．基于服务主业的“产融结合”创新实践［J］．中国有色金属，2018（S1）：9–15.

践行新发展理念推动新区供电高质量发展的思考

■ 深圳供电局有限公司深汕特别合作区供电局　何斌斌

摘　要：发展是解决我国一切问题的基础和关键，发展必须是科学发展，必须坚定不移贯彻创新、协调、绿色、开放、共享的发展理念。为进一步整合资源，发挥区域优势，优化产业布局，提升产业能级，提高经济发展的质量和效益，我国先后设立了河北雄安、深圳前海、深圳深汕特别合作区等多个新区。目前，部分新区尚处于大开发、大发展的高速发展阶段。本文以深圳深汕特别合作区为例，指出面对新区快速发展带来激增的用电需求以及复杂的运行风险，旧发展理念将成为限制供电高质量发展的主要因素。针对供电高质量发展存在的问题，本文提出要练就本领推动新发展理念实践，并从创新发展、协调发展、绿色发展、开放发展、共享发展等五个方面，系统推进新区供电高质量发展。

关键词：新发展理念；新区；供电高质量发展

引　言

中国特色社会主义进入了新时代，习近平总书记顺应时代和实践发展新变化、新要求，坚持以人民为中心，旗帜鲜明地提出要坚定不移贯彻“创新、协调、绿色、开放、共享”的发展理念。新发展理念是将科学的马克思主义理论与中国改革开放的伟大实践与时代特征紧密结合的智慧结晶。我们必须用新的发展理念来认识、把握和引领经济发展新常态，用新发展理念引领发展行动，推动我国经济高质量发展，更好地满足人民日益增长的美好生活需要。

新区在发展初期相当于一张白纸，对于新区供电发展同样如此。选择设立新区的区域，普遍是人口稀少、基础设施较差、未曾大规模开发的区域。新区成立之后，往往很快进入大开发大建设大发展的阶段。此时，原有的电力设施很难满足大开发大建设的用电需求。在很长一段时间内，由于电力设施的建设完善需要固有的周期，供用电矛盾将尤为突出，同时，在城镇化建设过程中，区域环境的不断变化对电力设备的安全运行带来了很大的风险。如果在新区开发建设的初期，供电发展的理念出现偏差，发展质量不高，一方面无法支撑新区高质量发展，无法满足新区人民群众日益增长的美好生活需要，另一方面日后改造的成本也会非常大。所以，要实现新区供电高质量发展，必须认真贯彻落实好新发展理念。

一、新发展理念是实现高质量发展的重要指引

（一）新发展理念深刻揭示了实现更高质量、更有效率、更加公平、更可持续发展的必由之路

新发展理念是在深刻总结国内外发展经验教训的基础上形成的，是在深刻分析国内外发展大势的基础上形成的，也是针对我国发展中的突出矛盾和问题提出来的，集中反映了我们党对经济社会发展规律认识的深化。新发展理念体现了以人民为中心的根本立场，运用了唯物辩证法来认识和探索人类社会发展中的矛盾运动规律，抓住了牵动经济社会发展全局的“牛鼻子”，指出了协调发展、人与自然和谐共生和对外开放的实践路径。党的十八大以来，党和国家事业发生的历史性变革，很重要的一个方面是坚定不移贯彻新发展理念，使错误发展观念、发展方式粗放的状况得到明显转变。

（二）践行新发展理念，是推动新区供电高质量发展的根本途径

供电高质量发展是社会经济高质量发展的重要基础和重要保障。新时代，人民日益增长的美好生活的需要，对电力供应也提出了更高的要求，具体体现在：供电可靠性要不断持续提升，用电安全要更能得到保障，生态环境保护要更加强化，电能供给方式要满足多样化的需求，供电服务要更加细致到位等等。新时代，推动供电高质量发展，必须践行新发展理念：坚持技术和管理创新，不断提升供电能力和可靠性；坚持协调发展，注重解决社会用电安全问题；坚持绿色发展，强化对生态环境的保护；坚持开放发展，推动电网运营能力升级；坚持共享发展，增强人民群众电力获得感。

二、新区供电发展的特点及问题分析

新区在启动初期，人口稀少、基础设施差。在进入大开发大建设大发展的阶段后，用电需求将出现井喷的情况，而原有的电力设施升级改造需要固有的周

期，在一定时期内供用电矛盾将尤为突出。同时，由于建设项目点多面广、流动人口增多等带来区域环境的不断变化，对电力设备的安全运行也造成了较大的风险。下面以深汕特别合作区为例，分析新区供电发展的主要特点及存在问题。

（一）大开发大建设大发展带来激增的用电需求以及复杂的运行风险

深汕特别合作区位于粤港澳大湾区最东端，西接惠州，东连汕尾市海丰县，总面积468.3平方公里，下辖鹅埠、鲘门、小漠、赤石四镇，户籍人口7.73万。2018年12月16日，深汕特别合作区正式成为深圳第“10+1”区，步入了大开发大建设大发展的阶段。2019年3月28日，《深汕特别合作区高质量发展三年行动计划（2019–2021年）》正式发布，提出要加快机器人、先进通信设备、数控机床、医疗数字机械、自动化控制系统等产业投资建设，加快广汕高铁、深汕高铁、深汕第二高速、学校、医院、住房等城市基础建设，到2021年，地区生产总值达150亿元以上，全社会固定资产投资250亿元以上；城市人口达25万左右，常住人口实现全部城镇化。合作区规划明确“一心、两轴、三带、四组团”总体空间布局思路，以世界眼光、世界标准，按照智慧城市、海绵城市理念，打造具有国内标杆意义、全球一流水平的特别新城，努力建设粤港澳大湾区东部门户、粤东沿海经济带新中心、深圳市自主创新拓展区、现代化国际性滨海智慧新城。

从深汕特别合作区的行动计划以及发展情况来看，未来三年，城市人口将达到现有人口的3倍，地区生产总值将增加至2018年（53.13亿元）的2.8倍，全社会固定资产投资将达到2018年（66.74亿元）的3.75倍。2019年5月，深汕特别合作区69个重点项目同步开工，总投资535.15亿元。

从用电负荷预测来看，深汕特别合作区2020年的最高用电负荷（200MW）将达到2018年（52MW）的3.8倍，2018–2019年已接到的申请报装用电需求（见表1）已超过合作区现有的供电能力（360MW）。与此同时，合作区内纷至沓来的信息技术、先进制造等高新技术企业对电力需求表现为“三高一强”（对电力的依赖度高、对供电质量的要求高、对供电服务水平的期望值高、消费维权意识强）。

表1 合作区近三年用户报装容量分类统计

序号	用电类型	报装容量（千伏安）			
		2018年	2019年	2020年	合计
1	居民	1880	0	0	1880
2	商业	0	0	0	0
3	工业	250000	300000	250000	800000
合计		251880	300000	250000	801880

从运行风险评估来看，由于大开发大建设带来大量的大型施工车辆、施工器具的使用，以及建设工地外飘物品等复杂环境变化，导致区域内电力设备运行风险不断加大。2018年，由于施工、外飘物等外力破坏导致合作区电力设备故障跳闸占比高达43%，同比增加了50%。此外，随着新区在分布式能源、多能互补、电动汽车、数据中心等领域的新技术广泛部署应用，也增加了日后电网运行方式调整、设备安全运行、客户用电服务等方面的难度和风险。

（二）旧发展观念是限制供电高质量发展的主要因素

面对新区大开发大建设大发展带来的复杂变化和诸多挑战，旧的发展理念已无法驾驭复杂局面，满足人民日益增长的美好生活需要。下面以深汕特别合作区为例，分析旧发展观念对供电高质量发展的限制。

（1）按部就班的发展理念不能满足快速增长的负荷需求。2019年，深汕特别合作区申请报装的用电需求已超过合作区现有的供电能力，如果按照常规电网建设发展，在未来一到两年内，电网将无法满足用电需求，合作区将可能出现大范围的缺电情况。同时，新增的负荷需求中有对电能高质量要求的高新科技产业，合作区的供电发展如果不同步考虑、提前谋划高质量电能的供应，将会影响合作区高精尖科技产业的发展。

（2）个体孤立的发展理念无法适应复杂多变的社会环境。2019年，深汕特别合作区69个重点项目同时开工，其中有轨道、道路、工业园区、住房等多类建设项目，数量庞大的项目同时或接连开工，一方面大量工地的临时用电以及快速投产的企业单位，如何确保企业单位以及社会人员的用电安全是一个需要关注的问题。另一方面，大范围的建设工地，多类型、多数量的施工器具对电力设备建设及运行带来复杂的风险，比如重复开挖建设的问题、外力破坏的问题等等。如果仍然只是孤立开展电力建设及运行，没有充分考虑社会经济快速发展所带来的复杂多变影响，用户用电安全以及电网运行安全将存在很大的隐患。

（3）忽视生态的发展理念影响推进人与自然的和谐共生。进入新时代，人民群众对优美环境的需求越来越强烈，过去电力的发展更加侧重的是满足用电的需求，往往忽略了与环境融合的要求，比如存在为了满足当地急切的用电需求，或是受到相关利益方的阻挠，而将部分配网杆塔、户外配电设备安装在公共区域如人行通道上，结果是影响人们的出行以及城市的视觉效果等等。诸如此类的案例，如果在前期发展的阶段没有同步考虑保护环境、融入环境，日后必将要耗费更大的代价进行改造。

（4）封闭自我的发展理念阻碍提供更高质量的电力服务。现阶段，分布式能源的快速发展、电动汽车的逐步普及、互联网+技术的广泛应用等等，对电源的开放接入、电能的双向互动、电网的智能运营提出了更高的要求。如果还是坚持传统的观念发展新区电网，没有主动学习，不掌握新技术的动态，不能充分对外开放融入新时代科技发展的潮流中，运用人类社会创造的先进科学技术成果和有益管理经验，电网就谈不上发展壮大，运营就跟不上时代潮流，供电服务更谈不上优质服务。

（5）立场狭隘的发展理念加剧不公平非正义的社会问题。新区的发展往往是从农村走向城镇化的过程，从熟人社会进入陌生人社会。尤其在新区快速发展激增的用电需求与供电资源稀缺的矛盾突出阶段，如果开展供电业务还是基于设立新区前熟人优先的立场，只会加剧不公平非正义的问题。

三、如何践行新发展理念推动新区供电高质量发展

（一）练就本领推动新发展理念实践

1. 党员干部带头，践行学思践悟

首先，党员领导干部带头学。要贯彻落实好新发展理念，关键在于党员领导干部要有深刻的思想认识，并且要落实到具体实践中。由于选择设立新区的区域，普遍是经济和观念较为落后的区域。在学习、践行新发展理念中，更需要充分发挥基层党组织和党员作用，做实做细党员群众的政治思想工作，激发全员积极学习主动创新活力。其次，集中学与自学相结合。集中学习可以通过组织党委理论学习中心组学习、支部学习及专题研讨等形式，侧重在理论的宣贯学习和思考的分享交流。践行新发展理念意味着对传统发展思路的根本转变，需要思想的解放、观念的更新和工作方法的改变，光是集中学习是不够的，只有通过不断的自学、思考、实践，才能提高认识、转变观念、掌握方法。第三，结合实践案例深入学。学习新发展理念，要结合推动新区供电高质量发展的实践案例深入学。比如，分析制约新区供电可靠性提升的因素，制定创新推动供电可靠性提升的举措，等等。

2. 坚持系统观点，提升思维能力

习近平总书记在中共十八届五中全会第二次全体会议上说：“这五大发展理念相互贯通、相互促进，是具有内在联系的集合体，要统一贯彻，不能顾此失彼，也不能相互替代。哪一个发展理念贯彻不到位，发展进程都会受到影响。”在践行新发展理念推动新区供电高质量发展中，要系统地认识发展的整体性和关联性。在实际业务推动中，坚持系统观点和辩证方法，要同时考虑到传统与创新、个体与整体、当下与未来、内部与外部、小众与大众等关系的处理，注重系统谋划统筹兼顾创新发展、协调发展、绿色发展、开放发展、共享发展。比如

说，电网规划建设，既要考虑短期的用电需求也要考虑长远的新增负荷，既要考虑内部的质量控制也要考虑外部的环境保护，既要考虑电源的多样性也要考虑用户的差异化，既要考虑局部的需求也要考虑整体的利益。

3. 理论联系实际，指导具体实践

新发展理念是实现我国高质量发展的重要指引，具体到应用中，需要与实际相结合。推动新区供电高质量发展，需要具体把握新区供电发展的主要问题在于大开发大建设大发展带来激增的负荷需求以及加大的运行风险。同时，进一步剖析可以发现，供电发展中存在与社会相关行业协调发展、同步考虑自然环境保护、融入时代科技潮流、保障社会公平正义等问题。在实际工作中，通过贯彻新发展理念，谋划发展的具体思路，落实发展任务的工作举措，推动科学发展出实效，使各项措施落地生根，便可以很好地化解发展中的矛盾风险，解决存在的问题。

（二）系统推进新区供电高质量发展

1. 创新发展提升供电能力和可靠性，保障新区经济高质量发展

一是推动管理创新，快速提升供电能力。按部就班的供电发展已无法满足新区快速增长的用电需求，需要建立以需求为驱动、以目标为导向、以协同为关键的电网快速建设模式，对外协调新区政府牵头多单位协同，快速布控变电站站址以及输电线路路径，对内由责任单位牵头多部门协同，优化加快电网建设的管理流程，对于可以并行的环节不串行实施。二是推动技术创新，持续提升供电可靠性。针对新区发展的初期阶段电网基础薄弱、可靠性低的问题，除了加大电网基础建设，还要通过技术创新持续提升供电可靠性。在电网薄弱、低电压的区域，引入分布式能源及储能技术；在提升电网运行维护水平方面，加大自愈式配网自动化、设备状态智能诊断、无人机巡线等新技术的研究应用。

深汕特别合作区目前尚有11回单辐射型线路，占比超过50%，辐射型线路供电可靠性相当低。考虑到新变电站建设以及联络组网需要一定的周期时间，在现阶段，可以通过采用在线路部署储能系统组成微电网，大幅提高线路及用户的供电可靠性。储能系统按正常并网削峰填谷，紧急情况作为备用电源提供电能输出。目前，经过性能、经济、维护等综合比较，基于高性能钛酸锂电池的一体化可移动储能系统值得探索应用于深汕特别合作区的供电发展，其架构如图1所示。

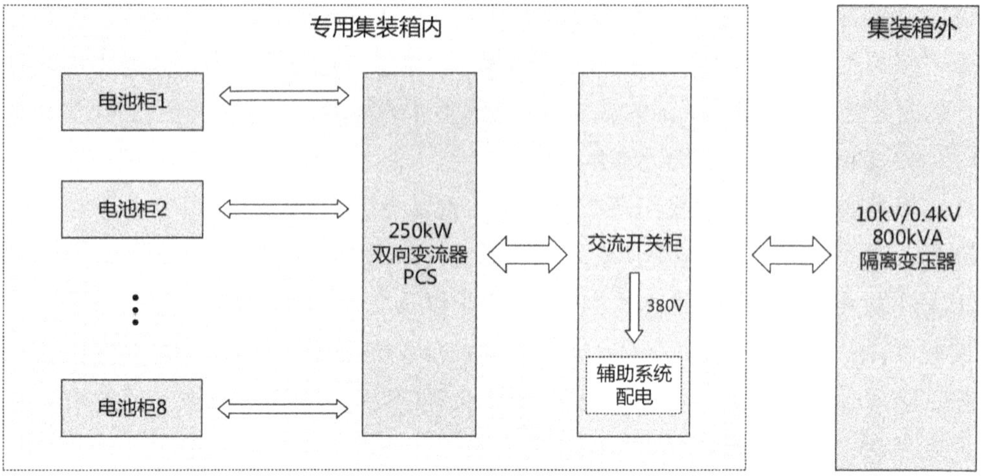

图1 储能微电网示意图

2. 协调发展推动新区行业间协同，解决社会用电安全问题

一是协助用户强化用电管理，保障用户用电安全。针对新区工业、商业、城市基础设施等各行各业快速发展容易忽视内部员工及社会人员用电安全的风险，一方面协助新区政府推进、监管各主体单位建立安全用电的规范管理机制，落实安全用电的主体责任；另一面，供电企业也通过媒体宣传、沟通交流等方式，提高人民群众安全用电的意识。二是多方协作防止外力破坏，保障电力安全运行。新区大开发大建设加大了电力设备安全运行风险，防止施工破坏电力设备，要从源头入手，一方面加强宣传教育，营造“人人参与、社会重视”的良好舆论氛围，提高群众对地下电力管线安全保护的认同感；另一面联合新区各建设单位，制定防外力破坏现场技术规范，并督促涉及电力设施保护区内作业的项目和工地，落实安全防护的责任。

3. 绿色发展促进供电与环境融合，保护新区自然生态环境

一是提高设计标准，减少对环境破坏。在新区建设的初期，要结合城市规划，提高设计标准，规划设计建设一次到位，避免重复开挖建设改造，研究采用环保型材料设备，满足生态环境保护的要求。二是提高建设标准，配网设备多入户。在投资允许的情况下，尽量减少户外开关箱、箱变、台架等配网户外设备的使用，把配网设备安装进建筑物中，减少对生态环境的影响。

4. 开放发展融入新时代发展潮流，提供更高质量供电服务

一是加大行业内开放，互利共赢。新区的发展势必会带来更多先进技术、先进理念的研究推广应用。新区供电高质量发展，需要积极探索分布式能源、多能互补、电动汽车推广应用等电源和用户侧的技术发展动态，研究电网运营如何支

撑新时代科技发展，主动提升电网运营数字化、智能化水平，适应电源的开放接入、电能的双向互动等电能转化利用模式升级变革。二是加大行业外开放，交流互鉴。互联网+、机器人、人工智能等新技术的研究应用丰富了服务人类的技术手段，贡献了有益管理的方式借鉴。进入新时代，供电的发展除了要满足人们有电用，还要满足人们用好电以及得到高质量服务，需要借鉴互联网+、机器人、人工智能等新技术，实现报障用户的准确定位和回复、业务办理信息的及时告知、设备缺陷不停电处置等，向人民群众提供更高质量的供电服务。

5. 共享发展解决不公平和非正义，增强人民的电力获得感

高质量发展是以人民为中心的发展，若不能满足人民日益增长的美好生活需要，高质量发展便无从谈起。新区供电高质量发展，主要便是围绕增强人民电力获得感。针对深汕特别合作区人民用电过程中的痛点问题、突出问题，从以下接电、投诉、复电、故障等四个方面推行四个大幅减少来实现获得电力、优质服务、供电可靠性的提升（图2）。一要减少客户接电时间，提升电网接入能力，优化完善业扩、故障复电等与客户用电密切相关的制度，保证业务办理公平公正，并通过客户满意度、获得电力等指标评价，及时发现并改进人民群众用电中存在的问题。二要减少客户投诉数量，通过创新“互联网+服务”的方式，提供线

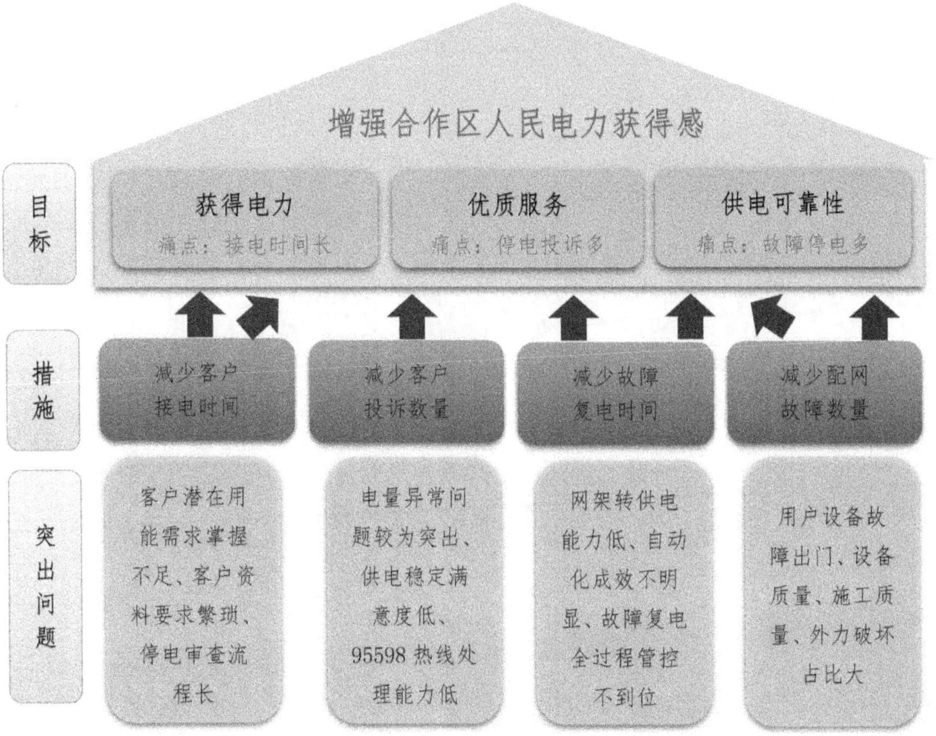

图2 增强深汕特别合作区人民电力获得感的问题与举措

上业务办理及查询的服务，人民群众不仅能线上办理所有用电业务，实现一次都不跑，而且实时掌握办电流程、电价电费、复电抢修等信息，并且公开线上业务办理节点信息，让人民群众享受“透明电”“放心电”，对内形成有效监督，保障人民群众的基本权利。三要减少故障复电时间，强化供电网架水平，大力推进配网自动化的应用，推进故障全过程处理的监控，确保故障复电时间有效缩短。四要减少配网故障数量，把好新设备入网的检测关、验收关、质量关，协助做好客户设备的运维管理，与新区各建设单位共同落实好电力设施保护区内作业的安全措施，最终保障新区人民的可靠用电。

参考文献：

［1］孙红湘，张静. 以新发展理念指引高质量发展［J］. 人民论坛，2018（30）.
［2］中共中央宣传部，习近平新时代中国特色社会主义思想三十讲［OL］. 人民网，2018-05.
［3］习近平总书记在省部级主要领导干部学习贯彻党的十八届五中全会精神专题研讨班上的讲话［Z］. 2016-01-18.

电力市场在资源配置中的作用探讨

——新电改背景下广西电力市场建设研究

■ 广西电力交易中心有限责任公司　黄冬生

摘　要：十八大后，中央明确指出市场在资源配置中起决定性作用，取代了之前基础性作用的表述。据此，本文选取电力改革的关键一环——电力市场建设作为切入点，回顾近几年来广西电力市场建设的成效，总结了电力市场改革面临的机制体系尚不完善，市场公平秩序意识亟待加强，各方干预接踵而至等问题并深入分析了原因，提出了更好推进广西电力市场建设的思路建议。即遵循市场决定资源配置的规律，妥善处理好行政调节与市场自主的关系，通过推动发挥政府作用、增强市场意识、完善市场机制、加强平台建设等举措，还原电力商品属性，进一步推进广西电力市场建设，实现与南方区域统一市场的有效衔接，为公司彰显价值链整合者战略定位提供有力支撑。

关键字：电力市场；资源配置；平台；价值链整合

一、研究背景

广西是全国少有的“一省多网”省区，要平衡各方利益，形成统一的电力市场机制面临较大挑战。此外，广西一次能源匮乏，火电发电成本高，年利用小时低，水火丰枯矛盾突出，电力体制改革包括电力市场建设形势错综复杂。经过近3年的电改探索实践，国家及地方政府深入推进电力市场化改革成效明显，广西电力市场建设初具雏形，形成了输配电价改革稳妥推进、发用电计划有序放开、市场化交易稳步增长等良好发展局面，但仍存在不少问题，主要体现在市场秩序还不够规范，降价诉求居高不下，各方干预博弈偏多，电力商品属性尚未充分还原等，这些问题如未能得到有效解决，健全完善的电力市场机制也将难以形成。特别是近期，广西电网公司与广西水利电业集团（管理广西近一半县份电业公司）

迎来以股份制方式融合发展的历史机遇，加快建设规范、统一、高效的电力市场，有效释放改革红利，彰显电力改革成效，就显得尤为紧迫。

改革，既是对原有格局的优化重组，也是利益相关方的博弈平衡。加快推进电力市场化改革，实际上就是要充分处理好在资源配置中市场起决定性作用的问题。电力市场化改革的本质是提高电力资源配置效率和水平，发挥市场这只无形之手的作用，其核心要义是减少政府对市场活动的过多干预，消除行政配置资源的弊端，让市场发挥决定性作用。市场决定资源配置是市场经济的一般规律，健全社会主义市场经济体制必须遵循这条规律，健全电力市场也必须遵循这条规律，着力解决市场体系不完善、政府行政干预偏多等问题，充分体现市场主体自主意愿，让市场在电力资源配置中真正发挥决定性作用，充分还原电力商品属性，进一步激发市场活力，有利于在电力行业真正树立政府与市场关系的正确观念，有利于转变电力工业经济发展方式，有利于整合力量，统一南方区域电力市场，为市场主体提供良好的营商环境，有利于服务公司新一轮改革发展战略布局，抢占市场先机。

二、广西电力市场建设现状

（一）广西电力市场建设主要成效

早在2014年，广西即开展大用户直购电试点。2016年5月，国家发改委、能源局批复《广西电力体制改革综合试点实施方案》，广西电力市场建设步伐加快；6月，广西电力交易中心挂牌成立；同年12月，国家发改委正式批复广西首个监管周期输配电价。2017年12月，广西电力中长期交易基本规则颁布。至此，广西电力交易机构组建、电力市场运营规则颁布、输配电价批复、发用电计划放开等市场框架体系已基本确立，市场交易体系初步成型，累计交易电量突破1000亿千瓦时，市场建设和运营取得明显成效：

一是市场交易规模稳步增长，市场准入范围有序扩大。目前已放开到全部10kV及以上大工业用户，注册市场主体近5000家。如图 2 所示，参与交易用户数、交易频次及成交电量、释放红利均实现连续多年翻番，2018年交易电量502.8亿千瓦时，占广西主电网售电量41.3%，市场化程度全国靠前（2019年上半年交易电量已突破600亿千瓦时）。

表1

	单位	2014年	2015年	2016年	2017年	2018年	合计
交易批次	次	1	3	5	24	69	102
交易用户数	户	1	69	149	516	2822	2853

续上表

	单位	2014年	2015年	2016年	2017年	2018年	合计
交易电量	亿千瓦时	33.7	60	138.8	379.4	502.8	1114.7
售电量占比	%	3.6	6.5	14.2	36.6	41.3	
用户获利	亿元	1.1	3.7	15.2	21.8	43.76	85.56

二是市场化手段稳增长成效显著。根据广西实际针对性策划增量交易，有效支撑了广西经济稳增长和降本增效工作。2018年拉动用电增量112亿千瓦时，直接拉动广西主电网售电量增长9%，助推广西年度用电增速位居全国前列（图2）。

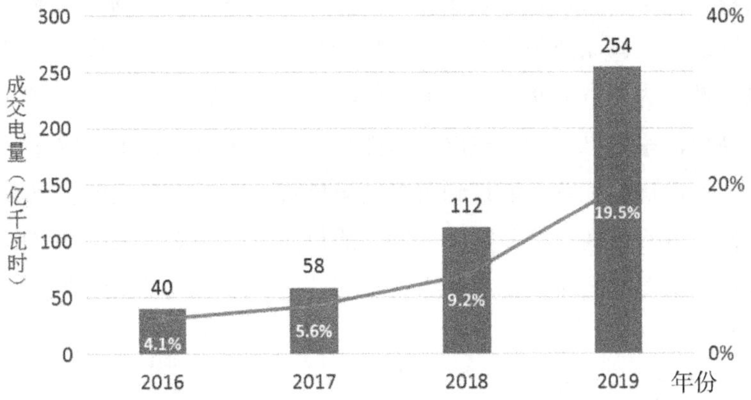

图2　增量电量成交情况

三是发电计划有序放开。深度挖掘发电侧市场化最大空间，2017年实现火电全电量、核电2/3以上发电量参与市场；2018年推动水电富余电量进入市场，通过发电权转让参与交易，实现清洁能源消纳和发电计划放开双赢。

四是市场化促进清洁能源消纳。合理设置交易规则及竞争系数，积极促进核电市场化消纳。2018年核电达7410利用小时，为同期火电利用小时数2.2倍，其中市场部分占比73.4%。建立水火（核）发电权交易长效机制，2018年市场化消纳超基数富余水电33.3亿千瓦时，全力为广西“零弃水”保驾护航。

五是跨网交易实现资源优化配置。地方电网用户执行主电网输配电价，参与市场方式与主电网用户相同。累计参与526户，成交市场电量超过100亿千瓦时，降低用电成本7亿元，拓宽了电力资源优化配置的范围。

六是售电市场培育稳妥有序。营造公平、开放、透明的市场环境，售电公司代理用户数、代理电量及比例呈逐年增加趋势，2018年售电公司累计代理成交电量占比达57.8%，其中月度竞价高达92.1%。对活跃竞价市场，平衡供需博弈起到关键作用。

（二）广西电力市场建设面临问题

1. 市场交易机制不够完善

一是交易体系不够完善，价格机制不够健全，存在指导市场价格情况。二是市场化火核电机组发电量年初末两头高、中间低，发电量无法与用户市场化需求逐月匹配，削弱了市场合同执行的刚性。三是发电侧偏差受系统约束和电力电量平衡影响大，“余缺互补、盈余共享”的偏差处理机制，仍有待市场检验。

2. 市场公平和秩序受到冲击

一是由于历史原因，广西存在三个地方电网，近期又建成地方区域电网，不仅违规建设自备机组，还擅自将公用电厂脱离主网，甚至在市场合同未完成的情况下强行转网，违反国家政策，对电力市场交易秩序产生了较大影响。二是区域电网小容量，部分为外省淘汰后迁建的高能耗小机组，在无电力业务许可证情况下人为圈地高负荷率发电，导致主电网节能环保大容量火电机组高效发电产能存在闲置浪费，资源优化配置未能得到公平竞争体现。三是部分发电企业参与市场积极性不高，千方百计通过要基数、奖励，或供热、环保出力来增加发电空间，扩大发电侧执行偏差的同时挤占市场机组空间，进一步加大了调度平衡与交易履约的执行难度。

3. 市场管理体系不够健全

一是风险管理体系不健全，不利于规范市场行为；市场运营监测分析指标体系不够完善，尚未能有效评估市场情况。二是履约考核有待完善，电力用户正偏差由目录电价兜底结算，不利于培育市场成员的风险意识，较难应对后续供求关系变化引发的市场风险。三是市场服务体系不够规范，存在信息披露不充分、安全校核系统交互性不足等问题。

4. 电力市场主体可持续发展空间受限

广西一次能源匮乏，到港煤价远高于全国平均水平，火电利用小时又低。从2014年开展直接交易以来，在利用小时数持续下滑的情况下发电企业普遍具有较强生存危机意识，通过市场化交易做大发电量的市场意识逐步加强，竞争加剧释放了大量红利，优胜劣汰一度使广西火电行业面临巨额亏损的风险。电网企业通过输配电价改革、免收增量基本电费、一般工商业降价等措施大幅让利。用户侧作为红利获得方，竞争意识不够，对于降价诉求较高，偏离广西实际。从长远看，目前电力市场主体单方面让利的模式在持续亏损情况下难以为继，可持续发展空间受到较大压缩限制。

三、电力市场建设问题分析

（一）原因分析

1. 稳增长驱动导致对电改预期偏高

此轮改革重心下放，国家层面确定大原则和框架，具体由各省提方案，分类试点，择优推广，充分调动了各省的改革积极性，但也增加了改革可能局部走偏的不可确定性。在整体经济低迷的情况下，降低用电成本成为政府刺激经济的重要措施，各种在中央改革精神框架下打擦边球甚至背道而驰的情况屡有显现。尤其广西一次能源匮乏，到港煤价高等客观原因，核定的标杆电价较高，造成企业和政府认为“高电价是制约广西经济发展的重要因素”的片面观点，导致有关部门指导市场交易价格，甚至调整输配电价执行标准等情况。

2. 违规建设行为仍显蔓延之势

由于历史原因，广西存在多个供电主体，还存在部分企业违规自建电网，经营范围内主辅不分、厂网不分，不符合国家改革精神。借本轮改革契机，其通过不执行国家电价政策，不缴纳或缓缴政府基金，规避交叉补贴，违规从周边省份引入电源等形成了价格“洼地”，造成不公平竞争，实质带来的是高效发电产能过剩、电网重复建设、社会公共资源浪费和整体能耗大幅攀升，进而冲击市场公平秩序。

3. 降电价导向扭曲市场意识培育

由于广西资源优势重点行业多为高能耗产业，电价敏感度高。在本轮改革中它们获得了较大的红利，形成了电改等于降电价的定势思维，只侧重于通过交易得到实惠，对做好用电预测、规范市场管理、遵循交易规则考核等积极性不高。有关部门也侧重于交易的量和价，对市场运营管理体系建设关注不够，甚至在一定程度上认为准入注册规范、资料报送审核、信用评价及风险管理、履约管控和违约管理等增加了用户负担，影响了用户参与市场的积极性。市场风险体系建设和市场意识培育不到位，较难满足后续市场健康发展的需求。

4. 电源结构多样及多网并存增加了市场复杂度

不同于其他省份主力电源种类单一集中，电力市场建设简明高效。广西电源结构特殊，水、火、核、云电、西电、风光等多种电源并存，各种电源发电空间矛盾尖锐。丰水期为保证清洁能源优先消纳，较大挤占市场机组煤电的发电空间；同时，广西处于西电东送通道中部，电网约束多，火核电受电网安全约束、保供热影响电量超过总体发电空间的一半，增加了市场交易电量优化的难度，难以反映电力商品的时空属性，给市场机制设计带来很大的挑战。此外，由于10kV输配电价高，形成用户侧倒挂，无法通过常规方式参与市场，进一步扩大市场规模，完善市场体系设计存在瓶颈。

（二）国内外先进市场体系分析

1. 美国PJM市场建设经验

美国PJM电力市场是目前美国最大、最成功的区域电力市场。其主要负责美国大西洋沿海中部13个州及1个特区的电力系统运行管理。PJM电力市场以中长期金融市场、能量现货市场（包括日前市场和实时市场）为主，辅以辅助服务市场、容量市场、金融输电权市场等。在中长期市场中，市场成员之间可以签订从日前到中长期各周期的双边交易合同，以规避现货市场中的价格波动风险，合同只具有金融结算意义；在现货市场中，市场成员以全电量申报电量和价格，由PJM结合电网安全约束等要求统一出清，形成电网各节点的电价，并结合中长期合同结算。

由于美国PJM市场的电力供需矛盾比较突出，输配电阻塞问题较为严重，发电厂商的市场集中度较高，当局部地区电力供应紧张时，发电厂商有意向行使市场力以谋取自身利益最大化。因此在构建现货市场、设计交易规则时，PJM侧重考虑系统安全性，重点考量供需平衡与市场平稳运行的保障；通过采用日前市场的“全电量优化”模式，同时考虑电能与备用、调频等辅助服务资源的统一优化，以强调现货市场资源集中优化配置的作用；市场出清采用节点电价机制，反映电网各节点的电能供需关系，解决输配电阻塞问题。

2. 北欧电力市场建设经验

北欧地区包括挪威、瑞典、芬兰、丹麦、冰岛五国。除冰岛外，其他四国均已实现电网互联，形成了统一的北欧电力市场。北欧电力市场的交易品种主要包括能量现货市场（包括日前市场、实时市场和实时平衡市场）、辅助服务市场等。其主要特点是：

（1）以市场机制为手段有效优化能源结构，提高运行效率。通过物理的“分散式”现货市场竞价，充分调动市场成员、用户的决策能力，实现社会福利最大化和电能供需平衡，提高短期用电的效益和效率；采用市场拍卖方式有效消除输电阻塞，实现对网络资源的充分利用；通过备用和调频市场保障电网安全稳定运行和电能质量；建立排放权交易市场，实现总体节能减排，提高排放效益。

（2）以价格为信号引导市场成员，促进市场效率提升。引入可中断电价和需求侧竞价增强了电力需求弹性，提升用户参与平衡的主动性，根据不同的用户类型区别对待，激励用户对电网资源的充分利用。

（3）以排放权交易与电力交易的有效结合促进节能减排。引入排放权交易，通过对限定的排放指标交易，提高了单位排放效益，额外的排放成本叠加于电能交易成本，导致排放需求大的发电企业成本增加，竞争力下降，促使其开展节能减排改造或调整能源消耗结构。

3. 广东电力市场建设经验

广东电力市场前期以年度长协交易、合同电量转让交易和月度集中竞价交易为主，以双边协商或集中竞争的方式开展。2018年8月广东发布了广东电力市场运营基本规则，标志着全国首个电力现货市场投入试运行，广东电力市场体系基本建成。

广东电力市场参照美国PJM市场体系设计，由中长期电能量市场和现货（日前、实时）电能量市场交易以及辅助服务交易组成。中长期电能量市场基于金融性质的差价合约开展；现货市场采用全电量申报、集中优化出清方式开展；辅助服务市场目前仅开展调频辅助服务集中交易，与电能量市场分开独立运行。

广东采用集中式现货市场主要考虑以下几点：

（1）通过安全校核与竞价交易迭代出清，形成满足安全约束的发用电计划，可以更为有效地保障电力电量平衡与电网安全运行。

（2）集中式现货市场中采用全电量集中竞争，按照统一边际价格出清，可以实现整个系统发电成本最小、社会福利最大化，对于电力资源的优化配置更好。

（3）集中式现货市场中清洁能源优先出清，非清洁能源通过竞价发电；西电东送中云南水电具有低价优势，在交易中优先出清，促进了清洁能源充分消纳和西电东送。

通过分析国内外先进市场体系可以看出，一个国家、一个地区采用何种市场模式，取决于该国家、该地区电源特点、网架结构、电力行业特性以及政治、经济和社会等因素。广西电力运行特点在上述市场中均有体现，在市场体现建设过程中，可借鉴美国PJM市场在解决电网阻塞严重、发电企业市场集中度较高等方面的先进经验，确保系统安全运行，实现供需平衡与市场平稳运行。可借鉴北欧电力市场引入排放权交易，通过限定排放指标交易，促进清洁能源消纳、节能减排改造、调整能源消耗结构。广东在全国范围内率先开展电力现货市场建设，其全电量申报、集中优化出清方式，对广西后续现货市场设计也有十分重要的借鉴意义。在建设运营好现有中长期电力市场的基础上，学习借鉴先进市场建设经验，构建公平、健康、可持续发展的电力市场环境，化解发展中存在的诸多问题日趋迫切。

四、优化广西电力市场建设的建议

（一）加强市场体系建设，发挥市场在资源配置中的决定作用

1. 完善市场设计，规范交易规则

广西电力市场在市场运营监控、风险管理和信息披露方面仍有待加强规范。通过设计市场宏观层面和交易主体微观层面的监测指标，用于反映电力市场总体效用，同时也反映市场价格、市场结构、市场成员行为等变化信息，进而把握社会经济发展状况，引导电力市场有序发展；着眼于电力交易全过程管理，以具体异常问题为导向，制定市场交易应急处置管理方法，快速、妥善地处置突发情况，保障市场秩序；规范电力市场信息披露行为，严格按照公众信息、公开信息和其他信息的界定范围充分、准确地向市场主体披露，有助于建设一个公开透明、统一开放的电力市场。

2. 丰富交易品种，扩大交易规模，促进市场繁荣

2018年国家全面放开煤炭、钢铁、有色、建材等4大高耗能行业用户用电计划。近日，国家全面放开经营性电力用户发用电计划，在降成本的背景下，广大中小用户将成为市场交易规模扩大的重要主体。由于中小用户对价格敏感性较低，在全面放开经营性发用电计划后，“基准电价+浮动机制”的市场化定价机制将逐步成为市场主流。“保量保价”+“保量限价”的清洁能源消纳模式也将逐步被市场认可。随着交易规模的扩大、市场主体的增加，电力市场将愈发活跃、繁荣。

从政策文件要求、用电类型、电源类型等多个角度进一步谋划细分交易品种，精准满足市场主体的交易需求；增加交易频次，探索交易周期由年、月缩短到周，便于市场主体结合生产计划调整灵活参与交易，契合自身用电需求，同时也为与电力现货交易衔接打下基础。增量电量交易是广西电力市场的特色交易品种，能够较好地刺激工业经济增长，广受大工业用户的欢迎。为了做好交易延续性，结合广西大工业用户的生产性质，完善增量交易体系，分类别灵活设置增量基数，以适用各类用户的增量特性；鼓励发用双方签订多年长期协议，稳定市场的量与价。

3. 倡导维护契约精神，加强培育市场意识

随着市场规模不断扩大、市场主体的增加以及交易品种的丰富，急需通过制度来引导、约束、纠正市场行为。一是开展信用体系建设，营造良好的信用环境。做到市场主体全覆盖，有效引导市场主体防范及规避市场交易风险。着重规范市场行为，完善评价指标，解决重点失信问题。强化信用意识，形成褒扬诚信、惩戒失信的制度机制。通过开展市场主体信用额度管理有效管控交易风险。

二是规范履约考核，理性审慎参与市场。以规范履约考核为切入口着力提高市场成员的市场意识。以引导为主考核为辅的原则科学设计偏差考核机制，明确偏差的阈值和结算考核的标准，形成负偏差适当考核引导，正偏差体现商品供需的科学体系。优化价格形成机制，让更多的报价影响甚至决定成交价格，逐步减少“价格接受者”，有效调动参与者的积极性和主动性。

4. 运营机构内优外合，扩大市场履约空间

目前广西电力市场发电侧的参与主体是火（核）电厂。广西水火丰枯矛盾尖锐，各火（核）电厂的安全约束不一又常常加剧了合同电量完成率差异，调度执行与市场合同履约之间存在较大困难，需加以改进。一是完善交易机构与调度机构会商联动机制。定期会商交换电网运行情况和交易相关信息，通过信息共享，有助于调度机构协调各方电源，并滚动预测完成率，精细化安排发电方式；交易机构则重点关注有关电厂的交易意向和成交情况。二是营造有利于合同履行的良好环境。完善偏差处理机制，按“余缺互补”的原则，通过市场化机制形成统一清算价格及转让补偿，实现各发电企业间偏差电量平衡与偏差电量结算价格一致，更好地优化电力资源配置。同时，研究探索电量互保交易，鼓励发电企业之间签订电量互保协议，通过互保交易以实现自主高效地履约合同。

（二）加强交易平台建设，发挥价值链整合作用

1. 强化市场运营风险监控，构建完备的市场应急体系

以核心参数为重点，建立客观、科学、全面的市场指标体系，开展市场运营监测和风险评估，发现市场运营风险及时纠偏，按照政府相关部门授权委托进行市场干预和处理。一是研究出台符合广西实际的市场运营评价指标。通过市场结构、市场行为、市场绩效等维度对整个市场的运营情况进行分析评价，量化电力交易相关的整体绩效水平。二是加强常见的违规行为的分析研究。借鉴国内外、相关行业的违规行为监测，研究制定符合广西电力市场的违规行为监测指标，开展交易仿真实验，进一步测试现有监测指标的合理性和有效性，研究更为有效的监测指标和方法。三是制定广西电力市场交易全过程异常处置方案。充分利用市场成员的交易数据，采用大数据和智能计算方法监测市场主体是否存在违规行为。当市场存在重大异常时，按照方案及时采取相应的市场干预措施，防控市场风险。

2. 建立健全市场服务体系，优化营商环境

须持续地改进和规范业务流程，为市场主体提供规范、高效、便捷的市场交易服务。一是细分市场服务事项，建立服务标准和规范。积极开展市场主体服务需求调研和调查，以市场主体需求为导向，前移服务节点，及时满足市场主体了

解电力市场信息、掌握交易流程和操作步骤的需求，有效提高市场主体开展市场交易行为的效率。规范市场主体需求处理，强化协同合作，及时妥善地解决市场主体的服务需求，提升服务能力和客户体验。二是开展市场执业认证，推动市场行为专业化。随着电力市场的发展，特别是现货市场、期货市场、衍生品市场的逐步开发，要求从业人员具备越来越专业的知识。参照借鉴证券从业资格管理，研究开展电力市场“操盘手”执业认证，推动交易机构、发电企业、售电公司、参与批发市场的电力用户以及其他市场参与者更加专业化、职业化，提升电力交易整体水平。

3. 优化市场资源整合，落实清洁能源消纳

一是推动风电、光伏等新能源市场化消纳。通过市场解决新能源消纳问题，引导项目建设投资，真正通过市场实现新能源的优化配置。按照先易后难、稳妥推进的原则，先推动核定区内风电、光伏最低保障收购年利用小时数，其余的电量通过市场方式消纳；后续随着市场交易规模的扩大和现货市场的建设，逐步扩大市场参与范围。二是完善并拓展水火（核）发电权交易机制。在当前发电权双边协商交易的基础上，将新能源发电权交易一并统筹考虑，实现发电资源价值最大化。同时测算分析发电权集中交易模式，促进电力市场公平公开透明。三是进一步拓展省间调剂交易空间。充分利用广东、广西网架互联特点，发挥南网大平台协调互济的作用，在广东负荷具备消纳能力时，策划广西送广东“网对网”协商交易，及时将广西富余清洁能源有效消纳。

4. 打造行业数据信息共享平台，探寻价值链整合延伸发展

“数据即资产”“信息即财富”，掌握用户信息是电网企业巩固用户群体、提高客户黏性、发现新商业模式的关键。充分发挥交易机构掌握包括非电网市场主体数据、有效引导市场的独特作用，依托电力市场化交易打造数据信息共享平台，对内，逐步实现交易系统和营销管理系统、计量自动化系统等互联互通；对外，打通数据采集渠道，实现地方电网市场用户信息接入，抓住电力交易平台面向电源和客户的渠道优势，利用大数据和云计算等新技术手段，收集、掌握用户消费行为、用电习惯、负荷曲线等上下游的数据信息，并通过深度分析、挖掘并萃取其中关键，不断探索新模式、新业态，为公司在价值链整合的战略延伸发展提供支撑。

（三）推动更好发挥政府作用，营造公平市场环境

电力行业的可持续发展、电力市场环境的健康稳定、将配置资源交给市场，仍然离不开政府宏观方面的把控和行业监管。只有把市场和政府有机结合起来，既要尊重市场规律，又要发挥政府作用，让市场这只“看不见的手”和政府这只

"看得见的手"各司其职、优势互补，才能更好地发挥市场活力，营造公平市场环境。一是进一步完善市场机制，丰富交易品种，实现所有市场主体在同一市场规则下运行，还原电力商品属性，让市场决定价格。二是充分发挥行业及社会监督作用。建立电力用户、发电企业、电网企业等行业对标监督机制，促进环保、能耗、安全、税收等全方位的行业及社会监督体系。由市场主体共同建立维护公平的市场环境。三是以监管促融合、促发展、促合规。推动对违规行为按照电力行业严重违法失信实施联合惩戒，严肃法律法规高压线，通过强有力的监管促进违规方转变思维，通过融合发展的方式合法合规。公平参与市场交易，发挥全区电力资源优化配置作用，释放合理诉求。

（四）打破行政壁垒，实现更大范围资源优化配置

1. 打破省内壁垒，促进大小网融合发展

当前国家正在大力开展规范自备电厂管理和整治违规自建电网工作，其不缴纳基金、规避交叉补贴等"不对称竞争"行为将逐步得到规范。结合这一有利契机，充分发挥市场优化资源配置作用，引导区域电网用户与主网大容量、低能耗机组签订长期用电协议，实现用户降低成本（当前主网严格执行电价政策的市场交易价格，含政府性基金及交叉补贴，已部分优于区域电网在不缴纳基金、规避交叉补贴的情况下实现的到户价格）、大机组增发电量、社会总体能耗降低的多方共赢。积极培育增量市场，在政府和广西电网的指导下推动做大市场"蛋糕"，为推进大电网和区域电网融合，全力支持和保障广西优势产业发展做好服务支撑。

2. 打破省间壁垒，积极与南方区域统一市场衔接

南方区域的东西部经济水平差异大，能源与需求互补优势显著，局部性、时段性电力供需矛盾凸显。上述问题是催生跨省区电力统一市场的最主要内生动力。通过市场化手段进一步发挥区域资源优化配置作用，是当前南方区域电力市场建设所面临的重要战略选择和客观需求。要实现区域资源优化配置，通过市场化机制建立南方区域统一交易平台是南方区域统一市场战略部署的重要手段。

建设南方区域统一市场体系，从广西实际出发，结合电网公司整体部署，组织对市场业务进一步梳理，结合修编完善相关制度体系，不仅要适应"省为实体"的经济格局，更要适应"区域融合"的重大战略。通过市场培育、市场融合、市场统一三个阶段，从省级市场规范运作过渡到省级市场同步运作，最后到省内平衡、区域集中优化，实现发购电资源全局优化。通过统一市场加强资源优化配置水平，挖潜释放改革红利，增强经济发展动力，解决宏观经济发展的可持续性问题。近期重点推进以下方面措施：

（1）调峰辅助服务试点建设

广西作为南方区域统一市场建设调峰辅助服务试点是电网公司充分考虑广西电网峰谷差大、清洁能源占比高、火核电必开电量多、电网调峰极为困难的客观实际做出的决策部署。调峰辅助服务市场是在正式开展电力现货市场之前，解决当前广西水火发电矛盾、电网调峰困难的有效手段。按照“谁提供、谁获益，谁受益、谁承担”的思路，以市场手段调动发电企业参与调峰积极性。在交易方式上，采用发电侧单边竞价的方式，市场参与者通过竞价确定参与调峰辅助服务的容量和价格，通过提供调峰辅助服务获得补偿。补偿金额根据各发电企业在调峰辅助服务交易执行期间的上网电量，按照一定的比例进行分摊。

（2）开展“月结月清”研究，为现货交易奠定基础

为实现向现货市场的逐步过渡衔接，须逐步缩短结算周期，设计出符合广西实际的“月结月清”机制。市场运行在枯水期时，市场机组发电空间可能大于市场合同电量，此时组织预挂牌交易，由发电企业单边竞价，调度机构根据系统实际负荷需要调用，结算价格按照调用最后一台机组报价统一出清。市场运行在丰水期时，市场电厂实际发电空间可能小于市场合同电量，此时发电企业申报下调预挂牌补偿价格，调度机构根据清洁能源消纳及调峰需要调用，补偿价格按照调用最后一台机组报价统一出清。补偿费用根据谁受益、谁承担的原则，由所有清洁能源按下调期间电费占比分摊。

五、结束语

为充分发挥电力市场在新电改中的资源配置作用，本文充分结合广西实际，客观分析了广西市场建设取得的积极成效及面临的困难，运用方法论、矛盾论思想加以深入研究，剖析根源，重点从市场交易体系优化、市场运营管理体系完善和与南方区域统一市场衔接方面进行了思考和探索，为下一步广西电力市场建设提出建议。

参考文献：

[1] 中华人民共和国国家发展和改革委员会. 关于进一步深化电力体制改革的若干意见（中发〔2015〕9号）及配套文件［Z］. 2015-03-15.

[2] 中华人民共和国国家发展和改革委员会. 电力中长期交易基本规则（试行）（发改能源〔2016〕2784号）［Z］. 2016-12-29.

[3] 中华人民共和国国家发展和改革委员会. 关于开展电力现货市场建设试点工作的通知（发改办能源〔2017〕1453号）［Z］. 2017-08-28.

［4］中国南方电网有限责任公司. 南方区域电力现货市场工作方案（南方电网系统〔2017〕18号）［Z］. 2017.
［5］广西壮族自治区发展与改革委员会. 广西电力中长期交易基本规则（暂行）（南方监能市场〔2017〕405号）［Z］. 2017-12-01.
［6］广西壮族自治区发展与改革委员会. 关于印发进一步深化广西电力体制改革的若干措施（桂政发（2018）18号）［Z］. 2018-04-01.

新时代开展电网数字化转型建设的思考与举措

■ 鼎信信息科技有限责任公司　刘　森

摘　要：新时代应着力落实创新发展理念，积极运用新一代数字化、智能化技术为经济增长提供动力补给，加速带动能源产业变革，以技术创新推动电力行业的改革发展。本文从国家政策要求、电力市场变革、新技术冲击出发，结合公司改革发展需要，阐明数字化转型的必要性与重要性，描述并剖析当前电网数字化建设面临的现状和困难，指出了电网数字化转型的本质。同时，本文归纳总结了实现电网数字化转型的“1334”方法，即实施一个战略、落实三个保障机制、坚持三个建设原则和做好四项关键措施。文末指出了电网数字化转型建设实现的关键路径，给出了一个数字化员工的转型预期案例。

关键词：数字化转型；数字电网；电网数字化

引　言

国家正大力提倡建设“数字中国”、发展“数字经济”，数字技术正在引领根本性的创新发展。数字化是前所未有的转型动力之一，是塑造电网行业腾飞发展的一大机遇。目前，电力行业实行快速数字化转型的时机已经到来，作为数字化基石的云服务平台、智能设备、大数据等技术已经发展成熟，能够真正应用于建设资产全生命周期管理、优化电力生态链、衍生服务市场客户的电网创新产品。同时，南网已初步建成大数据中心，可使跨业务大数据发挥应有价值。电网数字化转型后还将整合产业价值链，建设形成以电网为中心的生态系统服务圈，从而获得电力供应以外的全新价值来源。

一、研究背景

（一）理论分析

马克思认为，生产力是推动社会历史发展诸多因素中最活跃、最革命的因素，也是推动社会生产发展的决定性、第一性的因素[1]。分别以蒸汽技术、电气化技术和信息技术为基础的前三次工业革命，为人类发展带来巨大变化。历次工业革命不仅仅是一次技术改革，更是一场深刻的社会变革、经济变革。当前正在进行第四次工业革命，具备与人类以往经历的任何一次革命截然不同的规模、影响范围和复杂性，以大规模分布式计算能力和海量数据储存、处理等一批数字技术的突破为代表，人类社会已经进入数字化、智能化时代。

建设创新型国家，是当前历史时机下我国紧紧抓住第四次工业革命历史机遇的不二选择。党的十九大报告指出，创新是引领发展的第一动力，是建设现代经济体系的战略支撑。我国提出必须坚定实施创新驱动发展战略，就是要紧紧抓住科技创新这个关键，发挥科技创新在全面创新中的核心作用、引领作用。只有牢牢抓住科技创新这个“牛鼻子”，摆脱核心技术受制于人的窘境，我国才能成为真正意义上的科技强国和经济强国。

本文正是站在电网行业来探讨如何抓住第四次工业革命的历史机遇，通过数字化新技术引发创新动能，推动电网进行数字化转型，以此进一步解放生产力，打造电网的数字能源生态。

（二）国家政策方面

1. 加快数字中国建设

科学技术是第一生产力，创新是引领发展的第一动力。在首届数字中国建设峰会上，习近平总书记致信说：“加快数字中国建设，就是要适应我国发展新的历史方位，全面贯彻新发展理念，以信息化培育新动能，用新动能推动新发展，以新发展创造新辉煌。”[2]数字中国的建设，是在新时代新发展理念下中国经济的再次腾飞。

习近平主持中共中央政治局第二次集体学习再次提出：“推动实施国家大数据战略，加快完善数字基础设施，推进数据资源整合和开放共享，保障数据安全，加快建设数字中国，更好服务我国经济社会发展和人民生活改善。”[3]

电网作为保障民生的基础能源，必须紧密按照2014年习近平总书记提出的“四个革命、一个合作”能源战略思想，服务于数字中国建设的总目标，以电网的网络安全保障为底线，从能源消费、供给、技术、体制革命和加强国际合作等多个方面开展研究探索。

2. 加快推进数字产业化、产业数字化

习近平指出，“中国高度重视创新驱动发展，坚定贯彻新发展理念，加快推进数字产业化、产业数字化，努力推动高质量发展、创造高品质生活”[4]。在2018年4月全国网络安全和信息化工作会议上，习近平总书记提出：“加快推动数字产业化，依靠信息技术创新驱动，不断催生新产业新业态新模式，用新动能推动新发展；推动产业数字化，对传统产业进行全方位、全角度、全链条的改造，提高全要素生产率，释放数字对经济发展的放大、叠加、倍增作用。”[5]

麦肯锡预测，未来中国数字化将引领全球。产业数字化转型将是未来数字经济的主战场，是支撑数字中国建设的坚实基础，能源行业进行数字化转型的趋势已经到来。

（三）电力市场发生变革

当代中国已进入谋求高质量发展的深化改革时期，必须加快转变经济发展方式。中央相继下发了关于电力体制改革的5号文和9号文，要求构建以电力为主体的市场结构和市场运作体系，形成主要由市场决定能源价格的机制。同时，国家两次要求降低工商业电价，对电网利润造成了冲击和挑战。此外，随着国家“一带一路”战略的不断深化，电力产业政策环境、经济环境、投资环境都发生了变革。

面对上述情况，电网企业要谋求发展就必须注入新的发展动力，在生产运营方面做出调整和改进，以适应不断深入的电力体制改革和变化中的电力市场环境，积极做好新发展理念实践者、国家战略贯彻者、能源革命推动者、电力市场建设者和国企改革先行者，逐步转型为智能电网运营商、能源产业价值链整合商和能源生态系统服务商。

（四）新技术带来巨大冲击

知名咨询及分析机构Gartner认为，无处不在的智能设备提供各种基于大数据的有洞察力的服务，将是科技的未来。

以万物互联为基本特征，通过数据运营提供服务的现代数字化技术，将逐步取代过去传统的信息化技术，并推动产业爆发出巨大生产力，具体包括云计算、人工智能、大数据、区块链、物联网、5G通信、可穿戴设备、量子计算、虚拟现实（VR）、增强现实（AR）等。现代数字化利用通用的信息采集设备，通过大容量且高传输率的通信网络，采用先进的数字处理技术收集清理海量实时异构数据，并结合云计算、大数据分析、机器学习等技术自动完成各类业务需求和管理决策，实现数据驱动业务、流程和自动化决策，达到生产、经营、服务业态的变革。这与过去传统信息化以人的工作方式和理念来设计工作流程、决策程序截然不同，将不仅仅满足于使用计算机系统实现业务、决策的线上流转。

现代数字化主要包括数字化建设和数字化转型两个阶段。数字化建设就是把信息用数字终端、传感器存储形成可供信息系统使用的数据资源。数字化转型就是利用大数据、人工智能等先进的数字化应用技术对海量数据进行分析、计算、学习。通过应用系统自动决策和执行，是数字化的目标和成果。

（五）公司改革发展的战略要求

南方电网公司积极响应建设“数字中国”、发展“数字经济”的国家战略，在数字化转型与建设方面高度重视，提前思考，提前部署，数字化转型与建设刻不容缓、势在必行。公司第三届职工代表大会第二次会议暨2019年工作会议提出推动公司向智能电网运营商、能源产业价值链整合商、能源生态系统服务商转型的战略目标，而数字化转型是实现公司“三商”转型的必然举措。公司领导对数字化推动企业发展提出了明确要求，数字化将是推动企业升级、实现战略的有力工具和基础平台。

南方电网作为国家能源行业的骨干企业，关系着国家安全和国民经济命脉，是建设数字中国的基石。公司在电力体制改革的背景下，要想促使生产力的大步提升飞跃，必须充分依赖新一代数字技术带来的新动能，紧紧抓准数字化转型的改革时机，并以此为核心塑造未来发展生态。

总而言之，依靠数字化创新驱动，积极稳妥地推进企业转型升级，将是南方电网发展成为具有全球竞争力的世界一流企业的必然选择。

二、电网数字化建设现状分析及面临困难

（一）对标情况

西门子、亚马孙、东京电力、国家电网、华能等先进企业，已经开始全面导入数字化技术，优化企业经营的“数字化建设”。数字化的作用日益凸显，已经越来越成为领先企业及能源行业的共同选择。

西门子公司建立数字工厂，实现从产品设计到制造过程的高度数字化和互联，通过在整个价值链中集成IT系统应用，实现包括设计、生产、物流、市场和销售等所有环节在内的高度复杂的全生命周期的自动化控制和管理。

亚马孙基于移动互联技术进行全球物资供应链管理，基于移动化作业系统，效率比传统的物流作业提升2～4倍。机器人每小时可跑30公里，准确率达到99.99%。运用多种数字化智能技术，如RFID、无人机，让货物的取送、分拣节奏井井有条。

东京电力利用新技术提升输配电资产运营管理效率，基于物联网技术的传感

器进行了架空线路零件退化状态预测，基于人工智能（AI）机器学习开展了无人机输电线路巡检，基于混合现实（MR）技术的可穿戴设备进行操作现场设备运维，以提升现有业务的运营绩效，降低运维成本。

国家电网深入挖掘大数据价值，全面启动“数字国网”研究与顶层设计，成立电力行业大数据安全研究中心，上线了基于大数据的智能化供电服务指挥系统，实现统一指挥、协调督办、过程管控、监控预警、分析评价等。

华能集团积极探索工业物联网与人工智能的分析融合，通过引入人工智能、大数据等新技术，采用工业大数据规律加人工智能的算法设计出工业设备的模型，以此智能化分析判断水电厂设备的健康状态，从而为企业管理提质增效。

（二）南方电网现状分析

目前，南方电网公司信息系统已基本覆盖生产、运营、管理等领域的核心环节，在数据的采集、传输、存储、应用等全过程实现了不同程度的支撑。

基础设施建设方面，完成网省两级信息机房、服务器、存储、数据库、中间件等信息化软硬件建设，建成全网集中的数据级灾备中心；完成局域网、IDC网络建设，实现省级统一互联网出口。

生产数字化建设方面，已实现调度、配网、计量等生产领域的自动化和资产全生命周期管理，初步建成地理信息平台（GIS）、可支撑应急指挥等应用。

运营数字化建设方面，基于公司企业架构（EA），采用SOA技术路线，建成一体化企业级信息系统，实现了90%以上业务的线上流转，基本实现日常经营业务的全覆盖，实现了从业务驱动到战略驱动、从分散建设到集中建设、从局部应用到企业级应用的转变。

数据治理和应用方面，建成数据资产管理平台，基本涵盖数据资产管理的主要业务，并开展常规数据报表和数据分析应用。

可穿戴设备、无人机、物联网、人工智能等新技术，部分单位已在生产作业、数据采集监控、运营分析、风险预警与应对等方面开展先行探索，但应用价值还有较大提升空间。

综上所述，南方电网公司经过了多年的发展，在电网数字化方面已有一定的积累，已建设调度自动化、设备状态监测、配网自动化、计量自动化，以及计划基建、安全生产、营销等管理信息化系统。近年来在主干电网智能化方面逐步完善，在原有基础比较薄弱的配电网逐步拓展自动化、智能化系统的应用，通过不断完善配电网采集终端，强化数据分析能力，扩展可视化场景，逐步完善从物理电网到数字电网的映射，为公司数字化转型升级打下坚实基础。

（三）当前面临的困难

“十二五”期间，公司建设了六大企业级信息系统，但系统协同性不强，数据无缝衔接存在瓶颈（例如生产自动化系统（OT）与管理信息系统（IT）的数据未充分融合，没有形成生产业务与管理业务之间充分的数据协同），各业务域初步建立的运营监控相对分散，企业整体角度的业务监控和决策能力不足。在管理上将系统仅仅视为一个辅助工具，忽视了信息化代表着管理水平，是战略的承接与落地。这是思想上的壁垒。

其二是技术壁垒。数字化转型依靠底层平台，平台先行的理念在公司“十二五”规划中已经明确提出。然而随着技术的发展，统一的云平台尚未完成建立，基础设施资源利用偏低、灵活调度能力不足。此外综合能源、国际化等业务还缺乏系统支撑，同时尚未实现全面无纸化办公。在技术标准方面，数据治理体系、数据架构、数据应用分析等领域，公司缺乏统一的数据管理制度及流程。

其三是数字化人才短缺。从公司整体人力资源结构上来看，信息化人才占比不到2%，且大部分人才来自管制业务，大多从事的是项目管理，在技术创新上能力不足。

三、数字化转型建设“1334”方法

通过相关理论分析及背景研究，结合南方电网信息化建设现状和面临问题，可以充分认识到数字化转型与建设的本质是通过以新一代数字化技术手段的应用，利用数据驱动公司业务、流程和服务优化完善，促使电网管理模式、业务模式与商业模式转型，进一步提升公司生产力。

也就是说，要在全面采集电网发、输、变、配、用各类数据的基础上，充分利用现代传感测量技术、通信信息技术、可视化展示技术，通过统一电网模型，将物理电网的结构、特性等信息进行数字化描述与实现，做到电网设备、电气连接、电网拓扑、电网量测、用户用电、运行环境模型数据的全面融合贯通。同时，利用云计算、人工智能、大数据、区块链、物联网、5G通信、可穿戴设备、量子计算、虚拟现实（VR）、增强现实（AR）等数字化技术，对电网进行分析、模拟、价值洞察等应用，开展数据价值挖掘和仿真计算模拟，实现多维度全景展示应用，为电网运营和企业发展提供决策，进一步支撑电网智能、安全、可靠。

本文提出一条“1334”的数字化转型建设方法（图1），旨在采取一系列多维度举措，应用数字化技术成果实现业务变革，推动电网业务可持续创新发展。即：

实施一个数字化转型建设的企业级战略，落实三方面的保障机制，坚持三个转型建设原则，同步做好四项关键措施。

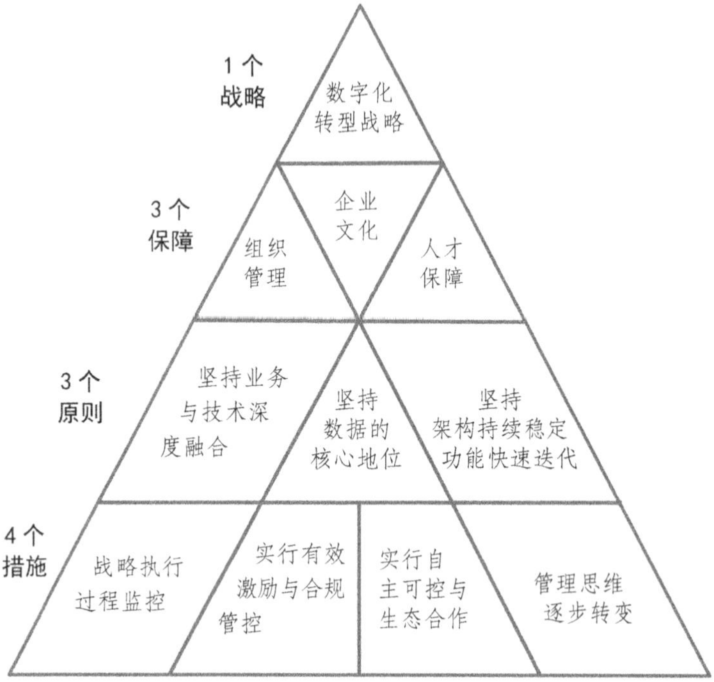

图1 “1334”方法框图

（一）实施“1”个企业级转型战略

数字化转型战略的制定是为了促进公司高质量发展，应该是公司总体战略的一部分，用数字化思想在方向上从全局角度来决策做什么、怎么做。应当从公司全局出发，实施战略顶层引领，做好南方电网数字化转型建设的总体设计，提出数字化转型建设的愿景、目标，准确把握南方电网公司的数字化定位，提出具体的战略举措，形成公司整体作战、统一行动的数字南网建设思想，并促使该战略自上而下逐级贯通，层层落实人人践行。

从战略承接一致性来看，应该将数字化转型视为企业信息化发展的必然，对公司“十二五”期间的成果应继承发展并优化创新。数字化转型不是一个个信息化项目或科技项目，而应该是以信息化成果、科技创新成果为基础，推动组织变革和业务流程优化，其目的是促进效益和效率的全面提升。

因此，在充分遵循公司总体战略的前提下，依据继承发展、优化创新的建设原则，主张一把手挂帅开展自我革新的顶层设计，并实行自上而下的建设实施，完善数字化相关标准和工作计划的制订发布，确保各级单位执行与落实。

（二）落实“3”方面的保障机制

1. 通过组织管理建设，保障转型过程中的组织活力

数字化转型建设需要有强有力的组织保障，在以公司网络安全和数字南网建

设领导小组的领导下，按照职责分工，以数字化部为牵头部门，联合其他相关部门共同开展，从而做好整体的组织策划，形成公司一致数字化转型的合力。

2. 通过企业文化建设，保障转型过程中的良好氛围

培育公司数字化转型的企业文化氛围，引入创新文化、变革文化、市场文化，激活每位员工个体的活力，建设人人要创新、人人要变革的企业文化，把“要我搞创新”转变为“我要搞创新”，调动整体企业的工作氛围。倡导协同文化，以主动作为代替“自扫门前雪”的不良作风，打破专业壁垒、技术障碍，可实行不同部门间、不同单位间的轮岗机制，促使协同文化流动起来。

推行数字化转型必将打破“舒适区”，因此需要处理好旧有思想向新数字化思想的转变，做到文化的平稳推行和思维的平稳过渡，不能引发新矛盾。

3. 通过人才保障建设，保障转型过程中的人才补给

数字化人才缺失是目前南方电网切实落实战略的一个关键阻碍因素。目前紧缺的是能将新技术与业务联合起来的“桥梁型”跨界人才，这类人才往往也是市场上的紧俏人才。因此，应当制定明确的数字化人才培育规划，解决电网数据分析、数据价值挖掘、数字洞察等方面的问题。

应当促进员工转型，提高现有员工技能，培养南方电网内部自主可控的数字化能力。可考虑在总部各部门，尤其是专业业务部门，设置专职的数字化岗位，搭建业务与技术的桥梁，推动开展业务与技术实现的对话，起到两者充分协同的关键作用。可考虑雇佣高层次技术人员，提供个性化的灵活工作模式，吸纳高阶人才。

（三）坚持“3”个转型建设的原则

1. 坚持数据的核心地位

数据是当代社会的新型生产要素，是生产力高度发展的产物，做好数字化工作必须坚持以数据为核心。数据是企业的“血液”，是数字化转型建设的基础。通过有序建设数据治理体系、数据架构、数据应用分析，做好数据协同，将有力为数字化转型打造坚实基础。

坚持数据入仓，将全网数据归集到网级统一的数据中心，改变以往数据各方为政的局面，扭转数字只为我所有、只为我服务的错误意识。通过归集全网数据，洞察数据规律，大力挖掘数据价值，将营造良好的数据服务生态，为公司“五者三商”转型和日常经营决策提供数据支撑服务。

2. 坚持电网业务与技术创新的深度融合

业务需求迫切增长、新技术不断推陈出新，都是引发公司数字化转型的动力。然而转型的最终目的是推进业务的转型升级，新技术应用只是工具和手段。

因此，要从业务的角度出发，提出南方电网数字化转型的步骤和关键点，把转型的成果落实到每一个业务实现上。

同时，把新技术的研究作为提升业务水平的一大助力，做好技术创新为业务注入强大生产力，充分发挥南网云平台的基础能力，开展人工智能、大数据、互联网、物联网等新技术的深度应用。在架构上建设电网业务中台和电网数据中台，实现灵活的业务调度组合和数据服务支撑。

以人工智能技术应用为例，可以考虑引进成熟的人工智能商业组件进行业务场景应用，如人脸识别技术可用于施工现场的施工人员识别，规避非持证人员上岗风险；采用高精度图像识别技术自动判断输配变领域的设备缺陷，为设备状态检修提供决策支撑；采用循环神经网络来开展电网负荷预测工作，提升电网的安全与稳定；还可以使用账单机器人等人工智能技术应用替代大量重复生产管理流程节点，节省大量人力资源的机械式业务操作。

3. 坚持技术架构的持续稳定与应用功能的快速迭代

必须坚持在公司数字化转型的“数字南网”总体技术架构下开展行动，即基于南网云，通过电网管理平台、调度运行平台、客户服务平台、企业级运营管控平台和企业级信息系统，整合覆盖电网生产、管理、运营的业务应用体系，充分发挥公司物联网和互联网的网络效益，建设基于物联网、云平台的数字电网、数字运营和数字能源生态，支撑公司智能电网建设、运行和管控，提高公司运营管控水平与决策能力。总体架构具有长期远瞻性，可在中长期指导数字化建设。[6]

技术架构应保持中长期持续稳定，并不断丰富作为上层各类应用的后台基础。在其之上，强化创新型功能应用的迅速迭代，以此适应变化迅速的业务需求。容许试错，做到短平快的功能实现，快速高频地响应用户需求，解决用户期望。[7]

（四）做好“4”项关键措施

1. 开展战略执行情况的过程监控

战略并非高高在上，而应该用其指导实践的每一步，开展战略的逐层解码，做好每一阶段的行动计划。执行时，在各个阶段开展过程监控，保障战略落地层层可控在控。反过来，执行过程中发现的问题有助于开展战略的修编，进一步完善顶层设计。

2. 谋划自主可控与生态合作的共赢

公司发展必须培育自有能力，在核心业务和技术上应该保持自主可控。识别出南网的核心能力和核心业务，建立精确的能力塑造计划，把企业能力有序塑造起来。

对于非核心部分，充分利用外部力量资源，补齐企业短板，也是企业降本增效的手段。通过整合能源产业链上下游的资源，开拓合作生态链，以数字化推动能源生态系统利益相关方开放合作、互利共生、协作创新，支撑公司向能源生态系统服务商转型。

3. 实行有效激励与合规管控相结合

企业数字化转型过程中必须实行有效的激励，探索市场化条件下的职业经理人机制，提升人员活力，调动员工的主观能动性。同时，开展合规的管控，倡导工作在大监督体系下运作。

4. 推进管理思维的逐步转变

充分认识到公司实行数字化转型的根本目的在于提升南方电网的企业竞争力，通过输入新动力引发新动能，打造电网的产品优势、服务优势、生态优势。数字化工作是企业管理的配套手段，最终目标是推进业务、管理和商业模式的重塑。

数字化转型并非是一个部门的事情，而是全公司共同参与、协同作战的过程。并且数字化转型并不能一蹴而就，是一项长期工程，应该设置一套不低于3年的管理方案并配套行动计划。

四、数字化转型建设的关键路径与预期成果

（一）关键路径

推进电网数字化转型与建设，关键路径主要有三步：

第一步：实现全方位的互联，建设数字电网。包括设备互联、应用互联、数据互联、业务互联、生态互联等（图2），使电网全业务环节和生产全过程得到普遍联系。通过智能监测终端、RFID、传感器、智能穿戴、机器人等一系列智能技术设备的敏捷连接和智能管理，采集电网的管理数据、生产数据以及外部的数据，通过建立覆盖全电压等级、全生命周期、业务和监测数据贯通的电网统一模型，将数据全面贯通。此时，南方电网的物理设备、各类应用及数据、实际业务以及关联生态都可以用数据进行表达，各类数据充分融合并自由交互。

图2　电力物联的发展趋势

第二步：开展数据价值沉淀与数字运营。

在全方位互联的基础上，实现数据的全面归集、价值沉淀及再挖掘。数据在

公司生产经营领域起着至关重要的作用，是公司各个工作环节不可或缺的因素。数据作为公司的核心资源，已经成为提升管理水平、促进业务增值、拓展产业链和提升核心竞争力的重要驱动力。当前数据中心已经建成，数据量迅猛增长，针对电网数据的海量化、多样化特性，通过数据分析及挖掘技术，从大量数据中寻找规律并挖掘隐藏在数据中有价值的信息，来解释业务对象并为各业务场景提供辅助决策信息，真正做到“用数据表达、用数据管理、用数据创新”。

数据是进行数字运营的基础，必须建立适当的数据绩效指标，以此来向数据治理工作要效益、要进度。成立一支高素质的数字员工队伍，形成数字运营的中坚力量，培养各级人员的数字化思维并将其根植于心。在数字运营中，还需要坚持客户导向、市场思维，保持客户的良好体验过程。比如在业务中大规模部署流程自动化机器人（RPA），采用人工智能各类成熟技术实现业务应用。还要通过数字运营手段，创建新的业务点，实现数字化的运营生态体系。

第三步：构建数字能源生态。广泛整合产业价值链各环节资源，构建面向政府、设备制造商、能源生产商、配售电商、能源增值服务商、能源终端用户等产业链参与方的各类互联互通平台，倡导电力能源的商品属性及其衍生产品的市场属性，充分挖掘电力从生产、传输、市场流通、消费等环节的新业务，促使电网产业的生态上中下游均得到价值增值。同时，建立以需求为导向、协同发展的电力产业新模式，以数字化推动能源生态系统利益相关方开放合作、互利共生、协作创新，支撑公司向能源生态系统服务商转型。[8]

（二）预期成果：数字化员工

建设数字化员工是南方电网数字化转型的一个预期实践案例，体现了员工与各类设备全方位连接的情境下，以数据为驱动，推动智能设备应用，实现虚拟员工等特色应用，从而有效提升各项工作效率和管理水平。

首先，要体现以人为本、以数据为核心的理念，与各类设备、应用建立连接，通过连接员工信息、个人生活、工作业务等信息，实现员工从入职、在职、离职的全生命周期过程管理，驱动智能招聘、智能客服、员工画像等智能应用。

其次，采用数字化技术和智能装备赋能员工，为员工提供人、知识、业务等各类连接，提供智能眼镜、智能头盔、智能手持终端等各种智能装备，以巡检机器人、无人机等“虚拟员工”替代员工进行重复度高、危险性大的工作，从而有效加强员工技能水平，在规范员工作业规程的同时，确保员工的作业安全，提升员工的工作效率（图3）。

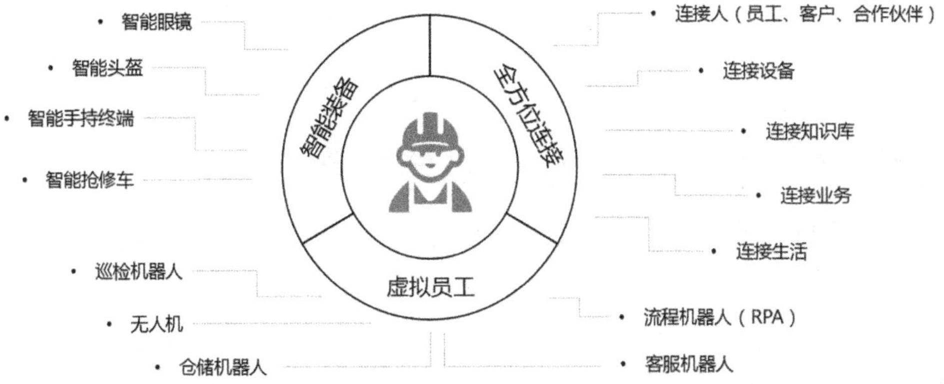

图3 数字化员工的预期成效

五、结论

数字化转型关系着南方电网的改革发展，能够有力支撑公司提升生产力、拓展市场、争取利润。在从现有信息化与科技成果中汲取经验的同时，更要注重战略引领、全公司协同作战。在实践中，充分对标找到差距，注重解决当前面临的困难和挑战，实施好一个战略、三个保障机制、三个建设原则和四项关键措施。最后，要注重防范化解重大风险，特别是数字化转型建设中的网络安全风险，处理好公司转型改革中安全与发展的关系，保障圆满完成公司十三五建设目标。

参考文献：

[1] 中央党校经济学教研部. 创新发展为经济社会注入强劲动力［N］. 学习时报，2017-09-20（A3）.

[2] 习近平. 习近平致首届数字中国建设峰会的贺信［N］. 新华社，2018-04-22.

[3] 习近平. 习近平主持中共中央政治局第二次集体学习时的讲话［N］. 人民日报，2017-12-10.

[4] 习近平. 习近平向首届中国国际智能产业博览会致贺信［N］. 新华社，2018-08-23.

[5] 习近平. 习近平在2018年4月全国网络安全和信息化工作会议上的讲话［N］. 新华社，2018-04-21.

[6] 南方电网公司. 南方电网公司数字化转型和数字南网建设行动方案（2019年版）［Z］，2019，5.

[7] 宋世彬. 解析企业数字化转型顶层设计［N］. 中国民航报，2019-04-04（7）.

[8] 埃森哲. 能源供应商的数字化转型［J］. 新能. 2018，（5）.

优化电力营商环境的实践与思考

——以广西电网提升工作为例

■ 南宁供电局　蒙　恩

摘　要：优化营商环境是深入贯彻党的十九大精神，运用习近平新时代中国特色社会主义思想解放生产力、提高国家竞争力，满足人民追求美好生活需要的重要举措。党中央、国务院高度重视优化营商环境工作，做出一系列重大部署和工作安排。

广西电网公司高度重视优化电力营商环境工作，将提升电力营商环境工作作为首要任务来抓，通过提升获得电力指标来践行“人民电业为人民”的服务宗旨。本文旨在阐述优化电力营商环境的历史必然性和重要意义，分析对标国内外的先进经验，查找自身差距，通过公司“抓重点、补短板、强弱项”的工作来聚焦提升“获得电力”指数。论述在今后工作中要积极解放思想，实践探索，以坚持“四个坚持”作为指导，通过八个“进一步”措施来提升优化电力营商环境工作，从而推动广西经济持续健康发展，推动南方电网公司高质量发展。

关键词：优化；电力营商环境；生产力；获得电力

引　言

党的十九大报告指出：“我国经济已由高速增长阶段转向高质量发展阶段，正处在转变发展方式、优化经济结构、转换增长动力的攻关期。”随着新时代中国特色社会主义主要矛盾的转变，要由规模速度型转向质量效率型，实现引领经济新常态的发展方式，必须高度重视良好营商环境的完善。优化营商环境是解放生产力、激活创造力、提高竞争力，满足人民追求美好生活需要的重要举措，也是党中央、国务院工作的重要部署。世界各国也共同关注此话题，多个国家经济体经常引用世界银行的《全球营商环境报告》作为其深化改革的参照。由此可见，营商环境对于一个地区经济发展是极其重要的。

一、优化电力营商环境的必要性及其意义

在2018年国务院政府工作报告中指出：优化营商环境就是解放生产力、提高竞争力。习近平总书记强调，改善投资和市场环境，要降低市场运行成本，加快对外开放步伐，营造稳定公平透明的营商环境。李克强总理在全国“放管服”改革推进电视电话会议上提出“营商环境就是生产力”。2017年以来，国务院常务会议就优化营商环境进行相关部署累计超过40多次。这样密集的部署，显示了优化营商环境的重要性和现实意义。

（一）从马克思主义哲学观认识优化营商环境就是生产力

习近平新时代中国特色社会主义思想中提到，辩证唯物主义和历史唯物主义是马克思主义哲学的重要组成部分，是中国共产党人的世界观和方法论，只有把马克思主义哲学作为看家本领，才能把中国特色社会主义规律的认识提高到新的水平。学习和应用历史唯物主义就要掌握社会基本矛盾，把生产关系和生产力的矛盾运动，把上层建筑同经济基础的矛盾运动作为一个整体来观察，全面把握整个社会的基本面貌和发展方向①。下面我们就用马克思主义哲学原理来认知优化营商环境就是生产力。

首先，应用历史唯物主义就要掌握当今社会基本矛盾，分析生产力和生产关系的矛盾运动。马克思赋予了“生产力”科学内涵，生产力决定生产关系，生产关系反作用生产力。生产力发展是不以人的主观意志为转移的，生产关系起着巨大制约作用，优化营商环境就是要优化中小型企业与政府服务之间的生产关系。目前我国正面临“新全球化”和“第四次工业革命”，国家间的竞争就是要发展生产力，一定程度上就是比拼谁能提供更好的营商环境，谁能吸引更多的资本，谁能更好发展实体经济。改革开放40年以来，中国社会生产力得到飞跃的提升，这与营商环境的不断提高是密不可分的。二是从经济基础和上层建筑的矛盾运动分析，中国的政府职能正从计划经济向全面市场经济的职能转变，这就要求政府更加“放管服”，发挥市场在资源配置中所起的决定性作用，激发市场活力，政府要行使监管职能。优化营商环境从哲学层面来说，就是要解放思想、解决政府服务领域工作作风不实问题；解决体制机制束缚发展的问题；解决部分人员“吃拿卡要”的受贿问题。因此，优化营商环境可以提升城市经济发展活力和吸引投资的潜力，是经济软实力和综合竞争力的重要体现。

（二）是新贸易形势下提升国家竞争力的要求

目前，中国是世界上“最大的发展中国家”和“世界第二大经济体”。但随着2018年以来国际贸易形势的变动和中美贸易摩擦，中国经济碰到了新的机遇与挑战。推动经济增长的劳动力要素与资源性要素的作用正在递减。美国以“贸易逆差”为由针对中国推出新的贸易制裁和加征关税，同时指责中国非关税壁垒、国有企业比例过重、国家补贴出口企业、非市场经济现象严重等问题；其根本原因是美国试图阻碍中国高新技术发展，阻止中国海外投资与并购、人才引进、高新技术交流和发展。

优化营商环境是推动产业转型升级的重要保障，也是应对美国的贸易和新技术封锁的有效途径。我们必须坚定改革开放和合作发展的原则，吸引世界各地的投资和人才促进经济高质量发展。但世界各国吸引外资和投资的竞争日趋激烈，只有降低制度性交易成本才能促进投资和发展。营商环境就是企业从生到死面临的外部环境，只有筑牢营商环境的清水，才能使经济主体中的人才、资金、项目在市场上如鱼得水，自由发展，才能提高城市的综合竞争力。

世界银行每年对全球190个经济体的营商环境研究发现，良好的营商环境，企业投产时间每减少十天，投资率就会增长0.3%，对GDP贡献率就会增加0.36%。可见，促使更多的企业入驻市场将会扩大市场需求，同时促进就业，推动生产力的发展，这也是提升国家竞争力的有效手段[②]。

（三）是电力体制改革自身的要求

2012年，党的十八大报告指出“全面深化经济体制改革”“推动能源生产和消费革命”，提出“使市场在资源配置中起决定性作用和更好发挥政府作用”。

2014年，习近平总书记主持召开中央财经领导小组第六次会议，提出了“四个革命、一个合作”能源战略思想，即推进能源消费革命、供给革命、技术革命、体制革命，加强国际能源合作。

2015年，新一轮电力体制改革启动。中共中央、国务院《关于进一步深化电力体制改革的若干意见》（中发〔2015〕9号）印发，其核心内容概括为“三放开、一独立、三强化”。

国家对电力改革提出了深层次的要求，重点任务是建成竞争性电力市场机制，目的就是降低企业的用电成本，优化营商环境，促进经济的发展。进入新时代，南方电网公司积极响应电力体制要求，制定了南方电网发展战略纲要，明确指出公司面临的主要矛盾也发生深刻变化：人民美好生活的多样化，多层次，高质量，用能用电需求与能源电力发展现状所决定的供给之间的矛盾，是公司面临的主要矛盾。提升获得电力指数，可以增加用户的供电稳定性，提升用电的便捷性，降低中小企业的用电成本是践行企业“人民电业为人民”的服务宗旨，因此优化电力营商环境是解决公司主要矛盾和矛盾的主要方面的重要途径。

目前，公司正面临能源电力行业的巨大变革，可再生能源快速发展，电力格局向集中式电网与分散式电网并存转变，电力市场更加开放，主体更加多元，竞争和商业模式更加多样。如何留住客户，提供优质服务，提升电力营商环境是刻不容缓的。公司把获得电力指数纳入30个高质量发展的关键指标中，突出了公司服务客户，以人民为中心的服务理念。因此，优化营商环境也是公司战略落地，争取更多客户资源，做大电力市场的重要措施。

（四）地方政府推动生产力的最有效方式

习总书记在博鳌亚洲论坛上说：“投资环境就像空气，空气清新才能吸引更多外资。”营造法治化、国际化、便利化的营商环境，是中国实现高质量发展、实现治理能力和治理体系现代化的内在要求。企业的经济活动需要良好的规则，优化营商环境的主旨并不在于减少监管，而是改善监管。营商环境监管的改善，可以为企业营造更加宽松的外部环境，提供更优质的服务，吸引更多的投资，并使具有优良素质的企业家能够顺利创业，从而创造更多就业机会②。

从逻辑上看，地方供给侧结构性改革需要降低制度性交易成本，真正做到审批更简、监督更强、服务更优，更需要各级政府简政放权，有所作为。“投资不过山海关”的说法，就说明了光靠政策不能吸引企业的投资，东北的振兴不缺政策，缺的是当地的营商环境，不仅需要简政放权，放管结合优化服务，还要促进企业合作。因此，优化营商环境可以使优良的企业家快速创立企业，节约时间成本抢占商机，方便企业进行投资和获得更好的营商环境，从而创造更多就业机会，是推动地方经济、推动生产力的最有效方式。

二、优化电力营商环境开展的情况

（一）营商环境报告总体情况

世界银行2002年开启评估世界各国及地区营商环境以来，不断推动了世界各国及地区营商环境的改善。世界银行《全球营商环境报告》（以下称报告）通过对企业在遵循政策法规的前提下，伴随企业活动整个过程（包含开办企业、办理施工许可、获得电力、登记财产、获得信贷等11项指标，表1.）的各种周围境况和条件的总和，并进行不同国家和经济体之间的对标、排名，达到企业营商便利性环境的改善，为了解和改善世界各国及地区的营商环境提供了一个客观的衡量依据。优化营商环境的主旨并不在于减少政府的监管，而是改善监管，为企业营造更加宽松的营商环境。

表1　世界营商环境报告11个考核指标

1	开办企业	开办一家有限责任公司所需的手续、时间、成本和最低实缴资本
2	办理施工许可证	完成建造仓库以及施工许可制度中的质量控制与安全机制的全部手续所需的手续、时间及成本
3	获得电力	电力连接所需的手续、时间及成本，以及供电可靠性和电费透明度
4	登记财产	转让财产的手续、时间及成本以及土地管理体制的水平
5	获得信贷	动产抵押物法律和信贷信息系统
6	保护少数投资者	少数投资者在关联交易和公司治理中的权利
7	纳税	各项税收法规规定的公司应缴纳税额、时间和总税率，以及申报手续
8	跨境贸易	出口相对优势产品和进口汽车零部件的时间和成本
9	执行合同	解决商业纠纷的时间和成本，以及司法服务的水平
10	办理破产	办理商业破产的时间、成本、结果和回收率，以及破产法律框架的力度
11	劳动力市场监管	就业监管的灵活性及就业质量方面（不纳入营商便利度排名）

考核指标中获得电力指标是报告中11个一级指标的一项，指企业获得新建仓库的永久性电力连接所需的手续、时间及成本，以及供电可靠性和电费指数透明度4项二级指标。同时获得电力指标也是南网公司发展战略指标中的重要一项，是优化电力营商环境的重点内容。

（二）SWOT分析

1. 面临机遇与挑战

机遇：我国经济长期向好态势，为电网业务提供持续发展空间，全面深化改革，为公司提供政策机遇，乡村振兴，农网改造升级，实施左右江革命老区、北部湾城市群、珠江—西江经济带区域电网发展专项规划，为广西电网公司注入新动力、新技术、新业务，为公司业务升级，打造坚强可靠的智能电网提供支撑。

挑战：中国宏观经济进入一个特殊时期，经济增长及股市、债市等波动压力加大。新输配电价机制对公司经营带来严峻挑战，能源供给与用电结构转变倒逼公司深化转型发展，能源需求多样化，对公司服务升级提出新要求。第四次工业革命对电网格局、商业模式带来冲击，国内外市场竞争加剧，增加了公司业务拓展的难度和风险。

当前增量供电区域之间的竞争已经成为电力改革的竞争，成为营商环境的竞争，尤其是随着互联网、大数据技术、现代交通等技术的发展，地方的自然条件、区位优势已经不再像过去那样不可替代。在经济发展新常态下，谁能在优化电力营商环境改革上赢得先机，谁就能取得发展的主动权，就能激发地区内生动力。

2. 内部优势、劣势

优势：作为大型国有企业，南方电网公司具有始终坚持党的领导的政治优势，建成了较坚强的输配电网，拥有庞大的客户资源并得到广泛认可。公司体量成规模，有成熟的电网安全稳定运行经验，相对稳定的现金流，在电网运营人才、设备安全管理、技术管理方面有优势。

劣势：深层次体制机制矛盾和结构性障碍依然存在；灵活用人机制、市场化激励还没到位；技术人才创新意识和奖励不完善；干部员工竞争意识不强，危机意识不足，对新增企业的服务机制还不够灵活。在利用大数据、互联网+、人工智能等信息化技术，将服务企业与监管企业相结合方面存在不足，对提升企业创新、创业活力方面办法不多。

（三）与国内外先进对标分析

与国际对标。按照世界银行发布的《2018年营商环境报告》我国“获得电力”排名为98位，较2017年下降一位；得分为68.83，较2017年增加0.1分。不仅落后于经合组织高收入经济体，还落后于东亚及太平洋地区。我国属于中等偏下水平。得分分析：

在四个指标中审批流程类中国平均需5.5项（表2），排名前5的经济体均不超过3项。时间方面中国用时143.2天，比排名第一的阿联酋（用时10天）高出14倍，比排名第五的德国（用时28天）高出5倍。成本方面日本完全不产生费用，香港费用仅占人均可支配收入的1.4%，中国达356%，超出香港250倍。供电可靠性方面参与评估的经济体近半数拿到满分8分，中国仅得到6分。此项排名第一的阿联酋仅需10天，费用为人均收入的25.2%；俄罗斯需时83天，费用为人均收入的41.5%；在印度，尽管花费占人均收入的96.7%，但平均用时也只需45.9天。可见，2018年中国获得电力指标不仅落后于发达国家，也落后于其他金砖国家。

表2 近年中国获得电力指标情况

中国“获得电力”指标	2017	2018	2019
排名/总分	97/68.73	98/68.83	46/73.64
获得电力流程（项）	5.5	5.5	3
获得电力时间（天）	143.2	143.2	34
获得电力成本（人均收入百分比）	390.4	356	0
供电可靠性和电费透明度指数（0–8）	6	6	6
排名		98	14

与国内对标：具体见表3，图1。

表3　国内主要城市2018年获得电力指标情况

评分项	评价标准	上海		北京		深圳（自测）		南宁（自测）	
总分		得分	数据	得分	数据	得分	数据	得分	数据
		70.52		66.78		71.29		62.6	
程序（个）	获得电力全流程环节数与领先水平的差距	66.67	5个	50	6个	66.67	5个	33.3	8
时间（天）	获得电力全流程日历日与领先水平的差距	44.78	145天	46.52	141天	47.76	138天	69.26	95天
成本（占人均国民收入的百分比）	获得电力全流程成本	95.61	355.80%	95.60	356.20%	95.74	344.97%	72.84	632.21%
供电可靠性和电费指数透明度（0–8分）	全年停电时间、可靠性监督、可靠性经济惩罚、自动化停电监测系统、复电相关系统和监控、电费透明度	75	6分	75	4分	75	4分	75	4分
排名			94		106		90		115

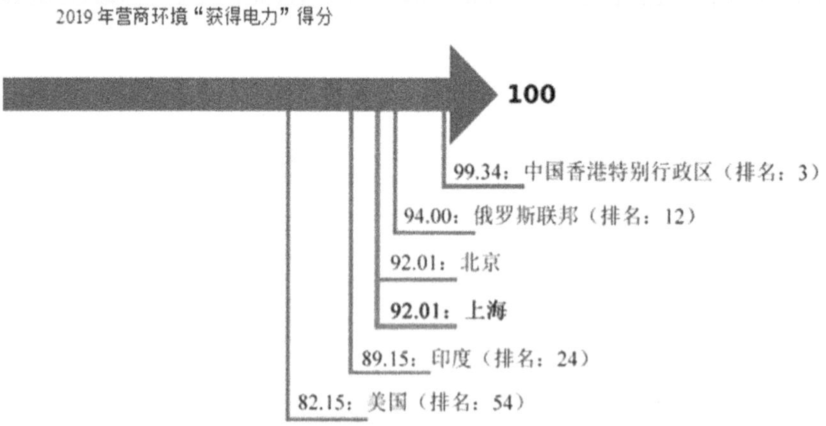

图1　2019世界营商环境报告中北京和上海“获得电力”排名

（三）2018年国家优化电力营商环境的成效

2018年，南方电网公司高度重视优化营商环境工作，深入学习贯彻党中央、国务院优化营商环境工作部署，认真落实国务院办公厅《关于全国深化“放管服”改革转变政府职能电视电话会议重点任务分工方案的通知》（国办发〔2018〕79号），经过一年的努力“获得电力”指标获得较大提升。在世界银行正式公布的《2019年营商环境报告》中，我国“获得电力”排名由2017年度的第98名大幅提高到第14名，为整个国家营商环境排名由上一年的第78名提升至第46名贡献了“电网力量”，获得国务院、世界银行高度评价。

（四）广西电网公司优化电力营商环境情况

2018年，广西电网公司全面贯彻落实党中央国务院工作要求《关于聚焦企业关切进一步推动优化营商环境政策落实的通知》（国办发〔2018〕104号），落实自治区和南方电网公司优化营商环境工作部署，把优化电力营商环境工作作为一项重大的政治任务列入公司“抓重点、补短板、强弱项”工作重点推进和管控，聚焦提升“获得电力”指数，印发了《进一步提升供电服务水平优化电力营商环境实施方案》，明确了11方面40条措施，全面推动公司优化营商环境工作。主要开展工作如下：

（1）高度重视做好电网公司优化电力营商环境十项举措工作任务承接。分别召开党委会和3次领导班子专题研究会议，深入分析影响公司电力营商环境优化的关键症结，直面问题、找准差距，研究改进措施。在全面承接自治区及电网公司工作要求基础上，自我加压，提高目标。

（2）主动对接、密切配合，取得地方政府政策支持新突破。一是配合自治区制订优化电力营商环境工作措施和工作目标，主动沟通汇报，深度参与方案编写，助推自治区党委、政府发布《关于印发广西优化营商环境重点指标百日攻坚行动方案的通知》。二是协助各级政府部门出台具体行政审批办法，加快获得电力指数指标的审批。如自治区工信厅发布《关于印发广西优化营商环境获得电力指标百日攻坚实施方案的通知》，明确6项支持业扩工程和电网建设的有力措施。三是推进地方规划和项目落地长效机制，创新推动“三规合一”。如南宁供电局配合政府编制《南宁市变电站及高压走廊布局规划》，有效保障电力管沟与新改扩建道路同步规划、同步设计、同步实施。

（3）聚焦指标，精准发力，推行小微企业低压接入和客户潜在需求管理。在广西城市区域、县级以上工业园区和县人民政府所在城镇区全面实施160kV·A及以下小微企业低压接入工作，确保“获得电力”测评客户样本全部实现低压供电，按照“先接入后改造”的原则，优先满足客户需求。开展客户潜在需求管理，落实用电报装服务措施。2018年，南宁供电局全年共延伸免费安装6.03万户，投资新建10kV业扩线路延伸项目244项，全年共为客户节省投资2.7亿元。

（4）强化责任，抓好落实，坚决打赢提升“获得电力”指标百日攻坚战。一是优化业扩配套项目管理，确保在用户用电申请15日内完成业扩配套项目正式立项和投资下达。二是优化工程物资供应，压缩业扩配套工程项目建设时间。三是大力推广带电作业。全面推广业扩项目带电作业接火标准设计，增加带电车和技术人员配置。2018年客户带电接火率达到了80%。四是提高电网供电可靠性。2018年完成157条配电线路综合整治工作，整治后的相关配电线路故障次数同比下降52.4%。开展2598个重过载、低电压台区改造，年度计划完成率达129.9%。

（5）强化基础、积极创新，以信息化技术促管理精益提升。一是推广互联网服务渠道业务功能应用。实现高压新装、更名、过户等22项用电报装业务功能线上办理。二是实现供电业务办理“一站式”服务，主动对接地方政府行政审批部门，完成全部13个地市和43个县级供电企业在“水电气”行业中率先进驻政务服务中心，达到“一站式”办公。三是做好政务数据资源共享基础支撑，全面梳理“获得电力”指标所需共享数据资源，提交自治区大数据发展局，为实现用电业务资料数据互联互通、共享交换奠定基础。

通过上述一系列营商环境的改善，刺激了广西工业企业复产增产，带动广西实体经济、民营经济向好发展、向高质量发展。据自治区投资促进局统计，2018年广西招商引资到位资金7959.3亿，同比增长13.71%，在五象新区引进华润、联想、东盟信息港知名企业，在世界500强、中国500强、民营500强企业投资项目达到110个，其中世界500强企业投资项目75个，有效促进了广西经济发展。

三、电力营商环境建设存在的问题

与世界先进水平相比，广西电网公司“获得电力”优质服务水平还存在一定的差距。虽然公司已经制订了行动方案，积极推进，但也存在客观的困难和实际的问题，具体来说体现在：

（1）对优化营商环境工作的重要性与紧迫性认识不足。公司部分干部员工对优化营商环境，为民服务的工作主动意识不足，“电老大”的思想仍然存在，观念尚未转变。对优化电力营商环境的过程监管还有待进一步加强。

（2）优化营商环境还需政府的支持。业扩配套项目建设是影响客户接电时间的关键，涉及政府部门审批。目前广西南宁及部分城市已出台涉电工程审批的支持政策，而在其他地区还存在各环节手续串行办理，耗时较长且不可控现象，还需要加大与政府的沟通汇报，争取政策支持。

（3）各供电局作为“获得电力”指标的承载者，在以客户为中心的优化营商环境工作方面仍然存在一些矛盾和问题。一是公司用电业务办理“一次性告知”不到位，客户往返重复办理情况依然存在；同类业务办理等待时间比较长。二是部分地区百万客户投诉率较高，低电压、频繁停电、停电抢修仍然是最主要投诉热点。三是服务意识有待提升，市场化意识尚未真正建立。以客户为中心的服务体系建设还不充分，多专业融合协同机制还不健全，需要各专业共同努力。

（4）“获得电力”指标还存在短板。公司在办电手续、接电时限、接入成本等方面已经有很大提升，但在供电可靠性方面还有改进和提升空间，特别是西部地区、农村地区停电时间长、频繁停电等问题较为突出，需要统筹主干电网、城农网投资优化策略，重点提升西部地区、农村地区供电可靠性，解决发展不平衡不充分的问题。

（5）用电业务信息化支撑不足。客户全方位服务系统与生产信息系统、地理信息系统、调度系统数据接口还未连通，互联网业务渠道系统功能仍待完善，大数据平台建设，与政府信息全面共享未能实现。

四、优化电力营商环境的思考

我们依据实践探索的情况，要深入学习贯彻党中央、国务院优化营商环境工作部署，认真落实优化营商环境有关工作要求，持续提升“获得电力”优质服务水平，提出以下对策建议。

（一）总的原则

（1）坚持以人民为中心。将企业和人民群众获得电力指数作为衡量工作的标准，注重企业办理电力业务的高效性，积极主动换位思考优化审批流程，由“要我怎么办”向“我要为群众和企业怎么办”转变。通过自身的机构及流程优化，努力创造效率最高、服务最好，“一次都不用跑”的营商环境。

（2）坚持对标一流。对标国内、国际先进城市的电力管理理念、领先标准和实践。借鉴北京、上海获得电力指标成功经验，电网规划具有前瞻性，业务办理透明高效、网上审批快捷等方式，利用先进信息技术构建现代供电服务体系，持续提升国际竞争力和开放发展能力。

（3）坚持问题导向，改革创新。针对供电企业在生产、电网建设、营销服务等衔接工作的横向协调，痛点、难点问题，要积极主动，大胆创新，敢于向低效的、不合理的流程和制度开刀，构建和完善具有市场经济活力的竞争机制，为优化电力营商环境不断创造和积累经验。

（4）坚持监督考核，过程管控。作为公司战略指标的一部分，优化电力营商环境工作要做好打持久战的准备，要久久为功。要公开向社会、向政府和企业做服务承诺，通过外部监督来推进工作的阳光性，发挥人民群众的监督，积极听取各届意见，同时加强内部流程和人员的考核，实现全过程管理。

（二）八个“进一步”

1. 进一步对标找差距，持续提升

一是对标国际和国内先进，瞄准国际最好水平。做深做细做实简化办电手续、缩短接电时限、减少接电成本、提高可靠性供电等各项工作，聚焦创新引领，打造具有影响力的服务品牌，力争“获得电力”指标走在全国前列。

二是参照国内一流业务要求，完成业务规范修编。对照优化电力营商环境测评标准，参照2018年国务院大督查营商环境测评先进地区指标，制订有关营销、计划、基建、物资等5个优化营商环境工作子方案，实现部门的横向协同与高效运转。

三是问题导向找差距，提升管理水平。对照优化电力营商环境测评标准，组织梳理高、低压小微企业业扩报装客户在“办理环节”“办理时间”和“申请资料”等方面的关键档案资料，通过梳理查找存在的问题，进而提升管理、监督水平。

2. 进一步用信息技术增“多”办电渠道

一是加强与政府主管部门沟通，推动信息系统互联互通。密切配合自治区大数据发展局开展数据信息共享工作，推动“获得电力”数据资源互联互通、“一证办理”，实现业扩全流程可视化监控，聚焦堵点、难点，实现全程闭环管控。

二是多方沟通，创新服务，拓宽办电渠道。一方面，从线上拓宽，将所有办电业务进驻各级政府主导建设的城市级服务平台。如“爱南宁APP”（客户注册量210万，日活跃客户55万），实现了客户用电网上多渠道申请，办电快捷性有力提升。另一方面，从线下拓宽，供电服务窗口进驻政府政务服务大厅，达到“一站式”办公，真正实现了客户办电“最多跑一次”。如南宁供电局在3月份就完成了供电服务窗口进驻南宁市范围内17个政务服务大厅（含7区5县及3个国家级开发区、市民中心、五象新区），得到政府高度评价。

3. 进一步加“快”办电速度

一方面，解放思想，积极在破除制度障碍、优化管理流程上聚焦发力。优化10kV高压业扩配套项目流程、10kV及以下业扩配套项目，取消项目可行性研究，做好典型设计物资储备，固化业扩物资品类，精简物资申报、领用流程，实现1日内业扩物资“一把领齐”。另一方面，在突破涉电项目政府审批时间长这一关键瓶颈上聚焦发力，推动全区全面出台政府支持性政策。对未出台支持性政策的地市，组织各供电局与地方政府主管部门加强对接，推动政府主管部门加快出台电网项目审批、公共配电设施用地、电力管沟建设等配套支持文件。如“一事通办”实施方案执行以来，南宁市行政审批局办理电网建设项目审批7项，其中1项最短用时4个工作日，平均用时5个工作日，实现了电网项目审批从60天压缩至5个工作日，电网建设速度得到大幅提升，制约“获得电力”的关键症结彻底解决。南宁供电局2018年全年共受理低压用电报装60356户，申请用电到送电全流程实际平均用时从年初8个工作日压缩至2个工作日；2019年1–4月实现时限再压缩，由全流程用时2个工作日压缩至1个工作日，基本上实现低压用户报装实现“当日通”或“次日通”，时间压缩比率87.5%。

4. 进一步做“好”客户服务

一是服务关口前移，建立服务跟踪制度。开展客户潜在需求管理，各供电局与各地自然资源局、各县区供电分局与当地发改委、经信、招商等部门建立了常态沟通对接机制。主动对接客户收集项目用电需求，提供用电咨询并启动业扩配套项目建设。

二是精简企业内部管理流程，做到高效务实。一是减少用电报装办理环节。将高压报装由“五环节”优化为3个环节；低压报装由“四环节”（用电申请、供电方案答复、竣工检验、装表接电）优化为2个环节（用电申请、装表接电）。精简用电报装申请材料，建立了“预约式”“协办制”服务新模式，在全网区营业窗口实行“一证受理”“容缺办理”和“跨区受理”。

5. 进一步为企业节“省”用电成本

全面落实南方电网公司和广西电网公司业扩投资界面延伸政策，实行低压居民、非居民报装免费安装，10kV客户免费延伸至用户用地红线。2019年，在城市区域、县级以上工业园区和县人民政府所在城镇区实施160kV·A及以下容量小微企业低压接入，其中中心城区200kV·A及以下容量小微企业低压接入，进一步减少小微企业的接电成本。

6. 进一步提高电网供电可靠性

一是着力打造坚强广西电网，打赢电网建设攻坚战，提升电网的供电能力和供电可靠性。

二是实施“一小时行动方案”，建立高可靠性标杆。重点在南宁城市中心区实施“一小时行动方案”，优化设备配置和线路运行，中心城区客户平均停电时间年内降至1小时以内。

三是大力推广带电作业，缩短接电时间。提前介入工程前期设计，将带电作业条件列入设计要求，10kV架空线路供电方案100%按带电接火设计，业扩项目提前开展接电计划预安排，项目具备条件后确保3工作日内完成装表送电。

四是大力推进配网线路、台区综合整治工作开展重过载、低电压台区改造，提升用户供电质量。

五是优化停电管理，减少重复停电，力争停电计划执行准确率达到100%。2018年广西单位共开展业扩工程不停电作业879次，不停电作业化率88%，其中南宁供电局2019年不停电作业化率96%。业扩项目提前开展接电计划预安排，项目具备条件后确保3个工作日内完成装表送电。

7. 进一步加大宣传，营造良好氛围

一是对外借力多媒体平台加强正面发声。加强公司优化电力营商环境工作宣传力度，分阶段、分受众向社会公众充分展示公司的改革举措和成效，形成全方位、多视角、有分量的媒体传播组合，实现全媒体正面发声。

二是对内加强宣传营造全员优质服务氛围。及时总结各级电网公司好经验、好做法和优秀案例，提升全体员工服务意识、合作意识。面对社会公众的优化营商环境“金点子”征集活动，提高社会公众的参与度与认知度。

8. 进一步加强党建与优化营商环境工作的融合

一是优化电力营商环境是公司切实践行“人民电业为人民”宗旨，体现“勇于变革、乐于奉献”南网精神的具体体现。党建工作要与其深度融合，发挥党员先进模范性作用，强化党建与具体业务之间的融合。要结合业务实际持续深化，要纳入绩效加强过程考核与监督。各级部门一级带着一级干，一级做给一级看，用好物质和非物质两种激励手段，以水滴石穿的韧劲把优化电力营商环境工作做真、做实、做好。二是加强监督检查，坚决纠正上有政策下有对策、有令不行有禁不止行为。集中整治形式主义、官僚主义，不作为、慢作为的人员，要坚决强化监督，让每个党员、每一个员工都能做到知责、履责、尽责。

五、结语

优化营商环境是党中央部署的重要工作，要以习近平新时代中国特色社会主义思想为指导，全面贯彻落实党的十九大和十九届二中、三中全会精神以及中央赋予广西“三大定位”新使命和“五个扎实”新要求的重要部署，按照高质量发展要求，着力解决广西电网在优化营商环境中的痛点、堵点、难点问题。加快构建新型亲商安商的政商关系，着力打造稳定公平透明、可预期的一流电力营商环境，促进全区经济社会持续健康发展，为“建设壮美广西、共圆复兴梦想”，为推动南方电网高质量发展，建成世界一流企业提供强大支撑。

参考文献：

[1] 中共中央宣传部编. 习近平新时代中国特色社会主义思想学习纲要. 北京：人民出版社，2019.

[2] 世界银行. 2019年营商环境报告 [R]. 2018-10-31.

[3] 李斌. 优化营商环境就是解放生产力 [N]. 人民日报，2018-9-5.

[4] 南方电网公司. 南方电网公司进一步提升供电服务水平优化电力营商环境的行动方案 [Z].

[5] 南方电网公司. 南方电网公司发展战略纲要 [Z].

[6] 广西电网公司进一步优化电力营商环境工作实施总体方案.

[7] 厦门大学中国营商环境研究中心. 南宁市营商环境整体评估报告总报告 [R].

关于电网企业供应商分类分级管控策略的研究与应用

■ 南方电网物资有限公司　宋义林

摘　要：习近平总书记在党的十九大报告中指出："我国经济已由高速增长阶段转向高质量发展阶段。"在此背景下，要求电网公司必须在推动高质量发展过程中坚持新发展理念，坚持以供给侧结构性改革为主线，打造安全、可靠、绿色、高效的智能电网。推动电网设备采购质量的提升，是建设智能电网的重要基石。其中，供应商的分类分级管理是电网设备采购中的重要环节与组成部分。根据电网公司对供应商开展的资质能力评价、履约评价、设备运行评价等结果进行分析，研究优化供应商分类分级管理策略，并将分类分级应用于设备招标采购、供应商绩效评价等环节，将有利于全面提高电网设备采购质量。

关键词：电网设备；供应商分类；供应商分级；策略；应用

引　言

随着近年来电网公司实施农网改造、智能电网等的建设，电网设备的采购量也随之增加。电网设备资产占电网公司资产的80%以上，设备类型多、数量大、涉及的生产厂家也非常多。加强新入网设备的管理，做好源头控制是着力推动电网公司电工装备向中高端迈进的重要手段，努力打造结构合理、设备优良、技术先进的本质安全电网，推动电网公司实现建设具有全球竞争力的世界一流电网企业的目标。

供应商分类分级是供应商管理的重要组成部分，是加强电网设备质量源头控制的重要基础。电网公司供应商分类分级管控策略及应用的研究是依据卡拉杰克模型，从提高采购质量出发，以公平公正、科学合理、合法合规、实用有效为基本原则，建立涵盖供应商生产规模、技术水平、质量体系、营销业绩、价格水平、合同执行、售后服务、运行绩效等多方面、多维度的综合评价体系，构建客观公正的供应商综合能力评级机制，将评价结果应用到招标采购过程，实现“从优秀的供应商以合理的采购价格采购到质量可靠的好设备”，全面提高设备的采购质量。

一、电网设备采购质量存在问题及迫切性

（一）当前电网设备采购质量存在问题

随着我国经济发展进入新常态，产能过剩，成本上升，市场竞争日趋激烈，劳动力成本上升，熟练技工流失严重，供应商容易出现低质低价竞争，以次充优等质量违法行为，产品质量、安全方面面临诸多问题和严峻的挑战。在这种形势下，电力设备出厂试验多次不能通过，投运即出故障的事件时有发生，重点表现在：

1. 新增入网设备故障率明显偏高

近年来，由于受国内外宏观经济因素的影响，电力设备供应商生存艰难，特别是中小型电力设备供应商，为了获得订单而一味压低投标价格，在获得订单后又常常以次充好以实现赢利，造成新入网的设备故障率明显高于往年，严重影响了电网的安全运行，提高了电网设备全生命周期成本。如投运6年以内的GIS设备故障占比为80%。

2. 产品设计、生产工艺、关键零配件是影响产品质量的主要因素

设备质量问题主要因素为厂家制造工艺控制不良，产品设计不合理、外购关键原配件质量把关不严等。设备型号繁杂增大设备设计难度，制造工艺过程多变，导致设备入网质量的不确定性。

（二）提升电网设备采购质量的迫切性

1. 满足人民群众日益增长的美好电力生活需要

在新时代中国特色社会主义阶段，我国社会主要矛盾已经转化为人民日益增长的美好生活需要和不平衡不充分的发展之间的矛盾。作为电网公司，应及时适应用户电力需求由过去“用上电”向现在“用好电”的转变，满足人民群众对美好电力生活的需要。而作为电网安全可靠最基础的电网设备，必须提高采购质量，保持高质量供给，这是解决人民对美好电力需求的基础。

2. 深化供给侧结构性改革的需要

电网公司作为供给侧结构性改革的重点，在“降成本”“去产能”和“调结

构”的过程中，要重点解决主网和配网、城网和农网、东部和西部、输配电业务和新兴业务、传统能源和新能源等发展不平衡问题。所有这些问题的解决均与提高设备采购质量息息相关。

综上所述，提高电网设备采购质量具有非常重要的意义，供应商的分类分级管理是供应商管理的重要组成部分，是招标采购过程的重要基石，是提高设备采购质量的重要方法与途径。

二、供应商分类分级的理论简述

供应商的分类与分级是紧密联系的两个组成部分，供应商分类是指电网公司在设备采购活动中，按照设备的电压等级、设备重要性以及采购量等，将设备供应商划分为不同的类别。供应商的分级，是指按一定的标准摸排供应商的能力与绩效，筛选出不同等级的供应商，同时也鼓励供应商争先创优。

（一）供应商分类管理理论

供应商分类的方法有多种，主要的有以下几种：

1. 80/20定律和ABC分类法

80/20定律又称帕累托法则。在任何特定群体中，重要的因子通常只占少数，而不重要的因子则占多数，因此只要能控制具有重要性的少数因子即能控制全局。在电网设备采购活动中，也遵循80/20定律：采购数量占比80%的设备，其采购价值占采购总价值的20%；而采购数量占比20%的设备，其采购价值却占到了全部的80%。ABC分类法，就是在80/20定律基础上发展起来的，其核心思想是将电网物资分门别类进行管理，同时将供应商按一定规则区别开来，并按照不同的策略对不同供应商进行管控。将采购价值占总价值80%的供应商列为重点供应商，采购价值占20%的列为普通供应商。

2. “卡拉杰克”矩阵分类法

电力设备作为电网稳定运行的基础，不同电压等级、不同用途的设备对安全运行产生的影响是不同的。按照电网设备的重要程度及设备供应的复杂程度两个维度，将电力设备分为普通物资、杠杆物资、战略物资和瓶颈物资四类。

普通物资：物资本身价格并不高，但是品类繁多，市场寻源很容易。

杠杆物资：对电网公司的经营很重要，价值昂贵、库存会占用大量资金，市场寻源容易，供应充足。

战略物资：对电网公司的经营有重大影响，需求量大，价值昂贵，市场供应商少，寻源不充分。

瓶颈物资：该类设备的质量对电网公司的安全生产影响很大，需求量不大，市场只有少量供应商，电网公司对该类物资没有多少讨价还价余地。

3. 合作深度分类法

可根据电网公司与供货人的合作深度，由浅入深将供应商分为五类：

第一类供应商，所供应设备价值低，该类设备对电网公司不很重要，电网公司无须与该类供应商靠得太紧密，一般采取现货买进的方式。

第二类供应商，电网公司需对市场有一定的把握，了解设备原材料等价格发展趋势，供需双方需要保持持续联系，通过竞争买到价格低的设备。

第三类供应商，供需双方须相互联系、相互信赖，以坦诚的合作态度进行合作，并在合作过程中改进供应，降低成本。供应商并不唯一，通常该类供应商提供的设备对电网公司而言属于战略设备。电网公司可考虑与其长期合作。

第四类供应商，供需双方需要长期合作，共担风险，通过签订长期合同的形式固定关系。

第五类供应商，供需双方互为合作伙伴关系，双方有共同目标，需协同作战。其特征是长期合作，并不断优化协作，最具有代表性的活动就是供应商主动参与新产品的开发。

除此之外，供应商分类方法还有很多，如按照采购模式分类可分为集中采购与分散采购等。

4. 供应商分类管理的基本过程

无论选择80/20定律/ABC分类方法、卡拉杰克矩阵、供应商合作关系等方法，在供应商分类管理的实施过程中，基本上遵循以下步骤：

步骤一：摸清家底。在开展供应商分类之前，需要详细了解采购金额、供应商数量与技术要求、对供应商的吸引程度、对供应商的实力要求等基本情况，以便为供应商的分类提供分析基础。

步骤二：客观分类。 不同行业、公司对供应商的分类管理存在差异。分类的标准要客观、统一，电网公司内部各职能部门应统一认识，如生技、基建、物资、市场、调度等部门应形成一致认识。

步骤三：差异化管理。根据供应商分类，明确供应商管理的目标、重点及实施策略，制定合理的差异化管理策略，以便提升采购质量，降低采购成本，提高管理效率。

步骤四：持续合理化。供应商分类是以采购项的分类为基础，采购项会随着公司的生产、基建、运行的变化而产生变化。因此，需要对供应商分类进行优化，使之更加合理。

（二）供应商分级管理理论

各公司会根据业务发展需要，根据供应商的绩效表现，将供应商分成多个等级。一般而言，供应商可划分为四个级别，即优选供应商、次选供应商、观察类供应商与淘汰类供应商。

优选供应商是企业通过与该类供应商的长期合作绩效评估，并定期评估供应商的企业或产品资质、质量、生产、物料管理体系，认定该类供应商在产品质量、服务、价格等均有较强的优势，因此在采购过程中优先选择的供应商。

次选供应商是资质能力与绩效表现仅次于优选供应商的备选供应商。虽然次选供应商比优选供应商差一些，在优选供应商数量或能力不足时，可提供相应的产品或服务，以确保公司的供应稳定。因此，对于次选供应商也需要定期开展资质能力、质量、生产、履约绩效等方面的评估。

观察类供应商是资格未定类的供应商及新供应商。资格未定是过渡的状态，采购方要给观察类供应商清晰的改善目标，使其在一定期限内提升成为次选供应商或优选供应商，而达不到目标时就将其降级为淘汰类供应商。因此，需要对观察类供应商定期跟进与评估、纠偏，使其全面提高，以满足公司对供应商管理的要求。

淘汰供应商是供应商的资质、能力、产品与服务达不到公司的基本要求，并无意愿整改的供应商。对淘汰供应商不需要定期评估。因为一方面供应商不愿意投入资源配合评估，另一方面公司也没有更多的资源来做评估。淘汰类供应商就如绩效差的员工，如果公司已经决定要结束雇佣关系，就不会投入多少资源来督促、帮助员工改进。

供应商的分级是供应商能力与绩效评估结果的应用。虽然有企业在供应商分级时，选择短名单制、三档制、五档制等分级形式，但供应商分级机制原理相同。

三、电网供应商分类管理

（一）整体思路

在电网的建设和运行中，电网公司与设备供应商既是利益相关方，有着共同的发展追求，同时又是利益矛盾体，有着不同的价值利益取向。应使双方的价值取向趋于一致，实现共赢。可建立符合电网行业企业特色的供应商分类分级标准，形成科学、公平、透明、高效的供应商分类分级管控体系，促进电网供应商结构的持续优化，提升电网设备采购质量，降低设备采购总成本，实现电网企业与供应商共赢。

（二）供应商分类模型：卡拉杰克矩阵

应用各部门认可且统一的供应商分类模型将有利于部门工作的协同，因此选择卡拉杰克模型作为电网公司供应商分类的方法。卡拉杰克模型又叫卡拉杰克矩阵，最早由彼得·卡拉杰克在《哈佛商业评论》（1983年9-10月号）发表的《采购必须纳入供应管理》一文提出。作为资产投资管理工具，投资组合模型这一概念最初是由哈里·马科维茨1950年提出。1983年，卡拉杰克率先将此组合概念引入采购领域。该矩阵被用作公司采购组合的分析工具。

以卡拉杰克模型作为理论依据，以物资品类的分类为基础，制定针对性管控策略，实施供应商分类分级管控。

（三）供应商分类的方法模型

根据卡拉杰克模型分类方法，结合电网公司的业务特点的分类方法如图1所示。

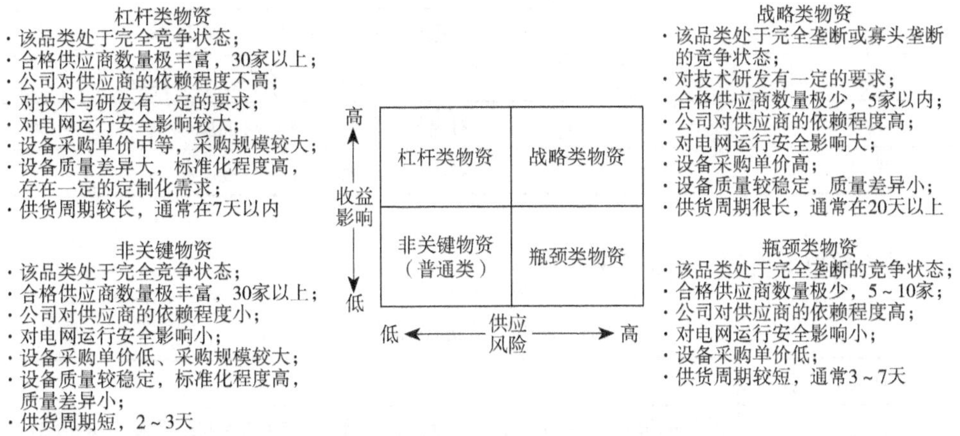

图1　电力物资供应商分类的方法（主要应用于集中采购部分）

（四）供应商分类维度及权重

某电网公司纳入供应商资格预审共有176个品类，对供应商按品类进行分类，主要基于以下两个指标：

1. 收益影响。主要指物资对公司的生产、质量、采购成本等影响的大小，包括对电网安全运行的影响程度、技术复杂程度、故障（事故）发生概率、社会关注度等。比如：集团采购物资、220kV及以上主设备、500kV及以上保护设备等。

2. 供应风险。供应风险反映了采购物资的时效性，主要受合格供应商数量、关键部件供货商数量等的影响。比如：资格预审通过供应商数量少于5家、进口设备、关键主设备。

按照收益影响、供应风险两个维度进行细分，详细情况如表1所示。

表1 供应商分类维度及权重

一级维度	二级维度	分值
收益影响	采购总价	45
	对电网运行的影响	35
	单位价格	20
供应风险	市场竞争状况	60
	技术复杂度	40

对电网运行影响程度的定义见表2。

表2 对电网运行影响程度的定义

对电网运行影响程度	说明
大	对电网运行影响范围广，程度深
中	对电网运行影响范围较广，程度较深
小	对电网运行影响范围及程度较小
极小	对电网运行影响范围及程度极小

采购单位价格的定义见表3。

表3 采购单位价格的定义

采购单位价格	说明
高	采购单价在所有物资品类中处于较高水平（前20%），采购单位价格约300万元以上
中	采购单价在所有物资品类中处于中上水平（21%~50%），采购单位价格在100~300万元之间
低	采购单价在所有物资品类中处于中下水平（51%~80%），采购单位价格在10~100万元之间
极低	采购单价在所有物资品类中处于最低水平（后20%），采购单位价格约10万元以下

市场竞争状况的定义见表4。

表4 市场竞争状况的定义

市场竞争状况	合格厂商数量	产品差异程度	对价格的控制能力	进出该行业的难易程度
非常充分	很多（50家以上）	无差异	无能力	很容易

续上表

市场竞争状况	合格厂商数量	产品差异程度	对价格的控制能力	进出该行业的难易程度
较充分	较多（21～50家）	差异化	有一些	比较容易
一般	较少（6～20家）	有或无	较大	比较困难
不充分	极少（5家以内）	无	很大	很难

技术复杂度的定义见表 5 。

表5　技术复杂度的定义

技术复杂度	说明
高	研发周期长，技术投入大，技术复杂度高
中	研发周期较长，投入较大，技术复杂度相对较高
低	研发周期短，投入较小，技术复杂度不高
极低	研发周期极短，投入极小，技术复杂度极低

采购总价的定义见表 6 。

表6　采购总价的定义

采购总价	说明
高	该品类物资采购额占总采购额比例高（前20%），1亿元以上
中	该品类物资采购额占总采购额比例较高（21%～50%），在3000万～1亿元之间
低	该品类物资采购额占总采购额比例较低（51%～80%），在1000-3000万元之间
极低	该品类物资采购额占总采购额比例极低（后20%），约在1000万元以下

供应商二级维度的分级标准及权重见表7。

表7　供应商二级维度的分级标准及权重

二级维度的标准及权重		
二级维度	标准	权重
采购总价	高	100%
	中	75%
	低	50%
	极低	25%

续上表

二级维度的标准及权重		
二级维度	标准	权重
对电网运行的影响	大	100%
	中	75%
	小	50%
	极小	25%
单位价格	高	100%
	中	75%
	低	50%
	极低	25%
市场竞争状况	非常充分	25%
	较充分	50%
	一般	75%
	不充分	100%
技术复杂度	高	100%
	中	75%
	低	50%
	极低	25%

（五）卡拉杰克矩阵分类区间

按照卡拉杰克矩阵分类维度及其定义，按照收益影响与供应风险得分等于一维维度之和：

一维维度得分=一级维度分值*二维度区间权重

计算得分作如下对应，如图2所示。

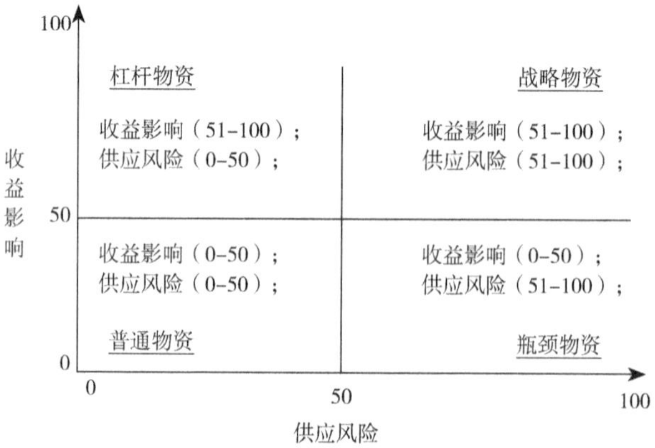

图2 卡拉杰克矩阵划分区间计算

公司物资分类的示例详见附件一：《基于卡拉杰克矩阵的电力物资分类》。

根据品类物资的收益影响、供应风险，将品类分为四大类：战略品类、杠杆品类、瓶颈品类、普通品类。

1. 战略品类供应商

战略品类物资，是指对电网运行至关重要，影响主网、配网运行的关键设备，且长期受到供给稀缺、技术工艺要求高、供货周期过长、核心组部件来源单一等的影响。

对于战略品类物资，供需双方应考虑构建战略合作关系，形成紧密联系。需关注上游厂商或核心组部件制造商，对供应商的经营状况也需加以关注。

2. 杠杆品类供应商

杠杆品类物资，对电力系统生产运行较为重要，供应商数量较多，供应风险小。

对于该品类物资，应加强资格预审和资质能力评价结果应用，加大抽检力度，避免劣质供应商参与投标甚至中标；提高采购效率，采取电子商城采购、框架招标等方式进行。

3. 瓶颈品类供应商

瓶颈品类物资，由某一个或少数供应商提供，或者关键元器件来源单一且供应不可控。这类物资供应关系较为脆弱，供应商或其元器件厂商处于支配地位，这将会导致价格高昂或供应不足。

对于该品类物资，应加强库存管理，关注供应商与关键元器件厂商的合作关系，积极寻找潜在供应商或替代产品。

4. 普通品类供应商

普通品类物资，设备技术含量较低，供应商数量多，对电网运行影响程度小。该品类物资的管控，主要是避免劣质供应商进入，减少采购成本，缩短供货周期。

对于该品类物资，应加强资格预审和资质能力评价结果应用，采取电子商城采购，较长周期框架招标等方式提高采购效率。

（六）供应商分类数量分布及示例

根据上述卡拉杰克矩阵的分类归则，基于某电网公司供应商资质能力评价的分类目录，分类分布数量如图3所示。

杠杆物资品类示例
110kV 交流电力变压器
35kV 2MVA ~20MVA 三相油浸式双绕组交流电力变压器
35kV 2MVA 以下三相油浸式双绕组交流电力变压器
10kV 油浸式变压器（非晶合金型除外）

普通物资品类示例
10kV SCB干式变压器
10kV 干式铁心串联电抗器
35kV 移开式高压开关柜
500kV 交流变电站钢结构
220kV 交流变电站钢结构

物资类别	数量
战略物资	72
杠杆物资	51
普通物资	22
瓶颈物资	31

战略物资品类示例
500kV 1000MVA 三相自耦现场组装交流电力变压器
500kV 750MVA 三相自耦现场组装交流电力变压器
500kV 334MVA 单相自耦交流电力变压器
500kV 250MVA 单相自耦交流电力变压器
220kV 240MVA 三相一体交流电力变压器

瓶颈物资品类示例
10kV SGB干式变压器
35kV 油浸式铁心并联电抗器
35kV 干式空心并联电抗器
35kV 干式空心串联电抗器
10kV 干式铁心并联电抗器
10kV 干式空心并联电抗器

图3　供应商分类数量分布及示例

（七）供应商分类模型的实施与应用方法

供应商分类模型的管理及应用具有动态性、专业性的特点，应用好供应商分类模型需要通过相应的管理方法，如图4所示。

	计算模型构建	二级维度定义及优化	各维度定性评价	结果判断	结果输出
工作内容	按照卡拉杰克模型判断依据，根据业务特点提炼评价指标	根据采购额、采购单价、重要性等方面的特点，给二级维度做出相对明确的分级定义	根据各维度的定义进行评分，并计算评价结果	对结果进行判断与分析，找出不合理的维度或定义，并优化二级维度	对分类的结果进行分析与判断后，输出分类结果
应用方法	卡拉杰克模型	采购与供应商数据统计	专家小组讨论法	经验法	—
角色	供应商分类管理人员	供应商分类管理人员	采购、技术与供应商管理领域专家	采购、技术与供应商管理领域专家	—

图4　供应商分类模型的应用

四、电网企业供应商分级管理

（一）供应商分级的一般方法

总结其他公司的供应商分级方法如图4所示。

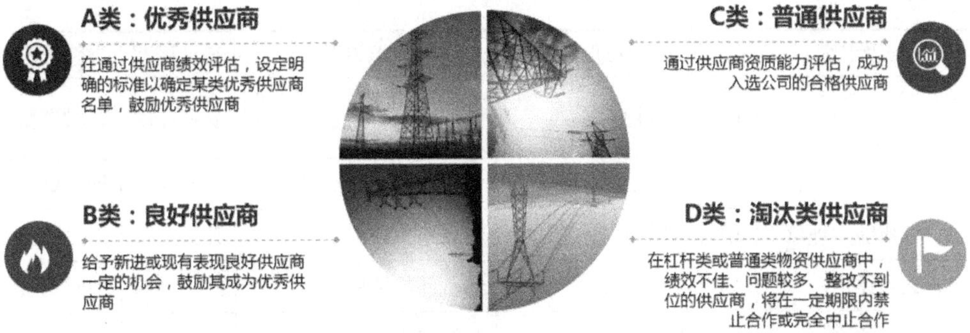

图4　供应商分级的一般方法

约定初期的供应商分级比例，如优秀供应商比例为10%，良好供应商比例为60%，普通供应商比例为30%。

（二）供应商分级依据及组成

对某品类下供应商的等级划分主要由五部分组成，如图5所示。

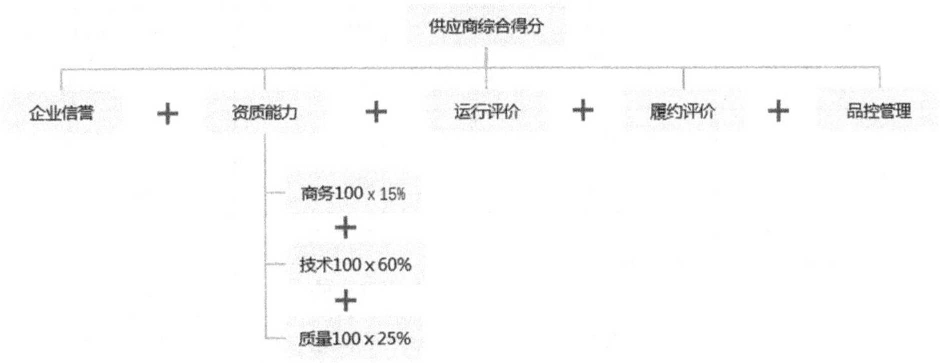

图5　供应商分级的组成

供应商分级维度及说明如表8所示。

表8　供应商分级维度及说明

一级维度	二级维度	维度说明	统计周期	更新频率
1. 信誉	1.1　产品或服务信誉	著作权、专利、商标侵权情况	自然年度	即时更新
	1.2　经营管理信誉	列入经营异常名录	自然年度	即时更新
		列入严重违法失信企业名单（黑名单）		
		公司法人及副总经理以上个人失信情况		

续上表

一级维度	二级维度	维度说明	统计周期	更新频率
1信誉	1.3　不良行为	南网公司不良行为发生及处置	自然年度	即时更新
	1.4　银行授信评级	银行授信评级情况	自然年度	即时更新
2. 资质能力评价	2.1　资质能力评价	资质能力评价结果	评价周期	即时更新
3. 运行评价	3.1　运行评价	运行评价结果	评价周期	即时更新
4. 履约评价	4.1　履约评价	履约评价结果	评价周期	即时更新
5. 品控管理	5.1　到货抽检	抽检平均合格率	自然年度	即时更新

（三）供应商分级等级及其比例见表9。

表9　供应商分级等级及其比例

等级	级别	定义	比例
A级	AAA	表现极好	5%
	AA	表现优良	5%～10%
	A	表现较好	10%～20%
B级	BBB	表现一般	20%～40%
	BB	表现欠佳	40%～60%
	B	表现较差	60%～75%
C级	CCC	表现很差	75%～85%
	CC	表现极差	85%～95%
	C	建议淘汰	95%～100%

说明：以上比例为初期的比例。随着劣质供应商的逐步淘汰，逐步缩小C等级供应商的比例，降低至10%以下。同时，将处于黑名单中的供应商、一定期限内限制投标的供应商强制列为C等C级或不参与排名。

（四）供应商分级管理实施的前提与基础

实施供应商的分级管理需要跨单位、跨部门协作，保持步调一致，逐步建立客观、科学、及时、准确、高效的供应商分级动态管理机制，如图5所示。

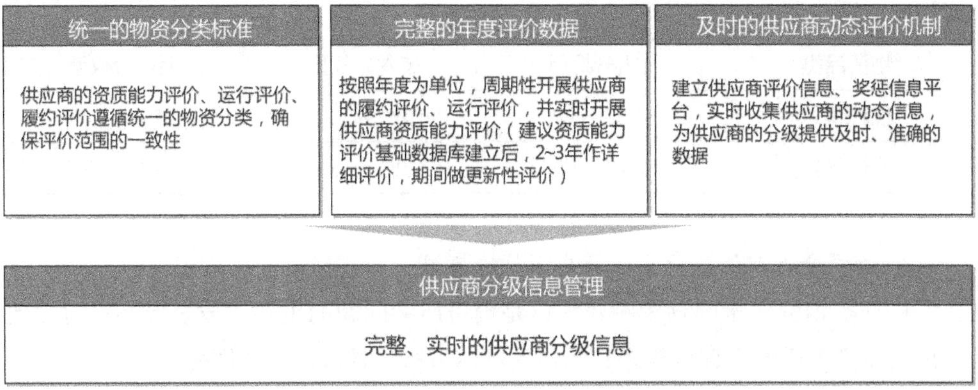

图5　供应商分级管理实施的前提与基础

五、供应商分类分级管控应用

1. 供应商分类分级应用总体思路

供应商分类分级，可以如实反映供应商实力规模、质量工艺、技术水平、履约及运行情况、合作意愿、市场重视程度等总体情况。通过分级分类，一是可以在供应商管理各个环节工作针对性更强，将有限的人力、物力、财力资源合理应用，确保“好钢用在刀刃上”。二是将分类分级结果在采购、履约品控环节深入应用，优化采购策略和品控措施，不断提升设备采购质量，形成良性循环。

供应商分类分级管控需要长期持续，不断优化和逐步完善，实现供应商的培优汰劣。

培优：对于优质供应商，通过制定合理的采购策略，与之建立稳定的合作关系，让供应商将工作重心放在技术研发、产品制造和售后服务上，不断为电网公司提供高质量的产品，提供高效的售后服务，实现共赢，形成战略合作关系。

汰劣：对于其他供应商，需加强供应商资质能力评价及现场核实工作，加强履约品控管理和安装及运行质量跟踪，加大供应商不良行为扣分处罚力度，确保将实力规模小、技术水平低以及弄虚作假的供应商拒之门外，杜绝不合格产品进入电网公司。

2. 物资分类在采购策略环节的应用

调整不同类型采购策略的评标要素权重，增强导向性，如表10所示。

表10　根据物资类别优化采购策略（建议）

物资品类	价格分权重	技术分权重	商务分权重
战略物资	30%~35%	50%~55%	10%~20%
瓶颈物资	20%~25%	30%~35%	40%~50%

续上表

物资品类	价格分权重	技术分权重	商务分权重
杠杆物资	55%～65%	20%～30%	15%～25%
普通物资	55%～65%	10%～15%	25%～35%

3. 物资分类在供应商管理策略环节的应用

杠杆类物资质量问题影响较大，是设备质量问题的主要矛盾。要有针对性地提出供应商资质能力评价管理，品控的具体策略，具体可参考图6。

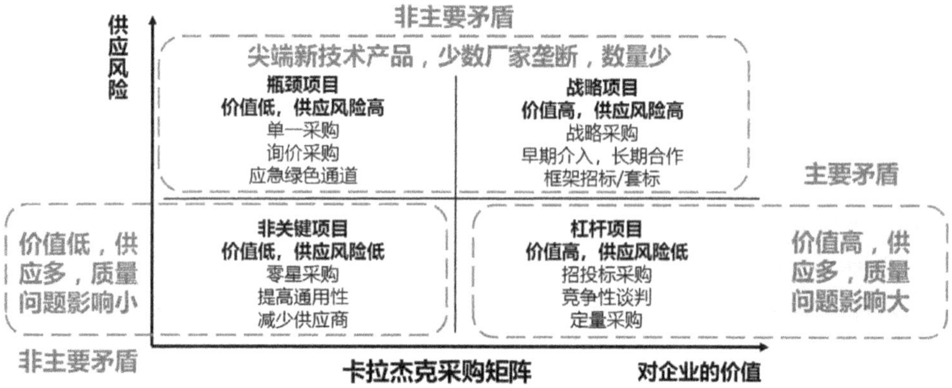

图6　加大对杠杆物资的管理力度

4. 供应商分级在评标环节的应用

将供应商分级评价的数据呈现给评标专家，为评标专家的打分提供依据。同时，已经经过资格预审的评审项由计算机自动完成评审工作，促进评标专家更专注于其他领域，提高评标专家的信息获取渠道，提高评标工作成效。

5. 供应商分级在供应商绩效环节的应用

通过利用供应商分级数据形成供应商的年度综合绩效评价数据，即将供应商的年度平均分作为年终绩效成绩，从而实现对供应商的激励将更具有针对性。

6. 持续优化供应商的结构与质量

通过应用供应商分级数据并进行深度分析，识别供应商管理的工作重点与突破点，以便更好地开展供应商的评估、辅导，实现扶优汰劣，从而促进供应商的结构不断优化（图7）。

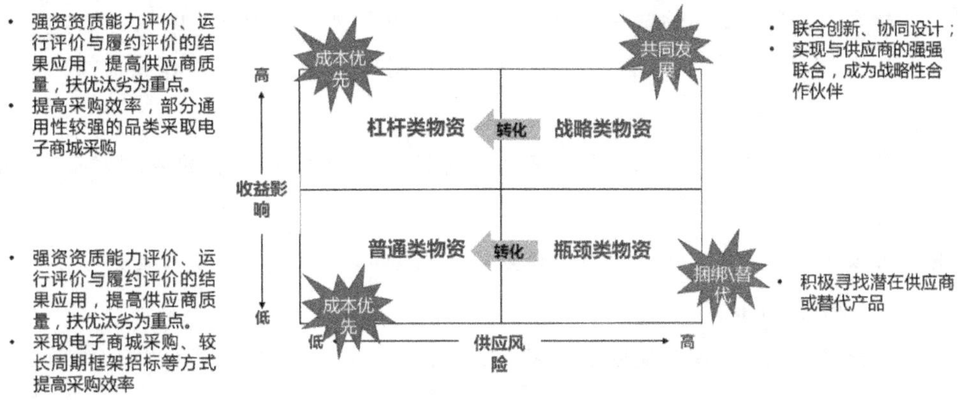

图7　供应商结构优化模型

六、供应商分类分级管理实施策略

基于当前电网企业供应商现阶段的特点，将供应商分类分级机制建设分三阶段实施：

第一阶段：数据整合阶段。在数据整合阶段以构建分类分级的工作协同、工作标准、数据标准、数据模型为重点，初步形成供应商分类分级的管理机制，并尝试在供应商准入、招标策略、招投标管理、供应商管理等环节应用。

第二阶段：平台化管理阶段。在平台化管理阶段，重点解决供应商评价数据的高效、完整，通过建立供应商分类分级管理信息平台，减少人工统计工作，提高管理工作效率。

第三阶段：智慧化管理阶段。在大数据管理阶段，重点解决供应商评价原始数据采集、数据自动化清洗、数据统计与分析，促进平台数据处理更科学、客观、准确、高效。

参考文献：

［1］中央宣传部. 习近平新时代中国特色社会主义思想三十讲［M］. 北京：学习出版社，2018：105-106.

［2］胡伟涛. 论国有企业与供应商合作的重要性［J］. 中国物流与采购，2019（07）.

［3］（美）彼得·卡拉杰克. 采购必须纳入供应管理（Purchasing must become Supply Management）［J］. 哈佛商业评论. 1983（9，10）.

［4］王远炼. 供应商管理精益实战手册（图解版）［M］. 北京：人民邮电出版社，2015：50-61.

[5] 杨军. 浅谈企业的物资供应商管理 [J]. 市场观察，2018 (10).
[6] 质检总局. 关于电网设备材料质量监督行动有关工作情况的通报 [Z]. 2016.
[7] 鲁启功. 国有企业供应商管理难点及其对策分析 [J]. 广东科技，2016 (14).
[8] 石春生，孟大鹏. 核电装备制造业供应商分类研究 [J]. 技术经济与管理研究. 2011 (1).
[9] 周世平，刘晋. 供应商分级研究及量化分析 [J]. 商业研究. 2008 (12).

新时代中央企业媒体融合策略初探

——以南方电网公司为例

■ 南方电网传媒有限公司 唐继宜

摘 要：新时代坚持和发展中国特色社会主义，必须坚持中国特色社会主义文化建设，坚定文化自信。加快推进媒体融合，提高党的新闻舆论传播力、影响力、引导力、公信力，是坚定文化自信的重要举措。南方电网公司作为中央企业，承担着维护意识形态安全、巩固壮大主流舆论、坚定文化自信的政治责任。应切实提高政治站位，分阶段建设南方电网融媒体中心，优化重构媒体融合组织架构和生产流程，并从融媒体技术升级、考评体系、人才队伍建设等方面提供基础支撑，提高融媒体内容供给质量，以更高水平的企业传播落实坚定文化自信的政治使命，为南方电网公司创建具有全球竞争力的世界一流企业提供有力的文化支撑，营造良好的舆论氛围。

关键词：新时代；中央企业；媒体融合；南方电网

一、引言

党的十九大宣告，中国特色社会主义进入新时代。新时代坚持和发展中国特色社会主义，必须坚持中国特色社会主义文化建设，坚定文化自信。提高党的新闻舆论传播力、引导力、影响力、公信力，是发展中国特色社会主义文化，坚定文化自信的重要举措。

新时代党的新闻舆论工作必须适应移动互联网带来的传播方式、舆论格局的根本性变化，不断提高传播能力和水平。为此，必须加快推动媒体融合发展，推动传统媒体和新兴媒体在内容、渠道、平台、经营、管理等方面深度融合，形成立体多样、融合发展的现代传播体系。

党的十八大以来，习近平总书记从加强社会主义文化建设、巩固社会主义意识形态、坚持国家总体安全观、坚守底线思维防范化解重大风险等不同角度，论述宣传思想、新闻舆论工作的重大意义，就推动传统媒体、新兴媒体深度融合多次发表重要讲话、重要文章，为加快推进媒体融合指明了方向。

南方电网公司作为中央企业，深入贯彻落实习近平总书记关于文化自信、意识形态、宣传思想和新闻舆论工作的重要论述精神，以其下属的专业传媒子公司——南网传媒公司为主体，积极整合企业媒体资源，加强媒介资源共通共享、生产流程横向协同，推动企业媒体融合取得了初步成效。在国内媒体融合持续迈向纵深，以及南方电网公司创建具有全球竞争力的世界一流企业的新形势下，如何进一步推进南方电网公司媒体融合，构建覆盖全网的融媒体中心，实现“一体策划、一次采集、多元生成、多渠道传播”的融合传播体系，是南方电网公司贯彻习近平总书记关于推动媒体融合发展重要论述精神，坚定文化自信应该思考和探讨的问题。

二、新时代加快推进央企媒体融合的重要意义

（一）加快推进媒体融合是央企坚定文化自信的重要体现

坚定文化自信，是事关国运兴衰、事关文化安全、事关民族精神独立性的大问题。习近平总书记指出，文化自信是更基础、更广泛、更深厚的自信，是更基本、更深沉、更持久的力量。党的十九大将中国特色社会主义文化同中国特色社会主义道路、理论、制度一道，作为中国特色社会主义的重要组成部分，强调要增强“四个自信”，充分体现了党的高度文化自觉和文化担当。

坚定文化自信，关键在于增进全国人民共同奋斗的价值自信和价值认同，培育和践行社会主义核心价值观，不断夯实中国特色社会主义的共同价值基础、思想道德基础。要警惕西方所谓“普世价值”对我们党、我国社会主义制度的攻击和抹黑，构建有中国特色的社会主义核心价值体系。要做到这一点，促进社会主义核心价值观在全国人民心目中落地生根，就必须依靠强大的宣传手段，特别是新闻舆论传播手段。面对新时代舆论格局的深刻变化，必须加快推进传统媒体、新兴媒体深度融合，形成强有力的主流价值传播工具、传播手段，占据有利的主流价值传播阵地，以互联网为中心，构筑网上网下同心圆。

包括中央企业在内的国有企业，是中国特色社会主义的重要物质基础和政治基础，坚定文化自信是其必须承担的重大职责使命。加快推进中央企业所属媒体深度融合，是央企坚定文化自信的重要体现。央企只有适应新形势、新变化，运用媒体融合平台、技术和手段，面向企业员工、社会公众开展快速、高效、准确的价值传播，才能弘扬社会主义先进文化，凝聚社会主流价值，为人民提供精神

指引。

（二）加快推进媒体融合是央企维护意识形态安全的重要使命

意识形态决定文化前进方向和发展道路，对一个政党、一个国家、一个民族的生存发展至关重要。意识形态工作是党的一项极端重要的工作。习近平总书记指出："能否做好意识形态工作，事关党的前途命运，事关国家长治久安，事关民族凝聚力和向心力。"在集中精力进行经济建设的同时，必须一刻也不放松和削弱意识形态工作。

中央企业是党领导下的重要经济组织，既承担着保障国计民生、维护国家经济命脉的经济功能，又承担着拥护和支持党的领导、维护国家意识形态安全的政治使命。巩固马克思主义在意识形态领域的指导地位，巩固全党全国各族人民团结奋斗的共同思想基础，推动建设具有强大凝聚力和引领力的社会主义意识形态，是中央企业宣传思想工作必须承担的政治责任。

媒体传播是影响社会主义意识形态主流地位的重要因素。随着新兴媒体的快速发展，主流媒体主导作用受到巨大冲击，各种负面舆情、错误思想借助互联网迅速传播，直接威胁到意识形态安全。应对意识形态领域的巨大风险和挑战，必须通过推动媒体融合发展，以主力军占据主流意识形态阵地，才能更好维护意识形态安全。

中央企业所属媒体是主流意识形态阵地的重要组成部分。只有加快推进内部融合，并与社会主流媒体广泛互动才能形成合力，增强主流意识形态的影响力，巩固主流意识形态阵地的主导地位，促进主流意识形态入脑入心，与错误思潮、敌对势力进行坚决斗争，真正掌握意识形态领导权、主动权。

（三）加快推进媒体融合是央企巩固壮大主流舆论的必然选择

舆论是文化的集中表现，是文化的晴雨表、温度计，反映出文化的表述方式和发展走向。巩固壮大主流舆论，提高党的新闻舆论的传播力、引导力、影响力、公信力，是坚定文化自信的具体表现。

当前，移动互联网带来了全媒体的不断发展。出现了全程媒体、全息媒体、全员媒体、全效媒体。信息无处不在，无所不及，无人不用。主流媒体的传统优势受到巨大冲击。如果不能适应传播形势、舆论生态的迅速转变，主流媒体作用就会淡化，主流声音就会在互联网的信息洪流中被湮灭。必须顺应全媒体飞速发展的根本趋势，推动传统媒体、新兴媒体深度融合，才能抢占舆论高地，发出主流声音。

央企媒体平台是主流舆论阵地的重要组成部分。加快推进央企媒体融合，有利于提高央企传播效率、传播质量，巩固壮大主流舆论阵地，与社会主流媒体同频共振，合力扩大主流舆论声量，提高主流舆论传播优势，在与非主流的杂音、噪音的竞争中居于主动，从而唱响主旋律，传播正能量。

（四）加快推进媒体融合是央企提高文化软实力的重要举措

提升文化软实力，是央企建设具有全球竞争力的世界一流企业的重要任务，也是央企坚定文化自信的重要体现。加快推进媒体融合，有利于凝聚核心价值，有利于推动央企文化建设，有利于提高央企品牌竞争力，是央企提升文化软实力的重要举措。

媒体融合传播，一是凝聚核心价值的重要手段。媒体融合传播，可以推动社会主义核心价值观、央企核心价值理念在更大范围、用创新的手段、以更高质量传播，促进核心价值深入人心。二是推动央企文化建设的重要措施。媒体传播是企业文化建设的重要手段。媒体融合传播可以整合媒体传播资源，提高企业文化传播效率，创新传播方式，拓展传播渠道，促进央企文化传播，推动形成良好文化氛围。三是提高央企品牌竞争力的重要途径。品牌是央企文化的载体，品牌竞争力是企业竞争力的重要组成部分。强大的品牌竞争力离不开高效的品牌传播力。加强媒体融合，有利于集约运用央企传播资源，创新传播手段，以更加精准、有效的传播，展示央企改革发展成果，彰显央企品牌理念，树立良好品牌形象。

三、南方电网推进媒体融合的现状分析

（一）国内媒体融合的总体情况

1. 国内媒体融合取得的进展

内容融合加快推进，融媒体爆款产品竞相出现。主流媒体积极适应移动互联网时代用户信息接收的新特点、内容需求的新要求，依托原有强大的内容生产能力，与新兴媒体技术、设备和传播渠道紧密融合，制作发布不同形式的产品，为用户提供更具针对性和吸引力的新闻服务，生产出一系列反响强烈的融媒体爆款产品。如2017年8月，人民日报客户端策划推出的《快看呐！这是我的军装照》H5融媒体产品，总浏览次数突破10亿次。中国青年报推出的融媒体报道《我站立的地方》、短视频《巡逻王舒展》，得到1.2万个微信公众号转载，200多家主流网站、移动客户端转载转播。行业媒体中，中电传媒集团策划的“苏电记忆”原创微信产品，以新颖独特的创作立意和“图读电影”的高技术编辑手法，创造了330万的微博话题阅读量和10万+微信阅读量。

渠道融合成效突显，逐步实现移动优先。随着移动互联技术的快速发展，手机、平板电脑等移动终端成为用户接收信息的主流渠道。传统媒体意识到移动传

播的重要性，主动开拓占据移动终端渠道。如人民日报客户端累计自主下载量超过2.35亿；人民日报法人微博粉丝总数突破1亿，稳居“中国媒体第一微博”；人民日报微信公众号粉丝超1800万，在微信公众号平台中影响力排名第一。南方日报2015年10月上线运营“南方+”移动客户端，下载量超过5000万，入驻机构自媒体超过5000家。

平台融合步伐加快，平台化、智能化生产传播成为趋势。平台化方面，以人民日报、新华社、经济日报、中国青年报等中央媒体为代表的“中央厨房”模式逐步落地实施。地方主流媒体中，广州日报“中央编辑部”、羊城晚报报业集团“全媒体指挥中心”等媒体融合模式已实施多年。2018年以来，县级融媒体中心建设在全国各地迅速推进，成为国内媒体融合下沉的重要举措。智能化方面，大数据、云计算、人工智能在媒体融合中的运用逐渐落地。例如，四川日报报业集团旗下的“封面新闻”平台，积极探索人工智能与媒体传播有机融合，先后开发和提升了产品的算法推荐功能、AI聊新闻功能、听新闻功能、医疗服务挂号功能、地理位置定位功能，成为智媒体转型的典型案例。

2. 国内媒体融合存在的问题

（1）媒体融合深度不足。习近平总书记指出，媒体融合“要尽快从相‘加’阶段迈向相‘融’阶段，从‘你是你，我是我’，变成‘你中有我，我中有你’，进而变成‘你就是我，我就是你’”。目前，国内媒体融合取得了显著成效，但整体优势尚未发挥出来。一些媒体的融合思路本质上仍然是传统媒体、新媒体的简单相加，在体制机制、生产流程上并未真正实现媒介资源、生产要素共融互通。以聚合生产为目标的技术平台，还停留于“节庆式平台”“盆景式平台”阶段，只在特殊节点“开锅造饭”，并未实行常态化的融媒体生产。媒体融合发展尚未找到成熟稳定的路径，对盈利模式、经济效益的撬动和支撑作用尚未充分体现。

（2）体制机制变革不足。习近平总书记强调，加快推进媒体融合，要“通过流程优化、平台再造，实现各种媒介资源、生产要素有效整合，实现信息内容、技术应用、平台终端、管理手段共融互通，催化融合质变，放大一体效能”。落实这一要求，必须以媒体生产的体制机制、生产流程的变革为基本支撑。受制于传统媒体“半行政化”管理机制的掣肘，以及既有利益分配格局的束缚，在媒体融合进程中，国内媒体在组织架构、生产流程上普遍较为审慎，突破原有机制局限、采取适应融媒体生产架构的媒体机构尚未成为主流。

（3）适应媒体融合的专业人才不足。媒体融合的核心是人的融合。必须拥有一批具有互联网思维、融媒体实践经验、融媒体生产传播技能、融媒体技术的人才队伍，才能实现媒体融合转型。缺乏驱动媒体融合的高水平技术人才，是限制媒体深度融合的重要原因，也是国内媒体融合的普遍短板。一方面，网络媒体带来的巨大冲击，对传统媒体生存发展空间造成现实挤压，一些传统媒体的优秀人才流失严重，导致人才存量减少。另一方面，传统媒体在体制机制变革上的滞后性，造成内部管理上的科层制、垂直化、条块分割、灵活性不足等问题仍然存在，对高技术人才缺乏吸引力，导致人才增量不足。

（二）南方电网媒体融合现状

近年来，南方电网公司已建立起包括报纸、杂志、影视、网站、新媒体在内的企业全媒体传播体系，覆盖传统媒体、新媒体的主要媒介形式。该公司以其属下的专业传媒子公司——南网传媒公司为主体，不断探索推动公司媒体融合，凝聚公司系统内传播合力，在央企媒体融合的探索实践上取得了初步成效，但仍然任重道远。

1. 南网媒体融合取得的进展

（1）公司媒体融合初步明确路径方向。今年，南网传媒公司提出，要为南网系统内各单位提供“策、采、编、发”一体化服务，发挥集中指挥、资源共享等功能，实现“一体策划、一次采集、多元生成、多渠道传播”，推进全网新闻战线以更高效率生产高质量新闻产品。立足这一目标，该公司初步明确，要建立融媒体指挥中心，建成南方电网融媒体技术支持系统。在此基础上，进一步建成南方电网融媒体中心，促进全网报、刊、网、视、新媒体等多个媒体业态深度融合。

（2）公司媒体融合迈出实质性步伐。今年3月，南网传媒公司成立融媒体指挥中心，正式启动融媒体建设，媒体融合从概念迈向实践。指挥中心由该公司董事长担任总指挥，总经理、分管副总经理担任副总指挥，成员由传媒公司各媒体负责人和骨干记者组成。采用起步期、滑行期、起飞期分阶段推进的策略，逐步实现各种媒介资源、传播要素有效整合，技术应用、管理手段共融互通。

融媒体内容精品频出。融媒体指挥中心成立以来，南方电网公司媒体横向协同显著增强，内容生产效率和质量得到提升。围绕全国两会、博鳌论坛保供电、服务粤港澳大湾区电力合作倡议暨南方电网公司发布服务粤港澳大湾区发展举措发布会等重大选题，取得了良好的融合传播效果。挖掘出“风餐兄弟”“高空舞者”等基层先进典型。“风餐兄弟”经南网50Hz和公司媒体融合传播，被人民日报、新华社、央视等近百家主流媒体、机构、网络大V等报道关注，网络阅读量超过4000万次。在“万家灯火 湾区有我”主题传播中，使用AR技术扫描报纸二维码即可观看短视频，实现新媒体与传统媒体融合传播。

2. 南网媒体融合存在的不足

（1）全员融媒体意识有待加强。从南网传媒公司来看，融媒体指挥中心成员、各采编部门融媒体骨干员工积极参加融媒体内容生产、传播，在具体实践中已逐渐形成融合共享的理念。但有相当一部分采编人员尚未直接参与融媒体工作，横向协同、融合生产尚未形成自觉意识。从南方电网公司来看，除南网传媒公司、贵州电网公司等单位已着手落实媒体融合具体措施，其他单位仍停留在传统生产模式阶段，媒体融合尚未提上议事日程。全网层面尚未形成强有力的媒体融合统筹推进机制。

（2）融媒体组织架构、流程机制仍待升级。目前，以南网传媒公司为主体的融媒体指挥中心，采用的是从各采编部门抽调人员兼顾融媒体工作的做法，尚未对现有采编部门组织架构作调整，从长远来看，离深度融合尚有距离。流程机制上，重大选题策划、日常素材资源的共享已基本实现横向协同作业，但尚未实现“一体策划、一次采集、多元生成、多渠道传播”的高度集约生产流程。

（3）融媒体技术支持平台亟待建设。融媒体指挥中心仍以微信、南网通的线上群组为主要载体，实现指令发布、资源共享、信息交流等功能。公司媒体各自运用不同的采编技术系统，尚未真正打通资源壁垒实现兼容。全媒一体的目标、架构尚无技术支撑。

（4）人才队伍融媒体技能有待提升。受部门职能、媒体属性等因素制约，公司媒体采编人员长期从事某一种媒体的内容生产和传播，专业化程度较高，但技能较为单一。尤其是传统媒体采编人员对新兴媒体的语态、生产节奏、技术手段、传播渠道等了解较少，缺乏学习的兴趣和动力，技能相对匮乏，长远来看，不能适应移动优先、全媒一体的融媒体内容生产传播需求。

四、进一步推动南方电网媒体融合的策略建议

（一）提高推动媒体融合的政治站位

1. 推动媒体融合上升为南方电网公司层面重要部署

媒体融合是加强和改进党的新闻舆论工作，提高舆论引导能力和水平的重要抓手，是一项事关主流舆论阵地占领，事关意识形态安全、网络安全的重要举措，也是坚定文化自信的具体手段。南方电网公司作为中央企业，必须坚决贯彻落实习近平总书记关于宣传思想、新闻舆论工作的系列重要论述精神，不能仅仅把媒体融合视为新闻舆论工作的一种技术手段，而要从维护意识形态安全、防范化解重大风险、坚定文化自信的高度，把推动公司媒体融合当作一项重大政治任务抓牢抓实。

为此，应切实提高政治站位，把媒体融合升级为南方电网公司层面的重要工作部署。可考虑以南网传媒公司作为实施主体，建立南方电网融媒体中心，整合全网新闻舆论工作资源，稳步推动各单位新闻舆论工作在内容、机制、渠道、人才、技术等方面的融合，逐步形成资源共通共享、横向协同、深度融合的格局。

2. 加强对媒体融合的方向把控和顶层设计

把政治标准摆在首位，从维护意识形态安全、坚定文化自信的政治高度出发，把握公司媒体融合的正确政治方向，确保公司媒体融合服务于巩固壮大主流舆论、服务于南方电网公司改革发展大局。

加强媒体融合的顶层设计，对媒体融合模式、机制及各重要环节进行科学决策。对标国内媒体融合的成功案例、先进经验，充分考虑央企新闻舆论工作的特殊性和南方电网公司的实际情况，实事求是确定南方电网公司推动媒体融合的方法和路径，尽力避免生搬硬套、走弯路、绕弯子，避免架构变动、流程机制变动脚步过快、过激造成内容生产质量不稳定、人才队伍不稳定等不利情况。

3. 加强对媒体融合重大问题的统筹协调

在媒体融合的资金投入、技术引进、考核评价、人才队伍建设等重大问题上加强统筹协调。媒体融合是一项系统工程，在推进实施中需统筹考虑多方面因素。资金投入应有充足保障，但也应合理、适度，不能盲目冒进。技术引进应充分考虑公司媒体日常运营的实际需求，应把实效性、适用性摆在首位，不能“为融合而融合”“为升级而升级”。考核评价上应建立适应融媒体生产传播的评价体系，发挥正向激励作用。人才队伍建设应着眼于全面提高南网新闻舆论队伍融媒体意识和专业能力，持续开展技能培训、人才培育和引进。

（二）以深度融合推动内容高质量供给

1. 提高融媒体议题设置水平

（1）强化策划能力。准确把握中央决策部署和南方电网公司党组工作要求，抓好重大选题的融媒体策划。做好年度重大选题策划，并分解到月、到周。采用项目制运作方式，每个重大选题成为一个传播项目，明确项目责任人、团队成员，落实项目报道任务。及时捕捉社会热点，做好在南网的落地转化。密切关注互联网舆论，进行二次开发、延伸传播，融入具有南网特色的创意和元素，提高在南网员工和社会公众的传播力、影响力。对负面舆情话题，准确把握是否回应、如何回应，采用合适的方式设置议题，加强对社会公众的舆论引导，力争明辨是非，澄清谬误。

（2）依托通讯员队伍，广泛挖掘基层一线新闻题材。坚持将笔头、镜头对准南网基层一线，展示南网改革发展的基层实践，宣传践行南方电网企业文化理念的生动案例，挖掘基层先进典型。将基层通讯员纳入融媒体内容生产队伍，在融媒体运作机制下，常态化提供新闻素材，参与融媒体报道。

（3）创新运用大数据手段，深度开发新闻信息源。以南网传媒公司舆情大数据可视化平台为基础，动态挖掘南网新闻舆论、社会舆论热点传播态势，综合分析研判，选取其中有新闻价值的热点话题，实施融媒体传播。运用广东省工业大数据等平台，及时抓取具有新闻价值、适合内外部传播的选题线索，扩充南网融媒体传播的议题来源。

2. 增强融媒体内容集成生产能力

（1）巩固提升融媒体协同生产水平。融媒体建设推出阶段，在融媒体指挥中心统筹下，进一步消除公司媒体部门壁垒，保持媒体横向协同生产常态化。日常选题、素材资源共享，重大选题项目制运作，跨部门联动作业。融媒体滑行阶段、起飞阶段，以融媒体采编技术平台为基本支撑，在融媒体指挥中心统一指挥下，实现内容一次采集、多次利用梯级传播，最大限度提高内容集约生产、高效利用水平。

（2）强化公司媒体差异化生产能力。在整合公司媒体资源推动融合生产的前提下，尊重媒体属性和传播特点，实现差异化内容生产，为分众传播、差异化传播奠定基础。南方电网报在融媒体生产中提供基础内容支撑，同时突出南方电网公司党组“喉舌”的功能特色，在重大时政报道上做出精品。南方能源观察杂志紧扣“改革”主题、立足行业开展融媒体内容生产，同时坚持高端定位，在能源领域深度报道上持续用力。南网新闻为融媒体可视化生产提供强大支撑，在视频新闻上做精做优。南网官网突出权威、快速的优势，第一时间传播重大时政报道。南网50Hz提供快速、生动、交互的新媒体内容，着力打造互联网传播“爆款”。

（3）以融媒体为支撑，提高外宣内容供给能力。增强媒体融合中的外宣导向，牢固树立内宣外宣化、内外宣紧密联动的理念，通过公司媒体融合生产为外宣提供强大内容支撑。融媒体策划、采访、编辑着力突出外宣视角，结合社会媒体需求、公共传播特点设置议题，开展内容产品生产。进一步做好外宣内容差异化生产，针对社会媒体的不同属性、不同特点，提供有差别的外宣素材和产品。

3. 创新运用可视化、数字化内容生产手段

（1）加快推进短视频等可视化内容的生产。适应移动互联网时代可视化传播的大趋势，下大力气、加快脚步开展南网短视频内容的生产传播。以南网传媒公司短视频工作室为基础，整合影视制作、新媒体制作、网络技术人才，充实工作

室资源，开展短视频制作。以南网各分子公司通讯员队伍为主要力量，组建短视频内容采集团队。运营好南网在抖音、快手、网易、梨视频等短视频平台的官方账号，与社会公众展开良好互动。

（2）灵活运用各类可视化内容生产形式。针对信息含量大、理论性和专业性强的新闻内容，如党建、工作报告、专业会议、工作成果展示、行业分析等，采用数据新闻形式进行可视化呈现。广泛采用动漫、动图、H5等各种可视化手段，增强内容产品的直观性、亲和力、互动性，提高传播效果。

（三）稳步推进媒体融合流程机制再造

1. 巩固优化融媒体指挥中心功能

（1）引领公司媒体协同常态化。在南网传媒公司融媒体工作委员会统筹下，继续固化融媒体指挥中心功能。召集每周融媒体工作委员会议，以融媒体指挥中心线上工作群组（融媒体采编技术平台建成前）为平台，及时统筹每周重点选题，共享公司媒体报道资源，协调沟通融媒体生产中的重难点问题。继续落实融媒体指挥中心值班制度，值班领导对当期融媒体工作负总责，值班主任落实当期融媒体报道任务的总体协调工作。

（2）扩大在全网新闻舆论工作中的影响力。以南网融媒体工作线上群组（融媒体采编技术平台建成前）为载体，以重大选题策划为引领，推动南网各单位共享选题线索，积极参与重大融媒体报道项目，增强对融媒体的认识，为进一步推进全网范围内的媒体融合工作奠定基础。

2. 分阶段推进融媒体架构重组

从局部小范围的采编架构调整，逐步升级为相对彻底的融媒体组织架构，即保留融媒体指挥中心，成立融媒体采访中心、融媒体编辑中心、融媒体技术中心，打破现有条块分割、部门壁垒明显的组织架构，构建媒介深度融合、扁平化的组织架构。

（1）过渡阶段。采编部门“自转”与融媒体指挥中心“公转”并行。“自转”即保持现有采编部门架构、功能、职责不变，继续负责本部门运营的公司媒体的日常运营。“公转”即在融媒体指挥中心调度下，从总编室、公司媒体抽调骨干成员整合成一体化时政报道组，以实现文字、图片、视频、新媒体采集功能的一体合成。

（2）深化阶段。重构融媒体组织架构，按照融媒体指挥、采访、编辑、技术支持四大功能版块，整合现有采编队伍，调整采编部门设置，如图1所示。

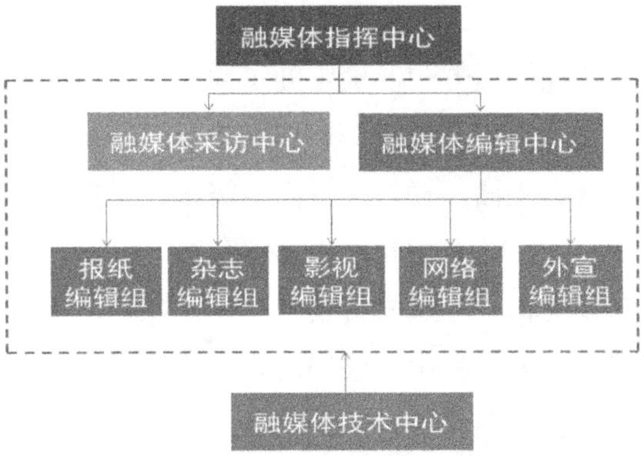

图1　南网传媒公司融媒体组织架构

如图1所示，重构之后的融媒体组织架构由融媒体指挥中心、融媒体采访中心、融媒体编辑中心、融媒体技术中心组成。其各自的主要功能为：

融媒体指挥中心是融媒体组织机构的中枢，由公司领导担任总指挥，有关采编部门负责人担任副总指挥，负责日常运营。承担采访任务指令下达、重大策划方向把控、报道内容审核、采编资源调配等，统筹指挥整个融媒体平台。

融媒体采访中心承担报道采集员角色，由公司媒体记者、总编室工作人员组成。负责根据融媒体指挥中心发布的采访任务指令完成内外宣采访。获取的新闻素材统一上传至融媒体采编技术平台。

融媒体编辑中心承担报道加工员、发布员角色，由公司媒体编辑、总编室工作人员组成，设外宣、报纸、杂志、影视、新媒体五个编辑小组。负责将采访中心提供的新闻素材分发至相关编辑小组，由编辑小组完成新闻内容的编辑。经融媒体指挥中心审核后，内宣内容在所属媒体发布，外宣内容向社会媒体发布。

融媒体技术中心承担技术员角色，由公司网络技术人员、新媒体美编等组成。负责融媒体采编技术平台的引进、使用培训、运营维护，并为采访中心、编辑中心内容生产提供技术支持。

2. 建立移动优先、梯次递进的内容生产传播流程

适应融媒体组织架构重组，改变一次采集、一次发稿的简单新闻生产方式，根据各媒介的特性进行梯次传播，优先向公司新媒体、网站提供内容，具体可考虑按以下流程实施内容生产和传播：

每日下达总部宣传任务。融媒体指挥中心每日动态接收总部新闻宣传任务，明确报道要求，下达至融媒体采访中心。

每周定期召开融媒体采编会议。传达当周南网总部重大新闻宣传部署，汇总当周重要选题，提出重大融媒体策划思路，研究确定重点选题的采访安排、编辑

方针。

采访执行。根据融媒体指挥中心确定的每周重点选题任务、每日总部宣传任务，融媒体采访中心安排记者实施采访；编辑中心提出重点选题的版面（栏目、页面）安排计划，并结合版面（栏目、页面）需求，对采访提出建议。采访中心完成采访后，将采访素材上传融媒体采编技术平台。

编辑执行。融媒体编辑中心从采编技术平台提取采访素材，并分发给相应编辑组，实施内容编辑。编辑过程中，根据需要申请技术中心支持。完成内容编辑后，提交融媒体指挥中心审核。

内容审核。融媒体指挥中心对编辑中心提供的内容进行审核把关，完成审核后，将内容成品反馈给编辑中心。

内容分发。编辑工作室收到内容成品后，分发给相应编辑小组在所属媒体发布，外宣内容在相关社会媒体发布。

评价反馈。每周融媒体采编会议通报上周融媒体报道成果，点评重点报道，并提出进一步改进的意见、建议。

3. 建立覆盖南网的融媒体流程机制

以南网传媒公司融媒体组织架构、生产流程为基础，将南方电网公司各单位新闻宣传资源接入组织架构和生产流程，建立全网一盘棋的媒体融合运作模式。

扩充组织架构。将南网各单位新闻宣传部门列为融媒体分中心，其负责人列为融媒体指挥中心成员。各分中心负责人参与融媒体指挥中心重大选题策划，并调动本中心成员执行采访任务。

拓展内容生产传播流程。融媒体分中心每周向融媒体指挥中心报送当周重点选题，并按融媒体指挥中心安排调动分中心新闻宣传人员实施采访任务。重大报道由融媒体采访中心记者与分中心成员对接，联动完成采访任务。采访素材上传至融媒体采编技术平台。融媒体编辑中心对素材内容进行编辑加工，经融媒体指挥中心审核后，根据素材特点分发至相应的公司媒体平台。适合对外宣传的，由外宣编辑组联络社会媒体发布。

（四）补足技术短板提供媒体融合平台支撑

1. 建立融媒体采编技术平台

引进国内较为成熟、先进的技术系统，分阶段建设南网融媒体采编信息技术支持平台。

第一阶段，建立南网传媒公司级采编信息技术系统，实现公司媒体内容、渠道资源聚合。公司媒体选题、文字、图片、视频等各类素材自由上传，资源共通共享。同时设置融媒体指挥调度、选题信息流转、舆论热点抓取、传播数据分析展示、实时在线沟通交流等功能。移动端、PC端并行，以移动端为主、PC端为辅。移动端力争做到采编人员人手一台移动设备，实现随时、随地上传采访素材，及时执行融媒体指挥中心调度指令，动态反馈执行情况，开展业务沟通交流。PC端主要供公司媒体后台编辑、发布成品使用，采编人员也可同时安装使用。

第二阶段，接入全网各单位新闻宣传内容、渠道资源，实现入口统一管理、出口集中约束的南方电网公司级融媒体采编技术平台。在南网传媒公司级采编信息技术系统运作成熟的基础上，面向各单位新闻宣传负责人、通讯员开放系统端口。各单位自行上传新闻宣传选题、素材，共享采编系统内资源，按照融媒体指挥中心调度，落实融媒体重大选题报道任务。

2. 加强对融媒体内容生产的技术支持

以南网传媒公司为基础，整合现有网络技术、新媒体技术人才资源，成立常态化的媒体融合技术支持团队，为内容生产的移动化、可视化、数据化提供技术保障。加强技术团队与融媒体内容生产团队的日常沟通与协同，重点保障移动端传播所需的界面视觉设计、H5制作、视频制作、数据图表图形制作等方面技术需求。主动适应新技术潮流，将大数据、云计算等技术运用到融媒体技术支持系统，探索AI辅助撰稿、无人机拍摄、虚拟主播等技术运用，推广移动直播、AR互动等技术在采编制作环节落地，实现内容和技术相互支撑、内容和渠道有机结合。

（五）建立有效的媒体融合考核评价机制

1. 建立科学的融媒体传播效果评价体系

注重外部评价，避免自吹自擂、自我感觉良好的“独语”式传播。着眼于壮大主流舆论阵地、对外树立良好的企业品牌形象，在南网融媒体内容传播效果的评价上，应持续坚持外宣成效为主、社会影响为主的导向。重点关注融媒体内容在中央媒体、地方主流媒体、有影响力的网络媒体和新兴媒体上的传播数量、正面影响情况。运用舆情监测技术，加大对南网融媒体内容传播数据的挖掘，除关注传播数量外，还需探索挖掘用户评价数据，动态掌握社会舆论对南网新闻正面、中性、负面评价情况，为改进融媒体传播、引导社会舆论提供参考。

以移动端传播数据为基本参考，精准、客观评价融媒体内容传播效果。坚持移动优先原则，把融媒体内容在南网50Hz微博、微信，青春南网、幸福南网，以及抖音、快手、网易号、南方号等移动端平台上的传播数据作为评价传播效果的重要依据。改变以往只看重传统媒体发布情况的观念，高度重视融媒体内容在中央媒体官方移动平台上的传播数据，更加客观地评价传播力、影响力。

充分结合南网实际，综合衡量融媒体内容质量、传播效果。考虑南网融媒体作为企业传播手段的特点，把公司内部评价作为衡量融媒体传播效果的一个维度。密切关注南方电网公司党组领导、公司各部门和各单位干部员工对融媒体内容的评价，并将其纳入传播效果评价体系。

2. 优化融媒体生产传播激励机制

建立适应融媒体生产传播的绩效考核机制。从以采编部门自行考核内部成员为主，逐步转变为采编部门自行考核与融媒体指挥中心考核并行，采编人员绩效由这两部分共同构成。保留采编部门自行考核的方式，重点考核员工在部门运营的公司媒体平台上的工作绩效。增加融媒体考核指标，突出采编人员参与融媒体生产的工作量、贡献度、传播效果等因素，定量、定性相结合评定融媒体工作绩效。

加大融媒体精品内容激励力度。强化内容为王的基本导向，鼓励融媒体精品创作。巩固完善“蓝莓奖”“红莓奖”等专项奖励措施，促进对精品内容的激励常态化。推动建立南方电网公司层面的融媒体精品创作奖励计划，激发全网新闻宣传战线开展融媒体生产传播的活力。

（六）加强媒体融合人才队伍建设

媒体融合关键在于人的融合。为此，推进媒体融合，应增强南方电网全体新闻舆论工作从业人员的融媒体意识，提高融媒体业务实践技能，建设一支政治过硬、本领高强、求实创新、能打胜仗的融媒体人才队伍。

1. 强化媒体融合专业培训

聚焦融媒体核心问题实施培训。借助政府部门、高等院校、研究机构、互联网企业、社会媒体等资源，重点围绕媒体融合理念、全媒体技能等关键问题开展培训。加强媒体融合发展趋势、实践案例培训，着力增强南网新闻舆论队伍媒体融合意识。开展融媒体内容生产、技术运用轮训，持续提高新闻舆论队伍融媒体技能。

多渠道扩大培训覆盖面和影响力。在南网传媒公司年度培训计划中，设置融媒体主题轮训，分批次、分类别开展专业培训，实现采编人员全覆盖，有关职能部门、经营部门精准覆盖。充分运用南方电网新闻舆论工作培训班、南方电网通讯员培训班等平台，将媒体融合作为主题，面向全网开展培训。

2. 打造南网融媒“网红”

面向全网推出融媒“网红”培育计划。初期以南网传媒公司新闻舆论队伍中的骨干员工、明星员工为对象，运用公司媒体、系统内外各类宣传平台为“网红”员工开设专栏、制作个人专题短视频、邀请其作为嘉宾分享交流，打造个人品牌“IP”。在此基础上，逐步面向全网新闻宣传人员中的优秀者，提供创作展示平台，打造系统内外有影响力的“网红”。

3. 借助重大融媒体传播项目锤炼队伍

以重大项目传播为契机，在实践中训练新闻舆论队伍策划能力、采写拍编播的全媒体生产技能。在融媒体指挥中心统筹下，以重大融媒体传播项目为引领，合理配置执行团队。按照集约、高效的原则安排团队成员、做好分工，在实际条件允许的前提下，文字记者适度兼顾项目策划、摄影、新媒体后台编辑，摄影记者适度兼顾文字采写、摄像，摄像记者适度兼顾文字采写、后期制作，逐步实现新闻舆论队伍一专多能、全面发展。强化融媒体项目执行中的横向协同，充分共享资源、互相补台。

4. 引进高水平融媒体人才

针对融媒体内容生产和运营、融媒体技术支持两个领域，面向市场引进具有互联网思维、适应新的传播业态，信得过、用得上的优秀人才。把政治标准摆在首位，确保引进的人才政治过硬、思想端正。突出引进人才的针对性、适用性，以社会主流媒体、互联网公司、大型企业等为重点对象，引进具有融媒体内容生产、技术支持等相关从业经历的领军人才、资深骨干人才，为南网媒体融合注入新的活力。

五、结语

加快推进媒体融合，是新时代提高党的新闻舆论工作能力和水平、维护国家意识形态安全、坚定文化自信的重要举措，是一项长期、复杂的政治任务。包括南方电网公司在内的中央企业，应从推动社会主义文化建设的高度出发，着眼企业传播的实际特点，加快推进央企媒体在内容、渠道、机制、管理上的深度融合，为做大做强主流舆论，唱响主旋律、壮大正能量，推动全党全社会思想上的团结统一做贡献。

参考文献：

[1] 习近平. 习近平谈治国理政（第一卷）[M]. 北京：外文出版社，2014：153−180.

[2] 习近平. 习近平谈治国理政（第二卷）[M]. 北京：外文出版社，2017：331−352.

[3] 习近平. 坚定文化自信，建设社会主义文化强国 [EB/OL]. http：//www.gov.cn/xinwen/2019−06/15/content_5400577.htm.

［4］张晓松，黄小希. 习近平出席全国宣传思想工作会议并发表重要讲话［EB/OL］. http：//www.gov.cn/xinwen/2018-08/22/content_5315723.htm.
［5］中共中央宣传部. 习近平新闻思想讲义（2018年版）［M］. 北京：人民出版社，学习出版社，2018：104-112.
［6］中共中央文献研究室. 习近平在党的新闻舆论工作座谈会上的讲话. 习近平总书记重要讲话文章选编［M］. 北京：中央文献出版社，党建读物出版社，2016：416-440.
［7］中共中央宣传部. 习近平新时代中国特色社会主义思想三十讲［M］. 北京：学习出版社，2018：194-203.
［8］中共中央宣传部. 习近平新时代中国特色社会主义思想学习纲要［M］. 北京：学习出版社，人民出版社，2019：138-143.
［9］胡怀福，周劲. 王者融归：报业深度融合56个实战案例［M］. 北京：人民日报出版社，2019：3-44.
［10］荣开明. 文化自信四题［J］. 观察与思考. 2017，8：6-15.
［11］董朝霞. 文化自信的根本在于核心价值观自信［J］. 北京师范大学学报（社会科学版）. 2017，5：131-135.
［12］陈培永. 文化自信是对先进文化的自信［J］. 理论学习. 2017，11：45.
［13］卢玥. 文化自信背景下习近平新闻舆论观及其践行研究［D］. 湛江：广东海洋大学，2017.
［14］李舒东. 媒体融合六论［J］. 传媒. 2016，1：16-18.
［15］刘子瑜. 媒体融合，核心在哪［J］. 青年记者. 2017，10：1.
［16］刘洁. 媒体融合的核心是人的融合［J］. 传媒观察. 2017，5：21-23.
［17］梅宁华，支庭荣. 媒体融合：进程与趋势［J］. 新闻与写作. 2018，1：32-35.
［18］富宇，宋青. 媒体融合发展的创新实践［J］. 当代电力文化. 2017，11：68-69.
［19］张子凡. 央企品牌传播效果提升研究［J］. 新闻前线. 2017，1：22-27.
［20］邵学全. 央企的文化品牌［J］. 企业家信息. 2016，3：93-94.
［21］周施恩. 央企典型公司文化评价［J］. 企业研究. 2017，1：13-19.

智能技术对变电运维管理的挑战及应对

■ 超高压输电公司昆明局 杨 涛

摘 要：为落实创新驱动发展战略，南方电网公司正在大力推进“云大物移智”等智能技术在生产领域的应用。随着技术变革加速，社会矛盾转变，人的主体意识加强，智能技术应用也必然对原有生产体系中的组织结构、管理模式等提出了新的挑战。本文以智能技术在生产应用中产生的管理问题为切入点，思考了智能技术应用对管理实践影响的内在逻辑，分析了智能技术应用对现行变电运维管理的挑战，包括对设备变为“客户”、垂直型组织变为三角型并趋于无边界、管理需要有更多的服务特性，知识型员工将取代技能型员工等。论文最后结合未来5～10年的弱人工智能技术的特点，提出了变电运维管理在技术应用路线、组织创新、业务模式创新和激发团队活力等方面的应对建议。

关键词：智能技术；变电运维管理；挑战及应对

引 言

近年来，以互联网技术为核心、以“工业4.0”为代表的新一轮科技革命和产业变革正在深刻影响传统产业，工业信息化已成为发展趋势。据预测，2020–2030年间，智能技术将会全面渗透到社会的各个角落。党的十九大报告中明确提出：“加快建设制造强国，加快发展先进制造业，推动互联网、大数据、人工智能和实体经济深度融合。”2018年4月，习近平总书记在全国网络安全和信息化工作会议上强调：“要推动互联网、大数据、人工智能和实体经济深度融合，加快制造业、农业、服务业向数字化、网络化、智能化转变，推动产业数字化对传统产业进行全方位、全角度、全链条的改造，提高全要素生产率，释放数字对经济发展的放大、叠加、倍增作用。”为此，南方电网公司高度重视创新驱动发展，推动公司数字化转型，积极推进“云大物移智”技术在生产领域深度融合，阔步向智能电网运营商转型。智能技术的应用，不仅能促进企业高质量发展，提高全要素生产率，提高供电质量和可靠性，也能缓解人力资源紧张情况。但是，根据生产力发展与生产关系发展的相互作用，新技术在生产中应用，必然对传统企业管理理念和管理模式带来挑战。作为南方电网西电东送主网架运维管理人员，主网安全稳定运行事关南方电网核心利益，应当更加深入研究在大力推广应用智能技术的同时，安全生产管理会面临哪些新挑战，以及如何应对这些挑战。

一、智能技术在生产领域应用的意义及必要性

（一）智能技术在生产领域应用的意义

1. 有利于进一步提升电力供应质量

新时代，人民群众的用电需求发生了巨大的变化，从“用上电”转为“用好电”，要求电网企业不断提升供电可靠性和电能质量，满足人民追求美好生活的电力需要。随着世界逐步迈入工业4.0时代，中国制造正在快速崛起，智能技术对电力行业的发展也释放出巨大的能量。因此，公司需要加大智能技术应用，提升电网生产智能化水平，提高电网可靠性，切实履行社会责任，践行“人民电业为人民”的企业宗旨。

2. 有利于促进企业高质量发展

随着宏观经济进入高质量发展阶段，公司发展也由规模速度型转向质量效益型。公司要践行新发展理念，在当前技术革命下，必须通过智能技术的研究和应用，解决规模增长与人力资源等问题，提高电网生产效率和效益，降低生产风险，减轻人员负担，驱动公司由传统的劳动密集型运营管理模式向精益化管理模式转变，为打造安全、可靠、绿色、高效电网提供坚强保障。

3. 有利于本质安全型企业的建设

安全是发展的基础，发展是安全的保障。建设安全型企业是电网企业落实安全发展理念，奠定公司发展基础。安全与发展相辅相成，在安全的基础上寻求发展，在发展的过程中不断优化改进安全管理的方法手段，提高安全管理质量。在本质安全建设过程中，相关的“人、机、环境、管理”各要素应当齐头并进，避免出现木桶短板效应。在目前安全生产要求全面提高，人力资源紧张，基层负担重，人民对美好生活的需求日益增长的多重因素叠加下，通过智能技术促进工作效率和工作质量的提升，降低人员暴露在危险环境的概率，是促进电网本质安全建设的重要手段。

（二）智能技术在生产领域应用的必然性

1. 智能技术是满足人民对电力高质量需求的必然选择

党的十九大提出，新时代我国主要矛盾已经转化为人民日益增长的美好生活需要与不平衡不充分发展之间的矛盾。提供更加高质量、高可靠性的电力产品，就是我们的任务。需求的提高决定生产力必须发展，生产力的发展必然需要优化生产方式或改进生产工具，提升生产效率。当今世界，以智能技术为代表的新一轮科技革命正在深刻影响传统工业。因此，应用智能技术、改进生产方式、提升生产效率和质量，成为电网企业生产领域应用的必然。

2. 智能技术是生产运维工作的迫切需要

互联网、大数据、机器人、人工智能等技术已经深度影响到每个人的日常生活。而电网生产运维总体还处于传统技术手段，在高质量发展要求的今天，传统方式已经难以适应，一线员工的工作负担不断增加。电网员工也有对美好生活的迫切需要，而智能技术能够改变传统运维方式，提升电网员工生产效率和生活质量。因此，一线员工对新技术有着最为迫切的需要。

3. 智能技术是供给侧结构性改革企业提质增效的必然选择

供给侧结构性改革要求从生产端入手，提高供给体系质量和效率。面对安全生产压力的持续增加，如果从需求侧角度来调整，很可能的处理方式就是增加人员、加大管理力度、加大巡视力度、增加工作时间等。但实际上这些方式并不适应现今的形势和发展需求，例如社会人力成本增长，全社会劳动人工下降，补充管理手段势必影响效率，加大巡视力度增加工作强度也与员工对美好生活日益增长的需求相冲突。根据供给侧结构性改革的思路，只有围绕技术创新，提升工作效率和质量，并围绕新技术优化我们的组织，优化我们的管理，才能实现成为具有全球竞争力的世界一流企业。

二、智能技术在生产领域的应用现状及存在问题

公司生产领域智能技术应用的总体目标是“提质增效”，具体目标是“智能装备，智慧运行”，即通过智能技术在智能装备、现场作业、状态监测、态势感知、智慧运行等领域的应用实现提质增效。南方电网收资统计表明，截至2017年底全网设备状态监测合计7522套，有融冰装置94套，共44座变电站应用巡检机器人，合计配置多旋翼无人机6277架、固定翼无人机35架、无人直升机5架。其他智能监测、大数据、物联网等技术也有多个试点应用。

（一）部分供电企业智能技术典型应用情况

广州供电局输电所全面推广输电线路无人机巡视，降低人工巡维强度，提升

资产运维效率。同时，输电所为加强巡视大数据的运维分析，还建设了输电巡维中心，设立了全国首个输电自动化班组。

广东电网公司韶关供电局积极推广无人机巡视，实现了输配电线路一体化巡视，提升运维效率的同时，还实现了输电与配电巡视的集约化管理，打破一线既做“运动员”又做“裁判员”的现状，从机制上实现“市局成为问题发现中心，生产单位成为问题解决中心”，更有利于问题的及时解决及统筹资源的配置。

广州供电局建设网地两级主网运维指挥中心，打造“态势感知、协同支持、生产指挥、绩效考核”的智慧化生产监控指挥平台，并创新了信息报送、服务互动、业务协同、异动预警、绩效评价、生产指挥、值班管理等七大类工作机制。

深圳供电局推行客户“互联网+”服务，充分运用云计算、大数据、人工直流等先进信息技术，业务咨询服务约一半由人工智能承担，大大节约了人力资源投入，实现了降本增效。

（二）智能技术应用效果分析

对以上4个调研案例进行整理分析，其应用效果情况如下：

（1）智能技术改变了原有运维方式，提升了运维效率和工作质量。如无人机、机器人、智能监测替代人工巡视。机器人代替人进行检修作业，人工智能辅助开展数据分析，状态评价。

（2）智能技术的应用改变了原有组织机构。如新设立了无人机班组、输电自动化班、生产监控中心等。

（3）智能技术应用改变了员工岗位能力需求。以往简单、重复甚至危险的体力劳动由机器承担，智能技术应用产生的海量图大数据则由员工进行数据的识别、获取、质保、存储、应用、维护到报废的全过程管控等，此外员工还承担智能设备需要的维护修理、升级改造。

（4）智能技术的应用节约了人力资源成本，实现降本增效。在各供电局调研过程发现，智能技术应用的业务基本都实现了减人不减产，增产不增人的效果，在目前国家人口老龄化和人力成本逐年上升的背景下，意义尤为重大。

（三）智能技术应用过程产生的新问题

从上述调研结果可以看出，智能技术在提升工作效率和质量、缓解人力资源紧缺、降低运维成本、提升安全生产水平等方面已经产生了很好的效果。但是，智能技术应用也带来了许多新的问题。

（1）运维人员短期内工作负担加重。传统运维人员只需掌握变电一二次设备运维技术，但大量智能技术装备用于运维后，运维人员还需要对智能装备进行日常运维和检修。特别是在智能技术应用初期，智能装备产品可靠性不高，长期需要维修，无疑增加了员工的工作负担。因此，一方面需要做好新技术应用成本和效益的评估，特别是要将新技术新设备管理成本算在内；另一方面需要注意做好员工思想引导工作。

（2）对员工能力提出了新要求。大量智能设备的运维与传统一二次设备运维检修技术技能差异大，特别是大数据的深度应用，员工还需要掌握网络通信技术、数据开发技术、数据维护能力等。这些对于现有员工的能力要求提出了新的挑战。

（3）新的组织建设与管理问题。围绕生产大数据的识别、获取、质保、存储、应用、维护到报废的全过程，必然需要新设立相关的组织机构，使之发挥作用。应该新设哪些部门或班组，新设立的组织机构应该如何管理，这些也是需要面对的问题。

（4）员工的激励问题。智能技术应用特别是大数据的应用后，运维人员相比现在将更少直接面对设备，体力劳动将不断减少，对于近些年负担较重的基层人员来讲无疑是减负，但是要警惕基层员工在智能技术使用后有停下来歇一歇，不思进取的想法。当前还处于人机协同时代，智能技术特别是大数据的智能分析和应用需要运维人员积极研究、挖掘和开发，进一步提升大数据在设备状态感知、故障分析预警等方面的作用，让大数据的生命力不断保持。因此，需要调整原有措施，不断激励员工的积极性。

三、智能技术对现有运维管理的挑战的深层次思考

（一）智能技术应用对管理产生挑战的内在逻辑

智能技术的应用对管理的挑战，一方面要遵循马克思主义的人类社会发展的基本规律，另一方面也可以用习近平新时代中国特色社会主义思想去分析，此外革命性的技术还不断挑战着原工业时代的管理理论。

1. 生产关系发展通常落后于生产力发展

马克思指出，生产力决定生产关系，生产力是生产方式中最活跃、最革命的因素，经常处于变化和发展之中。与生产力相比较，生产关系则更具有相对稳定性，一种生产关系一经产生，就在一定的历史时期内保持相对稳定的形式。当生产关系与生产力的发展要求相适合时，它会有力地推动生产力的发展；当生产关系与生产力的发展要求不相适合时，它会阻碍甚至破坏生产力的发展。生产关系对生产力的反作用，有时会十分突出。智能技术的应用，本质就是生产力的发展而且还是革命性的发展，而现有的组织形式、管理制度、人力资源配置都是与现有生产方式相适应的，必然会影响甚至阻碍智能技术在运维方面的作用。因此，

在生产力较大发展的时刻，管理者应当敏锐进行生产关系的调整。上述案例中，智能技术应用后，新组织的产生、新运维模式的出现、新岗位能力需求的出现，都是生产力发展带来的生产关系变化。

2. 管理的本质是传递、控制信息

与以往社会不同，信息化社会管理的本质可以说就是信息的传递和控制。传统的运维管理中，班组负责设备信息采集，并将采集的数据经过分析后一部分用于设备的运行维护，另一部分传递给管理层。管理层根据传递过来的信息按照不同的要求加以使用，一部分用于管理设备，一部分用于管理人，一部分传递给领导。传统方式下，信息的采集难度大，信息的传递慢，并经过各层级的处理和过滤，到达领导层的信息在及时性、真实性等方面就会产生偏差，因此领导会通过各种管理手段来加强信息传递的及时性和真实性。但智能技术应用后，一方面信息的采集更加全面准确，另一方面信息的传递通过物理网络而不是组织或人，信息的广度深度、信息的及时性和真实性都得到较大的提升，管理的穿透性就可以实现，与此同时传统用于保障信息传递及时性、真实性等目的的组织、管理和人员也可以得到解放，管理的成本将降低。

3. 新人力资本理论

传统的人力资本理论将个体身上具有经济价值的知识、技能和健康视为人力资本，几乎所有有关人力资本的研究都将教育和培训作为提升人力资本的核心和关键要素。新人力资本理论将能力作为人力资本的核心，包括认知能力和非认知能力，并重点关注非认知能力对个体社会行为和经济效益带来的影响。智能技术时代，信息技术的数字化特点，使得知识的复制和存储变得极为方便。在这样的环境下，一方面人力资本存量的价值可以得到比以前更加充分的挖掘和发挥；另一方面，人力资本的投资有了更高效的途径。智能技术时代下的员工，将具有更大的增值潜力。

4. 从体制成本角度看智能技术的应用与管理

管理运行成本是可以判断管理示范适应生产力发展的要求的。体制成本上升，就说明管理不适应生产力发展，原则上就要改革。如果改革后的新体制运行成本加上改革成本高于原有体制运行成本，就不能急改、大改，而是要积极探索降低改革成本的办法，整体改革成本太高就先局部改，一次性改革成本太高就分步改。智能技术是否该应用，以什么速度应用也可以按照这个规律来判断。首先，在高质量要求下现有技术下的生产成本无疑是不断上升的，因此是应当改进的，智能技术必须要用。其次，如果智能技术都成熟可靠有用，不会导致管理更加复杂，且应用投资可承受，也就是新的管理成本加智能技术应用成本低于现有管理和技术成本，那么可以整体应用；如果智能技术还不是很成熟可靠，那么评估后就要分步应用了。

（二）智能技术应用变电运维管理带来的挑战

主网变电运维的特点是不对客户，只对设备，专业性强，复杂程度高。由于智能技术的特点，一旦在主网变电全面应用后，我们管理的设备将变成“透明设备”，从事运维工作的员工将变成“透明人”，负责运维的组织将变成“无边界组织”。这些势必对我们现行的组织架构、管理制度、人力资源等一系列生产关系表征要素形成较大影响。根本性的挑战体现在以下几个方面：

1. 挑战对设备的认知——设备变成“客户”

从电力的生产传输来看，生产设备才是实质上的电力生产者、传输者，运维管理人员是服务于设备的。传统运维过程我们通过自动化的监视加人工定期巡视、检查、操作、测试等了解设备状态，信息渠道有限且受客观因素影响较大。设备对于其管理者来讲，是模糊不清的，对于无法清晰掌握设备运行规律的管理者而言，必须通过各种管理手段加以补强。智能技术应用后，冷冰冰的设备、机器将变得“有生命”，变得智能化、可视化、标签化，“对牛弹琴”的故事，终将被“精诚所至，金石为开”所取代。设备由原来的“模糊状态”变为“透明状态”，运维管理的穿透力随之产生。设备从此由用户变成我们服务的“客户”，运维管理要像客服对待客户一样细致入微，态度友好，以便于准确了解设备的运行状态，提前发现设备的隐患并及时消除，做好个性化、定制化的维护服务，实时进行设备的修理升级改造。

2. 挑战对组织的认知——三角型而非垂直型

传统电网运维管理的组织模式一般都是“管理者—班组（员工）—设备”的垂直型管理模式，受制于传统的信息收集技术条件，组织模式较为单一，通常是管理者在顶层，员工在中间，设备在底层。但在智能技术时代，物联网技术将各类信息收集起来，使得所有的人、物之间变成一个密不可分的整体，传统的垂直型组织模式将被打破，管理层—班组（员工）—设备将是一个相互联系的三角形的扁平化组织结构，并且随着技术的应用逐步升级到无边界组织。管理者可以清楚地了解设备状态，也可以准确真实地掌握员工的情况。信息的通畅、组织的扁平化，使管理变得更为简单，监督变得简单。同时，数据打通了原来的各专业班组之间的界限，传统工业体系下的班组定义的核心是分工，新时期班组定义的核心是团队。为了发挥数据的更大作用，专业班组之间自然会加强联系和融合，无边界的组织自然形成。于是，围绕数据流动的组织形态、管理方式逐渐形成。

3. 挑战管理的认知——服务而非管控

传统管理观念更多强调规章制度和有形结构对员工的控制。有学者认为，西方组织体系、机制、制度设计的出发点总体来说都是对人的“无赖假设”，即“计谋人”假设，通过不断评估经济利益与非经济利益，做出对个体有利的行动。然而，随着智能技术与企业管理流程的深度融合，工作过程中产生的大量数据被采集、分析、反馈，这使得员工行为呈现“透明化”趋势，以往对个体有利而损害整体利益的行为极易被发现，因此计谋人将很难存在。人工智能在企业管理中的应用使得被管理者行为趋于“透明化”，人性的“善意”将更多被激发出来，这种行为主体倾向的变化使得传统管理理论中的部分内容不再适用。因此，传统的管理思维和方式应当调整，管理中控制限制应当不断减少，而激励、容错措施应该不断加大。

4. 挑战对员工的认知——知识型而非技能型

员工属性的变化、技能人向“技术人”的转变，使管理者也向“技术人”转变。信息化、机器人、大数据让运维人员从传统的体力劳动中解脱出来，在人机协同时代海量的流动数据需要员工读取、开发、分析、维护，使之发挥更大的作用。原有的巡视、监盘、操作等技能逐渐消失，取而代之的将是数据分析、维护、应用开发能力等。与此同时，原有的状态评价、故障诊断、任务安排等将由大数据云计算所取代，管理者有更多的时间精力关注设备，关注大数据的挖掘使用，单一技能型员工已经无法适应新技术的发展，取而代之的将是复合技能型、技术型和创新型员工。

四、运维管理应对智能技术挑战的几点建议

智能技术在生产领域的应用的本质，就是以“云大物移智”等先进智能技术将电力生产的深度融合，建成“设备状况一目了然，风险管控一线贯穿，生产操作一键可达，决策指挥一体作战”的生产管理体系，实现“智能装备、智慧运行”，强化设备的管控力和管理的穿透力，提升公司生产领域智能化技术水平，促进电网本质安全。

笔者预计，大数据、人工智能技术与电网运维的深度融合还需时日，未来10年内，电网还将处于人机协同时代。因此，智能技术对运维管理还不会造成颠覆性的冲击。这也就给我们稳步推进智能技术应用同时积极探索管理创新提供了时间。为应对即将到来的人机协同时代，在主网运维管理方面，笔者有以下几点建议：

（1）加快智能技术应用。状态监测方面，优先应用成熟的机器人巡视、无人

机巡视以及在线监测技术，建成一体化智能监测平台，打通监控系统与监测平台的数据，实现对设备的全面智能监测。态势感知方面，应用成熟的大数据分析技术，加大设备运维大数据分析算法和自动学习模型的研究攻关工作。智能作业方面，加快图像监控、人脸识别、北斗定位、5G通信等技术融合的智能安全管控、智能辅助作业应用。智慧运行方面，在状态监测和态势感知应用的基础上，加快省市两级智能化生产监控指挥中心的建设。

（2）积极研究组织创新。传统的科层组织和过细的分工屏蔽了与员工的直接联系，屏蔽了与运维设备的沟通，屏蔽了同事之间的水平交流。智能技术下的未来组织形态将呈现无边界的形态，具有灵活性、随机性与适应性特点。组织的优化既要满足传统变电运维要求，又要兼顾智能技术作用的发挥。建议建设专业性强、融合程度高、数据流动、自我驱动的新型组织结构。首先，结合主网变电运维管理，建设前端专业融合型班组，加大各专业人员在班组的流动性，逐步打破班组壁垒，加大授权，使前端班组能够迅速响应设备需求。其次，围绕数据的读取、清洗、分析、维护、报废全流程，建设以大数据辅助决策的平台支撑型班组，重点是采集数据并分析挖掘，通过数据分析驱动生产运维工作，将前端班组中负责数据分析业务的骨干向指挥平台集中，充分发挥核心骨干人才的价值。

（3）探索新业务模式。实施“智能作业+持续创业”的双轮驱动模式。一要严格按要求做好设备运维工作，确保主网安全运行；二要充分应用新技术，将传统作业模式用经济、安全、高效的智能作业替代；三是用好大数据分析中心带来的设备智能分析、预警和决策功能，用好设备状态评价功能，真正实现状态检修；四是持续开展新业务的研究，深入探究电网运维的大数据算法，开发出服务于安全生产，提高效率和质量的新的业务模式。

（4）不断激发团队活力。结合技术应用，提前研判岗位替代与更新的趋势，打造学习型班组，营造自主学习氛围。建立多层次差异化的人才培养机制，做好传统技术技能人才、智能运维人才、大数据分析人才、智能管理人才，特别是创新性人才等五类人才的培养。优化考核分配激励机制，提供更具合理性的薪酬分配方案，加大智能技术创新应用的贡献奖励力度，从考核、分配、成长等方面激发开展智能技术应用和研究的热情，完善员工创新容错机制。鼓励形成与班组特征相匹配的差异化班组文化建设，针对前端运维班组，重点培养效率意识，强化执行能力，注重责任心转化为行动力；针对数据平台类班组，营造开发、和谐、富有凝聚力的氛围。

五、结语

有学者认为，智能时代的管理学范式需要向不确定性和时间不可逆性转变，不确定性表明管理学不能通过短时间的分析找出解决企业组织的管理问题；而时间不可逆性表明，管理学只有局部的预测功能，并不具备整体的预测功能。在讨论人工智能时代管理理论的更新时，有学者就借用了量子物理学中对微观世界运动的本质与规律的解释。虽然我们目前还无法预知智能时代的管理到底是什么范式，但我们可以确定的是，智能时代的管理一定会发生显著的变化。我们必须提前开展研究，加以应对。

当前我国正经历着历史上最为广泛而深刻的社会变革，工业处于智能时代初期，世界正在经历百年未有之大变局，未来的世界难以预测，但还是有规律可循的。生产力决定生产关系，落后的生产关系会阻碍先进生产力发展，从而影响社会发展，这个经济客观规律应该引起所有管理者的高度重视。此外，“云大物移智”及5G等智能新技术、习近平新时代中国特色社会主义思想、现代企业管理新理论这些也都是管理者面对现实问题需要不断学习的。总之，我们应该顺应时代发展潮流，深入贯彻国家创新驱动发展战略，积极推动智能电网的建设，加大智能技术在主网应用，稳妥推进新技术的试点应用，运用好习近平新时代中国特色社会主义思想中的立场观点方法去应对智能技术对运维管理带来的各种挑战。

参考文献：

［1］南方电网公司. 南方电网公司智能技术在生产领域应用路线方案［Z］. 2018.

［2］高山行. 人工智能对企业管理理论的冲击及应对［J］. 科学学研究，2018，11.

［3］宋琳. 大数据时代企业管理模式的创新路径研究［J］. 现代营销，2019，6.

［4］陈春花. 共享时代的到来需要管理新范式［J］. 管理学报，2016，2.

［5］马成功. 重新定义组织［M］. 北京：机械工业出版社，2016.

［6］国共慧. 班组进化论：从细胞群到生命体［M］. 北京：中国工人出版社，2018.

［7］孙艺新. “生命体”班组建设的逻辑起点与发展趋势［J］. 中国电力企业管理，2017，11.

［8］许可. 智慧型班组管理模式的创新探索［J］. 通信企业管理，2012，4.

南方电网国际业务高质量发展的思考

■ 南方电网国际有限责任公司 钟晓涛

摘 要：2018年以来，中美贸易摩擦加剧、西方国家渲染所谓“中国投资威胁论”等外部政商环境不断变化，国内有关部委相继发布系列管理制度和规定，要求中央企业持续加强境外投资风险管控与合规管理，确保国有资产保值增值。并且在输配电核心业务利润压缩的情况下，国际业务作为南方电网四大业务板块之一，其高质量发展尤为重要。本文首先对企业高质量发展的内涵进行论述，对目前国际业务面临的内外部形势进行研判，然后对业务的发展现状进行回顾，对存在的问题进行剖析，最后提出国际业务高质量发展的对策建议，为实施南方电网国际发展行动，推动南方电网高质量发展建言献策。

关键词：一带一路；国际业务；高质量发展；对策建议

一、研究背景

2013年习近平总书记提出“一带一路”伟大倡议以来，“一带一路”的概念在国内外形成了广泛共识。通过陆海两个方向的开放合作，中国实现了将自身优势与沿线国家需求的完美结合，为世界发展提供了新动能，搭建了新平台，推动了我国东西部均衡发展和沿线国家共同发展。“一带一路”建设已形成“海外中国”，国有企业作为国家“走出去”的排头兵，全面参与“一带一路”建设，截至目前，仅央企的境外资产就超过了7万亿人民币，收入超过了5万亿人民币。

习近平总书记在党的十九大报告中指出：“我国经济已由高速增长阶段转向高质量发展阶段。”这是根据国际国内环境变化，特别是我国发展条件和发展阶段变化做出的重大判断。企业是推动经济高质量发展的主体，只有企业的高质量发展，才能推动和实现我国经济的高质量发展。

南方电网为实现成为具有全球竞争力的世界一流企业的愿景目标，需要彻底摒弃规模和速度情结，扎实推动企业高质量发展。“一带一路”倡议的提出，也为中资企业深度参与全球经济活动指明了方向。与此同时，国内市场增速受限，区域内市场竞争加剧，因此拓展国际业务成为电力企业高质量发展的重要选择。

二、企业高质量发展的内涵理解

企业的高质量发展，是为了能够更好满足人民日益增长的美好生活需要的发展，是体现创新、协调、绿色、开放、共享五大发展理念的发展，也应是生产要素投入少、资源配置效率高、资源环境成本低、经济社会效益好的发展。

（一）内涵的四个方面

（1）经济方面，经济发展不仅表现为产品数量的增加，而且表现为质量的提高。在技术管理创新条件下，资源要素配置效率提高，产出的数量增加，品质也得到明显提升，同时需要促进经济结构持续优化升级，提高整体经济的结构效率，通过政府再分配调节和推进基本公共服务均等化，让经济发展成果更多、更公平地惠及全体人民。

（2）生态方面，绿色发展是当今世界潮流，更是新时代我国人民对美好生活的迫切需要，也是经济社会可持续发展的内在要求。清洁能源的使用和节能减排的发展，努力使绿色发展成为常态，实现人与自然和谐共生与发展。

（3）社会方面，当今世界经济社会发展越来越依赖于理论、制度、科技、文化等领域的创新，国际竞争力越来越体现在创新能力上。要大力培育新动能，鼓励大众创业、万众创新，实现全社会的和谐发展。

（4）对外开放方面，“一带一路”倡议是对外开放的具体体现形式，通过引进来，走出去，倒逼和促进国内改革。高水平的开放是高质量发展不可或缺的动力。

（二）南方电网高质量发展五个方面的内涵

（1）产业结构上，需要从资源密集型、劳动密集型产业向技术密集型、知识密集型产业转移。

（2）经济效益上，需要从高成本、低效率向低成本、高效率转移。

（3）生态环境上，需要从高排放、高污染向低能耗、节能减排转移。

（4）社会责任上，需要大力发展和支持绿色能源上网。

（5）必须遵循创新、协调、绿色、开放、共享五大发展理念。就是要解决怎么发展和发展为了谁的问题。

三、拓展国际业务面临的内外部形势

（一）面临的政治经济形势

1. 世界格局不断发生变化

世界格局不断在发生深刻变化，在未来世界呈现双寡头稳定结构甚至偏新冷战格局的可能性更大，中国提出和实施“一带一路”战略，政治和外交上争取盟友，经济和军事上扩大版图，是对美国世界第一霸权主义的对冲，是实现中华民族伟大复兴的必然选择。

世界正面临百年未有之大变局，习总书记着眼构建我国全方位对外开放新格局和促进各国共同繁荣进步，提出建设丝绸之路经济带和21世纪海上丝绸之路的重大倡议。“一带一路”倡议秉持和平合作、开放包容、互学互鉴、互利共赢的丝路精神，把我国发展同沿线国家发展结合起来，把中国梦同沿线各国人民的梦想结合起来，赋予古代丝绸之路以全新的时代内涵，为世界提供了一项充满东方智慧的共同繁荣发展方案。在“一带一路”建设国际合作框架下，各方坚持共商、共建、共享原则，共谋发展新动力，拓展发展新空间，朝着构建人类命运共同体的目标不断迈进。

2. 我国发展进入新的阶段

我国通过将近40年的快速发展，已经成为全球第二大经济体，但大而不强，积累了许多深层次的矛盾，面临“中低收入”陷阱，包括劳动力、土地和能源等要素成本上升、税赋过重而使传统加工业外流，而新兴产业短期内难以形成，人口老龄化削弱了发展后劲，经济发展地区不平衡和城乡不平衡的矛盾突出，能源安全形势严峻，资源环境承载能力有限等等问题。也需要通过实施“一带一路”战略，变传统的商品输出为投资输出带动装备制造、优势产能、技术标准输出，变中西部内陆地区为发展前沿，提升产业升级，助力经济转型。

“一带一路”是合作发展的理念和倡议，是中国企业对外投资合作的行动指南，妥善处理“中国发展起来后不断出现的新问题”，顺利走过这个充满艰难险阻的新征程，必须积极主动，从中华民族伟大复兴这个大框架来谋划中国的对外战略和政策实践。随着国家“一带一路”战略的推进，企业有了更宽的国际视野，有了更多走出去的机遇，同时政府对走出去简化了审批手续，金融机构为中国企业“走出去”提供资金支持，打开了新产能国际投资的空间。

（二）公司高质量发展的内生需要

1. 提升公司国际竞争力和影响力

2019年4月，国资委在北京召开2019年中央企业国际合作工作座谈会，强调要坚持以习近平新时代中国特色社会主义思想为指导，全面贯彻落实党的十九大，十九届二中、三中全会，中央经济工作会议和中央外事工作会议精神，围绕国资企业改革发展党建中心工作，以人类命运共同体理念为引领，以培育具有全球竞争力的世界一流企业为目标，以统筹两个市场两种资源为抓手，不断深化国际合作交流，推动中央企业高水平开放和高质量发展。

南方电网公司的发展战略目标是：到2020年，公司发展质量和效益明显提升，初步具备具有全球竞争力的世界一流企业显著特征，在若干重要领域跻身世界一流行列；到2025年，主业更加突出，技术更加领先，管理更加先进，绩效更加优秀，基本建成具有全球竞争力的世界一流企业。

同时，电网公司对国际业务的要求是国际化经营指数（境外利润占比×40%+境外营业收入占比×30%+境外资产占比×30%）2020年达到5%，2025年达到7%。要求以国际业务平台公司为实施主体，服务港澳，深耕与东南亚国家电力能源合作，主动对接“一带一路”沿线国家和地区发展规划，发挥主导作用，拓展输配电网投资项目。注重本土化经营，着力打造一批质量优、效益好的示范项目，将成为南方电网国际公司下一步工作的重点。

2. 引领企业共同“走出去”制定中国标准

越南永新项目建成投运，是公司实施国家“走出去”战略以来的第一个境外直接投资的BOT项目，对公司实施“走出去”战略、扩大在东南亚地区的影响力有重要意义，项目设计、建设完全采用中国标准，真正实现“中国制造”，带动中国国内融资、设计、装备、施工“走出去”金额在87亿元人民币以上。带动我国电力技术、标准、设备、队伍、运营管理“走出去”，增强我国在东南亚电力合作中的影响力。

同时，全力推进与周边国家电网互联互通，老挝国家输电网、500千伏中老、中越、中缅联网、缅北民生供电、中老铁路外部供电等一批涉及南方电网战略方向的重点项目，与国内电力建设单位共同走出去，增强在周边国家的话语权。

另外，发挥南网的直流输电技术优势，整合国内外电力设计、装备制造和建设资源，成功签署菲律宾MVIP项目EPC合同，首次获得海外直流项目总承包权，公司技术和管理输出平台作用得到进一步发挥。

四、国际业务发展的现状

（一）南方电网国际业务

南方电网公司是国有大型骨干企业，是壮大综合国力、促进经济社会发展、保障和改善民生的重要力量。南方电网是国内率先“走出去”的电网。南方电网国际业务主要包括境外电力项目投资与运营、股权并购、互联互通、跨境电力贸易、境外工程承包、管理与技术咨询服务等。作为国务院确定的大湄公河次区域电力合作中方执行单位，公司积极落实“一带一路”倡议，加强与大湄公河次区域国家、港澳地区的电力合作。其中，2018年通过南方电网向香港的送电量占其用电量的25%；向澳门的送电量占其用电量的88.8%。目前南方电网公司海外业务主要由南网国际公司、南网国际（香港）公司、云南国际公司三个平台公司负责。

（二）国际业务平台公司

南网国际公司于2007年注册成立，是南方电网公司的全资子公司，截至2018年底，共有员工132人（含驻外人员）。依托电网公司在电网规划、建设、运营和管理等方面的专业优势，开展国际电力及相关项目的投资与管理，国际电力工程承包和劳务合作，对外技术合作与技术进出口、国际贸易、设备成套及进出口贸易等业务。

南网国际（香港）公司于2005年12月在香港注册成立，作为境外项目统一的投融资平台，与南网国际公司两块牌子，一套人马。根据南方电网国际化战略的总体部署，香港公司作为南方电网公司的境外投融资平台，由南网国际公司行使管理职责，负责开展境外投融资业务。其主营业务包括境内外电力设施投资、经营与管理，跨国（境）的购售电贸易，境外电力及相关项目和股权的投资、经营与管理，境外电力工程承包和劳务合作，对外技术合作和技术进出口，国际贸易等。针对新兴经济体国家和发达国家成熟市场，加大国际项目开发力度，拓展国际业务发展空间。

借助上述这两个平台，南网国际公司（香港公司）积极参与区域电力合作，推进东南亚的能源项目开发，开展跨国（境）电网的规划和研究、境外火电和水电项目的投资，在全球范围内参与了数十个项目前期的研究与开发，与多家国内外知名电力企业建立了战略合作伙伴关系。

为持续深化周边国家电力合作，公司于2013年5月注册成立云南国际公司，其前身是云南电网外经贸公司，依托中国云南的区位优势、资源优势和南方电网的专业特长，负责与越南、老挝、缅甸、泰国、柬埔寨五国开展周边电网互联互通建设和跨境电力贸易工作，承接工程承包、咨询和贸易项目，开发缅甸、柬埔寨、泰国电源项目。云南电网外经贸公司开展跨境电力合作已有十多年的历史，截至2018年12月31日，共有员工81人。云南国际公司落实南方电网国际业务部署，充分发挥南方电网的管理、技术及资源整合优势，推进电网互联互通，致力于构建面向东南亚、开放包容的电力交换枢纽，打造安全、稳定、普惠、绿色的跨区域电网，促进大湄公河次区域清洁能源优化配置。

（三）公司国际业务现状

经过近年来不懈努力，南方电网国际业务连续取得重要突破，资产稳健增长，并继续向国际化公司治理迈进，实现业务布局从周边发展中国家向新兴经济体、发达国家全面拓展。至2018年底，南网国际公司海外电力资产规模超过430亿元；开展对澳门跨境供电业务，年供电量占澳门全社会用电量的80%以上；完成了中广核电力和中能建IP0基石投资。云南国际公司有的放矢，周边电力贸易及互联互通重点工作突出，规划布局和铺垫影响深远，通过8回110kV及以上电压等级线路与越南、老挝及缅甸局部电网互联，累计完成跨境贸易电量超过540亿kW·h，其中：

（1）电网互联互通和电力贸易项目。作为公司传统项目、优势项目，从2004年开始，目前不仅与港澳特区，还与“澜湄”接壤国家开展电力贸易，历史悠久，经验丰富，现实意义和战略意义及发展空间巨大。

2004年9月，中越联网第一条110kV云南河口—越南老街线投运，公司成为我国第一个“走出去”的电网企业，至今总售电量超过10亿kW·h。目前南方电网公司通过3回220kV和4回110kV线路向越南售电，至今累计售电量超过350亿kW·h。从缅甸购电170亿kW·h，向缅甸售电5亿kW·h。

（2）股权收购项目。2014年完成香港青山发电厂30%股权收购项目。2018年先后完成智利Transelec公司27.8%股权、马来西亚Edra公司37%股权及卢森堡Encevo公司24.92%股权收购，公司资产布局从大湄公河次区域和港澳地区延伸到拉美、欧洲，公司境外投资项目增加到4个。

（3）绿地开发项目（包括电源电站和周边电网互联互通）。2018年成功投运越南永新一期燃煤电厂BOT项目（装机120万kW）、老挝南塔河一号水电站项目（装机16.8万kW）。2009年投运越南小中河水电站（装机2.2万kW），同时，老挝EDL-T、中老500kV交流同步联网、中老铁路供电、中缅联网、中越500kV联网等项目取得突破性进展。此类绿地项目开发周期长，所在国大多属于周边较不发达地区。

（4）工程总承包项目。为应对国内业务增速放缓的现状，加快优质的国际工程总承包项目，投产了老挝230kV北部电网项目（合同额约20亿人民币）以及正在建设菲律宾VMIP直流项目（合同额约17亿人民币）。这些项目也充分证明了公司既具有牵头组织系统内部相关监理、施工单位发挥协同效应的能力，还具有带动系统外部国内设计、设备产能“走出去”的能力。

五、国际业务高质量发展的问题分析

对作为南方电网四大业务板块之一的国际业务，需要全力以赴高质量的全面发展。

（一）SWOT分析

1. 机遇

（1）国家提出的“一带一路”倡议和粤港澳大湾区战略为公司国际业务高质量发展提供了难得的历史机遇。

（2）全球经济增长乏力，国际财务投资者变现离场转投增长盈利点，境外资产收并购机会依然存在。

（3）国家及地方政府对东南亚电力合作政策支持和主导作用不断加强，使电网互联互通成为内生意愿。

（4）“一带一路”沿线国家发展和区域经济不平衡，需要寻求技术和资金等新生外部动力。

2. 挑战

（1）国际政治经济形势日渐复杂多变，中美经贸摩擦加剧，全球汇率波动，一些西方国家渲染所谓“中国投资威胁论”加大投资安全审查力度。

（2）境外投资风险长期存在，有的国家债务水平高企，有些地区时常出现针对我国企业和人员的恐怖袭击、绑架事件。

（3）境外电力投资项目存在国内企业恶性竞争、国外企业的不良竞争。

（4）东南亚电网互通互联形势复杂，美日等国影响严峻。

3. 优势

（1）毗邻东南亚和身处粤港澳大湾区等区位和地缘优势。

（2）具有先进的超高压、远距离、大容量的直流技术和发杂大电网和区域配电网的运营管理经验。

（3）国际三大评级机构给予南方电网公司国家主权级信誉和各大国内外银行的授信额度充足。

（4）全球500强企业和央企的独特优势。

4. 劣势

（1）公司国际业务发展规划和管理体制尚未成熟。

（2）国际化经营能力有待提高，境外项目投后管理和投后运营经验缺乏，没有充分发挥公司管理和技术协同优势。

（3）国际化人才队伍短缺，人数仅占全网千分之一，而且部分重点开发区域尚未有人员驻扎。

（4）境外风险防控体系有待持续完善。

（二）国际业务高质量发展存在的问题

初步分析，国际业务高质量发展存在五个主要问题：

1. 组织架构

目前国际业务板块的权责界面不清楚，如电网公司和国际业务平台（专业）公司的关系，国际业务部与国际业务平台（专业）公司的关系，国际业务部与电网公司其他相关部门（战略规划部、计划与财务部等）的横向关系，驻外机构与国际业务部以及与国际业务平台（专业）公司的纵向、横向关系。

公司全面国际化水平是国际业务发展的重要基础。国际业务的发展不论是在技术、资金还是人员方面都必须依托全网资源。而且，按照目前已形成的境外电力资产400多亿人民币的规模，资产的投后管理和运营都需要全网大力支持，也需要电网公司和分子公司共同提前做好准备，形成全网调配资源、支持国际业务发展的常态化支撑机制。

2. 管理机制

目前境外业务管理职责分工不够清晰，境外业务管理制度操作性较弱，工作细则和流程不易执行，尚未把国资委境外投资监管要求、违规经营投资责任追究要求、合规管理要求和总部的五个中心定位等落实到管理体系中。境外投资项目尤其是国际并购项目竞争激烈，一般都要求买方在短时间内完成非约束力报价、尽职调查和约束力报价，时间非常有限，如果不能及时进行投资决策将可能错失机会。目前，投资决策流程涉及子公司内部、电网公司相关部门、分管领导、总经理办公会、董事会（党组会）等众多环节，决策流程较长。

3. 文化理念

在走出去过程中，面临比较大的文化理念差异，如语言文字、道德习俗、宗教信仰、意识形态、思维方式、价值取向、消费需求等各个方面，这些差异是造成跨国项目复杂的一面。因此，在走出去的项目开发过程中，存在较大的文化理念差异，老外对于中资企业的认同度都不一样，这就需要在与老外打交道时提前了解清楚对方的背景和文化等，用对方所谓“相通”的语言进行沟通交流。但是目前驻外机构数不多以及其管理模式不清晰，而且在大多数重点区域还没有常驻人员与当地客户常年联络沟通，消除文化差异。

4. 资源配置

南方电网公司提出了以东南亚、“一带一路”沿线国家为重点的国际化市场拓展布局，但是国际化业务收入占比仅不到1%，在国际化业务策略等方面与领先企业相比仍存在较大差距，公司全面“走出去”合力还未形成。

相比而言，领先企业积极推进国际化布局，国际化业务成为企业收入的重要组成部分，设有专门的国际化业务机构及团队，拓展区域及业务结构灵活多样。如西班牙Iberdola 2016年国际化业务收入占比达到54%，覆盖10个国家，涵盖发、输、配、售及可再生能源业务，并结合各地区特色制定差异化的拓展模式。再如韩国电力以自身优势技术为基础延伸拓展国际化业务，打造“One KEPCO”团队，整合分子公司资源、主导项目，以国际化业务投资并购加速拓展。

5. 国际化人才

党的十八大以来，中央提出了一系列强国战略，其中人才强国战略是第一强国战略，人才资源是第一资源。作为电网企业，公司管制性业务干部人才比较充足，但国际业务的高素质人才还很匮乏，部分干部员工的担当意识、危机意识、市场意识还有待加强。目前人才储备等还不能完全满足公司建设具有全球竞争力世界一流企业的需要，缺乏外语好，精通国际商务、法律、金融、投资，熟悉国际营商环境与规则，具备对外沟通交往能力的国际化人才。

六、国际业务高质量发展的对策建议

（一）南方电网高质量发展的总体目标

到2020年，公司发展质量和效益明显提升，初步具备具有全球竞争力的世界一流企业的显著特征，在若干重要领域跻身世界一流行列。到2025年，主业更加突出，技术更加领先，管理更加先进，绩效更加优秀，基本建成具有全球竞争力的世界一流企业。

南方电网公司为了建成具有全球竞争力的世界一流企业，提升国际影响力，继续积极落实习总书记提出的“一带一路”重大战略构想和周边外交部署，与国际知名企业同台竞技，由以南方五省区为中心的思维转向以全球为中心的思维，强化与周边国家电网互联互通的战略定位，主要围绕加强与“一带一路”沿线国家的电力合作，促进与周边国家电网互联，开展电力投资和贸易，扩大影响力，加快推进国际业务高质量发展。

（二）国际业务高质量发展对策建议

1. 战略方面——做好战略规划，完善业务规划

抓住“一带一路”建设和粤港澳大湾区建设历史性机遇，深入研究“一带一路”和国家粤港澳大湾区发展战略，提前谋划，主动作为。根据公司所处的不同发展阶段，持续做好国际业务高质量发展战略规划。

强化职责分工，统筹全网资源，助推“一带一路”建设，修编公司国际业务发展规划，充分发挥专业领先的竞争优势，不断优化项目筛选标准和业务布局，

矩阵式推进公司“一带一路”及周边电网互联互通建设。

2. 经济效益方面——坚持效益优先、确保国有资产保值增值

“一带一路”建设是我国对外投资建设的总抓手，我们要坚持共商共建共享，发挥南网自身优势，在东南亚、欧洲、南美、中东等沿线国家积极拓展输配电网项目投资，争取优质电源项目投资。要恪守商业原则，坚持效益优先，切实防范境外投资风险，并在效益与投资风险中寻找一个最佳平衡点，即在风险一定的条件下实现效益的最大化，或在效益一定的条件下使风险尽可能地降低。

海外绿地项目公司，要认真落实安全生产责任，不断增强全员安全意识，强化红线意识和底线意识，确保安全生产万无一失，实现投资收益，如越南永新公司、老挝南塔河公司、越南小中河公司。做好投资项目的股权管理，加强与股东方及管理层沟通，履行参股协议，维护公司合法权益，如香港青电公司、马来西亚Edra公司、智利Transelec公司及卢森堡Encevo公司。

3. 社会贡献方面——承担央企社会责任，引领企业共同走出去

践行“一带一路”倡议，承担社会责任，加强与中央、省（区）政府部门的联络沟通，积极融入澜湄合作机制，充分发挥大湄公河次区域合作中方执行单位的作用，加强与国内外知名企业和金融机构的合作。

积极带动我国电力技术、标准、设备、队伍、运营管理“走出去”，增强我国在东南亚电力合作中的影响力。同时，全力推进与周边国家电网互联互通，老挝国家输电网、500kV中老、中越、中缅联网、缅北民生供电、中老铁路外部供电等一批涉及南方电网战略发展方向的重点项目。另外，充分发挥南网的直流输电技术优势，整合国内外电力设计、装备制造和建设资源，发挥公司技术和管理输出平台作用。

4. 管理体制方面——理顺优化体制机制，明晰职责与管理界面

健全与国际化经营相适应的体制机制，境外投资项目实质属于完全竞争性业务，建议根据其特点进一步厘清权责界面，重点处理好电网公司和国际业务平台公司的关系，建立灵活的市场反应机制，优化不同类别项目的工作机制和决策程序，考虑项目投资金额，限额以内由国际业务平台公司作为投资主体自主决策并报电网公司备案。

同时，按照职责分工，通过修改完善境外业务管理制度，进一步明晰电网公司境外投资归口管理和业务管理部门及其职能，明确相关部门牵头负责境外投资项目涉及事项，并负责与国家有关部委对口联系，做实国际业务管理体系。把国资委境外投资监管要求、违规经营投资责任追究要求、合规管理要求等落实到管理体系中。

国际业务平台公司间协同互补，南网国际打造面向全球的国际业务基地，主要通过股权资本纽带建立南方电网面向国际市场的电力能源合作关系，面向全球进行股权投资和并购，发挥南方电网的资源优势，加大财务型项目的投资，不断向能源产业价值链上下游延伸。云南国际打造面向澜湄国家的国际业务基地，通过区域电网的物理连接构建南方电网与周边国家的"能源共同体"，在东南亚电网互联和统一电力市场建设中发挥南方电网的主导作用，立足东南亚做深做实，进一步发展和巩固南方电网在东南亚电网互联和统一电力市场中的主导和枢纽地位，实现更大范围内的资源配置，推动南方电网电力贸易与能源交互从"一网五省"向"五省五国"延伸。

5. 资源整合方面——整合能源产业价值链，实现公司的全面国际化

当前，数字化、智能化手段推动能源转型升级，光伏、储能、分布式、智能电网、微网等能源技术不断取得突破，新兴业务向能源市场不断延伸，全新的能源生态系统正在形成。我们要借助能源技术和新兴市场蓬勃发展之机，深入探索"云大物移智"与传统电网业务的深度融合，加速整合上下游资源，加速形成"本土化""全球化"相结合的资源配置能力，在激烈的竞争中赢得先机。基于目前综合能源类新兴业务发展现状与趋势，占据价值链高端的考虑，在对供给侧与需求侧、技术与市场的整合中寻求价值最大化。通过统筹考虑和综合运用国际国内两个市场、两种资源、两类规划，逐步实现以国际市场为主赛场，一国一策，以跨国公司为主要竞合伙伴，着力提高全球资源的配置能力。

同时，充分利用公司加入国际组织、参加国际会议会展等机会，积极宣传，提升公司国际影响力，打造公司国际品牌；发挥公司倡议发起的三个峰会机制作用，积极参与和主导国际标准制定，加快中国标准的国际化进程，与国际先进企业开展双边及多边交流，与国际先进企业对标，按国际标准办事，将国际化发展融入日常工作和各个细节，推进公司全面国际化。

6. 人才方面——开展人才培养，提供人才保障

国际化人才是公司国际业务高质量发展的重要支撑。按照"缺什么补什么"的原则，开展国际化人才精准培训、持续培训，不断提高国际化视野及国际化能力。重点培养境外项目运营管理、海外市场开发、国际商务谈判、海外并购、跨文化沟通、法律等方面人才及能力。

创新国际业务人才、薪酬体制机制，拓宽国际化人才成长通道，吸引更多的优秀人才投身于国际业务。鼓励内部人员流动到国际业务平台公司和驻外机构锻炼。创造培养人才、吸引人才、留住人才干事创业良好生态，统筹解决驻外机构配置和提供人员后方保障。

七、结束语

2019年是中华人民共和国成立70周年，2020年是全面建成小康社会之年，2021年是中国共产党成立一百周年。我们要坚持以习近平新时代中国特色社会主义思想及习近平外交思想为指引，以加强党的政治建设为统领，坚持贯彻落实“一带一路”倡议不动摇，牢牢抓住“一带一路”及周边电网互联互通建设、粤港澳大湾区建设这一难得历史发展机遇，实现国际业务高质量发展，助力南方电网不断提升在全球能源产业价值链中的地位，进而实现向能源产业价值链整合商、能源生态系统服务商转型发展和建设具有全球竞争力的世界一流企业的战略愿景，为推动“一带一路”建设做深做实做出新的更大贡献。

参考文献：

［1］中共中央宣传部. 习近平新时代中国特色社会主义思想学习纲要［M］. 北京：学习出版社，人民出版社，2019.

［2］习近平. 齐心开创共建“一带一路”美好未来［R］. 北京：中国政府，2019.

［3］王毅. 在习近平总书记外交思想指引下开拓前进［J］. 学习时报，2017，9.

［4］梁周. 加大“一带一路”沿线电力合作力度　积极推进电力国际产能合作［J］. 中国电力企业管理，2018，8.

［5］郭资. 深化合作推动央企高水平开放［J］. 中国石化报，2019，4.

［6］吴继金. 如何理解必须坚持扩大开放，不断推动共建人类命运共同体［J］. 党课参考，2019，1.